水利部建设与管理司
中国水利工程协会 编

施工员

水利工程建设行业施工管理技术岗位人员培训系列教材

中国水利水电出版社
www.waterpub.com.cn

内 容 提 要

本教材是根据当前水利水电工程建设行业对施工员的岗位要求编写的。全书由两部分组成，共19章。第1部分主要介绍施工员岗位职责和岗位要求、洪水标准及工程等级、水工建筑材料、施工测量、施工导流与截流、施工组织设计、工程爆破、钢筋工程、脚手架与模板工程、混凝土工程、灌浆工程、土方工程、基坑施工、疏浚吹填施工、地下工程施工、砌筑工程等内容；第2部分主要介绍施工管理、水利水电工程结算、水利水电工程验收与评定等内容。

本教材除作为水利水电工程建设行业施工员岗位培训、学习及考试用书外，还可供从事各行业工程建设项目可行性研究、设计、采购、施工、监理等人员以及大专院校相关专业师生参考阅读。

图书在版编目（CIP）数据

施工员/水利部建设与管理司，中国水利工程协会编．—北京：中国水利水电出版社，2009.11（2016.8重印）
（水利工程建设行业施工管理技术岗位人员培训系列教材）
ISBN 978-7-5084-7005-4

Ⅰ.①施… Ⅱ.①水…②中… Ⅲ.①水利工程-工程施工-技术培训-教材 Ⅳ.①TV5

中国版本图书馆CIP数据核字（2009）第212835号

书 名	水利工程建设行业施工管理技术岗位人员培训系列教材 **施工员**
作 者	水利部建设与管理司　中国水利工程协会　编
出版发行	中国水利水电出版社 （北京市海淀区玉渊潭南路1号D座　100038） 网址：www.waterpub.com.cn E-mail：sales@waterpub.com.cn 电话：(010) 68367658（营销中心）
经 售	北京科水图书销售中心（零售） 电话：(010) 88383994、63202643、68545874 全国各地新华书店和相关出版物销售网点
排 版	中国水利水电出版社微机排版中心
印 刷	北京瑞斯通印务发展有限公司
规 格	184mm×260mm　16开本　20.25印张　456千字
版 次	2009年11月第1版　2016年8月第12次印刷
印 数	32501—34500册
定 价	**50.00**元

《水利工程建设行业施工管理技术岗位人员培训系列教材》

编　写　单　位

主编单位　水利部建设与管理司

中国水利工程协会

参编单位　（排名不分先后）

水利部黄河水利委员会建设管理局

水利部丹江口水利枢纽管理局

水利部淮河水利委员会建设与管理处

水利部珠江水利委员会建设与管理处

重庆市水利局

山西省水利厅

广东省水利厅建设与管理处

湖南省水利厅建设与管理处

海南省水务厅建设与管理处

四川省水利厅建设与管理处

河南省水利厅建设与管理处

江西省水利厅建设与管理处

新疆维吾尔自治区水利厅建设与管理处

云南省水利厅建设管理处

福建省水利厅水利建设处

安徽省水利厅基本建设处

山东省水利厅建设处

浙江省水利厅建设处

黑龙江省水利厅建设处

贵州省水利厅建设处

湖北省水利厅建设处

江西省水利厅农村水利处

广西壮族自治区水利厅基本建设局

安徽省水利水电基本建设管理局
山东黄河河务局
河南黄河河务局
山东东平黄河河务局
福建省水利水电建设管理总站
重庆市水利工程质量监督中心站
新疆生产建设兵团水利工程质量监督中心站
辽宁省水利工程协会
福建省建筑业协会水利水电分会
河海大学
武汉大学
黄河水利职业技术学院
福建水利电力职业技术学院
广东水利电力职业技术学院
山东水利职业学院
南京东方工程学院
四川省水利干部学校
中水建管（北京）管理技术培训中心
中国水利水电建设集团公司
武警水电指挥部
中水淮河规划设计研究有限公司
淮委沂泗水利工程有限公司（徐州）
河南省中原水利水电工程集团有限公司
河南黄河勘测设计研究院
开封黄河工程开发有限公司
中国电工设备总公司
中源环球（北京）管理顾问有限公司

《水利工程建设行业施工管理技术岗位人员培训系列教材》

编审委员会

本书编写委员会

主　　编　梁建林

副 主 编　翟伟锋　邹履泰　王锦虎

参　　编　（按姓氏笔画排序）

王孝亮　王锦虎　王钦乐　任何峰

邹履泰　张　华　陈建平　周家胜

郑桂斌　姬　宏　梁建林　戚　波

翟伟锋

序

随着我国经济的快速发展、人口的日益增长，水利作为国民经济的基础设施和基础产业，在经济社会发展中起着越来越重要的作用。’98大洪水后，党中央、国务院高度重视水利工作，大幅度增加对水利的投入，掀起了新一轮水利建设高潮。一大批关系国计民生和经济社会发展全局的重点水利工程开工建设，实施了大规模的病险水库除险加固改造、灌区节水改造、水土保持和人畜饮水解困等工程，水利工程体系得到进一步完善，防洪减灾和水资源调控能力显著提高，为经济社会发展提供了可靠的防洪安全、供水安全、生态安全和粮食安全保障。

水利工程承担着防洪、供水、灌溉、发电等重要公共服务任务，与社会公共利益、人民生命安全密切相关。水利工程质量和安全一旦出现问题，极有可能导致灾难性后果。水利工程施工是确保工程质量的关键。水利工程点多、线长、面广，参与人员多，大型机具多，施工难度大，涉及爆破、隧洞开挖、高空操作等特种作业，其工程特点决定了水利工程施工管理的重要性，它不仅要求严格执行施工作业程序化管理，还要求对材料、资料等方面进行严格管理，特别是涉及人民生命财产安全的施工质量和施工安全管理的工作尤为重要。因此，重视水利工程施工的管理，加强对参与水利工程建设施工单位的施工管理人员岗位教育，建设一支合格的水利工程建设施工管理队伍，特别是抓紧对生产一线的水利工程施工管理人才培养显得越来越紧迫。

水利部建设与管理司和中国水利工程协会，组织国内多年从事水利水电工程施工、管理的有关单位和专家、学者、教授，在两年时间里编写了《水利工程建设行业施工管理技术岗位人员培训系列教材》。本套教材将会对规范水利工程施工管理行为，提高施工管理技术岗位人员综合素质与业务水平，打造一支过硬的水利工程建设工程师队伍发挥积极的作用。

孙继昌

2009.11

前 言

为适应水利工程建设发展的需要，为贯彻、执行水利工程法律法规和规范规定，为提高水利工程实施中施工管理岗位人员的业务素质和管理水平，我们共同组织编写了《水利工程建设行业施工管理技术岗位人员培训系列教材》，全套教材共有5个分册，为水利水电工程施工管理岗位人员的上岗考核（考试）培训及考试用书。

《施工员》为《水利工程建设行业施工管理技术岗位人员培训系列教材》的一个分册。施工员管理是水利水电工程施工现场管理的重要组成部分。随着国家及社会对工程质量重视程度的不断提升，工程建设质量已经成为关系到社会民生的一件大事。加强水利水电工程施工管理，培养全面的水利水电工程施工管理人才，是适应现代水利的需要，是工程施工管理发展的必然趋势。水利水电工程管理工作比照其他行业的管理工作存在着工程类别多、工作模式不明确、管理责任重大等特点。因此，施工单位必须严格按照国家及水利行业有关工程建设法规、技术规程、技术标准的规定进行施工，并且对其施工的工程质量负责。要积极推行全面的施工质量管理，建立、健全施工质量保证体系，制定完善质量责任考核办法，推行落实施工质量责任制，切实做好工程施工的全过程控制工作。

本教材是根据当前水利水电工程建设行业对施工员的岗位要求编写的。全书共分2部分，共19章。第1部分主要介绍施工员岗位职责和岗位要求、洪水标准及工程等级、水工建筑材料、施工测量、施工导流与截流、施工组织设计、工程爆破、钢筋工程、脚手架与模板工程、混凝土工程、灌浆工程、土方工程、基坑施工、疏浚吹填施工、地下工程施工、砌筑工程等内容；第2部分主要介绍施工管理、水利水电工程结算、水利水电工程验收与评定等内容。

本教材除作为水利水电工程建设行业施工员岗位培训、学习及考试用书外，还可供从事各行业工程建设项目可行性研究、设计、采购、施工、监理等人员以及大专院校相关专业师生参考阅读。

由于作者在水利水电工程建设行业安全管理方面的实践经验和理论水平有限，编写时间仓促，书中难免有疏漏之处，敬请同行专家和读者提出宝贵意见。

编者

2009.11.10

目　录

第1部分
水利水电工程基础知识

第1章　施工员岗位职责和岗位要求

教学要求：了解水利水电工程施工的特点；掌握水利水电工程施工员岗位的作用及与其他岗位关系；掌握水利水电工程施工员基本条件和主要任务；掌握水利水电工程施工员的职责、权利和义务。

水利水电工程施工与一般工民建、市政工程、道路工程施工有许多共同之处，但由于水利水电工程较为复杂，工程规模较为庞大，且受水流控制影响大，因此具有实践性、复杂性、风险性、多样性和不连续性等特点，主要表现在以下几个方面：

（1）工程量大，工期较长，耗资大。

（2）受自然条件影响大，需要修建临时导流工程，要妥善解决施工期通航供水等问题。

（3）工程施工有很强的季节性，须充分利用枯水期施工。

（4）专业工种多、技术复杂。须应用系统工程学原理，因时因地选择最优的施工方案，达到缩短工期、均衡施工的目的。

（5）施工工厂和临时设施多，规模大、投资大。

（6）运输量特别大。

（7）技术的发展和创新对工程建设影响较大。

（8）施工中防洪、度汛及冰凌等影响大，须采取措施及时解决。

1.1　水利水电工程施工员岗位的作用与地位

1.1.1　施工员岗位的作用

施工员是指从事水利水电施工企业一线的施工技术和组织管理的岗位工作人员，是施工现场生产一线的组织者和管理者，是完成建筑与安装施工任务的基层施工技术和组织管理人员。

1. 施工员在施工过程中的作用

施工员在施工过程中的作用具体表现在以下几个方面：

（1）施工员是单位工程施工现场管理的关键岗位工作人员，是施工现场动态管理的体现者，是单位工程生产要素合理投入和优化组合的组织者。

（2）施工员负责协调施工现场基层专业管理人员（质量员、安全员、材料员等）、劳务人员等相互之间的关系。

（3）施工员还兼有工程施工现场内外联系的职责。

（4）施工员对分管工程的施工生产进度、成本、质量等进行控制，是施工现场信息收集和传递的关键岗位工作人员。

2. 施工员与参建各方之间的关系

（1）施工员与现场施工监理的关系。监理单位与施工单位存在着监理与被监理的关系。所以施工员应积极配合现场监理人员在施工质量控制、施工进度控制、工程投资控制等方面的工作和检查，全面履行工程承包合同。

（2）施工员与设计单位的关系。施工单位与设计单位之间存在着工作关系，设计单位应积极配合施工，负责交代设计意图，解释设计文件，及时解决施工中设计文件出现的问题，负责设计变更的处理，并参加工程竣工验收。施工员除做好配合外，在施工过程中发现了没有预料到的新情况，使工程或其中的任何部位在数量、质量和形式上发生了变化，应及时向上反映，由建设单位、设计单位和施工单位三方协商解决，办理设计变更与洽商。

1.1.2　施工员岗位的地位

（1）施工员与项目经理的关系。施工员的工作繁杂，在基层中需要管理的工作很多，项目经理和项目经理部各部门以及有关方面的组织管理意图都要通过基层施工员来实现；所以，施工员直接或间接受项目经理领导，是施工项目部的基层管理者。

（2）施工员与安全员的关系。施工过程中施工员应与安全员一起加强工地的安全管理工作，贯彻安全操作规程，做好班前安全教育，发生安全事故协助安全员进行事故处理。

（3）施工员与质量员的关系。施工员应控制施工过程质量，协助质量员进行质量评定和验收，对于关键工序、隐蔽性工程应加强质量控制。

（4）施工员与材料员的关系。施工员应及时给材料员提供现场需用材料信息，实行限额领料，降本节耗，协助材料员做好材料使用和管理。

（5）施工员与生产劳务的关系。施工员是施工现场劳动力动态管理的直接责任者，负责按计划要求向项目经理或劳务管理部门申请派遣劳务人员，并签订劳务合同；按计划分配劳务人员，并下达施工任务单或承包任务书；在施工中不断进行劳动力平衡、调整，并按合同支付劳务报酬。

1.2 水利水电工程施工员岗位要求

1.2.1 施工员应具备的条件

1. 施工员应具备的职业道德

所谓职业道德，就是同人们的职业活动紧密联系的符合职业特点所要求的道德准则、道德情操和道德品质的总和。每个从业人员，不论是从事哪种职业，在职业活动中都要遵守道德。如教师要遵守教书育人、为人师表的职业道德；医生要遵守救死扶伤的职业道德等。水利水电工程施工员也要遵守结合本岗位特点的职业道德。

作为水利水电工程施工现场管理人员，施工员应具备以下职业道德：

（1）施工员首先要有法规意识。技术业务工作遵守有关的各种规范、规程，管理工作遵循国家的相关法律、法规。办事公正，不贪赃枉法。

（2）施工员应以高度的责任感，对工程建设的各个环节根据技术交底，做出周密、细致的安排，并合理组织好劳动力，精心实施作业程序，使施工有条不紊地进行，防止盲目施工和窝工。

（3）施工员应以对人民生命安全和国家财产极端负责的态度，时刻不忘安全和质量，严格检查和监督，把好关口。

（4）施工员应不违章指挥，不玩忽职守，施工做到安全、优质、低耗，对已竣工的工程要主动回访保修，坚持良好的施工后服务，信守合同，维护企业的信誉。

（5）施工员应严格按图施工，规范作业。不使用无合格证的产品和未经抽样检验的产品，不偷工减料，不在钢材用量、混凝土配合比、结构尺寸等方面做手脚，谋取非法利益。

（6）在施工过程中，施工员应时时处处精打细算，降低能源和原材料的消耗，合理调度材料和劳动力，准确申报建筑材料的使用时间、型号、规格、数量，既保证供料及时，又不浪费材料。

（7）施工员应以实事求是、认真负责的态度准确签证，不多签或少签工程量和材料数量，不虚报冒领，不拖拖拉拉，完工即签证，并做好资料的收集和整理归档工作。

（8）做到施工不扰民，严格控制粉尘、施工垃圾和噪声对环境的污染，文明施工。

（9）水利水电工程地处野外，施工条件艰苦，施工员身处一线，不怕吃苦是干好施工员工作的重要条件。

（10）科学技术的发展日新月异，对水利水电工程建设影响深刻，施工过程中经常需要开展观测、试验和研究工作。因此，要求施工人员，尤其是施工员要不断钻研业务，要有创新精神和创新能力。

总之，水利水电工程施工员应遵守的职业道德规范为：遵规守法、廉洁奉公；安全生产、文明施工；信守合同、服务基层；团结协作、和谐相处；艰苦奋斗、厉行节约；钻研业务、开拓创新。

2. 施工员应具备的专业知识

施工员应具备的专业知识具体应包括以下几个方面：

（1）能识读工程施工图，具有常用的工程测量技术。

（2）掌握常用建筑材料（包括水泥、钢材、木材、砂石等）的性能和质量标准。

（3）掌握水利水电工程的基本构造和工程施工的标准、规范和施工技术。

（4）掌握一定的施工组织和科学的施工现场管理方法。

（5）了解施工机械的基本知识。

3. 施工员应具备的工作能力

在实际工作中，施工员应具备以下工作能力：

（1）能有效地组织、指挥人力、物力和财力进行科学施工，取得最佳的经济效益。

（2）能够对施工中的稳定性问题（包括缆风绳设置、脚手架架设、吊点设计等）进行鉴别，对安全质量事故进行初步的分析。

（3）能比较熟练地承担施工现场的测量、图纸会审和向工人技术交底的工作。

（4）能在不同地质条件下正确确定土方开挖、回填夯实、降水、排水等措施。

（5）能正确地按照国家施工规范进行施工，掌握施工计划的关键线路，保证施工进度。

（6）能根据施工要求，合理选用和管理建筑机具，具有一定的电工知识，科学管理施工用电。

（7）能运用质量管理方法指导施工，控制施工质量。

（8）能根据工程的需要，协调各工种、人员、上下级之间的关系，正确处理施工现场的各种社会关系，保证施工能按计划高效、有序地进行。

（9）能编制施工预算，进行工程统计、劳务管理、现场经济活动分析，对施工现场进行有效管理。

4. 施工员应具备的身体素质

施工员长期工作在施工现场第一线，工作强度相当繁重，而且工作条件与生活条件也相对艰苦，因此，要求施工员必须具有强健的体格、充沛的精力，才能胜任其工作。

1.2.2 水利水电工程施工员的主要任务

在施工全过程中，施工员的主要任务是：结合多变的现场施工条件，将参与施工的劳动力、机具、材料、构配件和采用的施工方法等科学地、有序地协调组织起来，在时间和空间上取得最佳组合，取得最好的经济效果，保质保量保工期地完成任务。

1. 做好施工准备工作

（1）技术准备。

1）熟悉审查施工图纸、有关技术规范和操作规程，了解设计要求及细部、节点做法、并放必要的大样，做配料单，弄清有关技术资料对工程质量的要求。

2）调查搜集必要的原始资料。

3）熟悉或制订施工组织设计及有关技术经济文件对施工顺序、施工方法、技术措施、施工进度及现场施工总平面布置的要求，清楚完成施工任务时的薄弱环节和关键工序。

4）熟悉有关合同、招标资料及有关现行消耗定额等，计算工程量，弄清人、财、物在施工中的需求消耗情况，了解和制定现场工资分配和奖励制度，签发工程任务单、限额领料单等。

（2）现场准备。

1）现场“四通一平”（通水、通电、通车、通信、平整场地）的检查。

2）现场施工测量放线工作并进行检验。

3）根据进度要求组织现场临时设施的搭建施工；安排好职工的住、食、行等后勤保障工作。

4）根据进行计划和施工平面图，合理组织材料、构件、半成品、机具等进场、进行检验和试运转。

5）安排做好施工现场的安全、防汛、防火措施。

（3）组织准备。

1）根据施工进度计划和劳力需要计划安排，分期分批组织劳动力的进场教育和各工种技术工人的配备等。

2）确定各工种工序在各施工段的搭接、流水、交叉作业，以及开工、完工时间。

3）全面安排好施工现场的一线、二线，前台、后台，施工生产和辅助作业，现场施工和场外协作之间的协调配合。

2. 施工技术交底

（1）施工任务交底。向工人班组重点交代清楚任务大小、工期要求、关键工序，交叉配合关系等。

（2）施工技术措施和操作要领交底。交代清楚与工程有关的技术规范、操作规程和重点施工部位、细部、节点的做法以及质量和技术措施。

（3）施工消耗定额和经济分配方式的交底。交代清楚各施工项目劳动工日、材料消耗、机械台班数量、经济分配和奖罚制度等。

（4）安全和文明施工交底。提出有关的防护措施和要求，明确责任。

3. 进行有目标的组织协调控制

在施工过程中，依照施工组织设计和有关技术、经济文件以及当地的实际情况，围绕着质量、工期、成本等既定施工目标，在每一阶段、每一工序实施综合平衡、协调控制，使施工中的各项资源和各种关系能够配合最佳，以确保工程的顺利进行。为此，要抓好以下几个环节：

（1）检查班组作业前的各项准备工作。

（2）检查外部供应、专业施工等协作条件是否满足需要，检查进场材料和构件质量。

（3）检查工人班组的施工方法、施工操作、施工质量、施工进度及节约、安全情况，发现问题应立即纠正或采取补救措施解决。

（4）做好现场施工调度，解决现场劳动力、原材料、半成品、周转材料、工具、机械设备、运输车辆、安全设施、施工水电、季节施工、施工工艺技术及现场生活设施等出现的供需矛盾。

(5) 监督施工中的自检、互检、交接检制度和工程隐检、预检的执行情况，督促做好分部分项工程的质量评定工作。

4. 技术资料的记录和积累

在施工过程中，施工员应做好每项技术的记录和积累，主要包括：

(1) 做好施工日志，隐蔽工程记录，填报工程完成量，办理预算外工料的签证。

(2) 做好质量事故处理记录。

(3) 做好混凝土砂浆试块试验结果，质量“三检”情况记录的积累工作，以便工程交工验收、决算和质量评定的进行。

1.2.3 水利水电工程施工员的职责、权利和义务

1. 施工员的职责

在工程施工阶段，施工员可以代表施工单位与业主、分包单位联系、协商问题，协商施工现场的施工、设计、材料供应、工程预算等各方面的工作。施工员对项目经理负责，参与对工程项目的全面管理，保证工程的顺利完成。施工员的主要职责有：

(1) 在项目经理和施工技术负责人的领导下，负责所承担的施工作业区、段的施工组织安排和施工管理工作，协助施工监理，与施工班组一起核实工程量、提高工程量准确性。

(2) 负责工程项目的施工质量，对工程技术质量、安全工作负责。

(3) 熟悉施工图纸，了解工程概况，绘制现场平面布置图，搞好现场布局。对设计要求、质量要求、具体作法要有清楚的了解，组织班组认真按图施工。

(4) 参与工程施工项目的施工现场勘察、测量、施工组织和现场交通安全防护设置等具体工作，组织班组努力完成临时设施修筑等工程任务，对施工中的有关问题及时解决，向上报告并保证施工进度。

(5) 参加图纸会审，审理和解决图纸中的疑难问题，碰到大的技术问题负责与业主和设计部门联系，妥善解决。坚持按图施工，分项工程施工前应写出书面技术交底。

(6) 参与班组技术交底、工程质量、安全生产交底、操作方法交底。严守施工操作规程，严抓质量、确保安全，负责对新工人上岗前培训，教育督促工人不违章作业。

(7) 编制单位工程生产计划。填写施工日志和隐蔽工程的验收记录，配合质量员整理技术资料和施工质量管理，按时下达各部位混凝土配合比。

(8) 对质量低劣或不符合施工规范规定和设计要求的原材料、设备、成品或半成品、安全防护用品等，有权禁止使用。

(9) 按照安全操作规程规定和质量验收标准要求，组织班组开展质量、安全的自检、互检，努力提高工人技术素质和自我防护能力。对施工现场设置的安全设施和机械设备等安全防护装置经组织验收合格后方可进行工程项目的施工。

(10) 认真做好隐蔽工程分部分项及单位工程竣工验收签证工作，收集整理、保存技术的原始资料，办理工程变更手续。负责工程竣工后的决算上报。

(11) 协助项目经理做好工程资料的收集、保管和归档。

2. 施工员的权利

（1）在分部分项、单位工程施工中，在行政管理上有权对现场劳动人员组合、人员调动等做出处理和决定，发现问题，应及时请示和报告有关部门。

（2）根据施工要求，对劳动力、施工机具和材料等，有权合理使用和调配。

（3）对上级已批准的施工组织设计、施工方案和技术安全措施等文件，要求施工班组认真贯彻执行，未经有关人员同意，不得随意变动。

（4）对不服从领导和指挥，违反劳动纪律和违反操作规程人员，经多次说服教育不改者，有权停止其工作，并作出严肃处理。

（5）发现不按施工程序施工，不能保证工程质量和安全生产的现象，有权加以制止，并提出改进意见和措施。

（6）督促检查施工班组做好考勤日报，检查验收施工班组的施工任务书，发现问题进行处理。

3. 施工员的义务

（1）努力学习和认真贯彻建筑施工方针政策和有关部门规定，运用好国家有关部门的技术标准、施工规范、操作规程和先进单位的施工经验，不断提高施工技术和施工管理水平。

（2）牢固树立“百年大计，质量第一”的思想，以为用户服务和对国家、对人民负责的态度，坚持工程回访和质量回访制度，虚心听取用户的意见和建议。

（3）对上级下达的各项经济技术指标，应积极、主动地组织施工人员完成任务。

（4）正确树立经济效益和社会效益、环境效益统一的观点。

（5）信守合同、协议，做到文明施工、工完场清，保证工期。

（6）主动、积极做好施工班组的思想政治工作，关心职工生活。

本章习题

1.1.1　水利水电工程施工特点是什么？

1.1.2　水利水电工程施工员的作用以及与其他岗位人员关系是什么？

1.1.3　水利水电工程施工员基本条件和主要任务是什么？

1.1.4　水利水电工程施工员的职责、权利和义务有哪些？

第 2 章　洪水标准及工程等级

教学要求：了解洪水标准和工程等级的划分；了解水库的特征水位和特征库容；熟悉水工建筑的分类及特点；了解水工建筑物病害及其处理。

2.1　洪水标准及工程等级的划分

2.1.1　洪水标准

在水利水电工程设计中，不同等级的建筑物所采用的按某种频率或重现期表示的洪水称为洪水标准，包括洪峰流量和洪水总量。

永久性水工建筑物所采用的洪水标准，分为设计洪水标准和校核洪水标准两种情况。临时性水工建筑物的洪水标准，应根据建筑物的结构类型和级别，结合风险度综合分析，合理选择，对失事后果严重的，应考虑超标准洪水的应急措施。各类水利水电工程的洪水标准应按《水利水电工程等级划分及洪水标准》（SL 252—2000）确定。

1. 永久性水工建筑物的洪水标准

水利水电工程永久性水工建筑物的洪水标准，应按山区、丘陵区和平原区、滨海区分别确定。江河采取梯级开发方式，在确定各梯级永久性水工建筑物的洪水标准时，还应结合江河治理和开发利用规划，统筹研究，相互协调。

（1）山区、丘陵区水利水电工程永久性水工建筑物的洪水标准，应按表 1.2.1 确定。

表 1.2.1　　山区、丘陵区水利水电工程永久性水工建筑物的洪水标准［重现期（年）］

项　目		水工建筑物级别				
		1	2	3	4	5
设计		1000 ~ 500	500 ~ 100	100 ~ 50	50 ~ 30	30 ~ 20
校核	土石坝	可能最大洪水（PMF）或 10000 ~ 5000	5000 ~ 2000	2000 ~ 1000	1000 ~ 300	300 ~ 200
	混凝土坝、浆砌石坝	5000 ~ 2000	2000 ~ 1000	1000 ~ 500	500 ~ 200	200 ~ 100

（2）平原区永久性水工建筑物洪水标准，应按表 1.2.2 确定。

表 1.2.2　　平原区水利水电工程永久性水工建筑物的洪水标准［重现期（年）］

项目		永久性水工建筑物级别				
		1	2	3	4	5
水库工程	设计	300 ~ 100	100 ~ 50	50 ~ 20	20 ~ 10	10
	校核	2000 ~ 1000	1000 ~ 300	300 ~ 100	100 ~ 50	50 ~ 20
拦河工程	设计	100 ~ 50	50 ~ 30	30 ~ 20	20 ~ 10	10
	校核	300 ~ 200	200 ~ 100	100 ~ 50	50 ~ 30	30 ~ 20

（3）潮汐河口和滨海区水利水电工程永久性水工建筑物的洪水标准，应按表1.2.3确定。

表 1.2.3　　潮汐河口段和滨海区水利水电工程永久性水工建筑物的潮水标准

永久性水工建筑物级别	1	2	3	4、5
设计潮水位重现期（年）	≥100	100 ~ 50	50 ~ 20	20 ~ 10

当山区、丘陵区的水利水电工程永久性水工建筑物的挡水高度低于15m，且上下游最大水头差小于10m时，其洪水标准宜按平原、滨海区标准确定。当平原区、滨海区的水利水电工程其永久性水工建筑物的挡水高度高于15m，且上下游最大水头差大于10m时，其洪水标准宜按山区、丘陵区标准确定。

2. 临时性水工建筑物的洪水标准

临时性水工建筑物的洪水标准，应在表1.2.4的幅度内，考虑风险度综合分析，合理选用。

表 1.2.4　　临时性水工建筑物洪水标准［重现期（年）］

临时性建筑物类型	临时性水工建筑物级别		
	3	4	5
土石结构	50 ~ 20	20 ~ 10	10 ~ 5
混凝土、浆砌石结构	20 ~ 10	10 ~ 5	5 ~ 3

2.1.2　工程等级的划分

1. 水利水电工程等级划分

根据《水利水电工程等级划分及洪水标准》（SL 252—2000）的规定，水利水电工程根据其工程规模、效益以及在国民经济中的重要性，划分为Ⅰ、Ⅱ、Ⅲ、Ⅳ、Ⅴ五等，适用于不同地区、不同条件下建设的防洪、灌溉、发电、供水和治涝等水利水电工程，见表1.2.5。

表 1.2.5　　　　　　　　水利水电工程分等指标

工程等级	工程规模	水库总库容 (10^8m^3)	防洪		治涝	灌溉	供水	发电
			保护城镇及工矿企业的重要性	保护农田 (10^4 亩)	治涝面积 (10^4 亩)	灌溉面积 (10^4 亩)	供水对象的重要性	装机容量 (10^4kW)
Ⅰ	大（1）型	≥10	特别重要	≥500	≥200	≥150	特别重要	≥120
Ⅱ	大（2）型	10～1.0	重要	500～100	200～60	150～50	重要	120～30
Ⅲ	中型	1.0～0.10	中等	100～30	60～15	50～5	中等	30～5
Ⅳ	小（1）型	0.10～0.01	一般	30～5	15～3	5～0.5	一般	5～1
Ⅴ	小（2）型	0.01～0.001		<5	<3	<0.5		<1

注　1. 水库总库容指水库最高水位以下的静库容。
　　2. 治涝面积和灌溉面积指设计面积。

对于综合利用的水利水电工程，当按各综合利用项目的分等指标确定的等别不同时，其工程等别应按其中的最高等别确定。

2. 水工建筑物的级别

水利水电工程中水工建筑物的级别，反映了工程对水工建筑物的技术要求和安全要求。应根据所属工程的等别及其在工程中的作用和重要性分析确定。

（1）永久性水工建筑物级别。水利水电工程的永久性水工建筑的级别应该根据建筑物所在工程的等别，以及建筑物的重要性确定为五级，分别为1级、2级、3级、4级、5级，见表1.2.6。

表 1.2.6　　　　　　　　永久性水工建筑物级别

工程等别	主要建筑物	次要建筑物	工程等别	主要建筑物	次要建筑物
Ⅰ	1	3	Ⅳ	4	5
Ⅱ	2	3	Ⅴ	5	5
Ⅲ	3	4			

堤防工程水工建筑物的级别，应该按照《堤防工程设计规范》（GB 50286—98）确定。

（2）临时性水工建筑物级别。对于水利水电工程施工期使用的临时性挡水和泄水建筑物的级别，应根据保护对象的重要性、失事造成的后果、使用年限和临时建筑物的规模，按表1.2.7确定。对于同时分属于不同级别的临时性水工建筑物，其级别应按照其中最高级别确定。但对于3级临时性水工建筑物，符合该级规定的指标不得少于两项。

表 1.2.7　　　　　　　　　　临时性水工建筑物级别

级别	保护对象	失事后果	使用年限（年）	临时性水工建筑物规模	
				高度（m）	库容（亿 m^3）
3	有特殊要求的1级永久性水工建筑物	淹没重要城镇、工矿企业、交通干线或推迟总工期及第一台（批）机组发电，造成重大灾害和损失	>3	>50	>1.0
4	1、2级永久性水工建筑物	淹没一般城镇、工矿企业、交通干线或影响总工期及第一台（批）机组发电，造成较大经济损失	3～1.5	50～15	1.0～0.1
5	3、4级永久性水工建筑物	淹没基坑，但对总工期及第一台（批）机组发电影响不大，经济损失较小	<1.5	<15	<1.0

3. 水工建筑物级别的提高

（1）永久性水工建筑物级别的提高。对于2～5级的永久性水工建筑物，若失事后造成巨大损失，或者对水利水电工程造成十分严重影响的，经过论证并报主管部门批准，其级别可提高一级。

水库大坝按表1.2.6规定为2级、3级的永久性水工建筑物，如果坝高超过规定的指标，其级别可提高一级，但洪水标准不予提高。

当永久性水工建筑物基础的工程地质条件复杂时，其基础设计参数不易准确确定，或者采用新型结构，对于2～5级的建筑物，其级别可以提高一级，但洪水标准不予提高。

（2）临时性水工建筑物级别的提高。利用临时性水工建筑物挡水发电、通航时，经过技术经济论证，3级以下临时性水工建筑物的级别可以提高一级。

4. 水工建筑级别的降低

对于失事后造成损失不大的水利水电工程，其1～4级主要永久性水工建筑物的级别，经过论证并报主管部门批准，可降低一级。

2.1.3　水库特征水位及水库特征库容

1. 水库特征水位

（1）校核洪水位。水库遇大坝的校核洪水时在坝前达到的最高水位。

（2）设计洪水位。水库遇大坝的设计洪水时在坝前达到的最高水位。

（3）防洪高水位。水库遇下游保护对象的设计洪水时在坝前达到的最高水位。

（4）防洪限制水位（汛前限制水位）。水库在汛期允许兴利的上限水位，也是水库汛期防洪运用时的起调水位。

（5）正常蓄水位（正常高水位、设计蓄水位、兴利水利）。水库在正常运用的情况下，为满足设计的兴利要求在供水期开始时应蓄到的最高水位。

（6）死水位。水库在正常运用的情况下，允许消落到的最低水位。

2. 水库特征库容

（1）静库容。坝前某一特征水位水平面以下的水库容积。

（2）总库容。校核洪水位（最高洪水位）以下的水库静库容。

（3）防洪库容。防洪高水位至防洪限制水位之间的水库容积。

（4）调洪库容。校核洪水位至防洪限制水位之间的水库。

（5）兴利库容（有效库容、调节库容）。正常蓄水位至死水位之间的水库容积。

（6）共用库容（重复利用库容、结合库容）。正常蓄水位至防洪限制水位之间汛期用于蓄洪、非汛期用于兴利的水库容积。

（7）死库容。死水位以下的水库容积。

2.2 水工建筑物的分类及特点

1. 水工建筑物的分类

水工建筑物一般按它的作用、用途和使用时期等来进行分类。

（1）按作用分类。水工建筑物按其作用可分为挡水建筑物、泄水建筑物、输水建筑物、取（进）水建筑物、整治建筑物以及专门为灌溉、发电、过坝需要而兴建的建筑物。

1）挡水建筑物是用来拦截江河，形成水库或雍高水位的建筑物，如各种坝和水闸以及沿江河海岸修建的抗御洪水的堤防、海塘等。

2）泄水建筑物是用于宣泄多余洪水量、排放泥沙和冰凌，以及为了人防、检修而放空水库、渠道等，以保证大坝和其他建筑物安全的建筑物；如各种溢流坝、坝身泄水孔、岸边溢洪道和泄水隧洞等。

3）输水建筑物是为了发电、灌溉和供水的需要，从上游向下游输水用的建筑物，如引水隧洞、引水涵盖、渠道、渡槽、倒虹吸等。

4）取（进）水建筑物是输水建筑物的首部建筑物，如引水隧洞的进水口段、灌溉渠首和供水用的进水闸、扬水站等。

5）整治建筑物是用以改善河流的水流条件，调整河流水流对河床及河岸的作用以及为防护水库、湖泊中的波浪和水流对岸坡冲刷的建筑物，如丁坝、顺坝、导流堤、护底和护岸等。

6）专门为灌溉、发电、过坝需要而兴建的建筑物。如专为发电用的引水管道、压力前池、调压室、电站厂房；专为灌溉用的沉沙池、冲砂闸、渠系上的建筑物；专为过坝用的升船机、船闸、鱼道、过木道等。

（2）按用途分类。水工建筑物按其用途可分为一般性建筑物和专门性建筑物。

1）一般性水工建筑物具有通用性，如挡水坝、水闸等。

2）专门性水工建筑物仅用于某一个水利水电工程，只实现其特定的用途。专门性水工建筑物又分为水电站建筑物、水运建筑物、农田水利建筑物、给水排水建筑物、过鱼建筑物等。

（3）按使用时期分类。水工建筑物按使用时期分为永久性建筑物和临时性建筑物。

1）永久性建筑物是指工程运行期间长期使用的水工建筑物。根据其重要性又分为主要建筑物和次要建筑物。主要水工建筑物是指失事后将造成下游灾害或严重影响工程效益的建筑物，如大坝、水闸、泄洪建筑物、输水建筑物及电站厂房等；次要水工建筑物是指失事后将不致造成下游灾害，或者对工程效益影响不大并易于修复的建筑物，如挡土墙、导游墙、工作桥及护岸等。

2）临时性建筑物是指工程施工期间使用的建筑物，如围堰、导流明渠等。

2. 水工建筑物的特点

（1）工作条件复杂。水工建筑物的地基有岩基，也有土基，情况往往比较复杂。在岩基中经常会遇到节理、裂隙、断层、破碎带、软弱夹层等地质构造；在土基中，可能会遇到压缩性大的土层，也可能会遇到流动性较大的细砂层。这些地质条件必须认真进行地基处理。

水工建筑物的形式，受地形、地质、水文、施工等条件的影响，因此，每个水工建筑物都有其自身的特定条件，都具有一定的个别性。

由于上、下游存在水位差，水工建筑物一般要承受相当大的水压力作用，因此水工建筑物及其地基必须具有足够的强度、稳定性。高水头的泄水在做好消能防冲工作的同时，还应防止高速水流产生的气蚀、磨损等破坏；另外，渗流不仅增加了建筑物荷载，也可能造成建筑物失事。

在多泥沙河流中，水工建筑物将长期受泥沙淤积产生的淤沙压力作用，同时在泄洪或发电时，还会受到泥沙的磨损作用，严重时将影响建筑物的正常工作甚至影响其寿命。

（2）施工难度大。在河道中修建的水工建筑物，需要首先解决好施工导流和截流工作，施工技术复杂，施工难度大。截流、导流、度汛需要抢时间，争进度，而且往往是在水中施工，施工程度、施工强度和施工组织出现丝毫疏漏，将延误工期，并造成损失。

水工建筑物的工程量一般都比较大，建筑物往往需要开挖一定深度的基坑，还要做一些相当复杂的基础处理。另外，水工建筑物中的大体积的混凝土结构，面临必须解决混凝土的施工及大体积混凝土的温度控制措施问题。

水工建筑物往往是水下工程、地下工程多，施工条件差，施工干扰多，施工期限长，施工场地狭窄，交通运输困难，施工难度相当大。

（3）环境影响大。水工建筑物，尤其是大型水利枢纽，具有显著的经济效益、社会效益和环境效益，但也会对环境造成负面影响，如蓄水区的土地淹没、移民、水生生态系统的破坏、建筑物上游泥沙淤积、下游河道冲刷、诱发地震等问题，需要进行严格的环境影响评价，并采取有效措施，保护环境。

（4）失事的后果严重。作为蓄水、挡水的水工建筑物，其破坏和失事往往会给国家和社会造成巨大灾害和损失。

2.3 水工建筑物病害及其处理

2.3.1 土石坝病害及其处理

1. 土石坝病害监测

土石坝的日常检查和定期重点检查是土石坝养护维修的基础。土石坝日常检查按《土石坝安全监测技术规范》（SL 60—94）中有关内容进行，每次检查都应做好记录，发现异常现象应详细记录并及时上报。日常检查中应注意以下方面：

（1）护坡是否完好，有无草皮损坏、砌块松动、塌滑、垫层流失、护坡架空等现象。

（2）大坝的坡面有无裂缝、塌坑、隆起等现象。

（3）大坝下游坡面有无散浸，下游坝脚及坝下埋管出口处有无异常渗漏或管涌、流土现象。排水系统是否通畅，导渗降压设施有无异常或破坏现象。

（4）坝上有无害虫、害兽洞迹，有无杂草丛生、杂物堆积现象。

（5）近坝水面有无冒泡、变浑、漩涡等异常现象。

土石坝在汛前和汛后都要进行定期的全面检查。在日常检查中发现隐患，当原因或状态不清时要对坝体内部作重点检查。内部检查的主要方法有：槽探、井探和注水检查洞穴、管涌、深层裂缝，同位素检查法以检查坝体渗漏通道和渗流量，甚低频电磁法检查多用于坝基础断层破碎带或石灰岩喀斯特洞的渗水隐患检查。甚低频电磁波的波长长、功率大、穿透能力强，具有衰减小、传播距离远、场强稳定等特点，该方法曾用在湖南省方圆水库和新太县东周水库的坝基石灰岩破碎带的渗水隐患检查，查找渗水点准确，并确定了坝基的钻孔灌浆位置，消除了隐患。

护坡破坏的主要原因是雨水和风浪冲刷、渗漏塌陷、坝体不均匀沉陷、人为活动等。当护坡受到较大破坏时，要安排工程及时维修，防止扩大破坏面。

2. 土石坝病害处理

（1）土石坝的防渗处理。土石坝的防渗处理原则为“上截与下排”。其常用方法有：

1）抛土防渗。当已知土石坝的黏土铺盖或坝体斜墙的渗水部位和渗水原因后，水库又不能放空时，可采取临时抢险的抛土防渗措施。此法比较简单，可用船只、浮筏等将土料运到指定地点，抛入水中，对集中漏水部位，先抛砂袋，待孔口堵住后再抛土。一般抛土形成的防渗层厚度不应少于1m。土料应选用在水中容易崩解的黏性土。

2）加厚黏土铺盖、黏土斜墙。当坝基或坝体渗水严重，有放空水库条件，又有黏土材料时，可采用加厚黏土铺盖或斜墙的方法。选用黏土材料和施工方法都应按碾压土石坝设计与施工的有关规定进行。黏土铺盖的有效长度为水头的5～8倍，渗水严重的加长到8～10倍，其前端厚度1～2m，靠近坝址逐渐加厚到4～5m。

加厚黏土斜墙法在坝体或坝岸坡上进行。贴坡加厚的范围要大于渗漏面范围，防止绕渗。贴坡的厚度随水头增加而增加，最低不小于0.5m，最厚可达3m。

施工时要特别注意将原有铺盖或斜墙的损坏部位处理好，对于集中漏水处或塌坑，要采用开挖削坡、埋管灌浆等方法进行特殊处理。

3）建造黏土截水墙。放空水库后在上游坝脚处建造黏土截水墙。截水墙的底宽不少于水头的1/5，截水墙深入到不透水层0.5～1.0m。回填用黏性土，夯实密度同黏土斜墙，比较深时可分段施工。

4）坝脚导渗。导渗是下排的一种常见方法，在坝脚处增加排水设施和改善原来的排水体，它因能增加坝体或坝基的排水功能而不致引起渗透破坏。导渗分坝体导渗和坝下游导渗两种形式。坝体导渗采用导渗沟或导渗砂槽，坝下游导渗常采用导渗明沟和导渗暗沟。导渗明沟垂直于坝轴线，导渗暗沟平行于坝轴线。不论哪种形式，都要在充分论证的基础上确定。

5）减压井和压渗。减压井也是一种有效的增加排水、减少压力的措施。技术比较复杂，只有在坝基有较强的透水层，其渗水又不能顺利地排出时，才采用减压井进行导渗。减压井由过滤层、引水和排水设施等部分组成。压渗方法是坝脚处增加排水和加压重以利坝脚稳定的一种措施。在坝脚渗水露出地面的范围内，清除杂物做反滤层，在此铺填一定厚度的土料或石料。压渗的厚度和范围视渗漏情况确定。

6）建造黏土防渗帷幕。采用灌浆方法在坝体或坝基上建造防渗帷幕，灌浆帷幕应与土坝防渗体联在一起。

7）混凝土防渗墙。它的防渗效果好，但技术较复杂，成本高，一般在其他措施不能满足时采用。

8）砂浆板桩防渗墙。砂浆板桩是利用机械将工字钢制成的钢板桩打入到设计防渗深度，然后缓缓拔起钢板桩，同时通过钢板桩上的灌浆管向钢板桩拔起后的空腔灌入水泥砂浆。边拔边灌，水泥砂浆凝固后即形成砂浆板桩防渗墙。多用于低坝或地基的防渗除险工程。

9）高压喷射灌浆防渗。利用高压设备可将10～50MPa的砂浆从喷嘴中喷出。使灌入的浆液与被切割破坏土体掺搅混合，改善和提高浆液灌注的密实度和胶结强度。

（2）土石坝滑坡处理。

1）开挖回填。凡坝体中有软弱夹层或坝基中有淤泥层、液化的细砂层等时，都应采用开挖回填的办法。首先将已松动的滑坡体和软弱夹层彻底清除，然后按坝体填筑标准施工，恢复原坝的断面尺寸。

2）防渗加固。凡坝体滑坡是由于库水位骤降或坝体浸润线过高引起时，应采取防渗加固措施。除清除杂物外，应根据施工条件在上游增设防渗体，在下游改善排水设施或增加导渗沟，降低坝体内浸润线，增加坝坡稳定性。

3）放缓坝体压重坡脚。凡是因坝体单薄、坝坡较陡而引起的滑坡，应采取加厚坝体、放缓坝坡，并在滑动的坝脚压重增加防滑力，增强坝坡的稳定性。

（3）土石坝的裂缝处理。土石坝的裂缝是最常见的病害。裂缝可能成为渗漏的途径，在渗流作用下发生管涌、渗透变形，可引起大坝失事。裂缝是滑坡的前兆，可引起坝坡失稳，发展成大坝失事。因此，土石坝上一旦发现裂缝，都要弄清原因、产状、部位，采取有效的措施，及时消除、补强。

1）开挖回填。开挖回填是处理裂缝比较彻底的方法，施工简单、效果好，多适用于2m以内表层裂缝和防渗斜墙的裂缝。开挖回填断面多为梯形，有的是楔入形，沿缝方向应为十字形。开挖的长度要超出缝长至少1m，深度要超出缝深至少0.5m，开挖底部宽要大于0.5m。回填用土料要优选，对不均匀沉陷裂缝要选用塑性大的土料，对于干缩、冻胀的裂缝要选用含水量低的土料。回填土料要严格控制质量，分层夯实。开挖处理裂缝最好在枯水季节进行。坝体表面由于冻胀或干缩而出现龟纹裂缝，可以用较简单的翻松夯实的方法处理。处理时可将裂缝区域的土料翻松，加水润湿并夯实。翻松土料的深度要超过裂缝深度。夯实后坝面要达到设计规定的标准，不足的部位要补充新土。

2）坝体充填灌浆或劈裂灌浆。当开挖回填工程太大，影响水库运用时，可用坝体充填灌浆方法处理。坝体裂缝部位较深时，裂缝上部用开挖回填，下部用充填灌浆方法相结合进行。

2.3.2 混凝土坝病害及其处理

1. 混凝土坝病害监测

（1）借助望远镜、照相机、摄像机、卷尺、罗盘仪等目测检查主要检查大坝混凝土裂缝、风化、冻融、剥蚀、空蚀、冲刷磨损、渗水及流浆等。

（2）用摄影经纬仪对坝面进行摄影检查。绘出破损调查图；标出破损面积、边界线，注出平均和最大深度；绘出表面裂缝，标出长度、宽度和深度。

（3）用混凝土回弹法或射钉法测定坝面混凝土表面强度。

（4）用1%酒精酚酞溶液进行混凝土碳化测试，电锤打孔后用游标卡尺等量测碳化深度。

（5）用混凝土保护层厚度仪检测保护层厚度。

（6）采用钢筋锈蚀检测仪或用电化学法及破样检查法测定钢筋锈蚀情况。

（7）在严寒地区，应采用冻融循环次数记录仪进行混凝土表面冻融循环次数的观测。

（8）通过测定超声波、弹性波层析检测法（又称大坝CT）计算和判定混凝土强度、动弹性模量、裂缝及深度、空洞。

（9）对大坝怀疑有缺陷部位采用特硬或金刚石钻头、大孔径、反循环、双管取芯钻孔。

（10）对大坝混凝土表面白色钙质析出物进行目测调查分析，可定性了解大坝混凝土溶蚀情况。

（11）库水、坝体和坝基排水孔排水、坝下游面渗水，定期定点取样，进行水质化学分析，同时观测排水量、渗水量，可定量了解大坝混凝土和坝基帷幕溶蚀情况。

（12）采用手锤敲击或用中子探测新技术核子混凝土质检仪检测，不仅可检测空洞面积，也可检测空洞深度。

（13）采用潜水员、潜水器、水下电视、水下机器人等水下检查措施，检查上、下游坝面等水下混凝土有无破损、钢筋裸露、蜂窝、孔洞等，检查水下门槽、导轨及止水设备等有无破损情况及变形。

2. 混凝土坝病害处理

（1）混凝土坝表面破损及修补一般按“凿旧补新”原则进行修补。凿除破损的混凝土，回填具有高抗冻性能的优质修补材料，必要时还应采取防水、止漏和排水等措施。

（2）渗漏的处理方法。一般点渗采用直接堵漏、下管堵漏、木楔堵漏或灌浆堵漏等方法。面渗漏的处理方法常采用表面覆盖法，先导渗后堵漏法等。

（3）裂缝的处理。一般裂缝的补修方法主要有表面喷涂、表面贴补、填充（嵌缝）、灌浆处理、缝合（锚固）、预应力锚固、真空注入、加绷带等方法。活动裂缝的补修方法可采用活动接头法，即沿裂缝走向开槽，使嵌缝材料与两侧边黏结，但底部先放多孔弹性或柔软光滑材料，不黏结，使嵌缝材料沿缝宽可自由变形。大面积裂缝的补修主要方法有沥青混凝土防渗面板、薄膜防渗、环氧厚浆防护涂料等。

本章习题

1.2.1　洪水标准指的是什么？

1.2.2　水利水电工程等级划分几等？根据什么来划分？8 亿 m^3 库容的水库属于几等工程？

1.2.3　临时建筑物的级别分哪几级？临时建筑物级别提高或降低有何具体要求？

1.2.4　水工建筑物按作用分哪几类？水工建筑物特点有哪些？

1.2.5　水工建筑物病害有哪些？如何处理？

第3章 水工建筑材料

教学要求：了解水工建筑材料的类型及其分类；熟悉水工建筑材料的基本性质；掌握水泥、混凝土及外加剂、水工钢材、土工合成材料的应用。

3.1 概述

1. 材料的组成、结构与构造

材料的组成、结构与构造是决定材料性质的内部因素。

（1）材料的组成。材料组成是指材料所含物质的种类及含量，是区别物质种类的主要依据，分为化学组成、矿物组成和相组成。

1）化学组成。材料的化学组成是指构成材料的化学元素及化合物的种类及数量。金属材料的化学组成以元素含量表示；无机非金属材料常以各种氧化物的含量表示；有机材料则以各种化合物的含量表示。

2）矿物组成。矿物是具有一定的化学成分和结构特征的单质或化合物。矿物组成是指构成材料的矿物的种类和数量。

3）相组成。材料中具有相同物理、化学性质的均匀部分称为相。一般可分为气相、液相和固相。

材料的组成不同，其物理、化学性质也不相同。如普通钢材在大气中容易生锈，而不锈钢（炼钢时加入适量的铬或镍）则不易生锈。可见，选用材料时，通过改变材料的组成可以获得满足工程所需性质的新材料。

（2）材料的结构与构造。材料的结构与构造是指材料的微观组织状态和宏观组织状态。材料组成相同而结构与构造不同的材料，其技术性质也不相同。

1）材料的结构。材料的结构按其成因及存在形式可分为晶体结构、非晶体结构及胶体结构。

2）材料的构造。材料的构造是指材料结构间单元的相互组合搭配情况。按构造不同，材料可分为聚集状、多孔状、纤维状、片状或层状等。

一般而言，聚集状和多孔状的材料具有各向同性，纤维状及层状构造的材料具有各向异性。由于材料结构间的组合搭配，材料内部存在孔隙，孔隙对材料的性质影响很大。

2. 材料的物理性质

（1）密度、表观密度与堆积密度。

1）密度。密度是指材料在绝对密实状态下单位体积的质量。材料在绝对密实状态下的体积，可将材料磨制成规定细度的粉末，用排液法求得。

2）表观密度。表观密度是指材料在自然状态下单位体积的质量。材料在自然状态下的体积，可直接用排液法求得（按材料的外形计算或蜡封材料表面用排液法求体积所算出的表观密度旧称容重）。材料的表观密度与材料的含水状态有关，含水状态不同，材料的质量及体积均会发生改变，故在提供材料的表观密度的同时，应提供材料的含水率。

3）堆积密度。堆积密度是指材料在规定的装填条件下，单位松散体积的质量。散粒材料的松散体积包括固体颗粒体积、颗粒内部孔隙体积和颗粒之间的空隙体积。松散体积用容量筒测定。堆积密度与材料的装填条件及含水状态有关。

（2）材料的孔隙率与空隙率。

1）孔隙率。孔隙率指块状材料中孔隙体积与材料在自然状态下总体积的百分比。

常用材料的密度、表观密度及孔隙率见表1.3.1。

表1.3.1　常用材料的密度、表观密度及孔隙率

材　料	密度（g/cm^3）	表观密度（g/cm^3）	孔隙率（%）
花岗岩	2.6～2.9	2.5～2.8	0.5～1.0
普通黏土砖	2.5～2.8	1.5～1.8	20～40
普通混凝土		2.3～2.5	5～20
沥青混凝土		2.3～2.4	2～4
松木	1.55～1.60	0.38～0.7	55～75
砂	2.6～2.7	1.4～1.6	40～45
建筑钢材	7.85	7.85	0

2）空隙率。散粒材料在松散状态下，颗粒之间的空隙体积与松散体积的百分比称为空隙率。

（3）亲水性与憎水性。材料在空气中与水接触，根据其能否被水润湿，将材料分为亲水性材料和憎水性材料。混凝土、砖石、木材等大多数材料属于亲水性材料，沥青、石蜡等少数材料属于憎水性材料。憎水性材料能阻止水分渗入其毛细管中，可用作防水材料。

（4）吸水性。材料与水接触或在潮湿的空气中吸收水分的性质称为吸水性。材料吸水后会对工程产生不良影响。如受潮后的材料表观密度、导热性增大，强度、抗冻性降低。

（5）耐水性。材料在水作用下不破坏、强度也不显著降低的性质，称为耐水性。一般情况下，潮湿的材料均较干燥时强度低，主要是因为浸入的水分削弱了材料微粒间的结合力，同时材料内部往往含有一些易被水软化或溶解的物质（如黏土、石膏等）。

材料的耐水性以软化系数表示，受水浸泡或长期受潮的重要结构材料，其软化系数不宜小于0.85；受潮较轻或次要的结构材料，其软化系数不宜小于0.7。

（6）抗渗性。材料抵抗压力水渗透的性质，称为抗渗性。抗渗性常用渗透系数和抗渗等级表示。

（7）抗冻性。材料在水饱和状态下，经受多次冻融循环作用而不破坏，其强度也不显著降低的性质，称为抗冻性。

抗冻性试验通常是将规定的标准试件浸水饱和后，在－15℃的温度条件下冻结一定时间，然后在室温的水中融化，进行反复冻融，试件强度降低及重量损失值不超过规定值、材料表面无明显损伤，所对应的最大循环次数，定为该材料的抗冻等级。材料的抗冻性用抗冻等级“F_i”表示，“i”表示冻融循环次数。

3. 材料的力学性质

材料在外力（荷载）作用下的变形性质和抵抗破坏的性质，称为材料的力学性质。

（1）材料的变形性质。材料在外力作用下会发生形状、体积的改变，即变形。当外力除去后，能完全恢复原有形状的性质，称为材料的弹性，这种变形称为弹性变形。材料在外力作用下产生变形，但不破坏，除去外力后材料仍保持变形后的形状、尺寸的性质，称为材料的塑性，这种变形称为塑性变形。

有些材料在受力不大时，表现为弹性变形，当外力超过一定限度后，材料产生塑性变形（如低碳钢）；有些材料受力后，弹性变形和塑性变形同时产生，除去外力后，弹性变形可以恢复，而塑性变形则不能恢复（如混凝土）。

通常在规定的试验条件下，按规定的试验方法对材料加荷，按材料在破坏前有无显著变形，将材料分为塑性材料和脆性材料两类。混凝土、砖瓦、生铁及石料等建筑材料，在受力破坏之前均无显著变形，称为脆性材料。反之则称为塑性材料。

（2）材料的强度。材料抵抗静荷载作用而不破坏的能力，称为静力强度。静力强度以材料试件按规定的试验方法，在静荷载作用下达到破坏时的极限应力值表示。

根据外力作用方式不同，静力强度可分为抗拉强度、抗压强度、抗弯（折）强度及抗剪强度。

不同种类的材料具有不同的强度特点，一般脆性材料具有较高的抗压强度，而抗拉、抗弯强度均较低。塑性材料的抗压及抗拉强度大致相同。纤维状的材料具有顺纹强度较高的特点。应根据材料在工程中的受力特性合理选用。

（3）材料的其他力学性质。

1）冲击韧性。材料抵抗冲击或振动荷载作用而不破坏的能力，称为冲击韧性。桥梁、路面、吊车梁及某些设备基础等有冲击抗震要求的结构，应考虑材料的冲击韧性。建筑钢材、木材的冲击韧性较好，而脆性材料的冲击韧性均较差。

2）硬度。材料表面抵抗其他较硬物体压入或刻划的性能称为硬度。不同材料硬度的测定方法不同，矿物质材料硬度按刻划法（莫氏硬度）分为10级，钢材的硬度常用钢球压入法（布氏硬度）测定。硬度大的材料具有耐磨性较强、强度较高的特点，但不易机械加工。

3）磨损及磨耗。材料表面在外界物质的摩擦作用下，其质量和体积减小的现象称为磨损，磨损用磨损率表示。磨损及磨耗统称为材料的耐磨性。材料的硬度大、韧性好、构造均匀致密时，其耐磨性较强。多泥沙河流上水闸的消能结构的材料，要求使用耐磨性较强的材料。

3.2 建筑材料的类型及标识

建筑材料的分类方法很多，常按材料的化学成分、来源、功能用途进行分类。

（1）建筑材料按材料的化学成分分类。

1）无机材料。

a. 金属材料。包括黑色金属和有色金属。黑色金属，如合金钢、碳钢、铁等；有色金属，如铝、锌等及其合金。

b. 非金属材料。如天然石材、烧土制品、玻璃及其制品、水泥、石灰、混凝土、砂浆等。

2）有机材料。

a. 植物材料。如木材、竹林、植物纤维及其制品等。

b. 合成高分子材料。如塑料、涂料、胶黏剂等。

c. 沥青材料。如石油沥青、煤沥青、沥青制品等。

3）复合材料。复合材料是指两种或两种以上不同性质的材料经适当组合合为一体的材料。复合材料可以克服单一材料的弱点，发挥其综合特性。以下介绍几种常用的复合材料。

a. 无机非金属材料与有机材料复合。如玻璃纤维增强塑料、聚合物混凝土、沥青混凝土、水泥刨花板等。

b. 金属材料与非金属材料复合。如钢筋混凝土、钢丝网混凝土、塑铝混凝土等。

c. 其他复合材料。如水泥石棉制品、不锈钢包覆钢板、人造大理石、人造花岗岩等。

（2）建筑材料按其材料来源分类。

1）天然建筑材料。如常用的土料、砂石料、木材等。

2）人工材料。如石灰、水泥、金属材料、土木合成材料、高分子聚合物等。

（3）建筑材料按其功能用途分类。

1）结构材料。如混凝土、型钢、木材等。

2）防水材料。如防水砂浆、防水混凝土、紫铜止水片、膨胀水泥、防水混凝土等。

3）胶凝材料。如石膏、石灰、水玻璃、水泥、沥青等。

4）装饰材料。如天然石材、建筑陶瓷制品、装饰玻璃制品、装饰砂浆、装饰水泥、塑料制品等。

5）防护材料。如钢材覆面、码头护木等。

6）隔热保温材料。如石棉板、矿渣棉、泡沫混凝土、泡沫玻璃、纤维板等。

3.3 建筑材料的应用

3.3.1 水工建筑主要材料

1. 筑坝用土石料

筑坝用土石料主要包括土坝（体）壳用土石料、防渗体用土石料与排水设施和砌石护坡用石料。

（1）土坝（体）壳用土石料。最常用于均质土坝的土料是砂质黏土和壤土，要求其应具有一定的抗渗性和强度，其渗透系数不宜大于1×10^{-4}cm/s；黏料含量一般为10%～30%；有机质含量（按重量计）不大于3%，易溶盐含量小于5%。

心墙坝和斜墙坝多用粒径级配较好的中砂、粗砂、砾石、卵石及其他透水性较高、抗剪强度参数较大的混合料。砾石土和风化料也可用作坝壳的材料，但要进行适当的布置和必要的处理。

（2）防渗体用土石料。一般的黏土、砂壤土、壤土、黏质土均可作为防渗体材料。

（3）排水设施和砌石护坡用石料。可采用块石，其饱和抗压强度不小于40MPa，岩石孔隙率不大于3%，吸水率（按孔隙体积比计算）不大于0.8，重度应大于22kN/m^3。此外，还可采用碎石、卵石，不宜使用风化岩石。

2. 建筑石材

岩石由于形成条件不同，分为火成岩（岩浆岩）、水成岩（沉积岩）和变质岩三大类。

（1）火成岩。

1）花岗岩。主要由石英、长石和少量云母所组成，有时还含有少量的暗色矿物如角闪石、辉石等。呈等料结晶质结构，十分致密。由于有立方体节理的存在，故可开采成整齐大块的石料。多用于基础、桥墩、堤坝、拱石、海港结构和基座等。

2）闪长岩。由斜长石、角闪石及少量黑云母与辉石等矿物成分所组成。具有均匀颗粒的结晶结构和块状构造。吸水低、韧性高，耐久性胜过花岗岩。

3）辉长岩。主要由斜长石、辉石和少量橄榄石组成。为等粒结晶质结构和块状构造，具有很高韧性及抗风化性。是良好的水工建筑石料。

4）辉绿岩。由长石、辉石或橄榄石等矿物成分组成，为全晶质中粒或细粒结构，呈块状构造，韧性高，不易磨耗。多用于桥墩、基础、路面及石灰、粉刷材料、原料等。

5）玄武岩。主要由斜长石、辉石或橄榄石组成。结构大多是玻璃质或隐晶质的。构造多为气孔状，也有块状及杏仁状的。主要用作筑路材料、堤岸的护坡材料等。

（2）水成岩。

1）灰岩。矿物成分主要是方解石，此外尚有氧化硅、白云石及黏土等。由于分布广，硬度小，开采加工容易，因此广泛用于一般水利水电工程中。为了避免方解石被侵蚀，使建筑物发生破坏，一般不宜用于含游离CO_2较多或酸性较高的水中。

2）砂岩。由石英砂经天然胶结物胶结而成。有时在其中也有长石、云母和其他矿物颗粒。多用于基础、衬面和人行道等。

（3）变质岩。

1）片麻岩。常用的有花岗片麻岩，由花岗岩变质而成。结晶大多是等粒或斑状的，呈片麻构造，用途与花岗岩基本相同。

2）大理岩。由石灰岩或白云岩变质而成，主要矿物成分为方解石或白云石。用于地面、墙面、柱面、栏杆及电气绝缘板等。

3）石英岩。由砂岩变质而来。均匀致密，耐久性很高，但硬度大，开采加工很困难。不规则的块状石料也可应用于建筑中。

3. 水泥

水泥是水硬性胶凝材料，在水利水电工程中常用来拌制混凝土及砂浆，也常用作灌浆材料。一般常用的品种有：硅酸盐水泥、普通硅酸盐水泥、矿渣硅酸盐水泥、火山灰质硅酸盐水泥及粉煤灰硅酸盐水泥等。

（1）密度和体积质量。硅酸盐水泥密度一般为 $3100 \sim 3200 kg/m^2$。体积质量为 $1000 \sim 1600 kg/m^3$。

（2）细度。水泥颗粒越细水化作用越快且较完全，水泥的早期强度和后期强度都较高，我国规定水泥细度用筛析法检验，在 0.080mm 方孔筛上的筛余量不得超过 12%。

（3）标准稠度用水量。一般在 24% ~30% 之间。

（4）凝结时间。硅酸盐水泥初凝时间不得早于 45min，终凝时间不得迟于 390min。

（5）安定性。安定性是指水泥在凝结硬化过程中，体积变化的均匀性。水泥中含有过量的氧化镁、三氧化硫及游离氧化钙，会导致水泥的安定性不良，造成水泥石结构局部膨胀甚至开裂，破坏了水泥石结构的整体性，严重的会造成工程质量事故。安定性用沸煮法检验必须合格。

（6）强度。水泥的强度是指水泥胶结砂的强度。国家标准规定：水泥和标准砂 1∶30 混合，加入适量水，用软练法制成受压面 40mm×40mm 的试件，在实验室基温的水中分别养护 3d 和 28d 后所测得的抗压和抗折强度。硅酸盐水泥规定设 425、425R、525、525R、625、625R 共 6 个强度等级；普通水泥、矿渣水泥、火山灰质水泥、粉煤灰质水泥及复合硅酸盐水泥设 325、325R、425、425R、525、525R 共 6 个强度等级。

水泥强度等级的选用应根据混凝土的性能要求来考虑。高强度等级的水泥，适用于要求高强度的混凝土或对早强有特殊需要的构筑物；低强度等级的水泥，适用于配制低强度等级的混凝土或配制砌筑砂浆等。

4. 水泥砂浆

新拌砂浆的和易性包括流动性和保水性两个方面。

（1）流动性。沉入度大的砂浆流动性好。通常，砌砖用的砂浆沉入度可为 7 ~10cm；砌石用的砂浆沉入度可为 5 ~7cm。气温高且干燥时用大值，气温低且潮湿时用小值。

（2）保水性。分层度大于 2cm 的砂浆易泌水，而分层度接近于零的砂浆，虽保水性好，但因胶凝材料用量太多，容易发生干缩裂缝。故砂浆的分层度以 1 ~2cm 为宜。

5. 水泥混凝土

（1）水泥混凝土拌和物的和易性。水泥混凝土拌和物的和易性包括流动性、黏聚性、保水性三个方面。坍落度的大小反映了混凝土拌和物的和易性。

（2）混凝土的强度。根据立方体抗压强度标准值（以 MPa 计）的大小，混凝土分为不同的强度等级。

混凝土的抗拉强度，一般约为抗压强度的 7% ~14%，有抗裂要求的结构，除需对混凝土提出抗压强度要求外，还需对抗拉强度提出要求。

施工方法及施工质量、水泥强度及水灰比、骨料种类及级配、养护条件及龄期等均对混凝土的强度有较大影响。

（3）混凝土的耐久性。混凝土要有一定的抗渗性、抗冻性、抗侵蚀性、抗风化性、抗碳化性等，这些性质统称为混凝土的耐久性。

（4）混凝土的配合比。混凝土配合比设计的任务是将水泥、粗细骨料和水等各项组成材料合理地配合，使所得混凝土满足工程所要求的各项技术指标，并符合经济原则。

6. 建筑钢材

建筑钢材分为钢结构用钢材和钢筋混凝土用钢筋及钢丝。

（1）钢结构用钢材。水工钢结构主要有钢闸门及压力钢管等。

（2）钢筋混凝土用钢筋及钢丝。建筑工程所用的钢筋有热轧钢筋、冷拉钢筋、冷轧带肋钢筋和热处理钢筋 4 种。钢丝主要有不同规格的预应力混凝土用钢丝及钢绞线。

在一般建筑中，大量使用的是普通碳素钢、普通低合金结构及钢筋混凝土结构用热轧钢筋。

3.3.2 骨料的分类和质量要求

在混凝土中的砂、石起骨架作用，故称为骨料。其中砂称为细骨料，其粒径在 0.15 ~4.75mm 之间；粒径大于 4.75mm 称为粗骨料。

1. 细骨料

细骨料的粗细程度用筛分析的方法进行测定，用细度模数（M_x）表示，M_x 越大，表示砂越粗。M_x 在 3.1 ~3.7 之间为粗砂，M_x 在 2.3 ~3.0 之间为中砂，M_x 在 1.6 ~2.2 之间为细砂。

配制混凝土用砂要求洁净，《水工混凝土施工规范》（DL/T 5144—2001）规定：天然砂的含泥量不大于 3%，人工砂和天然砂的云母含量不大于 2%，人工砂的饱和面干含水率不宜超过 6%。

2. 粗骨料

粗骨料常用的有碎石和卵石。卵石中有机杂质含量较多，但与碎石比较，卵石表面光滑，棱角少，空隙率及表面积小，拌制的混凝土水泥浆用量少，和易性较好，但与水泥石胶结力差。在相同条件下，卵石混凝土的强度较碎石混凝土低。碎石由天然岩石或卵石经破碎、筛分而成，表面粗糙，棱角多，较洁净，与水泥浆黏结比较牢固。

根据国家标准《建筑用卵石、碎石》（GB/T 14685—2001）规定，按卵石、碎石技术要求，石子分为3类，Ⅰ类宜用于强度等级大于C60的混凝土；Ⅱ类宜用于强度等级为C30～C60及抗冻、抗渗或其他要求的混凝土；Ⅲ类宜用于强度等级小于C30的混凝土。

粗骨料中公称粒级的上限称为该粒级的最大粒径。当粗骨料粒径增大时，其表面积随之减少。因此，保证一定厚度润滑层所需的水泥浆的数量也相应减少。当最大粒径小于150mm时，最大粒径增大，水泥用量明显减少；但当最大粒径大于150mm时，对节约水泥并不明显。因此，在大体积混凝土中，条件许可时，应尽量采用较大粒径。在水利、水港等大型工程中最大粒径常采用120mm或150mm，在房屋建筑工程中，由于构件尺寸小，一般最大粒径只用到40mm或60mm。骨料最大粒径还受结构形式和配筋疏密限制，混凝土粗骨料的最大粒径不得超过结构截面最小尺寸的1/4，且不得大于钢筋间最小净间距的3/4。对于混凝土实心板，骨料的最大粒径不宜超过板厚的1/3，且不得超过40mm。同时，还应考虑搅拌机容量。

石子级配好坏对节约水泥和保证混凝土拌和物具有良好的和易性有很大关系。粗集料级配按供应情况可分为连续粒级和单粒粒级两种。连续级配（粒级）是将石子按其尺寸大小分级，分级尺寸是连续的，即从某一最大粒级以下依次有其他粒级。连续级配骨料与天然骨料情况比较接近，配制的混凝土一般工作性良好，不易发生离析，是最常用的骨料，但不一定是级配最好的骨料。单粒级骨料能避免连续级配中的较大粒级骨料在堆放及装卸过程中的离析现象，可以通过各粒级的不同组合，配制成各种不同要求的级配骨料，以保证混凝土的质量和施工要求，便于大型混凝土搅拌厂使用。

水工混凝土所用粗骨料粒径大、用量多，为获得级配良好的粗骨料，同时为避免堆放、运输石子时产生分离，常常将石子筛分为若干单粒级，分别堆放，常分为4级，即：5～20mm（小石）；20～40mm（中石）；40～80mm（大石）；80～120（或150）mm（特大石）。根据建筑物结构情况及施工条件，确定最大粒径后，在混凝土拌和时再选择采用一级、二级、三级或四级的粗骨料配合使用。若石子最大粒径为20mm，采用一级配，即只用小石一级；最大粒径为40mm，采用二级配，即用小石与中石两粒级组合；最大粒径为80mm，采用三级配，即用小石、中石、大石三粒级组合；最大粒径为120（或150）mm，采用四级配，即用小石、中石、大石、特大石四粒级组合。各级石子的配合比例，需通过试验来确定最佳的比例，其原理为空隙率达到最小或堆密度最大且满足混凝土拌和物和易性要求。

施工现场的分级石子中往往存在超、逊径现象。超（逊）径是指在某一级石子中混有大于（小于）这一级粒径的石子。规范规定，以原孔筛检验，超径量应小于5%，逊径量应小于10%。以超逊径筛检验，超径为零，逊径量小于2%。若不符合要求，要进行二次筛分或调整骨料级配。

含泥量是指石子中粒径小于75μm的颗粒含量；泥块含量是指石子中粒径大于4.75mm，经水洗手捏后变成小于2.36mm的颗粒含量。

碱—集料反应指水泥、外加剂等混凝土构成物及环境中的碱与骨料中碱活性矿物在潮湿环境下缓慢发生并导致混凝土开裂破坏的膨胀反应。由石子制备的试件无裂缝、酥裂、胶体外溢等现象，且在规定的试验龄期的膨胀率小于0.10%时，碱—集料反应合格。

3.3.3 胶凝材料的分类和用途

能够通过自身的物理化学作用，从浆体（液态和半固态）变成坚硬的固体，并能把散粒材料（如砂、石）或块状材料（如砖和石块）胶结成为整体材料的物质称为胶凝材料。

胶凝材料根据其化学组成可分为有机胶凝材料和无机胶凝材料；无机胶凝材料按硬化条件差异又分为气硬性胶凝材料和水硬性胶凝材料。气硬性胶凝材料只能在空气中硬化、保持或发展强度，适用于干燥环境，如石灰、水玻璃等；水硬性胶凝材料不仅能在空气中硬化，而且能更好地在潮湿环境或水中硬化、保持并继续发展其强度，如水泥。沥青属于有机胶凝材料。

1. 石灰

（1）石灰的原料及生产。石灰是工程中常用的胶凝材料之一，其原料石灰岩主要成分是碳酸钙（$CaCO_3$），石灰岩经高温煅烧分解产生以CaO为主要成分（少量MgO）的生石灰。

（2）石灰的熟化。石灰的熟化又称消解，是指生石灰与水（H_2O）发生反应，生成$Ca(OH)_2$的过程。生石灰的熟化过程伴随着剧烈的放热与体积膨胀现象（1.5～3.5倍）。

石灰一般不宜单独使用，通常掺入一定量的骨料（砂）或纤维材料（纸筋、麻刀等）或水泥以提高抗拉强度，抵抗收缩引起的开裂。

2. 水玻璃

水玻璃是一种碱金属硅酸盐水溶液，俗称“泡花碱”。根据碱金属氧化物的不同，分为硅酸钠水玻璃和硅酸钾水玻璃等。常用的是硅酸钠（$Na_2O \cdot nSiO_2$）水玻璃的水溶液，硅酸钠中氧化硅与氧化钠的分子比“n”称为水玻璃模数。

水玻璃常用于灌浆材料加固地基，水玻璃和氯化钙溶液交替灌入地基中，两种溶液发生化学反应，析出硅酸胶体，起到胶结和填充土壤空隙的作用，增加了土的密实度和强度。

3. 水泥

水泥品种选择应根据工程所处的环境条件、建筑物的特点及混凝土所处的部位，选用适当的水泥品种。

（1）水位变化区域的外部混凝土、建筑物的溢流面和经常遭受水流冲刷的混凝土，应优先选用硅酸盐水泥、普通硅酸盐水泥、硅酸盐大坝水泥，避免采用火山灰质硅酸盐水泥。

（2）有抗冻要求的混凝土，应优先选用硅酸盐水泥、普通硅酸盐水泥、硅酸盐大坝水泥，并掺用加气剂或塑化剂，以提高混凝土的抗冻性。当环境水兼硫酸盐侵蚀时，应优先选用抗硫酸盐硅酸盐水泥。

（3）大体积建筑物内部的混凝土，应优先选用矿渣硅酸盐大坝水泥、矿渣硅酸盐水泥、粉煤灰硅酸盐水泥、火山灰质硅酸盐水泥等，以适应低热性的要求。

（4）位于水中和地下部位的混凝土，宜采用矿渣硅酸盐水泥、粉煤灰硅酸盐水泥、火山灰质硅酸盐水泥等。

（5）大坝水泥包括中热和低热水泥，适用于大坝工程及大型构筑物等大体积混凝土工程。低热微膨胀水泥由于水化热低，并且具有微膨胀的性能，对防止大体积混凝土的干缩开裂有重要作用，适用于要求低热和补偿收缩的混凝土、大体积混凝土、要求抗渗和抗硫酸盐侵蚀的工程。

4. *石油沥青*

工程中常用的沥青材料主要是石油沥青和煤沥青，石油沥青的技术性质优于煤沥青。

石油沥青按原油的成分分为石蜡基沥青、沥青基沥青和混合基沥青；按加工方法不同分为直馏沥青、氧化沥青、裂化沥青等；按沥青用途不同分为道路石油沥青、建筑石油沥青、专用石油沥青和普通石油沥青。

3.3.4 混凝土外加剂的分类和应用

外加剂种类繁多，工程中常用的外加剂见表 1.3.2。其主要功能分为四类：

（1）改善混凝土拌和物流动性能的外加剂。包括各种减水剂、引气剂和泵送剂等。

（2）调节混凝土凝结时间、硬化性能的外加剂。包括缓凝剂、早强剂和泵送剂等。

（3）改善混凝土耐久性的外加剂。包括引气剂、防水剂和阻锈剂等。

（4）改善混凝土其他性能的外加剂。包括引气剂、膨胀剂、防冻剂、着色剂等。

表 1.3.2　　工程中常用的混凝土外加剂

功　能	类　　型	掺量要求
减水剂	木质素系减水剂主要品种有木质素磺酸钙、木质素磺酸钠、木质素磺酸镁	适宜掺量为水泥重量的 0.2% ~0.3%
	萘系减水剂常用的牌号有 UNF、FDN、MF 等	适宜掺量为 0.2% ~0.5%
	树脂系减水剂 SM	适宜掺量为 0.2% ~0.5%
早强剂	无机早强剂又分为氯化物系和硫酸盐系	掺量氯化钠为 1% ~2%，硫酸钠为 0.5% ~2%
	有机早强剂常用的有三乙醇胺、三异丙醇胺、甲酸钙、醋酸钠等	掺量三乙醇胺为 0.02% ~0.05%
缓凝剂	糖钙、木钙、羟基羟酸及其盐类、柠檬酸、酒石酸钾钠等。无机盐类为锌盐、硼酸盐、胺盐及其衍生物、纤维素醚等	0.02% ~0.05%
速凝剂	红星 1 型、711 型、782 型等	适量
防冻剂	氯盐类氯化钙、氯化钠；氯盐阻锈类亚硝酸钠、铬酸盐、磷酸盐、聚磷酸盐等；无氯盐类：有硝酸盐、亚硝酸盐、碳酸盐、尿素、醋酸盐等	适量
膨胀剂	硫铝酸钙类、氧化钙类、氧化镁类、金属类等	适量

3.3.5 钢材的分类和应用

1. 钢筋的分类

（1）钢筋按化学成分分类。钢筋按化学成分不同可分为碳素结构钢和普通低合金钢两类。

1）碳素结构钢。根据含碳量的不同可分为低碳钢（含碳量小于0.25%）、中碳钢（含碳量0.25%～0.60%）和高碳钢（含碳量0.60%～1.40%）。低碳钢，如Ⅰ级钢；高碳钢，如碳素钢丝、钢绞线等。随着含碳量的增加，钢材的强度提高，塑性降低。

2）普通低合金钢（合金元素总含量小于5%）。除了含碳素钢各种元素外，还加入少量的合金元素，如锰、硅、钒、钛等，使钢筋强度显著提高，塑性与可焊性能也可得到改善，如Ⅰ级、Ⅲ级和Ⅳ级钢筋都是普通低合金钢。

（2）钢筋按生产加工工艺分类。可分为热轧钢筋、热处理钢筋、冷拉钢筋和钢丝（直径不大于5mm）四类。热轧钢筋由冶金厂直接热轧制成，按强度不同分为Ⅰ级、Ⅱ级、Ⅲ级和Ⅳ级，随着级别增大，钢筋的强度提高，塑性降低。热处理钢筋是由强度大致相当于Ⅳ级的某些特定钢号钢筋经淬火和回火处理后制成，钢筋强度能得到较大幅度的提高，但其塑性降低并不多。冷拉钢筋由热轧钢筋经冷加工而成，其屈服强度高于相应等级的热轧钢筋，但塑性降低。钢丝包括光面钢丝、刻痕钢丝、冷拔低碳钢丝和钢绞线等。

（3）钢筋按其外形分类。可分为光面钢筋和变形钢筋两种。变形钢筋有螺纹、人字纹和月牙纹，月牙纹钢筋最常用。通常变形钢筋的直径不小于10mm，光面钢筋的直径不小于6mm。

（4）钢筋按力学性能分类。可分为有物理屈服点的钢筋和无物理屈服点的钢筋。前者包括热轧钢筋和冷拉热轧钢筋；后者包括钢丝和热处理钢筋。

2. 钢筋的主要力学性能

（1）钢筋的应力—应变曲线分有物理屈服点钢筋和无物理屈服点钢筋。

（2）钢筋的强度指标，有屈服强度和极限抗拉强度。

（3）反映钢筋塑性性能的基本指标是伸长率和冷弯性能。

屈服强度、极限强度、伸长率和冷弯性能是有物理屈服点钢筋进行质量检验的四项主要指标，而对无物理屈服点的钢筋则只测定后三项。

3. 混凝土结构用钢材

（1）热轧钢筋。热轧钢筋按表面形状分为热轧光圆钢筋和热轧带肋钢筋。

1）牌号。钢筋混凝土用热轧钢筋有HPB235、HRB335、HRB400、HRB500四个牌号。牌号中HPB代表热轧光圆钢筋，HRB代表热轧带肋钢筋，牌号中的数字表示热轧钢筋的屈服强度。其中热轧光圆钢筋由碳素结构钢轧制而成，表面光圆；热轧带肋钢筋由低合金钢轧制而成，外表带肋。

2）选用。光圆钢筋的强度较低，但塑性及焊接性好，便于冷加工，广泛用做普通钢筋混凝土；HRB335、HRB400带钢筋的强度较高，塑性及焊接性也较好，广泛用做大、中型钢筋混凝土结构的受力钢筋；HRB500带肋钢筋强度高，但塑性与焊接性较差，适宜用做预应力钢筋。

（2）冷拉热轧钢筋。为了提高强度以节约钢筋，工程中常按施工规程对热轧钢筋进行冷拉。

冷拉Ⅰ级钢筋适用于非预应力受拉钢筋，冷拉Ⅱ级、Ⅲ级、Ⅳ级钢筋强度较高，可用做预应力混凝土结构的预应力筋。由于冷拉钢筋的塑性、韧性较差，易发生脆断，因此，冷拉钢筋不宜用于负温度、受冲击或重复荷载作用的结构。

（3）冷轧扭钢筋。冷轧扭钢筋由低碳钢热轧圆盘条经专用钢筋冷轧扭机调直、冷轧并冷扭一次成型，具有规定截面形状和节距的连续螺旋状钢筋。按其截面形状不同分为Ⅰ型（矩形截面）和Ⅱ型（菱形截面）两种类型。代号为LZN。冷轧扭钢筋可适用于钢筋混凝土构件。冷轧扭钢筋与混凝土的握裹力与其螺距大小有直接关系。螺距越小，握裹力越大，但加工难度也越大，因此应选择适宜的螺距。冷轧扭钢筋在拉伸时无明显屈服台阶，为安全起见，其抗拉设计强度采用$0.8\sigma_b$。

（4）热处理钢筋。热处理钢筋是用热轧螺纹钢筋经淬火和回火处理而成的，代号为RB150。按螺纹外形可分为有纵肋和无纵肋两种。根据国际规定，热处理钢筋有$40Si_2Mn$、$48Si_2Mn$和$45Si_2Cr$三个牌号。热处理钢筋目前主要用于预应力混凝土轨枕，用以代替高强度钢丝，配筋根数减少，制作方便，锚固性能好，建立预应力稳定，也用于预应力混凝土板、梁和吊车梁，使用效果良好。热处理钢筋系成盘供应，开盘后能自然伸直，不需调直、焊接，故施工简单，并可节约钢材。

（5）预应力混凝土用钢丝和钢纹线。预应力钢丝按交货状态分为冷拉钢丝及消除应力钢丝两种，按外形分为光面钢丝、刻痕钢丝和螺旋钢丝三种，按松弛能力分为Ⅰ级松弛和Ⅱ级松弛两种。代号为RCD（冷拉钢丝）、S（消除应力钢丝）、SI（消除应力刻痕钢丝）、SH（消除应力螺旋肋钢丝）。

预应力钢绞线按捻制结构分为三类：用两根钢丝捻制的钢纹线［表示为（1×2）］、用三根钢丝捻制的钢纹线［表示为（1×3）］、用七根钢丝捻制的钢纹线［表示为（1×7）］。

3.3.6 土工合成材料的分类和应用

我国《土工合成材料应用技术规范》（GB 50290—1998）把土工合成材料分为土工织物、土工膜、土工复合材料和土工特种材料四大类。

1. 土工织物

土工织物又称土工布，它是由聚合物纤维制成的透水性土工合成材料。按制造方法不同，土工织物可分为织造型（有纺）与非织造型（无纺）土工织物两大类。

2. 土工膜

土工膜是透水性极低的土工合成材料。按制作方法不同，可分为现场制作和工厂预制两大类；按原材料不同，可分为聚合物和沥青两大类，聚合物膜在工厂制造，而沥青膜则大多在现场制造；为满足不同强度和变形需要，又有加筋和不加筋之分。

3. 土工复合材料

土工复合材料是为满足工程特定需要把两种或两种以上的土工合成材料组合在一起的制品。

（1）复合土工膜。它是将土工膜和土工织物复合在一起的产品，在水利水电工程中应用广泛。

（2）塑料排水带。它是由不同凹凸截面形状并形成连续排水槽的带状塑料心材，外包非织造土工织物（滤膜）构成的排水材料。在码头、水闸等软基加固工程中被广泛应用。

（3）软式排水管，又称为渗水软管。它由支撑骨架和管壁包裹材料两部分构成。支撑骨架由高强度钢丝圈构成，高强钢丝由钢线经磷酸防锈处理，外包一层 PVC 材料，使其与空气、水隔绝，避免氧化生锈。管壁包裹材料有三层；内层为透水层，由高强度尼龙纱作为经纱，特殊材料作为纬纱制成；中层为非织造土工织物过滤层；外层为与内层材料相同的覆盖层，具有反滤、透水、保护作用。在支撑体和管壁外裹材料间、外裹各层之间都采用了强力黏结剂黏合牢固，以确保软式排水管的复合整体性。软式排水管可用于各种排水工程中。

4. 土工特种材料

土工特种材料是为工程特定需要而生产的产品。常见的有：①土工格栅；②土工网；③土工模袋；④土工格室；⑤土工管、土工包；⑥土工合成材料黏土垫层。

上述土工合成材料在土建工程中应用时，不同的部位应使用不同的材料，其功能主要可归纳为六类，即反滤、排水、隔离、防渗、防护和加筋。

本章习题

1.3.1　材料的组成分为哪几种？材料的性质与其组成有无关系？

1.3.2　材料密度的概念？

1.3.3　材料的力学性质有哪几种？

1.3.4　水泥都有哪些特性？

1.3.5　在水利水电工程中，如何选择水泥品种？

1.3.6　水工混凝土中粗细骨料的质量要求是什么？

1.3.7　水泥砂浆有哪些性质？

1.3.8　钢筋有哪些性能？

1.3.9　混凝土外加剂分哪几种？

1.3.10　土工合成材料有哪些？

第4章 施 工 测 量

教学要求：了解水利水电工程测量的主要任务和施工测量控制网布设；熟悉水利水电工程中主要基本测设工作的测设方法步骤；掌握渠道测量中选线测量、中线测量、断面测量、渠道施工测量方法；掌握土坝施工测量，水闸施工测量、隧洞施工测量的程序、方法步骤。

4.1 概述

为了测定地球表面的定位，需要确定地面定位的参照标准——坐标系。我国的大地坐标系所使用的椭球最初称“1954年北京坐标系”，后来根据新的测量数据，建立了“1980年国家大地坐标系”，其椭球长半径 $a=6378140\mathrm{m}$，由于椭球偏率很小，普通测量中近似看作球体，其球半径 $R=6371\mathrm{km}$，在测量范围内将水准面当作水平面。

地面点的大地坐标系需要三个参数：大地经度、大地纬度、大地高。

高程系表示有绝对高程和相对高程。绝对高程是地面点沿铅直方向至大地水准面的距离，亦称海拔。我们规定的黄海平均海水面作大地水准面，称为“1956年黄海高程系”。地面点至任意水准面的垂直距离称相对高程。

测量基本工作是将地面点平面位置和高程的三维坐标（x，y，H）施测于图纸上，需要测量点位之间的方位角和水平距离及高差，即水平角、水平距离和高程，再按比尺测绘到纸上。

4.1.1 施工测量主要内容

施工测量的内容主要包括：施工控制网的建立；将图纸上设计好的建筑物或构筑物的平面位置和高程标定在实地上，即施工放样（测设）；施工竣工后对建筑物或构筑物的竣工测量以及在施工期间检查施工质量的变形观测等。

4.1.2 施工测量的原则

为了保证建筑物和构筑物的平面位置和高程都能满足设计要求，施工测量和测绘地形图一样，也要遵循“从整体到局部”、“先控制后碎部”的原则，即先在施工现场建立统一的平面控制网和高程控制网，然后以此为基准，测量出各个建筑物的平面位置和高程。水工建筑物一般先施工控制测量建筑物的主轴线，用它来控制建筑物的整个位置。再来测量建筑物细部，测量细部的精度往往比测量主轴线的精度高。

4.1.3 施工测量的精度要求

施工放样的精度与建筑物的大小、结构形式、建筑材料等因素有关。例如，水利水电工程施工中，钢筋混凝土工程较土石方工程的放样精度高，而金属结构安装放样的精度要求则更高。

因此，应根据不同施工对象，选用不同精度的仪器和测量方法，既保证工程质量又不致浪费人力物力。

4.1.4 施工控制网的布设

在规划设计阶段所进行的勘测工作，首先是建立测图控制网，因此，控制点的密度和精度是以满足测图为目的。当建筑物的总平面设计确定，开始进行土建工程时，原有测图控制网点大多不能满足放样的要求。因此，除了小型工程或放样精度要求不高的建筑可以利用测图控制网作为施工控制以外。一般较复杂的大中型工程，在施工阶段需重新建立施工控制网。施工控制网分为平面控制网和高程控制网。

1. 平面控制网的布设

平面控制网一般布设成两级：一级为基本网，它起着控制水利枢纽各建筑主轴线的作用，组成基本网的控制点称基本控制点；另一级为定线网（或称放样网），它直接控制建筑物的辅助线及细部位置。水工建筑物大多位于起伏较大的山岭地区，常采用三角网作为基准，用它来布设矩形网。

2. 高程控制网的布设

高程控制网一般也分两级：一级水准网与施工区域附近的国家水准点连接，布设成闭合（或附合）形式，称为基本网；另一级是由基本水准点引测的临时性作业水准点，它应尽可能靠近建筑物，以便做到安置一次或二次仪器，就能进行高程放样。

4.2 渠道测量

渠道测量主要内容包括选线测量、中线测量、纵横断面测量、施工测量等。

4.2.1 渠道选线测量

渠道选线的任务是在地面上选定合理路线，标定渠道中心位置。中线尽量短而直，尽量少占耕地，要避免修建过多的渠系和过水建筑物，沿线应有较好的地质条件。选线时，尽可能确定一条既经济又合理的渠道中线。

1. 踏勘选线

对于渠线较长的渠道一般经过实地查勘、室内选线、外业选线等步骤，对于渠线不长的渠道，可以根据资料在实地查勘选线。渠道选线工作应有有经验的规划人员配合测量人员一同进行，必要时，最好应有地质人员参加。

（1）实地查勘。搜集和了解有关资料，如土壤、地质、施工条件等资料。最好先在地形图上初选几条渠线，然后实地依次对所经地带实地查勘，进行分析比较，选取合理的渠线。

（2）室内选线。在室内进行图上选线，选定渠道中心线的平面位置，并在图上标出渠道转折点到附近明显地物点的距离和方向。如果该地区没有适用的地形图，应根据查勘时确定的渠道线路，测绘沿线宽约 100 ~ 200m 的带状地形图。

（3）外业选线。外业选线是将室内选线在实地标定出来，主要是把渠道的起点、转折点和终点标定出来，一般用大木桩或水泥桩来标定，并绘制该桩的点之记，以便以后寻找。外业选线有时要根据现场的实际情况，对图上所定渠线进行补充修改，使之完善。尤其对关键性地段和控制性点位，更应反复勘测，认真研究，从而选定合理的渠线。

2. 水准路线布设

在渠道选线时，应沿渠线附近布设一些水准点，以便满足渠道纵横断面测量的需要。水准点点位即要便于日后用来测定渠道高程，又要能够长期保存，点位间隔在 1 ~ 2km 路线组成附合或闭合水准路线，一般用四等水准测量的方法施测。

4.2.2 中线测量

渠道中线测量的任务主要是把渠道中心线在地面上标定出来，测定渠线长度，用一系列里程桩标定渠线经过的位置。

1. 中线的测设

中线测设的方法很多，穿线放样法是一种常用的方法，具体做法如下：

（1）准备数据。如图 1.4.1 在带状地形图上，从初测时的导线点 C_2、C_3…出发作导线边的垂线，它们与设计中线交于 D_2、D_3…等点，图上量取垂线的长度，直角和垂线的长度就是放样数据，有时为了通视需要，在中线通过高地的地方放样点（如 D_1），这时可以从图 1.4.1 中量取极坐标放样所需的角度 β 与距离 S。

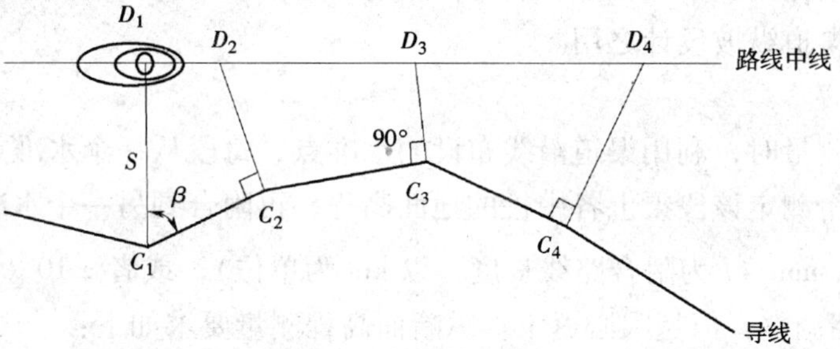

图 1.4.1　穿线放样法

（2）实地放样。实地在相应的导线点上设置直角，并量距，定出一系列 D_2、D_3…等点。如果距离较短，可以用直角镜或方向架设置直角，如果距离较长，宜用经纬仪设置直角。

（3）穿线。中线某一直线上几个点由于图解量取放样数据误差原因，放样到实地后不会正好在一条直线上；为此要在实地决定出一条离这些点最近的直线，即中线，然后在经纬仪的帮助下，设置一系列标桩把中线表示出来。

(4) 定出交点。定出相邻两中线段的交点，并测量路线的转向角。当用一台经纬仪工作时，先延长一中线，并在估计交点位置前后各设一骑马桩 A、B（图 1.4.2），然后延长另一直线与 A、B 桩连线相交即得交点 JD。得交点后，测量转向角 α。

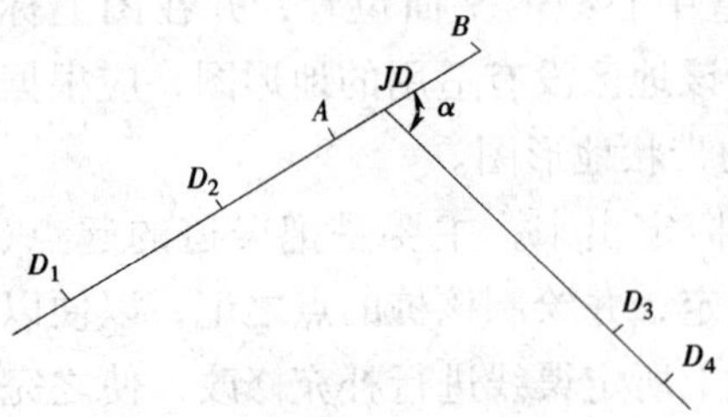

图 1.4.2　交点测定方法

实线放样法简单，外业工作不复杂，也不易出错，即使出错了也容易发觉，在工程测量中往往采用此种方法。

2. 里程桩测设

为了便于计算线路的长度和测绘纵横断面图，
需要沿路方向在地面上设置桩，从起点开始，按规定每隔某一整数设一桩，此为整桩。根据不同的线路，整桩之间的距离也不同，一般为 20m、30m、50m 等（曲线上根据不同半径，每隔 20m、10m 或 5m），在相邻整桩之间穿越重要地物处（如铁路、公路）要增设加桩，整桩和加桩统称里程桩。为了便于计算，线路里程桩均按桩的里程进行编号，并用红油漆写在木桩侧面，如整桩号为 1 + 100，即此桩距渠道起点 1km 又 100m（“ + ”号前的数为公里数，“ + ”号后的数为米数），为了避免测设里程桩错误，量距一般用钢尺丈量两次，精度为 1/1000。当精度要求不高时，可用皮尺或测绳丈量一次，再在观测偏角时用视距法进行检核。

中线测量完成后，一般应绘出渠道测量路线平面图，在图上绘出渠道走向、主要桩点、主要数据等。

4.2.3　纵断面测量

纵断面测量又称路线水准质量，它的任务是测定中线上各里程桩的地面高程，绘制路线断面图，供渠道纵坡设计之用。

1. 纵断面测量

进行纵断面测量时，利用渠道沿线布设的水准点，每段从一个水准点出发，将渠线分成许多段，逐个测定该段渠上各中桩的地面高程，再附合到另一个水准点上，其闭合差不得超过 $\pm 40\sqrt{l}$mm（l 为附合路线长度，以 km 为单位），或者 $\pm 10\sqrt{n}$mm（n 为测站数），闭合差不用调整，但超限必返工。纵断面高程测量要求如下：

(1) 观测时，以成像清晰、读数可靠为原则，前后视距不等差不加限制。

(2) 一般由两台水准仪同时施测，其中一台仪器测定标石点及临时水准点高程；另一台仪器观测里程桩及沿线主要地物点高程。这样做法较为灵活，不会因一台仪器观测超限而全部重测。

(3) 穿过河沟时的加桩，应连测高程；穿过铁路时，应测出轨面高程；穿过公路时，应测路面高程，还要测出路面高度。

(4) 与地面高差小于 2cm 时，可以用桩顶高代替地面高，否则，应另测桩旁地面高程。

纵断面高程测量是利用间视法测量中心线上里程桩的地面高程，如图 1.4.3 所示，每一测站首先读取后前两转点的标尺的计算，再读取两转点间所有地面点（间视点）的标尺读数。0 +000 桩、0 +200 桩、0 +400 桩为转点，0 +100 桩、0 +265.6 桩、0 +300 桩…为间视点。首先从 BM_1（高程为 76.605m）引测高程，得 0 +000（TP_1）高程，再将水准仪置于测站 2，后视转点 TP_1，前视转点 TP_2，将观测结果记入表 1.4.1 中，搬站至测站 3，后视转点 TP_1，前视 TP_3，然后观测间视点 0 +265.5 桩、0 +300 桩、0 +361 桩，观测结果记入表 1.4.1 中。

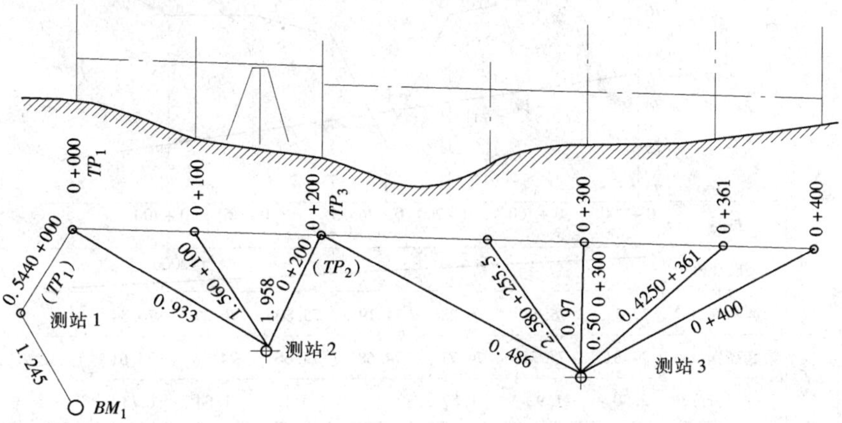

图 1.4.3　纵断面高程测量示意图

表 1.4.1　　**纵断面水准测量记录**

测　站	测　点	后视读数（m）	视线高（m）	前视读数		高　程（m）	备　注
				中间点	转点		
1	BM_1	1.245	77.850			76.605	已知高程
	0 +00（TP_1）	0.933	78.239		0.544	77.306	
2	100			1.56		76.68	
	200（TP_2）	0.486	76.767		1.958	76.281	
3	265.5			2.58		74.19	
	300			0.97		75.80	
	361			0.50		76.27	
	400（TP_3）				0.425	76.342	
	…	…	…	…	…	…	…
6	0 +800（TP_6）	0.848	75.790		1.121	74.942	
	BM_2				1.324	74.466	已知高程为 74.451m

2. 纵断面图的绘制

纵断面图在以中线桩的里程为横坐标，以高程为纵坐标的直角坐标系中绘制，为了明显表示地面起伏，一般取高程比例尺大 10 倍或 20 倍。纵断面图一般自左至右绘制在毫米方格纸上。为了节省纸张和便于阅读，图上的高程可以不从零开始，而从某一合适的数值起绘。根据各桩点的里程和高程在图上标出相应地面点位置，依次连接各点绘出地面线，再绘出渠底设计线。根据起点（0+000）的渠底设计高程，渠道比降和离起点的距离，均可以求得相应点处的“渠底高程”。然后，再根据各桩点的地面高程和渠底高程，即可算出各点的挖深或填高数，分别填在图中相应位置。如图 1.4.4 所示。

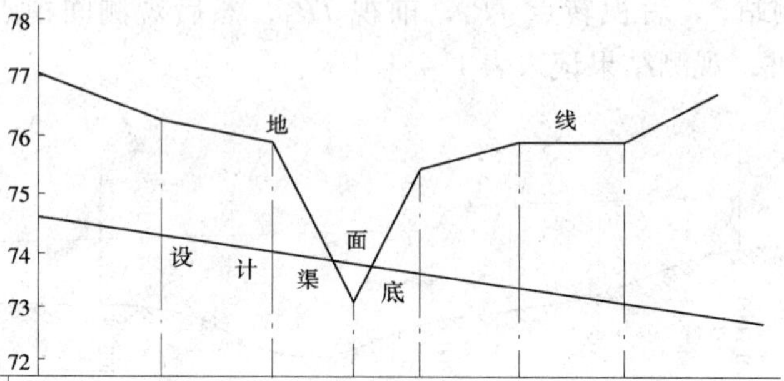

桩号	0+000	0+100	0+200	0+265.5	0+300	0+361	0+400
渠底比降	1:2000						
地面高程(m)	77.31	76.68	76.28	74.19	75.80	76.27	76.34
渠底高程(m)	74.81	74.71	74.71	74.68	74.66	74.63	74.61
挖渠(m)	2.50	1.92	1.57		1.14	1.64	1.73
填高(m)				0.49			

图 1.4.4　渠道纵断面图

4.2.4　横断面测量

1. 横断面测量

横断面测量的宽度根据实际工程要求和地形情况而定。横断面上中线桩的地面高程已在纵断面测量时测出，只要测出各地形特征点相对于中线桩的平距和高差，就可以确定其点位和高程。平距和高差，均用下列方法测定：

（1）水准仪皮尺法。此法适用于施测横断面较宽的平坦地区。如图 1.4.5 所示，安置水准仪后，以中线桩地面高程点为后视，以中线桩两侧横断面地形特征点为前视，标尺

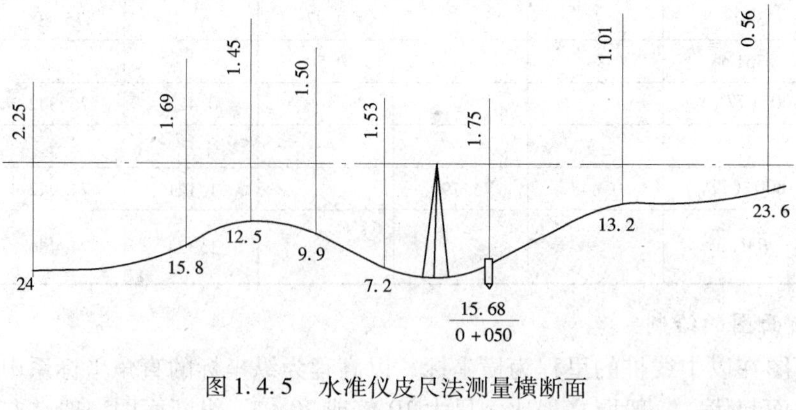

图 1.4.5　水准仪皮尺法测量横断面

读数至厘米。用皮尺分别量出各特征点到中线桩的水平距离，量至分米，记录格式见表1.4.2，表中按路前进方向分左右侧记录。以分式表示前视读数和水平距离。高差由后视读数与前视读数差得到。

表 1.4.2　　横断面测量记录表

前视读数（左侧） 水平距离	后视读数 桩号	（右侧）前视读数 水平距离
$\frac{22.5}{24}$ $\frac{1.69}{15.8}$ $\frac{1.45}{12.5}$ $\frac{1.50}{9.9}$ $\frac{1.53}{7.2}$	$\frac{1.75}{0+050}$	$\frac{1.01}{13.2}$ $\frac{0.56}{23.6}$

（2）经纬仪视距法。安置经纬仪于中线桩上，再直接用经纬仪测定横断面方向，量出仪器高，用视距法测出各特征点与中线桩之间的平距和高差，此法适用于任何地形。利用全站仪测量速度更快，效率更高。

2. 横断面图绘制

横断面图也是根据断面测量成果绘制而成的（图1.4.6）。为了计算方便，纵横比例尺应一致，一般取1：100或1：200，小渠道也可采用1：50。绘图时，以中线地面高程为准，以水平距离为横坐标，以高程为纵坐标。将地面特征点绘在毫米方格纸上，依次连接各点即成横断面的地面线。

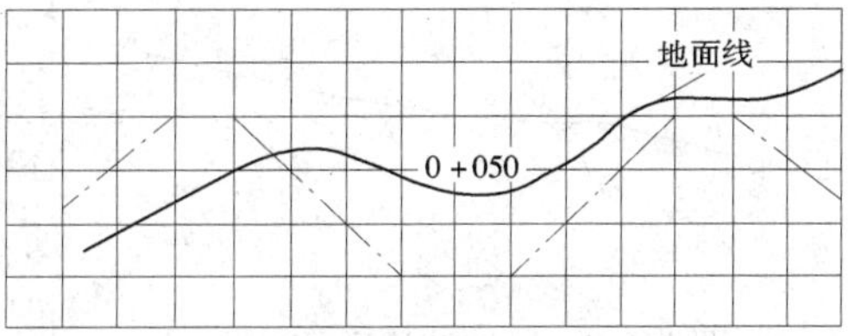

图1.4.6　渠道横断面图

4.2.5　渠道施工测量

渠道施工测量主要包括：恢复中线测量、施工控制桩的测设、渠道边坡桩的测设等工作。

1. 恢复中线测量

从工程勘测开始，经过工程设计到开始施工这段时间里，往往会有一部分中线桩被碰动或丢失。为了保证线路中线位置的正确可靠，施工前应进行一次复核测量，并将已经碰动或丢失过的交点桩、里程桩恢复和较正好，其方法与中线测量相同。

2. 施工控制桩的测设

中线桩在施工过程中要被告锯掉或填埋。为了施工中及时、方便、可靠地控制中线位置，需要在不易受施工破坏、便于引测、易于保存桩位的地方测设施工控制桩。控制桩有以下两种测设方法：

（1）平行线法。平行线法是在设计渠道宽度以外测设两排平行于中线的施工控制桩，如图1.4.7所示，控制桩的间距一般取10～20m。此法多用于地势较平坦、直线段较长的路段。

（2）延长线法。延长线法是在渠道转折处的中线延长线上，以及曲线中点至交点的延长线上打下施工控制桩，如图1.4.8所示。此法多用于地形起伏较大、直线路段较短的山区。

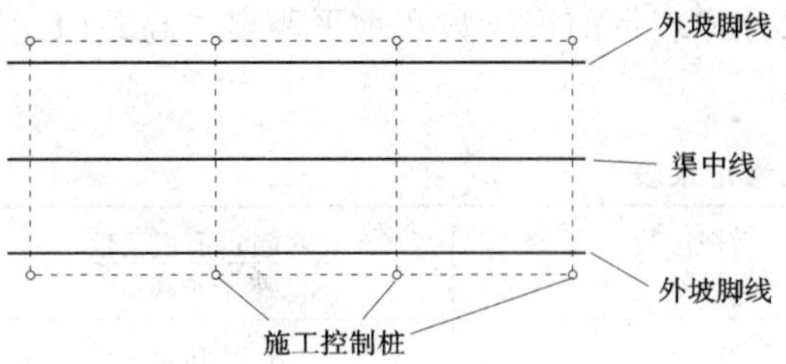

图 1.4.7　测设控制桩——平行线法

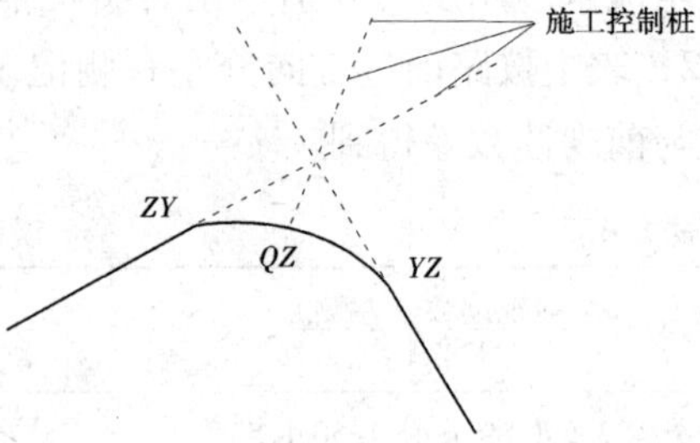

图 1.4.8　测设控制桩——延长线法

3. 渠道边坡放样

为了指导渠道的开挖和填土，需要在实地标明开挖线和填土线，这些挖、填线在每个断面处是用边坡桩标定的。所谓边坡桩，就是设计横断面线与原地面线交点的桩。标定边坡桩的放样数据与中心桩的水平距离，通常直接从横断面图上量取。放样时，先在实地用"＋"字直角器定出横断面方向，然后根据放样数据，在横断面方向将边坡桩标定在地面上。如图 1.4.9 所示，从中心桩 o 向左侧方向量取 L_1 的左内边坡桩 E，量 L_3 得左外边坡桩 D。同样，从中心桩向右侧量取的内边坡桩 F，分别打下木桩，即为开挖、填筑界线的标志，连接各断面相应的边坡桩，洒以石灰，即为开挖线和填土线。

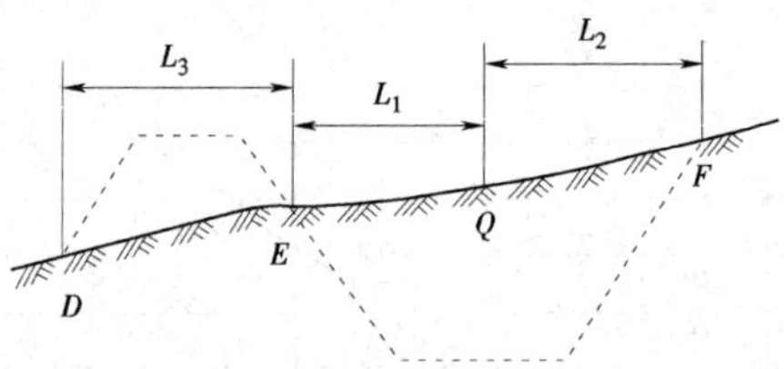

图 1.4.9　边坡桩放样示意图

最后，为了保证渠道的修建质量，还要进行验收测量。验收测量一般是用水准测量的方法检测渠底高程，有时还需检测渠堤顶的高程、边坡坡度等，以保证渠道按设计要求完工。

4.3　水工建筑物施工测量

4.3.1　土坝施工测量

1. 土坝控制测量

（1）坝轴线的确定。对于中小型土坝的坝轴线，一般是由工程设计人员和勘测人员组成选线小组，深入现场进行实地勘测，根据当地的地形、地质和建筑材料等条件，经过方案比较，直接在现场选定。

对于大型土坝以及与混凝土坝衔接的土质副坝，一般经过现场踏勘、图上规划等多次调查研究和方案比较，确定建坝位置，并在坝址地形图上结合枢纽的整体布置，将坝轴线标于地形图上，如图 1.4.10 中的 M_1、M_2。再根据预先建立的基本控制网用角度交会法将 M_1 和

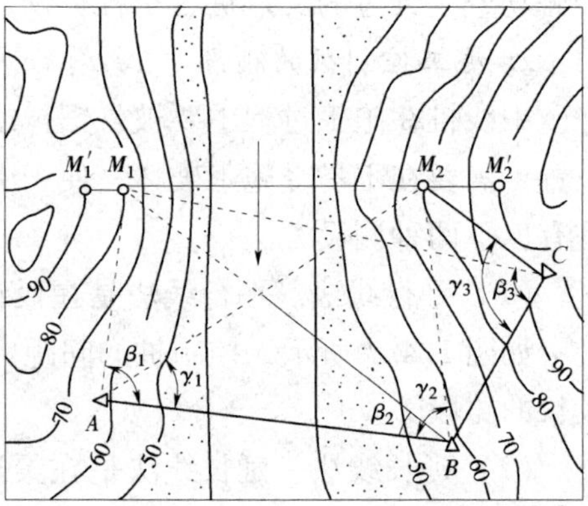

图 1.4.10　坝轴线测设示意图

M_2 放样到地面上。

坝轴线的两个端点在现场标定后，应用永久性标志标明。为了防止施工时端点被破坏，应将坝轴线的端点延长到两面山坡上，如图 1.4.10 中的 M'_1、M'_2。

（2）建立平面控制网。直线型坝的放样控制网通常采用矩形网或正方形方格网作平面控制。网格的大小与坝体大小和地面情况有关。

1）测设坝轴垂直线。其具体测设步骤和方法如下：

a. 在坝轴线两端找出与坝顶设计高程相同的地面点（即坝顶端点）。为此，将经纬仪安置在坝轴线上，以坝轴线定向，从水准点向上引测高程，当水准仪的视线高达到略高于坝顶设计高程时，算出符合坝顶设计高程应有的前视标尺读数，再指挥标尺在坝轴线上移动寻找两个坝轴端点，并打桩标定，如图 1.4.11 中的 M 和 N。

b. 以任一个坝顶端点作为起点，每隔一定距离设置里程桩，在坡度显著变化的地方设置加桩。当距离丈量有困难时，可采用交会法定出里程桩的位置。如图 1.4.11 所示，在便于量距的地方作坝轴线 MN 的垂线 EF，用钢尺量出 EF 的长度，测出水平角 $\angle MFE$，算出平距 ME。然后两台经纬仪分别在 M 点和 F 点设站，M 点的经纬仪以坝轴线定向，F 点的经纬仪测设出 β 角，两仪器视线的交点即为0 +020桩的位置。其余各桩按同法标定。

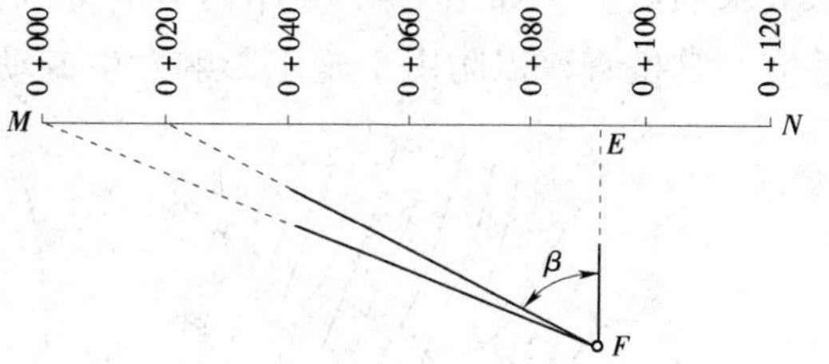

图 1.4.11　测设坝轴垂直线

c. 在各里程桩上测设坝轴线的垂线。垂线测定后，应向上、下游延长至施工影响范围之外，打桩编号，如图 1.4.12 所示。

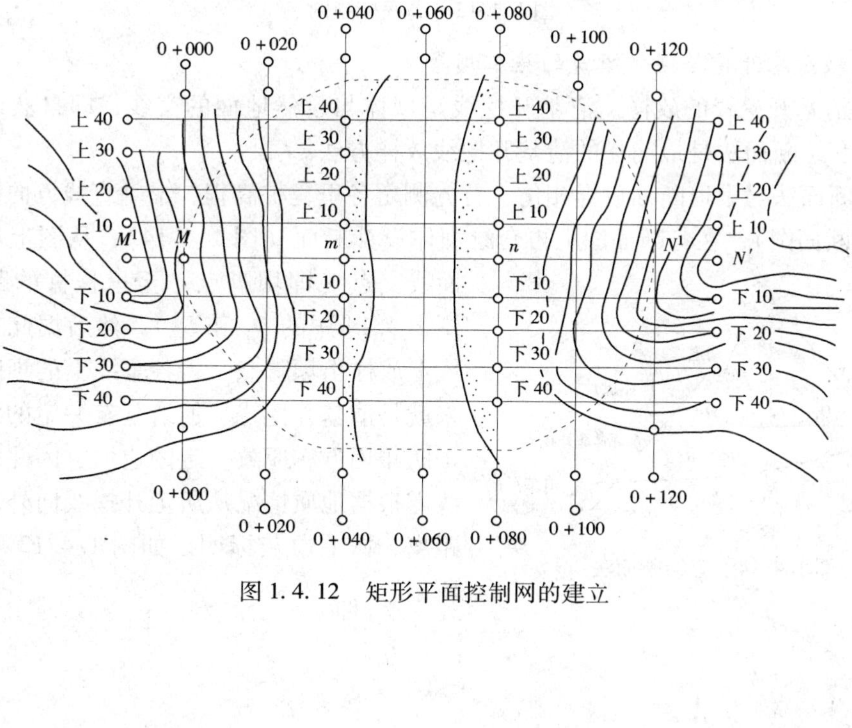

图 1.4.12　矩形平面控制网的建立

2）测设坝轴平行线。在河滩下选择两条便于量距的坝轴垂直线，根据所需间距，从坝轴里程桩起，沿垂线向上、下游丈量定出各点，并按轴距（即至坝线的平距）进行编号，如上 20、上 20、……，下 10、下 20、……。两条垂线上编号相同的点连线即坝轴平行线，应将其向两头延长至施工影响范围之外，打桩编号，见图 1.4.12。

在测设平行线的同时，还可一道放出坝顶肩线和变坡线，它们也是坝轴平行线。

（3）高程控制网的建立。用于土坝施工放样的高程控制，可由若干永久性水准点组成基本网和临时作业水准点两级布设。基本网一般在施工影响范围之外布设水准点，用三等水准测量按环形路线（图 1.4.13）中由 $Ⅲ_A$ 经 BM_1—BM_6，再至 $Ⅲ_A$ 测定它们的高程；临时水准点直接用于坝体的高程放样，布置在施工范围内不同高度的地方并尽可能做到安置一次、二次仪器就能放样高程。临时水准应根据施工进程临时设置，附合到永久水准点上（如图 1.4.13 中由 BM_1 经 1—3 再至 BM_3）从水准基点引测它们的高程，并应经常检查，以防由于施工影响发生变动。

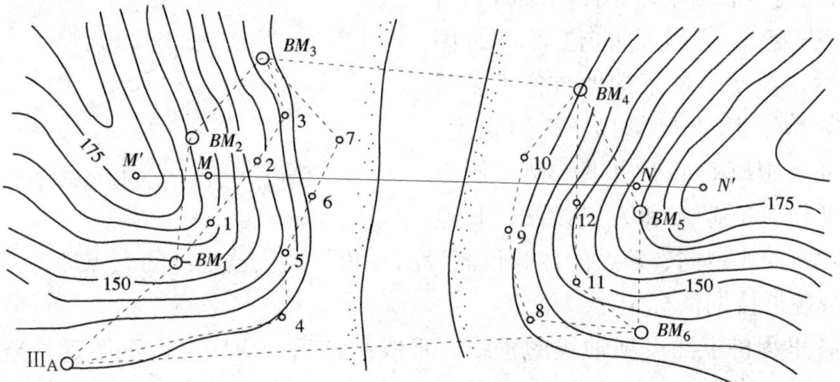

图 1.4.13　高程控制网

2. 土坝清基开挖与坝体填筑的施工测量

（1）清基开挖线的放样。清基开挖线是坝体与自然地面的交线，即自然地表上的坝脚线。套绘断面法是最简易的清基开挖线放样方法。

套绘断面法与渠道断面放样相仿。首先测定各里程桩高程，沿垂直线方向测绘断面图（即横断面图），在各断面图上再套绘坝体设计断面（图 1.4.14），从图上量出两断面线交点（即坝脚点）至里程桩的距离（见图 1.4.14 中的 D_1 和 D_2），然后据此在实地垂线上放样出坝脚点。将各垂线上的坝脚点连起来就是清基开挖线。但清基有一定的深度，为了防止塌方，应放一定的边坡，因此实际开挖线需根据地质情况从所定开挖线向外放宽一定距离，撒上白灰标明，如图 1.4.12 中的虚线所示。

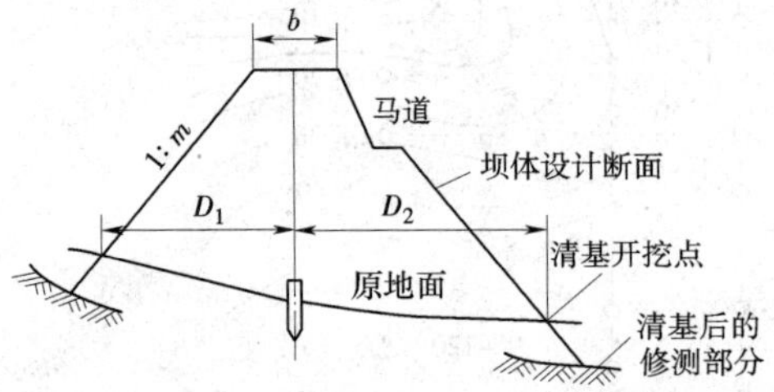

图 1.4.14　套绘断面法

（2）起坡线的放样。清基完工后，位于基坑底面上的坝脚线称为起坡线。起坡线是填筑石或浇筑混凝土的边界线。起坡线的放样也可采用套绘断面法。如果采用断面法，首先必须恢复里程桩，修测横断面图（即在原断面图上修测靠坝脚开挖线部分），从修测后的横断面图上量出坝脚点的轴距再去放样。

起坡线的放样精度要求较高。无论采用哪种方法放样，都应进行检查。如图 1.4.15 所示，设所放出的点为 P。检查时，用水准测量测定此点高程为 H_P，则此点至坝轴里程桩的实地平距（或放点时所用的半距）D_P 应等于按下式所算出来的轴距，即

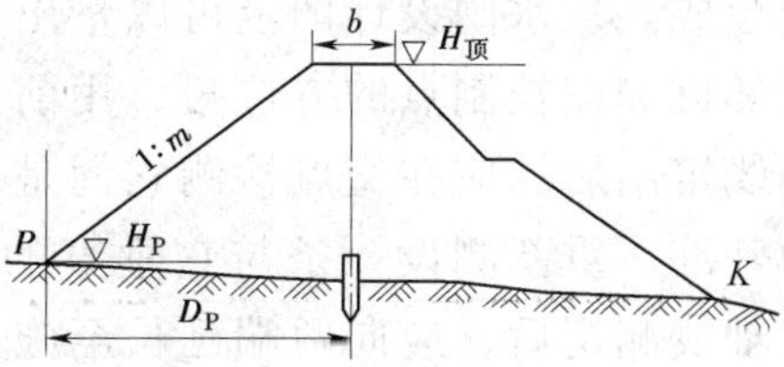

图 1.4.15 实际开挖线放样

$$D_P = \frac{b}{2} + (H_{顶} - H_P)m$$

如果实地平距与计算的轴距相差大于 1/1000，应在此方向移动标尺重测高程和重量平距，直至量得立尺点的平距等于所算出的轴距为止，这时的立尺才是起坡点应用的位置。所有的坡点标定后，连成起坡线。

（3）坝体边坡的放样。土石坝边坡放样很简单，通常采用坡度尺法或轴距杆法。混凝土坝的边坡放样必须装置模板，模板的斜度用坡度尺确定。

1）坡度尺法。按设计坝面坡度 1 : m 特制一个大三角板，使两直角边的长度分别为 1 和 m；在长为 m 的直角边上安一个水准管。放样时，将小绳一头系于起坡桩上，另一头系在坝体横断面方向的竹杆上，将三角板斜边靠着绳子，当绳子拉到水准居中时，绳子的坡度即等于应放样的坡度（图 1. 4. 16）。

2）轴距杆法。根据土石坝的设计坡度，算出不同层高坡面点的轴距 d，编制成表。此表按高程每隔 1m 计算一值。由于坝轴里程桩会被淹埋，必须以填土范围之外的坝轴平行线为依据进行量距。为此，在这条平行线上设置一排竹杆（称轴距杆），如图 1. 4. 16 所示。设平行线的轴距为 D，则上料桩（坡面点）离轴距杆为 $D-d$，据此即可定出上料桩的位置。随着坝体增高，轴距杆可逐渐向坝轴线移近。

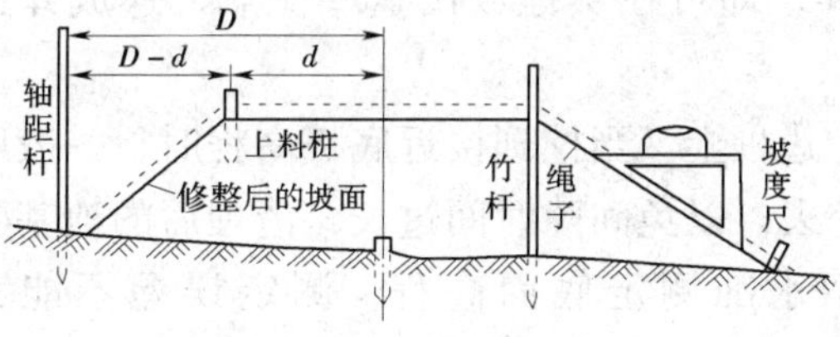

图 1. 4. 16 坡度尺法

上料桩的轴距是按设计坝面坡度计算的，实际填土时应超出上料位置，即应留出夯实和修整的余地，如图 1. 4. 16 中虚线所示。超填厚度由设计人员提出。混凝土坝的中间部分是分块立模的，应先将分块线投影到基础面或已浇好的坝块面上，再在离分块线 0. 2m 的地方弹出一条平行墨线，以供检查和校正模板之用。在沿分块线立模上，在模板顶部钉一颗长 0. 2m（包括模板厚）的钉子，吊下垂线，若垂线正对平行线，则说明模板已竖直。

4. 3. 2 水闸施工测量

水闸施工测量应先放出整体基础开挖线；在基础浇筑时，为了在底板上预留闸墩和

翼墙的连接钢筋，应放出闸墩和翼墙的位置。具体放样步骤和方法如下：

1. 主轴线的测设和高程控制网的建立

水闸主轴线由闸室中心线（横轴）和河道中心线（纵轴）两条互相垂直的直线组成。从水闸设计图上可以量出两轴交点和各端点的坐标，根据坐标反算出它们与邻近测图控制点的方位角，用前方交会法定出它们的实地位置（图 1.4.17）。主轴线定出后，应在交点检测它们是否相互垂直，若误差超过 10″，应以闸室中心线为基准，重新测设一条与它垂直的直线作为纵向主轴线，其测设误差应小于 10″。主轴线测定后，应向两端延长至施工影响范围之外，每端各埋设两个固定标志以表示方向。

高程控制采用三等或四等水准测量方法测定。水准基点布设在河流两岸不受施工干扰的地方，临时水准点尽量靠近水闸位置，可以布设在河滩上。

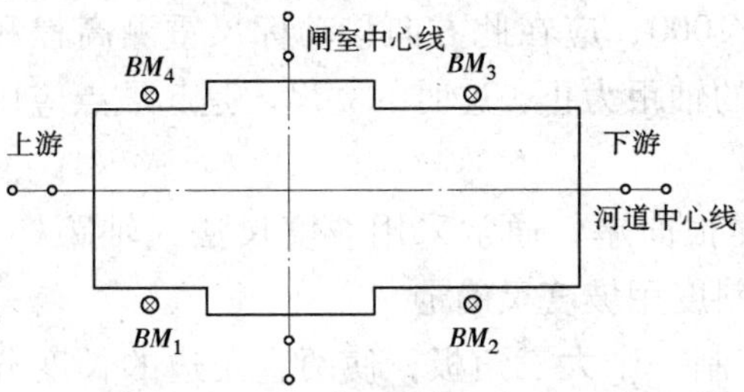

图 1.4.17　主轴线方向

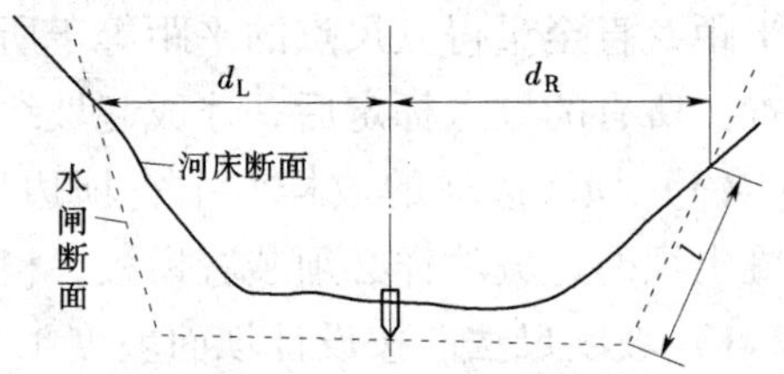

图 1.4.18　水闸断面

2. 基础开挖线的施工测量

水闸基坑开挖线是由水闸底板的周界以及翼墙、护坡等与地面的交线决定的。为了定出开挖线，可以采用本章第一节介绍的套绘断面法。首先，从水闸设计图上查取底板形状变换点至闸室中心线的平距，在实地沿纵向主轴线标出这些点的位置，并测定其高程和测绘相应的河床横断面图。然后根据设计数据（即相应的底板高程和宽度、翼墙和护坡的坡度）在河床横断面图上套绘相应的水闸断面（图 1.4.18），量取两断面线交点到测站点（纵轴）的距离，即可在实地放出这些交点，连成开挖边线。

为了控制开挖高程，可将斜高 l 注在开挖边桩上。当挖到接近底板高程时，一般应预留 0.3m 左右的保护层，待底板浇筑时再挖去，以免间隙时间过长，清理后的地基受雨水冲刷而变化。在挖去保护层时，要用水准测定底面高程，测定误差不能大于 10mm。

3. 水闸底板的施工测量

底板是闸室和上、下游翼墙的基础。闸孔较多的大中型水闸底板是分块浇筑的。底板放样的目的首先是放出每块底板立模线位置，以便装置模板进行浇筑。底板浇筑完后，要在底板上定出主轴线、各闸孔中心线和门槽控制线，并弹墨标明。然后以这些轴线为基准标出闸墩和翼墙的立模线，以便安装模板。

（1）底板立模线的标定和装模高度的控制。为了定出立模线，先应在清基后的地面上恢复主轴线及其交点的位置，于是必须在原轴线两端的标桩上安置经纬仪进行投测。轴线恢复后，从设计图上量取底板四角的施工坐标（即至主轴线距离），便可在实地上标出立模线的位置。

模板装完后，用水准测量在模板内侧标出底板浇筑高程的益，并弹出墨线表示。

（2）翼墙和闸墩位置及其立模线的标定。由于翼墙与闸墩是和底板结成一个整体，因此它们的主筋必须一道结扎。于是在标定底板立模线时，还应标定翼墙和闸墩的位置，以便竖立连接钢筋。翼墙、闸墩的中心位置及其轮廓线，也是根据它们的施工坐标进行放样，并在地基上打桩标明。

底板浇筑完后，应在底板上再恢复主轴线，然后以主轴线为依据，根据其他轴线对主轴线的距离定出这些轴线（包括闸孔和闸墩中心线以及门槽控制线等），且弹墨标明。因为墨线容易脱落，故必须每隔 2 ~ 3m 用红漆画一圈点表示轴线位置。各轴线应按不同的方式进行编号。根据墩、墙的尺寸和已标明的轴线，再放出立模线的位置。圆弧形翼墙的立模线可采用弦线支距法进行放样。

4.3.3 隧道施工测量

1. 地面控制测量

为准确给出隧道的平面位置和高程，保证隧道贯通的精度，首先要进行地面控制测量。然后，进行隧道施工测量。

（1）平面控制测量。隧道平面控制测量的任务就是测定各洞口附近控制点的平面位置，作为隧道内平面控制、指示隧道掘进方向的依据。隧道两端应有各一个平面控制点位于中线上。隧道平面控制测量的方法有以下几种：

1）直接定线。此法适用于较短的直接隧道。见图 1.4.19，A、D 为隧道两端的中线点，现要在地面上标定与 A、D 同在一直线上的 B、C 两点。确定 B、C 的方法为：在 A 大致确定 A、D 方向，并在该方向上标出点 B'。将 AB'方向依次延长至 C'及 D 附近的 D'。上述工作可用经纬仪完成，同时需测定 AB'、$B'C'$、$C'D'$的距离。再量出 DD'，计算 B'、C'到隧道中线的偏离量 $B'B$、$C'C$，由偏离量可确定中线点 B、C。再延长 AB 至 C、D 处，若与 C、D 重合，B、C 即为所求点。若不重合，则再按上述方法进行调整，直到满足要求为止。施工时，就可分别用 A、B 和 D、C 在两端给出隧道的掘进方向。

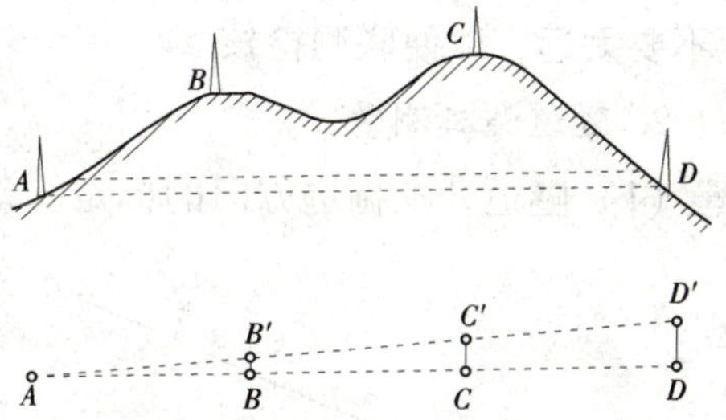

图 1.4.19　直接定线法地面控制

2）导线测量。如图 1.4.20 所示，在隧道两端中线点 A、B 之间布设一条或两条导线，求出各导线点的坐标。导线尽量靠近洞轴线布设。

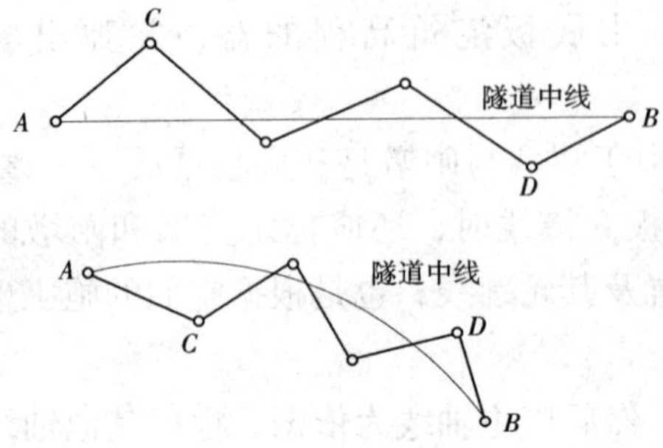

图 1.4.20　平面控制导线

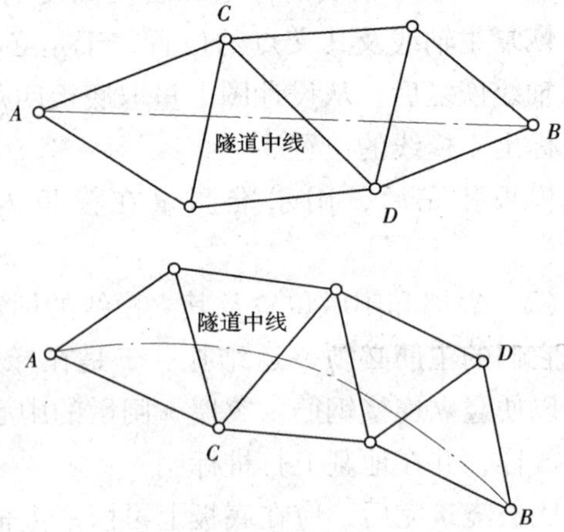

图 1.4.21　平面控制三角网

3）三角测量。如图 1.4.21 所示，若隧道较长，不适宜布设导线时，可在两端中线点 A、B 之间布设三角网，求得各三角点坐标。与导线相比，三角测量精度高。而且，网中除测角外，还可测量部分或全部边长，以进一步提高三角测量的精度，有效地控制贯通的偏差。

4）GPS。使用此法时，除隧道两端中线点 A、B 外，只需再布设几个与之通视的点（一般每端不少于两个）即可。GPS 技术灵活方便、精度高，已在隧道工程中广泛使用，尤其在地形复杂的高山区。

不论用何种方法进行平面控制，都要按工程要求的精度，选择相应的控制等级。

（2）高程控制测量。隧道高程控制测量的任务就是按工程要求的精度，在各洞口附近建立高程控制点，作为隧道内高程控制、指示掘进坡高的依据。隧道高程控制通常在各洞口之间布设三、四等水准线路。每一洞口附近埋设的水准点应不少于两个，且相距不要太远，以便联测检核。

2. 隧道施工测量

（1）隧道开挖掘进方向的标定。地面控制测量完成后，可根据隧道两端的控制点（如图 1.4.19、图 1.4.20 中的 A、C 和 B、D 等）和隧道中线的方位角计算指向角 β，在实地测设出 β 角即可得到隧道的掘进方向。由于方向的测量误差对贯通的影响较大，用于标定隧道中线起始点特别重要。因此，在隧道口应埋设若干固定在实地，以保证该方向不受施工的影响。如图 1.4.22 所示。

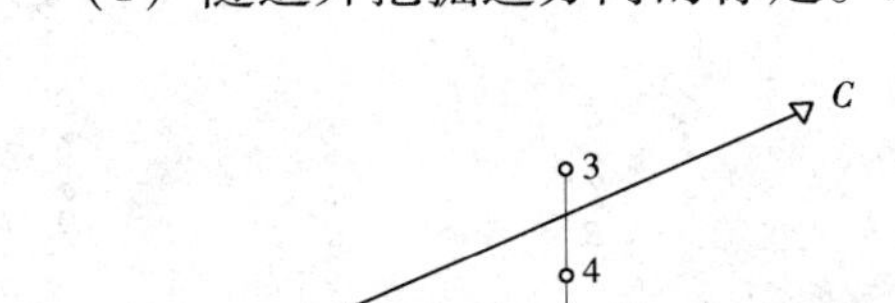

图 1.4.22　洞口掘进方向的标定

此外，还应按设计要求，在隧道开切面上标出腰线点，以控制隧道开切的竖向位置。

（2）隧道内施工测量。隧道按开切方向施工后，洞内的施工测量就是要标定中线和腰线，保证隧道方向和坡度满足设计要求，标定中线和腰线的同时，还要按要求的间距标定里程桩。

为了施工方便，隧道内中线、腰线点间距很短，测量误差累积较快。因此，隧道内要进行控制测量，以保证测量工作的精度。

此外，为增加掘进工作面，要开挖立井、斜井或平峒。斜井和平洞可采用导线测量、水准测量或三角高程测量方法直接将坐标和高程引入井下，指导施工。但通过立井将坐标和高程引入井下需用特殊方法。

3. 隧道竣工测量

隧道竣工后，要检查施工结果是否符合设计要求，为设备安装和运营管理提供资料，应进行竣工测量。其内容有：①检测中线：每隔一定距离（直线 50m、曲线 20m）测定一中线点；②纵断面测量：每隔 10～20m 测量底板和拱顶高程，绘出纵断面图；③横断面测量：每隔 10m（直线）或 5m（曲线）测量隧道横断面，并绘制横断面图。

本章习题

1.4.1 施工测量的主要内容有哪些？

1.4.2 测量控制网如何布设？

1.4.3 中线测量的方法？纵断面测量方法步骤？

1.4.4 横断面测量的方法步骤有哪些？

1.4.5 土坝施工测量的内容有哪些？

1.4.6 水闸底板施工测量的方法步骤有哪些？

1.4.7 隧道地面控制测量有哪些方法？

第5章 施工导流与截流

教学要求：了解围堰的类型及其适用条件；掌握施工导流方式的选择；掌握截流的方法和截流日期选择。

5.1 施工导流的方法

河床上修建水利水电工程时，为了使水工建筑物能在干地施工，需要用围堰围护基坑，并将河水引向预定的泄水建筑物泄向下游，这就是施工导流。

施工导流的方法大体上分为两类，一类是全段围堰法（即河床外导流），另一类是分段围堰法（即河床内导流）。

5.1.1 全段围堰法导流

全段围堰法导流是在河床主体工程的上下游各建一道拦河围堰，使上游来水通过预先修筑的临时或永久泄水建筑物（如明渠、隧洞等）泄向下游，主体建筑物在排干的基坑中进行施工，主体工程建成或接近建成时再封堵临时泄水道。全段围堰法按泄水建筑物的类型不同可分为明渠导流、隧洞导流、涵管导流等。

1. 明渠导流

上下游围堰一次拦断河床形成基坑，保护主体建筑物干地施工，天然河道水流经河岸或滩地上开挖的导流明渠泄向下游的导流方式称为明渠导流。

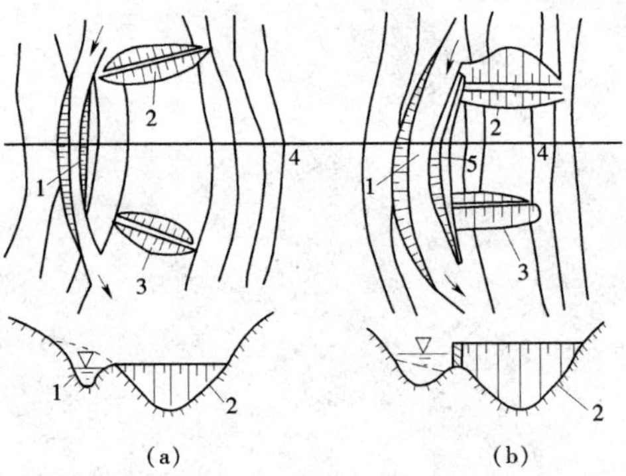

图1.5.1 明渠导流示意图
（a）在岸坡上开挖的明渠；
（b）在滩地上开挖并设有导墙的明渠
1—导流明渠；2—上游围堰；3—下游围堰；
4—坝轴线；5—明渠外导墙

（1）明渠导流的适用条件。如坝址河床较窄，或河床覆盖层很深，分期导流困难，且具备下列条件之一者，可考虑采用明渠导流。

1）河床一岸有较宽的台地、垭口或古河道。

2）导流流量大，地质条件不适于开挖导流隧洞。

3）施工期有通航、排冰、过木要求。

4）总工期紧，不具备洞挖经验和设备。

（2）导流明渠布置。导流明渠布置分岸坡上和滩地上两种布置形式（图1.5.1）。

2. 隧洞导流

隧洞导流适用导流流量不大、坝址河床狭窄、两岸地形陡峻，如一岸或两岸地形条件良好，可考虑采用隧洞导流。导流隧洞的布置如图 1.5.2 所示。

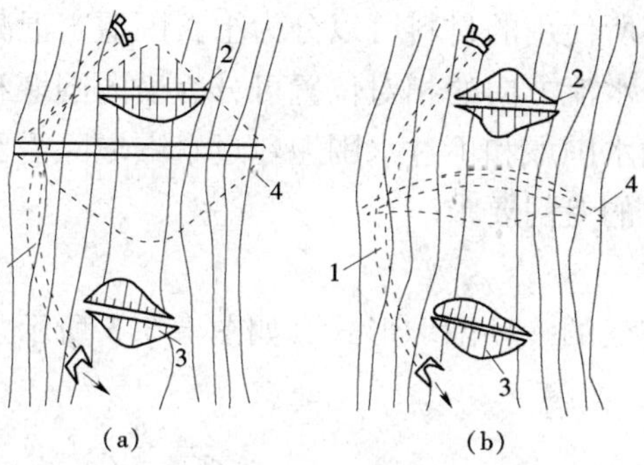

图 1.5.2　隧洞导流示意图

（a）土石坝枢纽；（b）混凝土坝枢纽

1—导流隧洞；2—上游围堰；3—下游围堰；4—主坝

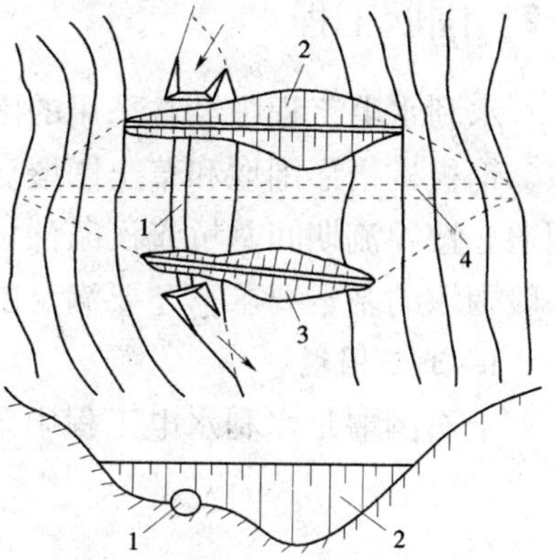

图 1.5.3　涵管导流示意图

1—导流涵管；2—上游围堰；

3—下游围堰；4—土石坝

3. 涵管导流

涵管导流一般在修筑土坝、堆石坝工程中采用。涵管通常布置在河岸岩滩上，其位置在枯水位以上，这样可在枯水期不修围堰或只修一小围堰而先将涵管筑好，然后再修上下游全断围堰，将河水引经涵管下泄，如图 1.5.3 所示。由于涵管的泄水能力较低，所以一般用于导流流量较小的河流上或只用来担负枯水期的导流任务。

5.1.2　分段围堰法导流

分段围堰法，也称分期围堰法或河床内导流，是用围堰将建筑物分段分期围护起来进行施工的方法。图 1.5.4 是一种常见的分段围堰法导流示意图。

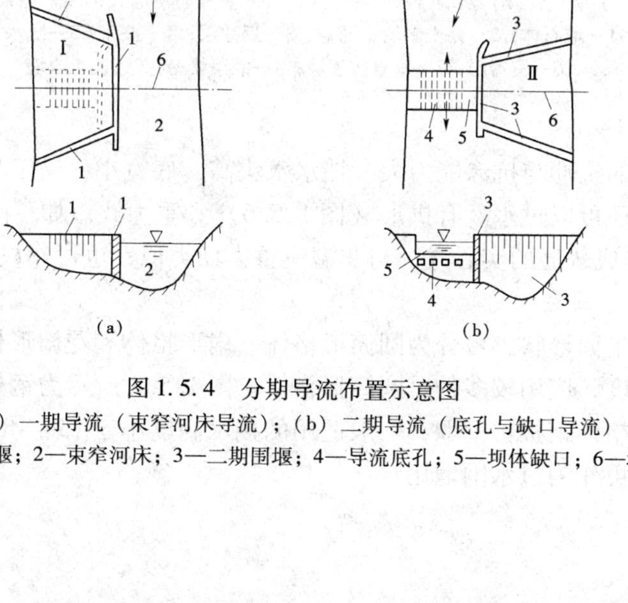

图 1.5.4　分期导流布置示意图

（a）一期导流（束窄河床导流）；（b）二期导流（底孔与缺口导流）

1—一期围堰；2—束窄河床；3—二期围堰；4—导流底孔；5—坝体缺口；6—坝轴线

分段围堰法导流一般适用于河床宽阔、流量大、施工期较长的工程，尤其在通航河流和冰凌严重的河流上。分段围堰法导流，前期由束窄的原河道导流，后期可利用事先修建好的泄水道导流，常见泄水道的类型有底孔、缺口等。

5.2 围堰工程

水利水电工程中经常采用的围堰，按其所使用的材料可以分为土石围堰、混凝土围堰、钢板桩格形围堰和草土围堰。按围堰与水流方向的相对位置可分为横向围堰和纵向围堰。按导流期间基坑淹没条件可以分为过水围堰和不过水围堰。过水围堰除需要满足一般围堰的基本要求，还要满足围堰顶过水的专门要求。

1. 土石围堰

土石围堰是水利水电工程中采用最为广泛的一种围堰形式，如图 1.5.5 所示。

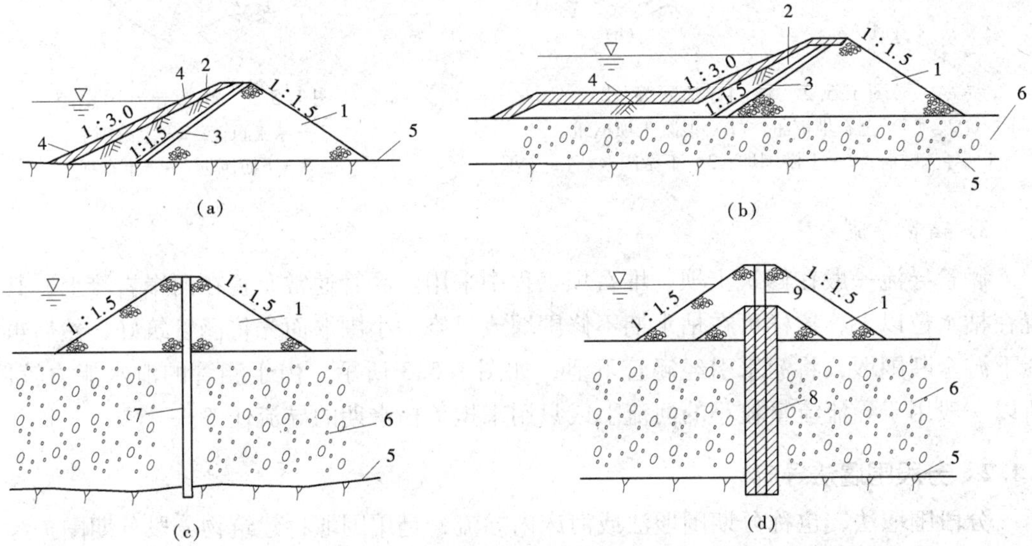

图 1.5.5　土石围堰

(a) 斜墙式；(b) 斜墙带水平铺盖式；(c) 垂直防渗墙式；(d) 灌浆帷幕式

1—堆石体；2—黏土斜墙、铺盖；3—反滤层；4—护面；5—隔水层；

6—覆盖层；7—垂直防渗墙；8—灌浆帷幕；9—黏土心墙

2. 混凝土围堰

混凝土围堰的抗冲与抗渗能力大，挡水水头高，底宽小，易于与永久混凝土建筑物相连接，必要时还可以过水。有拱形（图 1.5.6）和重力式。如三门峡工程的纵向围堰（图 1.5.7）可作成普通的实心式，与非溢流重力坝类似；也可作成空心式。

3. 钢板桩格形围堰

按照格体的平面形状，可分为圆筒形格体、扇形格体和花瓣形格体。这些形式适用于不同的挡水高度，应用较多的是圆筒形格体。图 1.5.8 所示为钢板桩格形围堰的平面示意图。圆筒形格体钢板桩围堰，一般适用的挡水高度小于 15～18m，可以建在岩基上或非岩基上，也可作为过水围堰用。

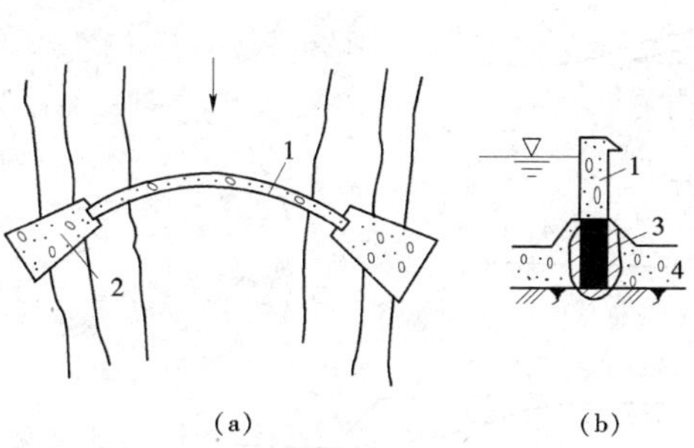

图 1.5.6　拱形混凝土围堰

（a）平面图；（b）横断面图

1—拱身；2—拱座；3—灌浆帷幕；4—覆盖层

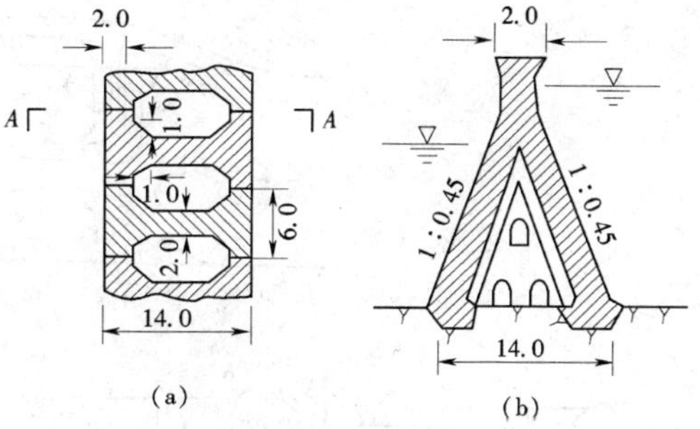

图 1.5.7　三门峡工程的纵向围堰（单位：m）

（a）平面图；（b）*A—A* 剖面

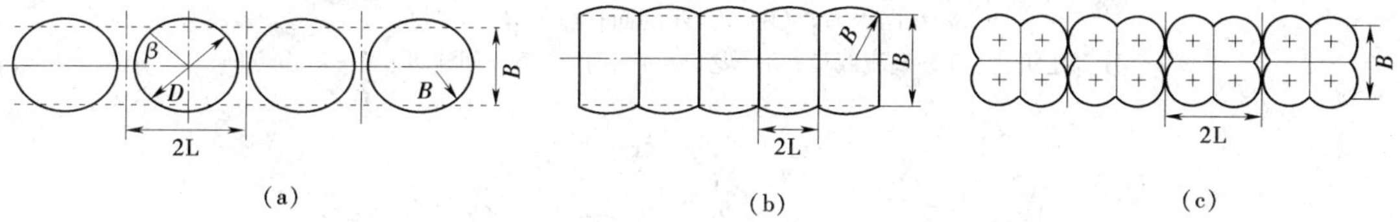

图 1.5.8　钢板桩格形围堰平面形式

（a）圆筒形格体；（b）扇形格体；（c）花瓣形格体

4. 草土围堰

草土围堰是一种以麦草、稻草、芦柴、柳枝和土为主要原料的草土混合结构，草土围堰施工简单、速度快、取材容易、造价低、拆除也方便，具有一定的抗冲、抗渗能力，堰体的容重较小，特别适用于软土地基。但这种围堰不能承受较大的水头，所以仅限水深不超过 6m、流速不超过 3.5m/s，使用期两年以内的工程。

5.3　截流工程

截流的基本方式有立堵法与平堵法两种。

1. 立堵法

立堵法截流是将截流材料从龙口一端或两端向中间抛投进占，逐渐束窄河床，直至全部拦断（图 1.5.9）。

立堵法截流适用于大流量、岩基或覆盖层较薄的岩基河床，对于软基河床应采用护底措施后才能使用。立堵法截流又分为单戗、双戗和多戗立堵截流，单戗适用于截流落差不超过 3m 的情况。

2. 平堵法

平堵法截流是沿整个龙口宽度全线抛投，抛投料堆筑体全面上升，直至露出水面（图 1.5.10）。这种方法的龙口一般是部分河宽，也可以是全河宽。因此，合龙前必须在龙口架设浮桥，由于它是沿龙口全宽均匀地抛投，所以其单宽流量小，出现的流速也较小，需要的单个材料的重量也较轻，抛投强度较大，施工速度快，但有碍于通航，适

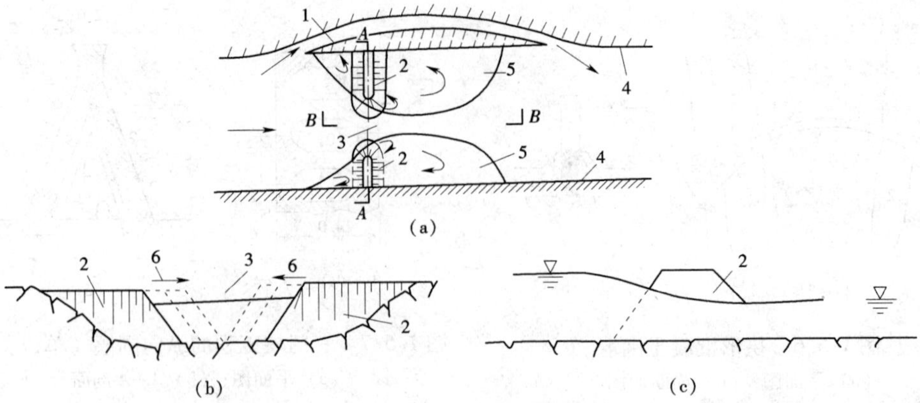

图 1.5.9　立堵法截流

（a）双向进占；（b）*A—A* 剖面；（c）*B—B* 剖面

1—分流建筑物；2—截流戗堤；3—龙口；4—河岸；5—回流区；6—进占方向

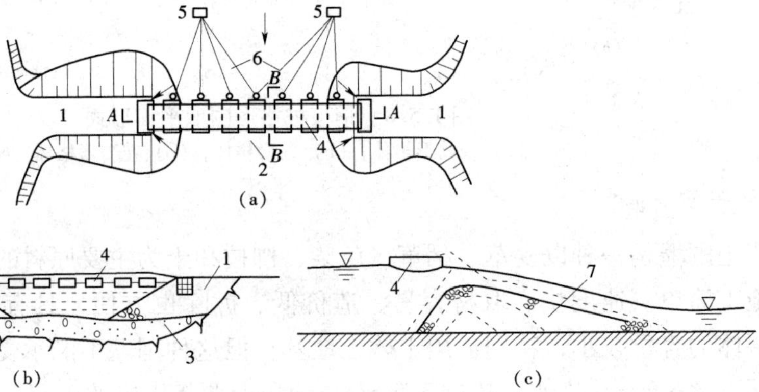

图 1.5.10　平堵法截流

（a）平面图；（b）*A—A* 剖图；（c）*B—B* 剖面

1—截流戗堤；2—龙口；3—覆盖层；4—浮桥；5—锚墩；6—钢缆；7—平堵截流抛石体

用于软基河床、河流架桥方便且对通航影响不大的河流。

3. 综合方式

（1）立平堵。为了充分发挥平堵水力学条件较好的优点，同时又降低架桥的费用，有的工程采用先立堵，后在栈桥上平堵的方式。

多瑙河上的铁门工程，经过方案比较，决定采取立平堵方式，立堵进占结合管柱栈桥平堵。立堵段首先进占，完成长度 149.5m，平堵段龙口 100m，由栈桥上抛投完成截流，最终落差达 3.72m。

（2）平立堵。对于软基河床，单纯立堵易造成河床冲刷，采用先平抛护底，再立堵合龙，平抛多利用驳船进行。我国青铜峡、丹江口、大化及葛洲坝等工程均采用此法，三峡工程在二期大江截流时也采用了该方法，取得了满意的效果。由于护底均为局部性，故这类工程本质上同属立堵法截流。

截流时间应根据河流水文特征、气候条件、围堰施工及通航过木等因素综合分析确定，一般多选在枯水期初流量已有显著下降的时候，严寒地区应尽量避开河道流冰及封冻期。

截流尽量采用当地材料，主要有块石、石串、石笼、混凝土块体等。

本章习题

1.5.1 施工导流的基本方法有哪些？各适用于什么条件？

1.5.2 常采用的围堰有几种形式？

1.5.3 截流日期如何选定？

1.5.4 截流的基本方法有哪几种？各适用于什么条件？

第6章 施 工 组 织 设 计

教学要求：了解施工组织设计的作用、编制依据和原则；熟悉施工组织设计分类和内容；掌握施工方案选择的基本原则；掌握施工进度计划编制方法和步骤；掌握施工网络计划编制；掌握施工总布置原则和方法步骤。

6.1 概述

6.1.1 施工组织设计的作用

施工组织设计是对拟建工程实施的全过程实行科学、经济管理的重要手段。通过施工组织设计，可以全面考虑拟建工程的各种施工条件，拟定合理的施工方案，确定施工顺序、施工方法、劳动组织和技术经济组织措施，合理地统筹安排人力、材料消耗、机械使用及工程进度计划，保证建设工程按质、按期交付使用。它为拟建工程设计方案在经济合理性、技术先进性和实施可行性三方面的论证提供依据；为建设单位编制基本建设计划，拟定初步设计概算提供依据；并为施工企业提供依据，使其提前掌握人力、材料和机械设备的使用先后顺序，全面合理安排材料的供应与消耗。

6.1.2 施工组织设计的分类

按照编制的对象或范围不同，施工组织设计可以分为施工组织总设计、单项工程施工组织设计和分部（分项）工程施工组织设计三类。

1. 施工组织总设计

施工组织总设计是以整个水利水电枢纽工程为编制对象，用以指导整个工程项目施工全过程的各项施工活动的综合性技术经济文件。它根据国家政策和上级主管部门的指示，分析研究枢纽工程建筑物的特点、施工特性及其施工条件，制定出符合工程实际的施工总体布置、施工总进度计划、施工组织和劳动力、材料、机械设备等技术供应计划，用以指导施工。

2. 单项（单位）工程施工组织设计

单项工程施工组织设计是以一个单项（单位）工程为编制对象。

3. 分部（分项）工程施工组织设计

分部（分项）工程施工组织设计主要指以分部（分项）工程为对象，编制较详细、具体。

按照基本建设程序，一般在工程设计阶段要编制施工组织总设计，相对比较宏观、概括和粗略，对工程施工起指导作用，但可操作性差；在工程项目招投标或施工阶段要编制单项工程施工组织设计或分部（分项）工程施工组织设计，编制对象具体，内容也比较翔实，具有实施性，可以作为落实施工措施的依据。

6.1.3 施工组织设计的内容

施工组织总设计、单项工程施工组织设计和分部（分项）工程施工组织设计，是整个工程项目不同广度、深度和作用的三个层次。它们都必须具有以下基本内容：

（1）工程特性分析。

（2）施工部署和施工方案的选择。

（3）施工准备工作计划。

（4）施工进度计划。

（5）各项工程需要量计划。

（6）施工总布置。

（7）各项技术经济指标分析。

施工组织设计在各设计阶段有不同的深度和要求，其成果组成也有所不同。如初步设计阶段施工组织设计中的主要成果分列如下：

（1）施工总进度表。

（2）施工准备工程进度表。

（3）施工总体布置图。

（4）施工用地征用范围图。

（5）永久建筑工程和辅助工程建筑安装工程量汇总明细表。

（6）逐年劳动力需用量、最高人数及总日数。

（7）主要建筑材料需用量及分年度供应量。

（8）主要施工机械设备汇总表及分年度供应量。

施工组织总设计主要包括施工总进度、施工总体布置、技术供应三部分。施工总进度主要研究合理的施工期限和在既定的条件下确定主体工程施工分期及施工程序，在施工安排上使各施工环节协调一致。施工总体布置根据选定的施工总进度，研究施工区的空间组织问题，是施工总进度的重要保证。施工总进度决定了施工总体布置的内容和规模。因此，施工总体布置在一定条件下又起到验证施工总进度合理性的作用。技术供应的总量及分年度供应量，由既定的总进度和总体布置所确定，而技术供应的现实性与可靠性是实现总进度、总体布置的物质保证，从而验证了两者的合理性。

6.1.4 施工组织设计基本原则

施工组织设计对工程造价、工期、选择枢纽布置形式等都有重要的影响。因此，施工组织设计时，必须遵守下列基本原则：

（1）严格执行国家有关方针政策、法令、规程规范及标准，并符合国内招投标的规定和国际招投标的惯例。

（2）面向社会深入调查，收集市场信息，根据工程特点，因地制宜提出切实可行的施工方案，并进行全面技术经济比较。

（3）结合国情积极开发和推广新技术、新材料、新工艺和新设备，凡经实践证明技术经济效益显著的科研成果，应尽量采用，努力提高技术效益和经济效益。

（4）统筹安排，综合平衡，妥善协调各分部分项工程，做到均衡施工。

6.2 施工方案选择

施工方案是施工组织设计的中心环节，是对建设项目全局性的总体规划。由于建设项目的性质、规模、客观条件不同，施工方案的内容和侧重点也各不相同。因此，在进行施工方案设计时，应对具体情况进行具体分析，按总工期、合同工期的要求，事先制定出必须遵循的原则，做出切实可行的施工方案。

6.2.1 拟定施工程序

1. 在保证工期要求的前提下，尽量实行分期分批施工

为了充分发挥工程建设投资的效果，对于大中型、总工期较长的工程建设项目，一般应当在保证总工期的前提下，实行分期分批建设，既可使各具体项目迅速建成，及早发挥工程效益，又可在全局上实现施工的连续性和均衡性，减少临时工程数量，降低工程成本。

至于如何进行分期分批，则要根据生产工艺要求、工程规模大小、施工难易程度、建设单位要求、资金和技术资源情况等，由建设单位、监理单位和施工单位共同研究确定。

2. 统筹安排各类项工程施工

既要保证重点，又要兼顾其他。在安排施工项目先后顺序时，应按照各工程项目的重要程度，优先安排以下工程：

（1）先期投入生产或起主导性作用的工程项目。

（2）工程量大、施工难度大、施工工期长的工程项目。

（3）“四通一平”等施工准备工程。

（4）供施工使用的项目。如钢筋加工厂、木材加工厂、各种预制构件加工厂、混凝土搅拌站、采砂（石）场等附属企业及其他为施工服务的临时设施。

3. 注意施工顺序的安排

施工顺序是指互相制约的工序在施工组织上必须加以明确，而又不可调整的安排。由于建筑产品的固定性，施工活动必须在同一场地上进行，如果没有前一阶段的工作，后一阶段就不能进行。在施工过程中，即使它们之间交错搭接地进行，也必须遵守一定的顺序。

满足施工工艺的要求，不能违背各施工顺序间存在的工艺顺序关系。例如，堤（坝）护坡工程的施工顺序为：堤（坝）坡面平整、土方碾压、垫层铺设、护坡砌筑。

考虑施工组织的要求。有的施工顺序，可能有多种方式，此时必须按照对施工组织有利和方便的原则确定。例如，水闸的施工，闸室基础较深，而相邻结构基础浅，则应根据施工组织的要求，先施工闸室的深基础，再施工相邻的浅基础。

考虑施工质量的要求，例如，现浇混凝土的拆模，必须等到混凝土强度达到一定要求后，方可拆模。

施工顺序一般要求如下：

（1）先地下后地上。主要指应先完成基础工程、土方工程等地下部分，然后再进行地面结构施工；即使单纯的地下工程也应执行先深后浅的程序。

（2）先主体后围护。指先对主体框架进行施工，再施工围护结构。

（3）先土建后设备安装。先对土建部分进行施工，再进行机电金属结构设备等安装的施工。

4. 注意施工季节的影响

不同季节对施工有很大影响，它不仅影响施工进度，而且还影响工程质量和投资效益，在确定工程开展程序时，应特别注意。例如，在多雨地区施工，就必须考虑先土方工程，再进行其他工程的施工；大规模的土方工程和深基础工程施工，最好不要安排在雨季；寒冷地区的工程施工，最好在入冬时转入室内作业和设备安装。

6.2.2 施工方法与施工机械的选择

施工方案编制的依据主要是施工图纸、施工现场勘察调查的资料和信息、施工验收规范、质量检查验收标准、安全与技术操作规程、施工机械性能手册、新技术、新设备、新工艺等的资料。

施工方案编制主要包括确定主要的施工方法、施工工艺流程、施工机械设备等内容。对施工方法的确定，要兼顾技术工艺的先进性和经济的合理性；对施工工艺流程的确定，要符合施工的技术规律；对施工机械的选择，应使主要施工机械的性能满足工程的需要，辅助配套机械的性能应与主导施工机械相适应，并能充分发挥主导施工机械的工作效率。

在现代化施工条件下，施工方法与施工机械关系极为密切，一旦确定了施工方法，施工机械也就随之而定。施工方法的选择随工种的不同而不同，例如，土石方工程中，确定土石方开挖方法或爆破方法；钢筋混凝土工程中，确定模板类型及支撑方法，选择混凝土的搅拌、运输和浇筑方法等。所选择的机械化施工总方案，不仅在技术上先进、适用，而且在经济上是合理的。

6.2.3 评价施工方案

施工方案的评价工作是对施工方案进行技术、经济评价的重要一环，评价的目的在于对单位工程各可行的施工方案进行比较，选择出工期短、质量好、成本低的最佳方案。

评价施工方案的方法主要有定量分析和定性分析两种。

（1）定量分析评价。定量是通过计算各方案的一些主要技术经济指标，进行综合比较分析，从中选出综合指标较佳方案的一种方法。主要技术经济指标包括工期指标、劳动量指标、主要材料消耗指标和成本指标。

（2）定性分析评价。指结合施工经验，对多个施工方案的优缺点进行分析比较，最后选定较优方案的评价方法。

水利水电工程施工组织设计工作非常复杂，而作用又十分突出，因此要求在进行施工组织设计时，既要敢于创新，又不能盲目冒进，只有切合实际的施工组织设计，才能保证水利水电工程建设的顺利进行。

6.3 网络计划技术

网络计划技术是以网络计划对任务的工作进度进行安排和控制，以保证实现预定目标的科学的计划管理技术，而网络图是网络计划技术的基础。网络图是表示一项工程或任务的工作流程图，分为双代号网络图和单代号网络图。

6.3.1 双代号网络图

双代号网络图用箭线表示工作（工序或作业），工作的名称（或字母代号）标在箭线的上方，完成该工作所需的历时标在箭线的下方，如图1.6.1（a）所示。在每条箭线的箭头和箭尾各用一个标以数字的圆圈有秩序地将各条箭线连接起来，形成网络图。表1.6.1所示的混凝土基础工程的进度计划网络图，如图1.6.1（b）所示。

表1.6.1　　混凝土基础工程工作项目表

工作项目	放线	开挖基础	模版安装	获得钢筋	钢筋加工	架立钢筋	混凝土制备	混凝土浇筑
字母代号	*A*	*B*	*C*	*E*	*F*	*G*	*H*	*D*
工作历时（天）	5	10	5	4	6	3	8	6

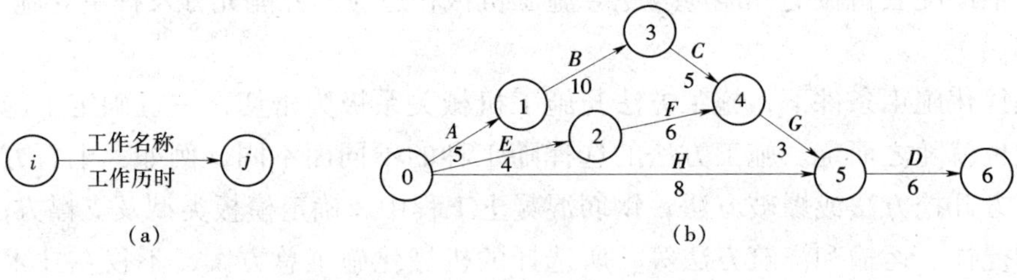

图1.6.1　双代号网络图

下面以图1.6.1（b）为例说明网络图的几个基本概念。

1. 工作

要完成一项工程项目，都需要进行并完成许多有关的工作项目。这些工作项目称为“工作”、“工序”、“作业”或“活动”。它在双代号网络图中是用箭线表示的。一条箭线代表一个工作。箭线可画成直线，也可画成折线或曲线，但是不得中断。在无时间坐标的网络图中，直线的长度可以是任意的，与工作历时无关。

在实际生活中，有两类工作。一类是既需要消耗时间又需要消耗资源的工作，如开挖，既需要有一定的时间才能完成，又需要有人力、挖掘设备等资源。这类工作在实际生活中是大量存在的。另一类是只需要消耗时间而不需要消耗资源的工作。如施工中的抹灰干燥、油漆干燥等工作，都是由于技术原因引起的某种停歇或等待，只消耗时间而不消耗人力或物力。

在双代号网络图中，除了上述两类工作外，还有另一类工作，它既不需要消耗时间，又不需要消耗资源，这类工作称为虚工作。虚工作是为了准确而清楚地表达各工作之间的相互逻辑关系而引入的，用虚箭线表示。虚工作在实际生活中并不存在，但在双代号网络图中却是必不可少的。

2. 节点

节点又称事项、事件或结点，它表示一项工作开始或结束的瞬间。在网络图中，是用圆圈或方框表示的。表示一项工作开始的节点称为工作的开始节点，表示一项工作结束的节点称为工作的结束节点。一项工作也可以用其前、后两个节点号来表示，如 B 工作可以表示为 1－3 工作。节点只是一个“瞬间”，它既不消耗时间，也不消耗资源。

在网络图中，对一个节点来说，可能有许多箭线指向该节点，这些箭线就称为“内向工作”（或内向箭线），见图 1.6.2（a）；同样也可能有许多箭线由同一节点出发，这些箭线就称为“外向工作”（或外向箭线），见图 1.6.2（b）。

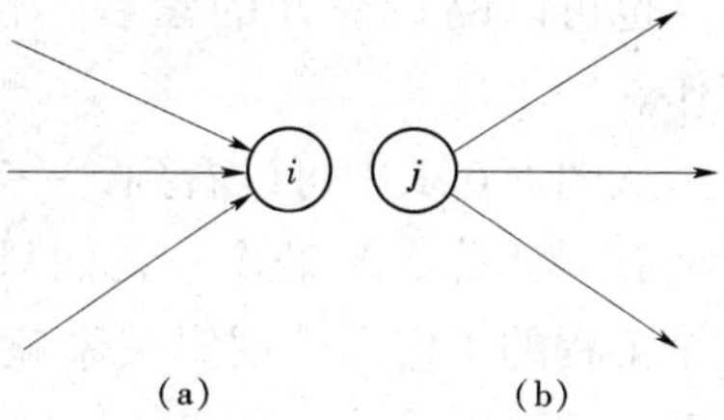

图 1.6.2　节点图例

（a）内向工作；（b）外向工作

网络图中第一个节点称起点节点，也称开始节点或源节点。它意味着一项工程的开始。起点节点只有外向工作，没有内向工作，如图 1.6.1（b）中的节点“0”。网络图中最后一个节点称为终点节点。它意味着一项工程的完成。终点节点只有内向工作，没有外向工作，如图 1.6.1（b）中的节点“6”。网络图中的其他节点称为中间节点。它意味着前项工作的结果和后项工作的开始。

双代号网络图中节点的重要特性在于它的瞬时性。它只表示工作开始或结束的瞬间，本身不占用时间。一个节点的实现时刻，就是以该节点为结束节点的所有工作结束的时刻，也是以该节点为开始节点的所有工作可以开始的时刻。

3. 路线

路线，又称为线路。从网络的起点节点出发，顺箭线方向连续不断地经过一系列节点和箭线，到达网络的终点节点有若干条通路，这每一条通路都称为一条路线。

路线上各工作的延续时间之和，称为该路线的长度。网络中最长的路线称为关键路线。关键路线可能仅有一条，也可能不止一条。关键路线上的工作称为关键工作，它们完成的快慢直接影响整个工程的工期。短于关键路线的任何路线都称为非关键路线。在非关键路线中，仅比关键路线短的路线叫次关键路线。图 1.6.1（b）中共有 3 条路线，其中最长的路线 0—1—3—4—5—6 为关键路线，其时间长度 29 天，次关键路线 0—2—4—5—6，其时间长度为 19 天。

关键路线又称紧急线或主要矛盾线。在网络图中，关键路线常用双线或粗线或彩色线表示，以突出其重要性。

4. 网络逻辑

所谓网络的逻辑关系，是指一项工作与其他有关的工作之间相互联系与制约的关系，也就是各项工作在工艺上、组织上所要求的顺序关系。

一个工程包括很多工作，工作间的逻辑关系非常复杂，应该用简单、准确的方法把这种逻辑关系表达出来，便于网络图的绘制。以图1.6.1（b）中工作 *C* 为例介绍几个概念。

（1）紧前工作。只有 *B* 工作（开挖）结束后 *C* 工作（立模）才能开始，且 *B*、*C* 之间没有其他工作，则工作 *B* 称为工作 *C* 的紧前工作。

紧前工作区别于间接前工作。虽然 *A* 工作（放线）结束后 *C* 工作才能开始，但中间要经过 *B* 工作，所以 *A* 不是 *C* 的紧前工作，它是 *C* 工作的间接前工作。

（2）紧后工作。紧后工作与紧前工作这一概念是相对应的，上述 *B* 是 *C* 的紧前工作，也可以说 *C* 是 *B* 的紧后工作；*A* 是 *C* 的间接前工作，也可以说 *C* 是 *A* 的间接后工作。

从图1.6.1中可以看到，一项工作的紧前工作或紧后工作可能不止一项，如 *G* 工作紧前有 *C* 工作、*F* 工作。我们只要将每项工作的紧前工作（或紧后工作）全部给出，整个工程的工作间的逻辑关系就明确了。实际工作中，只用“紧前”或“紧后”一种关系也就可以了。

6.3.2 单代号网络图

单代号网络图又称节点式网络图。它用节点表示工作，用箭线表示工作之间的逻辑关系。单代号网络图中工作的表示方法如图1.6.3所示。表1.6.2所示的工程项目用单代号网络图表示，如图1.6.4所示。在单代号网络图中，节点仍须编号。一个节点表示一项工作，只用一个数码，因此称“单代号”。

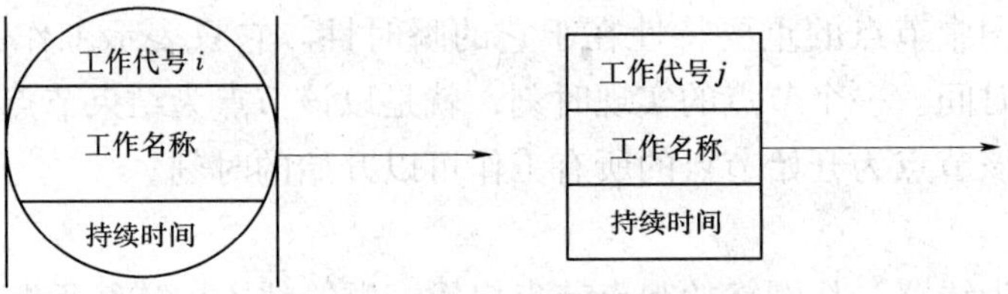

图1.6.3 单代号网络工作图例

表1.6.2 混凝土基础工程逻辑关系

工作项目	代号	紧前工作	紧后工作	工作项目	代号	紧前工作	紧后工作
基础放线	*A*	—	*B*	获得钢筋	*E*	—	*F*
开挖基础	*B*	*A*	*C*	钢筋加工	*F*	*E*	*G*
模板安装	*C*	*B*	*G*	钢筋架立	*G*	*C*、*F*	*D*
混凝土浇筑	*D*	*G*、*H*	—	混凝土制备	*H*	—	*D*

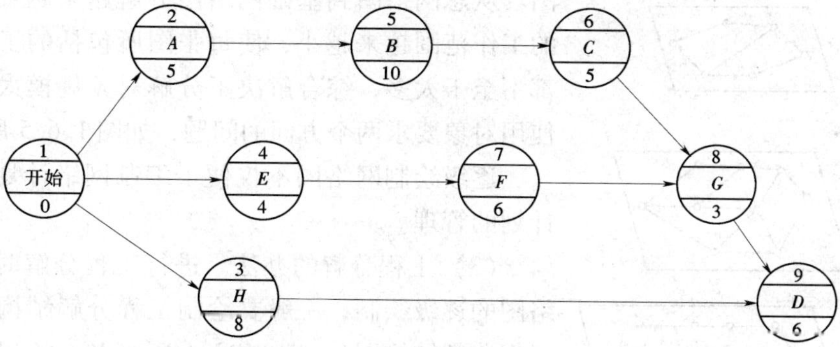

图 1.6.4　单代号网络图

6.3.3　网络图的绘制

1. 工程分解

网络图是按工作顺序关系绘制的。绘图之前，必须把工程分解成工作。一项工程细分为工作的过程称为工程分解。这里工程是一个广义的概念，它可以指一项水利水电工程、一个工序或一个施工过程。凡是编制网络计划的对象，皆称为工程。

（1）工程分解的详细程度。工程分解得过于详细，会增加绘制难度，也不利于网络图的绘制和管理；但分解得过粗，可能对实际生产又没有多少指导作用。因此，合理确定工程分解的详细程度是一项很重要的工作。在确定工程分解详细程度时，一般主要考虑两方面的因素，即工程分解对象和使用对象。

一个工程中，哪些工作分解得细些，哪些工作分解得粗些，一般考虑下述三个因素：

1）历时、资源估算的准确性。一般对历时和资源容易估算准确的简单工作内容，可以适当分解粗点；对于历时和资源不易估算准确的工作内容，分解应细点。

2）工作分解应粗细协调，能正确反应工作间逻辑关系。如果在表 1.6.2 中制备混凝土与混凝土浇筑不分为两项工作，而合为一项“混凝土工作”，那么，它将与钢筋架立工作之间的逻辑关系不协调。

3）工作分解的细度应考虑这项作业能在现场识别，以便对其检查与进度控制。例如电站机坑混凝土分为一期混凝土和二期混凝土，各属于不同的施工阶段，不宜合为一项工作。

另外，确定工程分解细度时，其他几个因素也要考虑；项目进展的阶段和编制计划的目的，计划编制者对工程的了解程度以及时间和资源等数据的可获得性，使用计算机的情况等。

对于施工单位的项目经理来说，工程分解宜粗不宜细，这样便于从总体上掌握重要的工作，控制总体进度；对于具体作业层来说，分解宜细，这样便于具体指导工作。

（2）网络图的逐级绘制。综合考虑上述工程对象和工程计划使用对象对工程分解的要求，可逐级绘制网络图。

对于一项大型工程，一般要绘制三种网络图，即总网络图、分网络图和基础网络

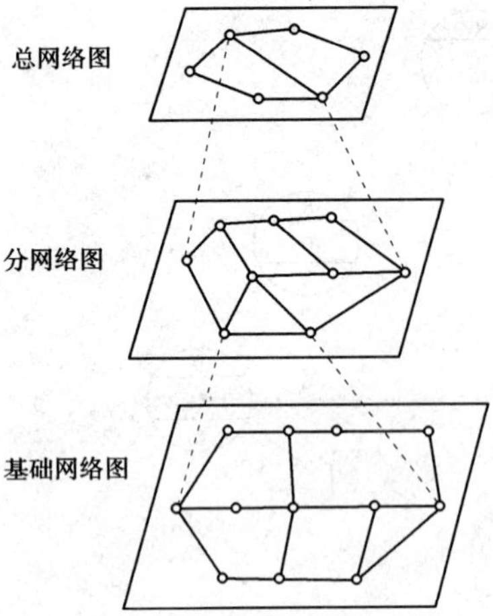

图 1.6.5　三种网络图之间关系

图。从总网络图到基础网络图分解越来越细，每张图的工作范围越来越小，使每张图所包括的工作数量目都不至于太多，综合解决了分解对象规模太大和考虑使用对象要求两个方面的问题，如图 1.6.5 所示。

逐级绘制网络图不仅便于编制网络计划，也便于计划的管理。

（3）工程分解的办法。进行工程分解时，结合网络图的逐级绘制，一般要绘制工程分解结构图（或称工作分解结构图），即 WBS（Work Break - down Structure）图。所谓 WBS 图就是将整个工程逐级细分为一些更小单位的工作结构示意图，如图 1.6.6 所示。

绘制 WBS 图有许多优点：第一，分解系统化，不容易发生遗漏；第二，级数的多少反映了分解的详细程度，对应一张 WBS 图的不同级数，可以绘制出供不同对象使用的网络图；第三，对应于管理单位的组织结构图（OTA），WBS 图有利于分配和落实责任。在图 1.6.6 中，第一级为工程本身，最后一级为作业面上的具体工作。分解由粗到细，工作范围由大到小。

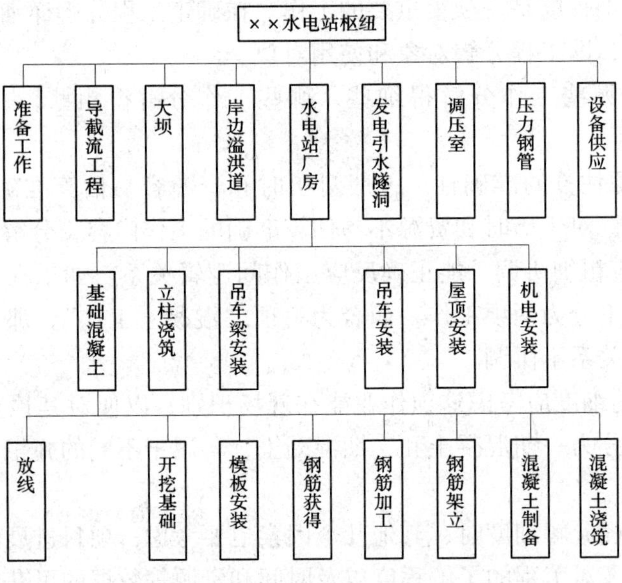

图 1.6.6　工程分解示意图

（4）工作明细表。WBS 图绘制完之后，下一步工作就是对工作进行登记汇总，编制工作明细表。如果需要编制对应于某级的活动，逐一登记在工作明细表上即可。一个活动只登记一次。编制工作明细表时，可同时进行三项工作。一是估计工作时间，二是确定工作间的逻辑关系，三是确定各工作需要的资源量，形式如表 1.6.3 所示。

表 1.6.3　　　　　　　　　　　　　　工作明细表

序　号	工作名称	工作代号	紧前工作	工作历时（天）	资　源
1	放线	A	—		
2	开挖基础	B	A		
3	模板安装	C	B		
4	钢筋获得	E	—		
5	钢筋加工	F	E		
6	钢筋架立	G	C、F		
7	混凝土制备	H	—		
8	混凝土浇筑	D	G、H		

2. 绘制双代号网络图的基本准则

绘制双代号网络图时，必须遵守以下准则：

（1）一条箭线箭头节点的编号应大于箭尾节点的编号。图 1.6.7（b）是正确的，图 1.6.7（a）是错误的。

（2）在一个网络图中，所有节点不能出现重复编号。

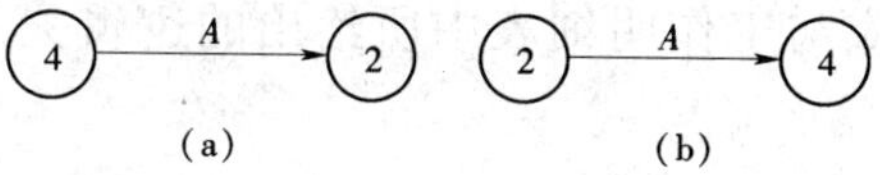

图 1.6.7　节点编号图例

（a）错误编号；（b）正确编号

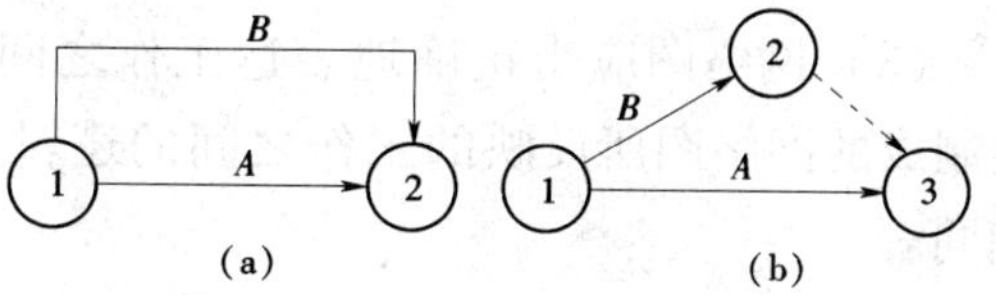

图 1.6.8　节点编号图例

（a）错误；（b）正确

（3）在网络图中，不允许出现节点代号相同的箭线。图 1.6.8（a）所示的 A、B 两项工作的节点代号都是 1－2，是错误的。正确的做法是：引入虚工作，绘成图 1.6.8（b）所示的形式。虚工作只起衔接节点的作用，它本身并不占用时间和消耗资源。

（4）在一个网络图中，只允许有一个起点节点，一个终点节点。图 1.6.9（a）中出现了两个没有内向箭头的起点节点 1、5，也出现了两个没有外向箭线的终点节点 3、9，这是错误的，正确的画法如图 1.6.9（b）所示。

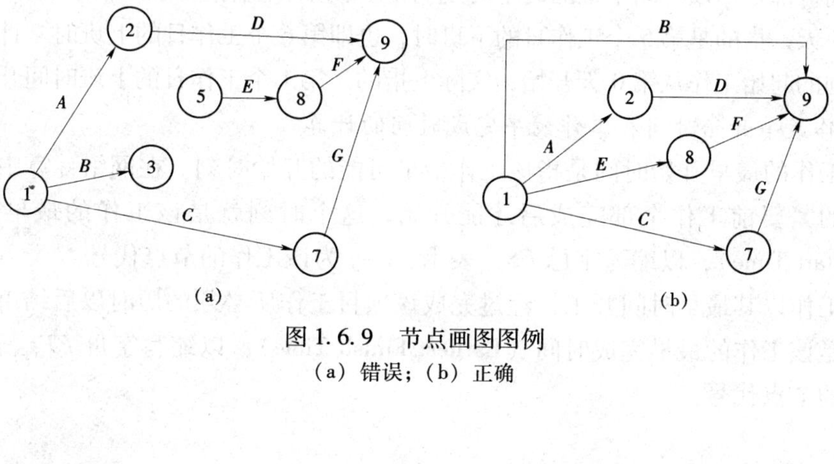

图 1.6.9　节点画图图例

（a）错误；（b）正确

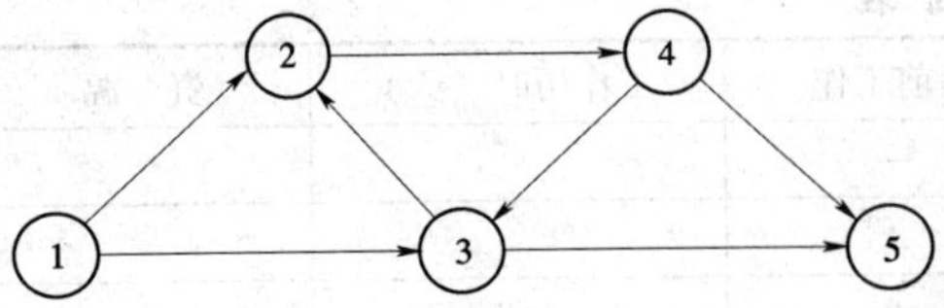

图 1.6.10 循环回路是错误的

(5) 网络图中不允许出现循环回路。图 1.6.10 所示的网络图中出现了 2-4-3-2 循环回路是错误的，这种错误是工作逻辑关系错误。

(6) 网络图中一条箭线必须连接两个节点。一条箭线必须有一个开始节点和一个结束节点，不允许从一条箭线的中间引出另一条箭线。图 1.6.11 (a) 的画法是错误的，正确的画法如图 1.6.11 (b) 所示。

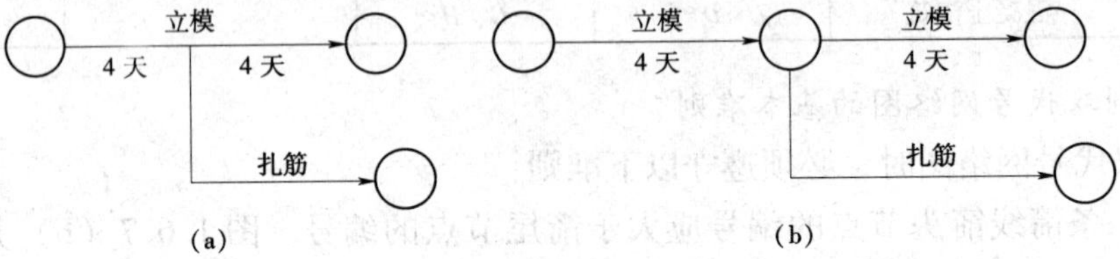

图 1.6.11 箭线绘图图例

(a) 错误；(b) 正确

(7) 在网络图中，不允许出现双向箭线或无箭头的线段。

(8) 网络图应当正确地表达工作之间的逻辑关系，同时尽量没有多余的虚工作。绘制成的网络图所反映的工作之间的逻辑关系，应与工作明细表中所给出的逻辑关系相同。

6.3.4 双代号网络图时间参数的计算

网络计划的时间参数是确定工程计划工期，确定关键路线、关键工作的基础，也是判定非关键工作机动时间和进行计划优化、计划管理的依据。

时间参数计算的内容包括：各项工作的最早开始时间、最迟开始时间、最早完成时间、最迟完成时间、节点的最早时间、节点的最迟时间及工作的时差。

上述各种时间参数的计算可以采用多种方法，如表算法、图上计算法及电算法。下面介绍图上计算法，其他方法的计算原理相同，这里不再重复。

在计算各种时间参数时，为了与数字坐标轴的规定一致，规定无论是工作的开始时间或完成时间，都一律以时间单位的终了时刻为准。例如，坐标上某工作的开始（或结束）时间为第 5 天，指的是第 5 个工作日的下班时，也即第 6 个工作日的上班时。计算中均规定网络计划的起始工作从第 0 天开始，实际上指的是第 1 个工作日的上班时间开始。

1. 工作最早开始时间和工作最早完成时间的计算

一项工作的最早开始时间是指该工作最早可能的开始时刻。在网络计算中，一项工作要等它的紧要前工作全部完成后才能开始，这个时刻就是该工作的最早开始时间 (Earliest Start Time)，以缩写字母 ES_{i-j} 表示，$i-j$ 为该工作的节点代号。

一项工作以其最早时间开工，经过完成该项目工作所必须的历时以后结束，这个结束时刻就是该工作的最早完成时间 (Earliest Finish Time)，以缩写字母 EF_{i-j} 表示，$i-j$ 为该工作的节点代号。

显然，要计算各项工作的最早开始时间及最早完成时间，应当从网络的起点节点开始，顺着箭线的方向逐项进行直到终点节点为止。

现以图 1.6.12 所示的网络计划为例说明工作最早开始时间和工作最早完成时间的计算。

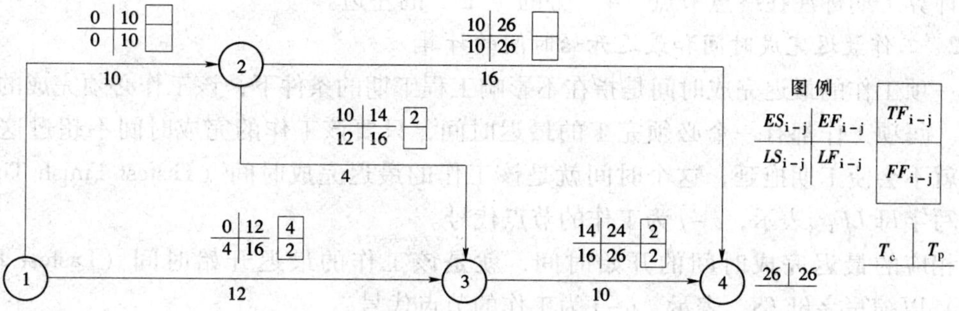

图 1.6.12　时间参数计算

从起点节点引出的各项外向工作，都是整个计划的起始工作，它们的最早开始时间都定为零。本例中，工作 1－2、1－3 是计算的起始工作，所以

$$ES_{1-2}=0$$

$$ES_{1-3}=0$$

然后顺箭头方向从左至右逐一计算各工作的最早时间。若工作 $i-j$ 有唯一紧前工作 $h-i$，则它的最早开始时间等于工作 $h-i$ 的最早结束时间；若工作 $i-j$ 有多个紧前工作，则它的最早开始时间等于其紧前工作最早结束时间的最大值，即

$$ES_{i-j}=\max\{EF_{h-i}\}$$

式中 EF_{h-i} 为 $i-j$ 工作的紧前工作。

工作 $i-j$ 的最早工作结束时间等于它的最早开始时间 ES_{i-j} 与其历时 t_{i-j} 之和，即

$$ES_{i-j}=ES_{i-j}-t_{i-j}$$

各工作的最早开始时间填在该工作箭线上方符号“＋”的左上角，最早结束时间标在右上角。

本例中时间参数的计算可以直接在图上进行，现将其计算过程表述如下：

$$ES_{1-2}=0$$

$$EF_{1-2}=ES_{1-2}+t_{1-2}=0+10=10$$

$$ES_{1-3}=0$$

$$EF_{1-3}=ES_{1-3}+t_{1-3}=0+12=12$$

$$ES_{2-4}=EF_{1-2}=10$$

$$ES_{2-4}=ES_{2-4}+t_{2-4}=10+16=26$$

$$ES_{2-3}=EF_{1-2}=10$$

$$EF_{2-3}=ES_{2-3}+t_{2-3}=10+4=14$$

$$ES_{3-4}=\max\ \{EF_{2-3},\ EF_{1-3}\}\ =\max\ \{14,\ 12\}\ =14$$

$$EF_{3-4}=ES_{3-4}+t_{3-4}=14+10=24$$

最早时间的计算，除了明确各工作最早可能在什么时间开始以及各工作最早可能什么时间完成以外，还可以确定出网络计划的计算工期 T_c。计算工期 T_c 等于网络计划中以终点节点为结束节点的各工作最早完成时间的最大值，本例中

$$T_c = \max\{EF_{2-4}, EF_{3-4}\} = \max\{26, 24\} = 26$$

计算工期标注在终点节点“4”旁的“⊥”的左边。

2. 工作最迟完成时间和最迟开始时间的计算

一项工作的最迟完成时间是指在不影响工程工期的条件下，该工作必须完成的最迟时间。每项工作都有一个必须完工的最迟时间，只要该工作的完成时间不超过这个时间，就不会使工期拖延，这个时间就是该工作的最迟完成时间（Lastest Finish Time）。以缩写字母 LF_{i-j} 表示，$i-j$ 为工作的节点代号。

相应的最迟完成时间的开始时间，就是该工作的最迟开始时间（Lastest Finish Time）以缩写字母 LS_{i-j} 表示，$i-j$ 为工作的节点代号。

工作最迟完成时间应从网络图的终点节点开始，逆着箭线方向依次逐项计算，直至网络图的起点节点为止。

网络计划的结束工作 $i-n$ 的最迟完成时间 LF_{i-n} 应等于项目的计划工期 T_p，T_p 应小于或等于项目规定的要求工期 T_r。在未规定要求工期情况下，取 $T_p = T_c$。

$$LF_{i-n} = T_p = T_c$$

然后逆箭线方向，从右至左计算各工作的最迟完成时间和最迟开始时间，若工作 $i-j$ 只有唯一的紧后工作 $j-k$，则工作 $i-j$ 的最迟完成时间等于工作 $j-k$ 的最迟开始时间；若工作 $i-j$ 有多个紧后工作，则工作 $i-j$ 的最迟完成时间等于其紧后工作的最迟开始时间的最小值，即

$$LF_{i-j} = \max\{LS_{j-k}\} \qquad (1.6.1)$$

式（1.6.1）中 LS_{j-k} 为 $i-j$ 工作的紧后工作。

显然，本例中

$$LF_{2-4} = 26$$

$$LF_{3-4} = 26$$

工作 $i-j$ 的最迟开始时间等于该工作最迟结束时间 LF_{i-j} 与历时 t_{i-j} 之差，即

$$LS_{i-j} = LF_{i-j} + t_{i-j}$$

工作最迟时间计算可以直接在图上标注进行。最迟开始时间标在“+”号的左下角，最迟结束时间标在右下角。本例的计算过程如下：

$$LF_{2-4} = 26$$

$$LS_{2-4} = LF_{2-4} - t_{2-4} = 26 - 16 = 10$$

$$LF_{3-4} = 26$$

$$LS_{3-4} = LF_{3-4} - t_{3-4} = 26 - 10 = 16$$

$$LF_{2-3} = LS_{3-4} = 16$$

$$LS_{2-3} = LF_{2-3} - t_{2-3} = 16 - 4 = 12$$

$$LF_{1-3} = LS_{3-4} = 16$$

$$LF_{1-3}=LF_{1-3}-t_{1-3}=16-12=4$$
$$LS_{1-2}=\min\{LS_{2-3},LS_{2-4}\}=\min\{12,10\}=10$$
$$LS_{1-2}=LF_{1-2}-t_{1-2}=10-10=0$$

因为工作的最早完成时间及最迟完成时间可以很方便地分别由最早开始时间及最迟开始时间得到，即

$$EF_{i-j}=ES_{i-j}+t_{i-j}$$
$$LF_{i-j}=LS_{i-j}+t_{i-j}$$

对比计算出的各工作的最早时间与最迟时间可知：有些工作的最早开始时间等于其最迟开始时间即 $LS_{i-j}=ES_{i-j}$，这些工作肯定处于关键路线上，没有任何机动时间，叫做关键工作；有些工作的最早开始时间小于其最迟开始时间，即 $LS_{i-j}>ES_{i-j}$，这些工作可以有一定的时间拖延而不影响工程的工期，处于非关键路线上，称为非关键工作。为了表示工作的机动性大小，下面引入工作总时差和自由时差的概念。

3. 工作总时差和自由时差的计算

（1）工作总时差。一项工作的工作总时差是指在不影响工期的前提下，该工作所具有的机动时间。工作总时差（Total Float）简称工作时差或总时差，用缩写字母 TF_{i-j} 表示，（$i-j$ 为该工作的节点代号）。

根据工作总时差的定义不难知道，一项工作 $i-j$ 的工作总时差等于该工作的最迟开始时间 LS_{i-j}与其最早时间开始时间 ES_{i-j}之差，或等于该工作的最迟完成时间 LF_{i-j}与其最早完成时间 EF_{i-j}之差，即

$$TF_{i-j}=LS_{i-j}-ES_{i-j}=LF_{i-j}-EF_{i-j}$$

本例中各工作的工作总时差可以在图上用已算出的工作的最早时间及工作的最迟时间直接标注出。计算过程如下：

$$TF_{1-2}=LS_{1-2}-ES_{1-2}=0-0=0$$
$$TF_{1-3}=LS_{1-3}-ES_{1-3}=4-0=4$$
$$TF_{2-3}=LS_{2-3}-ES_{2-3}=12-10=2$$
$$TF_{2-4}=LS_{2-4}-ES_{2-4}=10-10=0$$
$$TF_{3-4}=LS_{3-4}-ES_{3-4}=16-14=2$$

从计算结果可看出，关键路线上工作的工作总时差都为零。

一项工作在其工作总时差范围内延期完成，有可能占去后继工作的工作总时差。本例中，2－3 工作只要拖期 1 天，3－4 工作的工作总时差就减少 1 天；但对于 1－3 工作来说，某一时间同幅度内拖后完成，不会减少后继工作的工作总时差。例如 1－3 工作拖后 1 天或 2 天，3－4 工作的总时差不变，但是 1－3 拖后 3 天或 4 天完成，3－4 工作的工作总时差就相应减少 1 天或 2 天。

（2）自由时差。一项工作的自由时差（Free Float）用缩写字母 FF_{i-j}表示，是指在不影响其紧后工作最早开始的前提下，该工作所具有的机动时间。

自由时差也叫局部时差或自由机动时间。工作的自由时差等于它的紧后工作的最早

开始时间减去该项工作的最早完成时间，即

$$FF_{i-j}=ES_{j-k}-EF_{i-j}=ES_{j-k}-(ES_{i-j}-t_{i-j})$$

网络计划中各项工作的自由时差值可以根据已标出的各工作的最早开始时间及最早完成时间计算。本例中自由时差的计算可直接在图上标注进行，其计算过程如下：

$$FF_{1-2}=ES_{2-4}-EF_{1-2}=10-10=0$$

$$FF_{2-4}=Tc-EF_{2-4}=26-26=0$$

$$FF_{1-3}=ES_{3-4}-EF_{1-3}=14-12=2$$

$$FF_{2-3}=ES_{3-4}-EF_{2-3}=14-14=0$$

$$FF_{3-4}=Tc-EF_{3-4}=26-24=2$$

4. 节点时间参数计算

在双代号网络计划中，节点是箭线之间的连接点。节点时间参数表示紧前工作完成和紧后工作开始的时刻，所以只有节点最早时间和节点最迟时间两个参数。节点最早时间用 TE 表示，节点最迟时间用 TL 表示。由于应用网络计划进行进度控制中节点管理非常重要，所以有时需要计算出节点时间。

节点最早时间用 TE，对于起始节点 $TE_s=0$；顺着箭线方向相加求最大。节点最迟时间用 TL 对终点节点 $TE_n=T_p$；逆着箭线方向相减求最小。

5. 关键工作

关键路线上的工作称为关键工作。在整个计划中，关键工作的总时差最小。当计划工期等于计算工期时，关键工作的时间参数具有下列特征：

（1）$ES_{i-j}=LS_{i-j}$，$EF_{i-j}=LF_{i-j}$

（2）$TF_{i-j}=0$，$FF_{i-j}=0$

为了进一步理解时间参数的概念，现举例如下。

[例 1.6.1]　某工程如图 1.6.13 所示，节点参数已知。

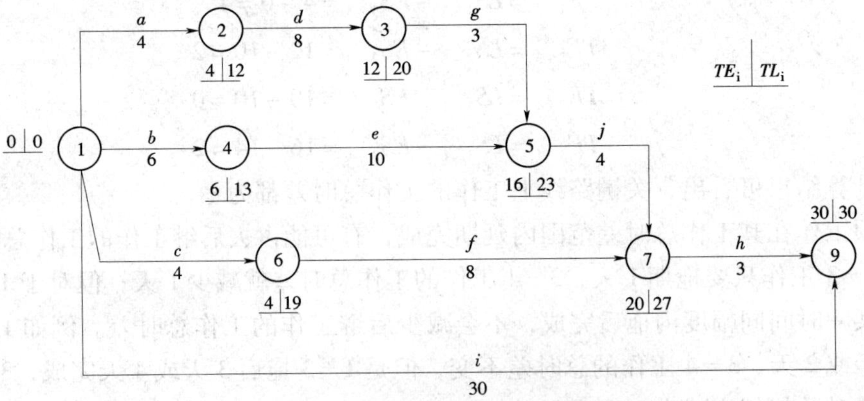

图 1.6.13　某工程网络图

试回答下列问题（假设计划中各工作按最早时间下达；每小题中提出某项工作提前完成或拖后完成时，都认为其他工作按计划进行，为了图中清晰，只给出了节点时间参数）。

（1）该工程的计划工期是多少天？

（2）实施中发现 e 工作拖后 9 天完成，工期变为多少天？

（3）若 i 工作提前完成 5 天，工程工期变为多少天？

（4）若 i 工作提前完工 10 天，工作工期变为多少天？

（5）要保证工程按期（30 天）完工，c 工作最迟必须在第几天开工？

（6）若 b 工作施后 1 天完成，e 工作的工作总时差变为多少天？j 工作的工作总时差变为多少天？

（7）d 工作拖后 1 天完成，g 工作的工作总时差变为多少天？j 工作的工作总时差变多少天？

（8）要求整个工程提前 6 天完工，缩短哪些工作的历时是有效的？

解：

（1）终点节点“9”的最早时间为第 30 天，所以，工程的工期为 30 天。

（2）要判断 e 工作的拖延对工期有何影响，首先需知道 e 工作的工作总时差是多少天。e 工作的工作总时差可以很方便地由节点“4”的时间参数算出。即

$$TF_e = TF_{4-5} = LS_{4-5} - ES_{4-5} = TL_4 - TE_4 = 13 - 6 = 7$$

而实际上 e 工作拖后了 9 天完成，超过工作总是时差 2 天，所以工程工期也将推延 2 天，变为 32 天。

（3）i 工作为关键工作，但提前 5 天完成是否全部对缩短工程工期有效，要看其缩短后是否仍然是关键工作。判断的方法是将其缩短量 5 天与 h 工作的自由时差相比较，若没超过 h 工作的自由时差，则 i 工作仍是关键工作。h 工作的自由时差为：

$$FF_h = 30 - (20 + 3) = 7$$

所以，i 工作仍为关键工作。它提前 5 天完工，可以使工期提前 5 天，即变为 25 天。

（4）由（3）中分析可知，i 工作单独提前 7 天（h 的自由时差），对缩短工程工期是有效的。若提前量超过该值，它将变为非关键工作，进一步的提前对缩短工期没有作用。所以 i 工作提前 10 天完工，只能提前工程工期 7 天，即工程工期变为 23 天。

（5）从节点“6”可看出，c 工作的最迟完成时间 $LF_{1-6} = 19$，所以，c 工作的最迟开始时间为 $LS_c = LS_{1-6} = LF_{1-6} - t_{1-6} = 19 - 4 = 15$，$c$ 工作最迟必须在第 15 天开工。

（6）要判断 b 工作拖延对 e 工作、j 工作机动性的影响，首先可算出 e、j 两工作在原计划中的工作总时差值以及 b 、e 两工作自由时差各为多少，具体计算为：

$$TF_e = TF_{4-5} = TL_4 - TE_4 = 13 - 6 = 7$$

$$TF_j = TF_{5-7} = TL_5 - TE_5 = 23 - 16 = 7$$

$$FF_b = 0$$

$$FF_e = FF_{4-5} = TE_5 - (TE_4 + t_4 - 5) = 16 - (6 + 10) = 0$$

b 工作拖后 1 天完成，由于其自由时差为零，所以 e 工作的总时差减少 1 天变为 6 天；e 工作的自由时差也为零，所以，j 工作的总时差也将少 1 天，变为 6 天。

（7）与（6）中类似，首先计算 g、j 的工作总时差及 d、g 的自由时差如下：

$$TF_g = TF_{3-5} = TL_3 - TE_3 = 20 - 12 = 8$$

$$TF_j = TF_{5-7} = TL_5 - TE_5 = 23 - 16 = 7$$

$$FF_d = FF_{2-3} = 0$$

$$FF_g = FF_{3-5} = TE_5 - (TE_3 + t_{3-5}) = 16 - (12 + 3) = 1$$

d 工作拖后 1 天完成，因为其自由时差为零，所以其紧后工作 g 的工作总时差减少 1 天，变为 7 天；d 工作拖后 1 天完成，引起 g 工作也拖后 1 天完成，但 g 工作的自由时差有 1 天，所以 j 工作的工作总时差不变，仍为 7 天。

（8）i 工作是唯一的关键工作，且 h 工作的自由时差为 7 天大于要求提前工期的量 5 天，所以，只有压缩 i 工作的历时是有效的。

6.3.5 双代号时标网络计划

1. 双代号时标网络计划的概念

双代号时标网络计划简称时标网络计划，它是以时间坐标为尺度表示工作的网络计划。图 1.6.14（b）是图 1.6.14（a）的时标网络计划。

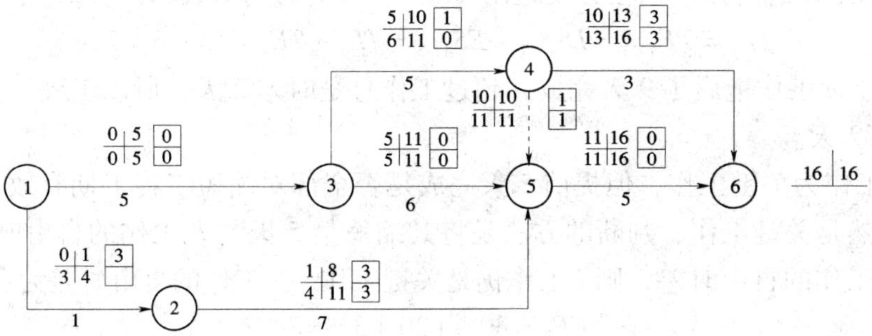

(a)

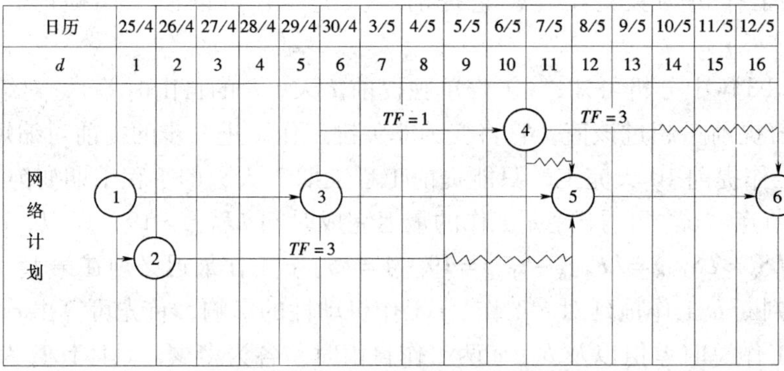

(b)

图 1.6.14　时标网络计划

时标网络计划绘制在时标表上。时标的时间单位是根据需要在编制时标网络计划之前确定的。根据计划期的长短可以是小时、天、周、旬、月或季等。时标可标注在时标表的顶部，也可以标注在底部，必要时还可以在上部或下部同时标注。时标的长度单位必须注明。必要时可在顶部时标之上或底部时标之下加注日历的对应时间。时标表中部的刻度线宜为细线。为使图面清晰，该刻度线可以不画或少画。

在时标网络计划中，以实线表示工作，以实线后的波形线（或虚线）表示自由时差，虚工作仍以虚箭线表示。

在绘制时标网络计划时，应遵循如下规定：

（1）时间长度是以所有符号在时标表上的水平位置及其水平投影长度表示的，与其所代表的时间值相对应。

（2）节点的中心必须对准时标的刻度线。

（3）时标网络计划宜按最早时间编制。

2. 双代号时标网络计划的绘制步骤

一般来说，在绘制时标网络计划时，已做了网络图的时间参数计算，因此，可遵循以下步骤绘制双代号网络计划。

（1）画出具有工作参数的双代号网络图。

（2）在时标表上，按节点最早时间确定某个节点的位置。

（3）按工作时间绘制水平投影长度等于工作时间的相应工作实线，不足部分用波浪线连接到末节点，以表示自由时差。

3. 关键线路判定和时间参数推算

（1）自终结点至始节点观察，凡自始至终无波浪线的通路为关键线路。

（2）计算工期：最后节点对应时标值。

（3）工作最早开始时间：前节点对应时标值。

（4）工作最早完成时间：实线末端对应时标值。

（5）工作最迟完成时间：波浪线末端对应时标值。

（6）工作最迟开工时间：最迟完成时间减实线长。

（7）工作自由时差：波浪线的水平投影长度。

（8）工作总时差：等于其紧后工作总时差的最小值与该工作自由时差之和。

6.4 施工进度计划编制

6.4.1 施工进度计划的类型

施工进度计划常用施工进度表等形式表示，施工进度表分为两种类型：

1. 横道图（甘特图）

横道图上标有各单项工程主要项目的施工时段、施工工期和平均强度，并有经平衡后汇总的主要施工强度曲线和劳动力需要量曲线。由于它具有图面简单明确、使用时直观易懂等优点，故在实际工程中广泛应用。其缺点是不能反映各分项工程间的逻辑关系，不能反映进度安排的工期、投资或资源的相互制约关系，并且进度的调整修改工作十分复杂，优化也十分困难。

2. 网络图

它能明确反映各分项工程之间的依存关系，并能标示出控制工期的关键线路，便于施工的控制和管理，同时又有利于采用计算机等先进的计算手段，因此施工进度计划的优化或调整比较方便。

6.4.2 施工总进度计划的编制步骤

1. 收集基本资料

在编制施工总进度之前和在工作过程中，要不断收集和完善编制施工总进度所需的基本资料。基础资料主要包括：

（1）设计报告及审查意见。

（2）原始资料。

（3）工程建设地点的对外交通现状及近期发展规划。

（4）施工期（包括初期蓄水期）通航和下游用水等要求情况。

（5）建筑材料的来源和供应条件调查资料。

（6）施工区水源、电源情况及供应条件。

（7）地方及各部门对工程建设期的要求和意见。

（8）当地可能提供修理、加工能力的情况。

（9）当地承包市场及可能提供的劳动力情况。

（10）当地可能提供的生活必需品的供应情况，以及居民的生活习惯。

（11）工程所在河段水文资料、洪水特性、各种频率的流量及洪量、水位流量关系、冬季冰凌情况（北方河流）、河段各种频率洪水、泥石流以及上下游水利水电工程对本工程的影响情况。

（12）工程地点的气温、水温、地温、降水、风、冻层、冰情和雾等气象资料。

（13）工程地点的地形、地质、水文工程地质条件等资料。

（14）与工程有关的国家政策、法律和规定。

2. 划分项目，计算工程量

项目划分应粗细适当，同时注意以下几个问题：

（1）粗细程度主要根据单位工程施工进度计划的客观要求来确定。对控制性的施工进度计划，项目划分得要粗一些，通常只列出分部工程名称，如混凝土坝的控制性进度计划，只列出基础工程、主体工程等施工过程；对施工性的施工进度计划，项目划分得细一些，通常要列到分项工程，如上面所说的混凝土坝工程还要划分为基础砂石料开挖、石方开挖、基础处理、不同坝段、分区的混凝土施工等分项工程。

（2）划分要结合所选择的施工方案。如结构安装工程，若采用分件吊装法，则施工过程的名称、数量和内容及安装顺序应按照构建来确定；若采用综合吊装法，则施工过程应按施工单元（节间、区段）来确定。

（3）注意适当简化单位工程进度计划内容，避免工程项目划分过细、重点不突出。因此，可考虑将某些穿插分项工程合并到主要分项工程中去，如止水的施工可以并入混凝土工程；而在同一时间内，由同一工程队施工的工程可以合并，如模板的架立、钢筋的制作与安装并为混凝土工程一个施工过程；对于次要的、零星的分项工程，可合并为“其他工程”一项。

（4）所有项目应大致按施工先后顺序排列，所采用的施工项目名称可参考线性定额手册上的项目名称。

工程量的计算一般应根据设计图纸、工程量计算规则及有关定额手册或资料进行。计算值的准确性直接关系到项目持续时间的误差，进而影响进度计划的准确性。当然，设计深度不同，工程量的计算（估算）精度也不一样。设计图完成后，要考虑工程性质、工程分期、施工顺序等因素，分别按土方、石方、混凝土、水上、水下、开挖、回填等不同情况，分别计算工程量。有时，为了分期、分层或分段组织施工的需要，应分别计算不同高程（如大坝）、不同桩号（如渠道）的工程量，做出累计曲线，以便分期、分段组织施工。

计算工程量常采用列表的方式进行。工程量的计量单位要与使用的定额单位相吻合。计算出的工程量应填入工程量汇总表。

3. 计算各项目的施工持续时间

确定进度计划中各项工作的作业时间是计算项目计划工期的基础。在工作项目的实际工程量一定的情况下，工作持续时间与安排在工程上的设备水平、人员技术水平、人员和设备数量、工作效率等有关。在现阶段，工作项目持续时间的确定方法主要有：

（1）按实物工程量和定额标准计算。根据计算出的实物工程量，应用相应的标准定额资料，就可以计算或估算各项目的施工持续时间。

（2）三时估计法。有些工作任务没有确定的实物工程量，或不能用实物工程量来计算工时，也没有颁布的工期定额可套用，例如试验性工作或采用新工艺、新技术、新结构、新材料的工程。此时，可采用“三时估计法”计算该项目的施工持续时间。

4. 分析确定项目之间的逻辑关系

项目之间的逻辑关系取决于工程项目的性质和轻重缓急、施工组织、施工技术等许多因素，概括说来分为两大类。

（1）工艺关系，即由施工工艺决定的施工顺序关系。在作业内容、施工技术方案确定的情况下，各工种工作逻辑关系是确定的，不得随意更改。如一般土建工程项目，应按照先地下后地上、先基础后结构、先土建后安装再调试的原则安排施工顺序。现浇柱子的工艺顺序为：扎柱筋—支柱模—浇柱混凝土—养护和拆模。土坝坝面作业的工艺顺序为：铺土—平土晾晒或洒水压实—刨毛。它们在施工工艺上，都有必须遵循的逻辑顺序，违反这种顺序将付出额外的代价甚至造成巨大损失。

（2）组织关系，即由施工组织安排决定的施工顺序关系。如工艺上没有明确规定先后顺序关系的工作，由于考虑到其他因素（如工期、质量、安全、资源限制、场地限制等）的影响而人为安排的施工顺序关系，均属此类。例如，由导流方案所形成的导流程序，决定了各控制环节所控制的工程项目，从而也就决定了这些项目的衔接顺序。再如，采用全段围堰隧洞导流的导流方案时，通常要求在截流以前完成隧洞施工、围堰进占、库区清理、截流备料等工作，由此形成了相应的衔接关系。又如，由于劳动力的调配、施工机械的转移、建筑材料的供应和分配、机电设备进场等原因，安排一些项目在先，另一些项目滞后，均属组织关系所决定的顺序关系。由组织关系所决定的衔接顺序，一般是可以改变的。只要改变相应的组织安排，有关项目的衔接顺序就会发生相应的变化。

项目之间的逻辑关系，是科学地安排施工进度的基础，应逐项研究，仔细确定。

5. 初拟施工进度计划

通过对项目之间进行逻辑关系分析，掌握工程进度的特点，理清工程进度的脉络之后，就可以初步拟订出一个施工进度方案。在初拟进度时，一定要抓住关键，分清主次，理清关系，互相配合，合理安排。要特别注意把与洪水有关、受季节性限制较严、施工技术比较复杂的控制性工程的施工进度安排好。

对于坝后式水利水电枢纽工程，其关键项目一般位于河床，故施工总进度的安排应以导流程序为主要线索。先将施工导流、围堰截流、基坑排水、坝基开挖、基础处理、施工度汛、坝体拦洪、下闸蓄水、机组安装和引水发电等关键性控制进度安排好，其中应包括相应的准备、结束工作和配套辅助工程的进度。这样，构成的总的轮廓进度即为进度计划的骨架。然后，再配合安排不受水文条件控制的其他工程项目，形成整个枢纽工程的施工总进度计划草案。

需要注意的是，在初拟控制性进度计划时，对于围堰截流、拦洪度汛、蓄水发电等这样一些关键项目，一定要进行充分论证，并落实相关措施。否则，如果延误了截流时机，影响了发电计划，对工期的影响和造成国民经济的损失往往是非常巨大的。

6. 调整和优化

初拟进度计划行程以后，要配合施工组织设计其他部分的分析，对一些控制环节、关键项目的施工进度、资源需要量、投资过程等重大问题进行分析计算。将同一时期各项工程的工程量加在一起，用一定的比例画在施工进度计划的底部，即可得到建设项目资源需要量动态曲线，若曲线上存在较大的高峰和低谷，则表明在该时段里各种资源的需要量较大，需要调整一些单位过程的施工进度或开工时间，以便消除高峰和低谷，使各个时期的时段需求量尽量达到平衡，若发现主要工程的施工强度过大或施工强度很不平衡（此时也必然引起资源使用的不平衡）时就应进行调整和优化，使新定出的计划更加完善，更加切实可行。

必须强调的是，施工进度的调整和优化往往要反复进行，工作量大而枯燥，现阶段已普遍采用优化程序进行计算机计算。

7. 编制正式施工总进度计划

经过调整优化后的施工进度计划，可以作为设计成果整理以后提交审核。此外，还应根据施工开展程序和主要工程项目施工方案，编制好施工项目全场性的施工准备工作计划。

6.4.3 施工总进度计划编制实例

某节制闸工程有三个孔闸，每孔净宽5m。闸身为钢筋混凝土结构，平底板，闸墩高5m，上部有公路桥、工作桥和工作便桥。岸墙采用重力式混凝土结构，上、下游两侧为重力式浆砌块石翼墙。总工期为8个月，采取明渠导流。进度要求：第一年汛后4月开始施工准备工作，第二年1月底完成闸塘土方开挖，2月起建筑物施工，汛前5月底完工。

进度计划安排要点如下：应以混凝土工程、吊装工程为骨干，再安排其他工程和土方回填。导流工程要保证1月的闸塘开挖。准备工作要保证2月的混凝土浇筑。混凝土工程应以底板、墩墙、工作桥排架、启闭机安装为主线，吊装前1个月完成预制任务（也可提前预制）。砌石工程以翼墙墙身为主，护坦、护坡为辅。该水闸工程进度计划见图1.6.15。

序号	项目	单位	工程量	第一年									第二年														
				10月			11月			12月			1月			2月			3月			4月			5月		
				上旬	中旬	下旬	上旬	中旬	下旬	上旬	中旬	下旬	上旬	中旬	下旬	上旬	中旬	下旬	上旬	中旬	下旬	上旬	中旬	下旬	上旬	中旬	下旬
一	准备工作			—	—	—	—	—	—	—	—	—															
	料场、加工场、临时房屋、道路、水电等																										
二	导流工程																										
1	明渠						—	—	—																		
2	围堰									—	—																
3	基坑排水												—	—	—	—	—	—	—	—	—	—	—	—			
三	闸塘开挖												—	—	—												
四	混凝土工程																										
1	150号闸底板															—											
2	150号闸墩																—	—									
3	150号岸墙墙身																		—	—							
4	200号工作桥排架																		—	—	—						
5	150号翼墙底板（1~6）																—	—	—	—	—	—	—				
6	200号消力池（1~2）																					—	—				
7	150号岸墙底板																—	—									
8	100号上游护坦																				—						
五	预制构件及吊装工程																										
1	250号闸门																		—	—				—			
2	250号公路桥															—	—						—				
3	250号工作桥																				—				—		
4	200号工作便桥																	—						—			
5	2×8t绳鼓式启闭机																								—		
六	砌石工程																										
1	100号浆砌翼墙墙身																—	—	—	—	—	—	—	—			
2	75号灌砌护坡																—	—	—	—	—	—					
3	干砌护坦																						—	—			
4	干砌护坡																								—	—	
七	土方回填																	—	—	—	—	—	—	—	—		
八	拆坝放水																									—	—

图1.6.15　水闸工程施工进度计划图

按照图1.6.15进度计划表，各项施工作业可以严密地组织起来，整个工程的施工全过程成为一个有机的整体。这种方法编排简单，容易调整，而且直观、易懂，是一种通用的方法。但各项工程平行罗列在进度表上，不能明确反映各个项目间的内在联系、相互依赖和制约的关系，因此，关键工作不突出，薄弱环节不明显，矛盾主次不分明，关键工作延误工期时所造成的影响不明确。

6.5 施工总布置

6.5.1 施工总布置的作用、内容及原则

1. 施工总布置的作用

施工总平面图是拟建项目施工场地的总布置图，是施工组织设计的重要组成部分，它是根据工程特点和施工条件，对施工场地上拟建的永久建筑物、施工辅助设施和临时设施等进行平面和高程上的布置。施工现场的布置应在全面了解掌握枢纽布置、主体建筑物的特点及其他自然条件等基础上，合理地组织和利用施工现场，妥善处理施工场地内外交通，使各项施工设施和临时设施能最有效地为工程服务。保证施工质量，加快施工进度，提高经济效益，同时，也为文明施工、节约土地、减少临时设施费用创造了条件。另外，将施工现场的布置成果标在一定比例尺的施工地区地形图上，就构成施工现场布置图。布置图绘制的比例尺一般为1∶1000或者1∶2000。

2. 施工总布置的内容

（1）配合选择对外运输方案，选择场内运输方式及两岸交通联系的方式，布置线路，确定渡口、桥梁位置，组织场内运输。

（2）选择合适的施工场地，确定场内区域划分原则，布置各施工辅助企业及其他生产辅助设施，布置仓库站场、施工管理及生活福利设施。

（3）选择给水、供电、压气、供热及通信等系统的位置，布置干管、干线。

（4）确定施工场地排水、防洪标准，规划布置排水、防洪沟槽系统。

（5）规划弃渣、堆料场地，做好场地土石方平衡及开挖土石方调配。

（6）规划施工期环境保护和水土保持措施。

概括起来包括：原有地形已有的地上、地下建筑物、构筑物、铁路、公路和各种管线等；一切拟建的永久建筑物、构筑物、道路和管线；为施工服务的一切临时设施；永久、半永久性的坐标位置，料场和弃渣场位置。

3. 施工总布置原则及依据

施工总布置方案应遵循因地制宜、因时制宜、有利生产、方便生活、易于管理、安全可靠、经济合理的原则。

（1）施工总布置应综合分析水工枢纽布置、主体建筑物规模、型式、特点、施工条件和工程所在地区社会、自然条件等因素，妥善处理好环境保护和水土保持与施工场地布局的关系，合理确定并统筹规划为工程施工服务的各种临时设施。

（2）施工总布置方案应贯彻执行十分珍惜和合理利用土地的方针，遵循因地制宜、因时制宜、有利生产、方便生活、易于管理、安全可靠、注重环境保护、减少水土流

失、充分体现人与自然和谐相处及经济合理的原则，经全面系统比较论证后选定。

（3）施工总布置设计时应该考虑以下各点：

1）施工临时设施与永久性设施，应研究相互结合、统一规划的可能性。临时性建筑设施，不要占用拟建永久性建筑或设施的位置。

2）确定施工临建设施项目及其规模时，应研究利用已有企业设施为施工服务的可能性与合理性。

3）主要施工工厂设施和临时设施的布置应考虑施工期洪水的影响，防洪标准根据工程规模、工期长短、河流水文特性等情况，分析不同标准洪水对其危害程度，在5～20年重现期范围内酌情采用。高于或低于上述标准，应有充分论证。

4）场内交通规划必须满足施工需要，适应施工程序、工艺流程；全面协调单项工程、施工企业、地区间交通运输的连接与配合，运输方便，费用少，尽可能减少二次转运；力求使交通联系简便，运输组织合理，节省线路和设施的工程投资，减少管理运营费用。

5）施工总布置应做好土石方挖填平衡，统筹规划堆、弃渣场地；弃渣应符合环境保护及水土保持要求。在确保主体工程施工顺利的前提下，要尽量少占农田。

6）施工场地应避开不良地质区域、文物保护区。

7）避免在以下地区设置施工临时设施：严重不良地质区域或滑坡体危害地区；泥石流、山洪、沙暴或雪崩可能危害地区；重点保护文物、古迹、名胜区或自然保护区；对重要资源开发有干扰的地区；受爆破或其他因素严重影响的地区。

施工总布置应该根据施工需要分阶段逐步形成，作好前后衔接，尽量避免后阶段拆迁。初期场地平整范围按施工总布置最终要求确定。

6.5.2 施工总平面的布置

1. 收集基本资料

（1）当地国民经济现状及发展的前景。

（2）可为工程施工服务的建筑、加工制造、修配、运输等企业的规模、生产能力及其发展规划。

（3）现有水陆交通运输条件和通过能力，近远期发展规划。

（4）水、电及其他动力供应条件。

（5）邻近居民点、市政建设状况和规划。

（6）当地建筑材料及生活物质供应情况。

（7）施工现场土地状况和征地的有关问题。

（8）工程所在地区行政区规划图、施工现场地形图及主要临时工程剖面图、三角水准网点等测绘资料。

（9）施工现场范围内的工程地质与水文地质资料。

（10）河流水文资料、当地气象资料。

（11）规划、设计各专业设计成果或中间资料。

（12）主要工程项目定额、指标、单价、动杂费率等。

(13) 当地及各有关部门对工程施工的要求。

(14) 施工现场范围内的环境保护要求。

2. 编制临时建筑物的项目清单

在充分掌握基本资料的基础上，根据施工条件和特点，结合类似工程经验或有关规定，编制临时建筑物的项目单，并初步定出它们的服务对象、生产能力、主要设备、风水电等需要量及占地面积、建筑面积和布置的要求。

以混凝土工程为主体的枢纽工程、临建工程项目一般包括以下内容：

(1) 混凝土系统（包括搅拌楼、净料堆场、水泥库、制冷楼）。

(2) 砂石加工系统（包括破碎筛分厂、毛料堆场、净料堆场）。

(3) 金属结构机电安装系统（包括金属结构加工厂、金属结构拼装场、钢管加工厂、钢管拼装场、制氧厂）。

(4) 机械修配系统（包括机械修配厂、汽车修配厂、汽车停放保养场、船舶修配厂、机车修配厂）。

(5) 综合加工系统（包括木材加工厂、钢筋加工厂、混凝土预制厂）。

(6) 风、水、电、通信系统（包括空压站、水厂、变电站、通信总机房）。

(7) 基础处理系统（包括基地、灌浆基地）。

(8) 仓库系统（包括基地冲击钻机仓库、工区仓库、现场仓库、专业仓库）。

(9) 交通运输系统（包括铁路场站、公路汽车站、码头港区、轮渡）。

(10) 办公生活福利系统（包括办公房屋、单身宿舍房屋、家属宿舍房屋、公共福利房屋、招待所）。

3. 现场布置总规划

这是施工现场布置中的最关键一步。应该着重解决施工现场布置中的重大原则问题，具体包括：

(1) 施工场地是一岸布置还是两岸布置。

(2) 施工场地是一个还是几个，如果有几个场地，哪一个是主要场地。

(3) 施工场地怎样分区。

(4) 临时建筑物和临时设施采取集中布置还是分散布置，哪些集中哪些分散。

(5) 施工现场内交通线路的布置和场内外交通的衔接及高程的分布等。

一般施工现场为了方便施工，利于管理，都将现场划分成主体工程施工区，辅助企业区，仓库、站、场、转运站、码头等储运中心，当地建筑材料开采区，机电金属结构和施工机械设备的停放修理场地，工程弃料堆放场，施工管理中心和主要施工分区，生活福利区等。各区域用场内公路沟通，在布置上相互联系，形成统一的、高度灵活的、运行方便的整体。

在进行各分区布置时，应满足主体工程施工的要求。对以混凝土建筑物为主体的工程枢纽，应该以混凝土系统为重点，即布置时以砂石料的生产，混凝土的拌和、运输线路和堆弃料场地为主，重要的施工辅助企业集中布置在所服务的主体工程施工工区附近，并妥善布置场内运输线路，使整个枢纽工程的施工形成最优工艺流程。对于其他设施的布置，则应围绕重点来进行，确保主体工程施工。

在区域规划时，围绕布置和混合布置等方式，水利水电工程一般多采用混合布置。

对于混凝土坝枢纽，由于永久建筑物布置比较集中，若坝址附近又有开阔地，可利用坝址附近场地布置临时设施。我国的新青铜峡、观音阁等工程就是这种布置形式；若坝址施工现场位于高山峡谷地区，地形狭窄，可根据以下实际情况进行布置：

（1）地形较狭窄时，可沿河流一岸或两岸冲沟绵延布置，按临时建筑物及其设施对施工现场影响程序分类排队，对施工影响大的靠近坝址区布置，其他项目按对工程影响程序大小顺序逐渐远离布置，新安江、上犹江、柘溪等工程均采用了这种布置形式。

（2）地形特别狭窄时，则可把与施工现场关系特别密切的设施（如混凝土生产系统）布置在坝址附近，而其他一些施工辅助企业等布置在离大坝较远的基地，这是典型的混合布置，如三门峡水库等。

对于引水式水电站或大型输水工程，常在取水口、中间段和厂房段设立施工场地，即形成“一条龙”的布置形式，又称分散布置。其缺点是施工管理不便、场内运输量大等。

在现场规划布置时，要特别注意场内运输干线的布置，如两岸交通的联系线路，砂石骨料的运输线路，上、下游联系的过坝线路等。

4. 施工现场布置

施工总平面布置图应根据设计资料和设计原则，结合工程所在地的实际情况，编制出几个可能方案进行比较，然后选择较好的布置方案。

（1）施工交通运输。施工交通包括对外交通和场内交通两部分。对外交通是指联系施工工地与国家公路或地方公路、铁路车站、水运港口及航空港之间的交通，一般应充分利用现有设施，选择较短的新建、改建里程，以减少对外交通工程量。场内交通是联系施工工地内部各工区、料场、堆料场及各生产、生活区之间的交通，一般应与对外交通衔接。

在进行施工交通运输方案的设计时，主要解决的问题有：选定施工场内外的交通运输方式和场内外交通线路的连接方式；进行场内运输线路的平面布置和纵剖面设计；确定路基、路面标准及各种主要的建筑物（如桥涵、车站、码头等）的位置、规模和形式；提出运输工具和运输工程量、材料和劳动力的数量等。

1）确定对外交通和场内交通的范围。对外交通方案应确保施工工地与国家或地方公路、铁路车站、水运港口之间的交通联系，具备完成施工期间外来物资运输任务的能力；场内交通方案应确保施工工地内部各工区、当地材料产地、堆渣场、各生产及生活区之间的交通联系，以及主要道路与对外交通衔接。

2）场内交通规划的任务。场内交通规划的任务是正确选择主要和辅助的场内运输方式，合理布置线路，合理规划和组织场内运输。各分区间交通道路布置合理、运输方便可靠、能适应整个工程施工进度和工艺流程要求，尽量避免或减少反向运输和二次倒运。

3）场内运输的特点。场内运输的特点是物料品种多、运输量大、运距短；物料流向明确，车辆单项运输；运输不均衡；对运输保证性要求高；场内交通的临时性；个别情况允许降低标准；运输方式多样性。

4）场内运输方式。运输方案选择应考虑工程所在地区可利用的交通运输设施情况，施工期总运输量、分年度运输量及运输强度，重大件运输条件，国家（地方）交通干线的连接条件及场内外交通的衔接条件，交通运输工程的施工期限及投资，转运站及主要桥涵、渡口、码头、站场、隧道等的建设条件。

场内运输方式的选择，主要根据各运输方式自身的特点、场内物料运输量、运输距离、对外运输方式、场地分区布置、地形条件和施工方法等。中、小型工程一般采用汽车运输为主，其他运输为辅的运输方式。至于对外交通运输专用线或场内公路设计，应结合具体情况，参照国家有关的公路标准来进行。

场内运输方式分水平运输和垂直运输两大类。垂直运输方式和永久建筑物施工场地、各生产系统内部的运输组织等，一般由各专业施工设计考虑，场内交通规划主要考虑场区之间的水平运输方式。水电工程常采用公路和铁路运输作为场内主要水平运输方式。

（2）仓库与材料堆场的布置。

1）当采用铁路运输时，仓库通常沿铁路线布置，并且要留有足够的装卸前线；如果没有足够的装卸前线，必须在附近设置转运仓库。布置铁路沿线仓库时，应将仓库设置在靠近工地一侧，以免内部运输跨越铁路。同时仓库不宜设置在弯道处或坡道上。

2）当采用水路运输时，一般应在码头附近设置转运仓库，以缩短船只在码头上的停留时间。

3）当采用公路运输时，仓库的布置较灵活，一般中心仓库布置在工地中央或靠近使用的地方，也可以布置在靠近外部交通连接处。砂石、水泥、石灰、木材等仓库或堆场宜布置在施工对象附近，以免二次搬运。一般笨重设备应尽量放在车间附近，其他设备仓库可布置在其外围或其他空地上。

4）炸药库应布置在僻静的位置，远离生活区；汽油库应布置在交通方便之处，且不得靠近其他仓库和生活设施，并注意避开多发的风向。

（3）加工厂布置。一般应将加工厂集中布置在同一个地区，且多处于工地边缘。各种加工厂应与相应仓库或材料堆场布置在同一地区。

污染较大的加工厂，如砂石加工厂、沥青加工厂和钢筋加工厂，应尽量远离生活区和办公区，并注意风向。

（4）布置内部运输道路。根据加工厂、仓库及各施工对象的相对位置，研究货物转运图，区分主要道路和次要道路。

1）在规划临时道路时，应充分利用拟建的永久性道路，提前修建永久性道路或者先修路基和简易路面作为施工所需的道路，以达到节约投资的目的。

2）道路应有两个以上进出口，道路末端应设置回车场；场内道路干线应采用环形布置，主要道路宜采用双车道，宽度不小于6m；次要道路宜采用单车道，宽度不小于3.5m。

3）一般场外与省、市公路相连的干线，因其以后会成为永久性道路，因此，一开始就建成高标准路面；场区内的干线和施工机械行驶路线，最好采用碎石级配路面，以利修补；场内支线一般为土路或砂石路。

（5）行政与生活临时设施布置。应尽量利用建设单位的生活基地或其他永久性建筑，不足部分另行建造，还可考虑租用当地的民房。

一般全工地性行政管理用房宜设在全工地入口处，以便对外联系；也可设在工地中间，便于全工地管理；工人用的福利设施应设置在工人较集中的地方或工人必经之处；生活基地应设在场外，距工地500～1000m为宜；食堂可布置在工地内部或工地与生活区之间。应尽量避开危险品仓库和砂石加工厂等位置，以利安全和减少污染。

（6）临时水电管网及其他动力设施的布置。临时水电管网沿主要干道布置干管、主线；临时总变电站应设置在高压电引入处，不应放在工地中心；设置在工地中心或工地中心附近的临时发电设备，沿干道布置主线；施工现场供水管网有环状、枝状和混合式三种形式。

根据工程防火要求，应设立消防站。一般设置在易燃物（如木材、仓库、油库、炸药库等）附近，并须有通畅的出口和消防车道，其宽度不宜小于6m；沿道路布置消防栓时，其间距不得大于100m，消防栓到路边的距离不得大于2m。

工地电力网，一般3～10kV的高压线采用环状布置，380/220V低压线采用枝状布置。工地上通常采用架空布置，距路面或建筑物不小于6m。

应该指出，上述各设计步骤不是截然分开、各自孤立进行的，而是互相联系、互相制约的，需要综合考虑、反复修正才能确定下来。

5. 施工辅助企业

水利水电工程施工的辅助企业主要包括：砂石采料厂，混凝土生产系统，综合加工厂（包括混凝土预制构件厂、钢筋加工厂、木材加工厂等），机械修配厂，工地供风、供水系统等。其布置的任务是根据工程特点、规模及施工条件，提出所需的辅助企业项目、任务和生产规模及内部组成，选定厂址，确定辅助企业的占地面积和建筑面积，并进行合理的布置，使工程施工能顺利地进行。

（1）砂石骨料加工厂。砂石骨料加工厂布置时，应尽量靠近料场，选择水源充足、运输及供电方便、有足够的堆料场地和便于排水清淤的地段。同时，若砂石料厂不止一处时，可将加工厂布置在中心处，并考虑与混凝土生产系统的联系。

砂厂骨料加工厂的占地面积和建筑面积与骨料的生产能力有关。

（2）混凝土生产系统。混凝土生产系统应尽量集中布置，并靠近混凝土工程量集中的地点，如坝体高度不大时，混凝土生产系统高程可布置在坝体重心位置。

混凝土生产系统的面积可依据选择的拌和设备的型号生产能力来确定。

（3）综合加工厂。综合加工厂尽量靠近主体工程施工现场，若有条件时，可与混凝土生产系统一起布置。

1）钢筋加工厂。一般需要的面积较大，最好布置在来料处，即靠近码头、车站等。占地面积和建筑面积，可查表1.6.4确定。

2）木材加工厂。应布置在铁路或公路专用线的近旁，又因其有防火的要求，则必须安排在空旷地带，且在主要建筑物的下风向，以免发生火灾时蔓延。木材加工厂的占地面积和建筑面积，可查表1.6.4确定。

3）混凝土预制构件厂。应布置在有足够大的场地和交通方便的地方，若服务对象主要为大坝主体，应近量靠近大坝布置。其面积的确定，可参照表1.6.4。

（4）机械修配厂。应与汽车修配厂和保养厂统一设置，其位置一般选在平坦、宽阔、交通方便的地段，若采用分散布置时，应分别靠近使用的机械、设备等地段。具体面积可参照表1.6.4选定。

表1.6.4　　几种施工辅助企业的面积指标

项　目	木材加工厂			
生产规模（m^3/班）	20	30	50	80
建筑面积（m^2）	372	484	1031	1626
占地面积（m^2）	5000	7390	12200	19500
项　目	钢筋加工厂			
生产规模（t/班）	5	10	25	50
建筑面积（m^2）	178	224	736	1900
占地面积（m^2）	800	1200	4100	111200
项　目	混凝土预制构件厂（露天式）			
生产规模（m^3/a）	5000	10000	20000	30000
建筑面积（m^2）	200	320	620	800
占地面积（m^2）	6200	10000	18000	22000
项　目	机械修配厂			
生产规模（机床台数）	10	20	40	60
锻造能力（t/a）	60	120	250	350
铸造能力（t/a）	70	150	350	500
建筑面积（m^2）	545	1040	2018	2917
占地面积（m^2）	1800	3470	6720	9750

（5）工地供风系统。主要供石方开挖、混凝土、水泥输送、灌浆等施工作业所需的压缩空气。一般采用的方式是集中供风和分散供风，压缩空气主要由固定式的空气压缩机站或移动的空压机来供应。

空气压缩机站的位置，应尽量靠近用风量集中的地点，保证用风质量，同时，接近供电、供水系统，并要求有良好的地基，空气压缩机距离用风地点最好在700m左右，最大不超过1000m。

供风管道采用树枝状布置，一般沿地表敷设，必要时可避部埋或架空敷设（如穿越重要交通道路等），管道坡度大致控制在0.1%～0.5%的顺坡。

（6）工地供电系统。工地用电主要包括室内外交通照明用电和各种机械、动力设备用电等。在设计工地供电系统时，主要应该解决的问题是确定用电地点和需电量、选择供电方式、进行供电系统的设计。

工地的供电方式常见的有：施工地区已有的国家电网供电、临时发电厂供电、移动式发电机供电等三种方式，其中国家电网供电的方式最经济方便，宜尽量选用。

工地的用电负荷，按不同的施工阶段分别计算。工地内的供电采用国家电网供电应先在工地附近设总变电所，将高压电降为中压电，在输送到用户附近时，通过小型变压器（变电站）将中压降压为低压（380/220V），然后输送到各用户；另外工地应有备用发电设施，以备国家电网停电时备用，其供电半径300~700m为宜。

施工现场供电网路中，变压器应设在所负担的用电荷集中、用电量大的地方，同时各变压器之间可作环状布置，供电线路一般呈树枝状布置，采用架空线等方式敷设，电杆距为24~25m，并尽量避免供电线路的二次拆迁。

（7）工地供水系统。工地供水系统主要由取水工程、净水工程和输配水工程等组成，其任务在于经济合理地供给生产、生活和消防用水。在进行供水系统设计时，首先应考虑需水地点、需水量及水质要求，再选择水源，最后进行取水、净水建筑物和输水管网的设计等。

布置用水系统时，应充分考虑工地范围的大小，可布置成一个或几个供水系统。供水系统一般由供水站、管道和水塔等组成。水塔的位置应设在用水中心处，高程按供水管网取水的最大水头确定。供水管道一般用树枝状布置，水管的材料根据管内压力大小分为铸铁和钢管两种。

工地供水系统所用水泵，一般每台流量为10~30L/s，扬程应比最高用水点和水源的高差高出10~15m。水泵应有一定的备用台数，同一泵站的水泵型号尽可能统一。

6. 施工临时设施

（1）仓库。工地仓库的主要功能是储存和供应工程施工所需的各种物资、器材和设备。根据它的用途和管理形式分为中心仓库（储存全工地统一调配使用的物料）、转运站仓库（储存待运的物资）、专用仓库（储存特殊材料）、工区分库（只储存本工区的物资材料）、辅助企业分库（只储存本企业用的材料）等。按照其结构形式分为露天式仓库、棚式仓库和封闭式仓库等。不同仓库的占地面积可参考表1.6.5、表1.6.6占地面积指标。

表1.6.5　　每平方米有效面积材料储存量及仓库面积利用系数

材料名称	单位	保管方法	堆　高（m）	每平方米面积堆置 p	储存方法	仓库面积利用系数 k_1	备注
水泥	t	堆垛	1.5~1.6	1.3~1.5	仓库、料棚	0.45~0.60	
水泥	t		2.0~3.0	2.5~4.0	封闭式料斗机械化	0.70	
圆钢	t	堆垛	1.2	3.1~4.2	料棚、露天	0.66	
方钢	t	堆垛	1.2	3.2~4.3	料棚、露天	0.68	
扁、角钢	t	堆垛	1.2	2.1~2.9	料棚、露天	0.45	
钢板	t	堆垛	1.0	4.0	料棚、露天	0.57	
工字钢、槽钢	t	堆垛	0.5	1.3~2.6	料棚、露天	0.32~0.54	
钢管	t	堆垛	1.2	0.8	料棚、露天	0.11	
铸铁管	t	堆垛	1.2	0.9~1.3	露天	0.38	
铜线	t	料架	2.2	1.3	仓库	0.11	
铝线	t	料架	2.2	0.4	仓库	0.11	

续表

材料名称	单位	保管方法	堆　高 (m)	每平方米 面积堆置 p	储存方法	仓库面积 利用系数 k_1	备注
电线	t	料架	2.2	0.9	仓库、料架	0.35～0.40	
电缆	t	堆垛	1.4	0.4	仓库、料架	0.35～0.40	
盘条	t	叠放	1.0	1.3～1.5	棚式	0.50	
钉、螺栓铆钉	t	堆垛	2.0	2.5～3.5	仓库	0.60	
炸药	t	堆垛	1.5	0.66	仓库、料架	0.45～0.60	
电石	t	堆垛	1.2	0.90	仓库	0.35～0.40	
油脂	t	堆垛	1.2～1.8	0.45～0.80	仓库	0.35～0.40	
玻璃	箱	堆垛	0.8～1.5	6.0～10.0	仓库	0.45～0.60	
油毡		堆垛	1.0～1.5	15.0～22.0	仓库	0.35～0.45	
石油沥青	t	堆垛	2	2.2	仓库	0.50～0.60	
胶合板	张	堆垛	1.5	200～300	仓库	0.50	
石灰	t	堆垛	1.5	0.85	料棚	0.55	
五金	t	叠放、堆垛	2.2	1.5～2.0	仓库、料架	0.35～0.50	
水暖零件	t	堆垛	1.4	1.30	料棚、露天	0.15	
原木	m^3	叠放	2～3	1.3～2.0	露天	0.40～0.50	
锯材	m^3	叠放	2～3	1.2～1.8	露天	0.40～0.50	
混凝土管	m	叠放	1.5	0.3～0.4	露天	0.30～0.40	
卵石、砂、碎石	m^3	堆垛	5～6	3～4	露天	0.60～0.70	
毛石	m^3	堆垛	1.2	1.0	露天	0.60～0.70	
砖	块	堆垛	1.5	700	露天		
煤炭	t	堆垛	2.25	2.0	露天	0.60～0.70	
劳保	套	叠放		1	料架	0.30～0.35	

表 1.6.6　　施工机械停放场所需面积参考指标

施工机械名称	停放场地面积 (m^2/台)	存放方式
	起重、土石方机械	
塔式起重机	200～300	露天
履带式起重机	100～125	露天
履带式正、反铲，拖式铲运机、轮胎式起重机	70～100	露天
推土机、拖拉机、压路机	25～35	露天
汽车式起重机	20～30	露天或室内
门式起重机（10t，60t）	300～400	解体露天及室内
缆式起重机（10t，20t）	400～500	解体露天及室内
	运输机械类	
汽车（室内）	20～30	一般情况下室内占地不小于10%
汽车（室外）	46～60	
平板拖车	100～150	
	其他机类	
搅拌机、卷扬机、电焊机、电动机、水泵、空压机、油泵等	4～6	一般情况下室内占30%，室外占70%

仓库布置的具体要求是：服务对象单一的仓库、堆场应靠近所服务的企业或施工地点。

1）中心仓库应布置在对外交通线路进入工区入口处附近。

2）特殊材料库（如炸药等）布置在不会危害企业、施工现场、生活福利区的安全的位置。

3）仓库的平面布置应尽量满足防火间距的要求。

（2）工地临时房屋。一般工地上的临时房屋主要有行政管理用房（如指挥部、办公室等）、文化娱乐用房（如学校、俱乐部等）、居住用房（如职工宿舍等）、生活福利用房（如医院、商店、浴场等）等。

修建这些临时房屋时，必须注意既要满足实际需要，又要节约修建费用。具体应考虑以下问题：

1）尽可能利用施工区附近城镇的成民和文化福利实施。

2）尽可能利用拟建的永久性房屋。

3）结合施工地区新建城镇的规划统一考虑。

4）临时房屋宜采用装配式结构。

具体各类工地临时房屋的需要量取决于工程规模、工期长短、投资情况和工程所在地区的条件等因素。

6.5.3 施工平面布置实例

图 1.6.16 为三峡工程施工总布置图。

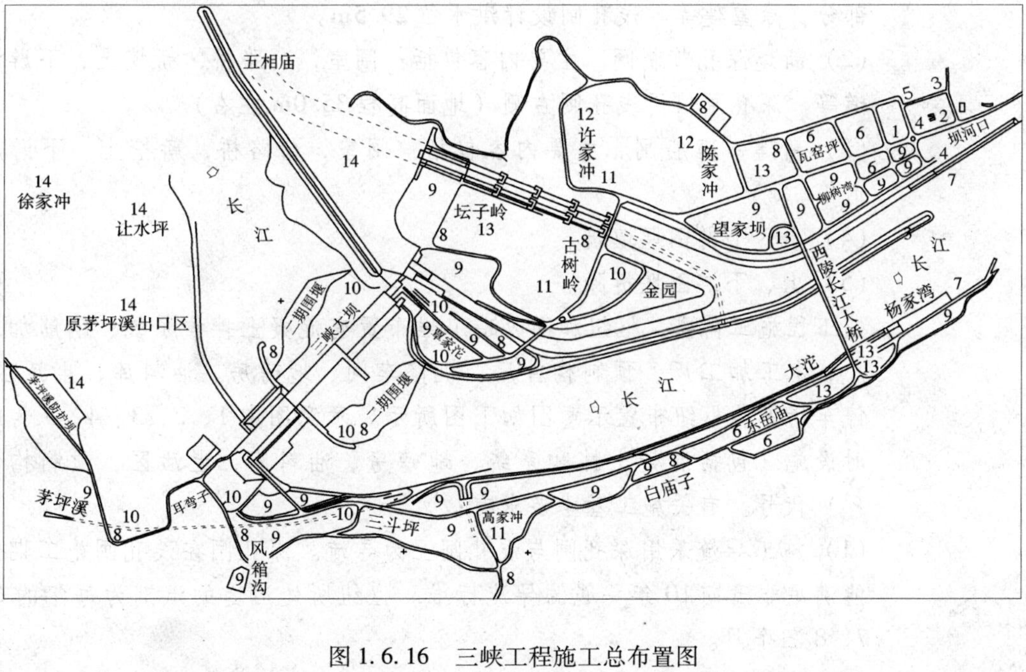

图 1.6.16　三峡工程施工总布置图

1—建设指挥中心；2—接待中心；3—培训中心；4—体育设施；5—急救中心；6—办公生活区；7—港口码头；8—变电所；9—生产区；10—混凝土拌和系统；11—混凝土骨料加工系统；12—利用料堆场；13—绿化区；14—弃渣场

本章习题

1.6.1　施工组织设计的作用、编制原则、类型有哪些？

1.6.2　施工组织设计的内容有哪些？

1.6.3　施工方案选择应考虑哪些因素？

1.6.4　如何绘制双代号网络图？

1.6.5　双代号网络图时间参数如何计算？时间坐标网络图时间参数如何判读？

1.6.6　什么是关键线路？什么是总时差和自由时差？

1.6.7　施工进度计划编制的方法和步骤是什么？

1.6.8　施工总布置的主要内容是什么？设计步骤是什么？

1.6.9　某工程项目工作明细表如下：

工　作	A	B	C	D	E	F	K	G	H
紧前工作	—	A	A	A	B	C、D	D	E、F	F
工作历时（天）	2	4	6	8	10	12	18	14	16

绘出网络计划，计算各工作时间参数，并指出关键线路。

1.6.10　某水利枢纽加固改造工程包括以下工程项目：

(1) 浅孔节制闸加固。主要内容包括：底板及闸墩加固、公路桥及以上部分拆除重建等。浅孔闸设计洪水位29.5m。

(2) 新建深孔节制闸。主要内容包括：闸室，公路桥，新挖上、下游河道等。深孔闸位于浅孔闸右侧（地面高程35.0m左右）。

(3) 新建一座船闸。主要内容包括：闸室，公路桥，新挖上、下游航道等。

(4) 上、下游围堰填筑。

(5) 上、下游围堰拆除。

按工程施工需要，枢纽加固改造工程布置有混凝土拌和系统、钢筋加工厂、木工加工厂、预制构件厂、机修车间、地磅房、油料库、生活区、停车场等。枢纽布置示意图如下图所示。示意图中1、2、3、4、5为临时设施（包括混凝土拌和系统、地磅房、油料库、生活区、预制构件厂）代号。有关施工基本要求有：

(1) 施工导流采用深孔闸与浅孔闸互为导流。深孔闸在浅孔闸施工期内能满足非汛期10年一遇的导流标准。枢纽所处河道的汛期为每年的6、7、8三个月。

(2) 在施工期间，连接河道两岸村镇的县级公路不能中断交通。施工前通过枢纽工程的县级公路的线路为A→B→H→F→G。

(3) 工程2007年3月开工，2008年12月底完工，合同工期22个月。

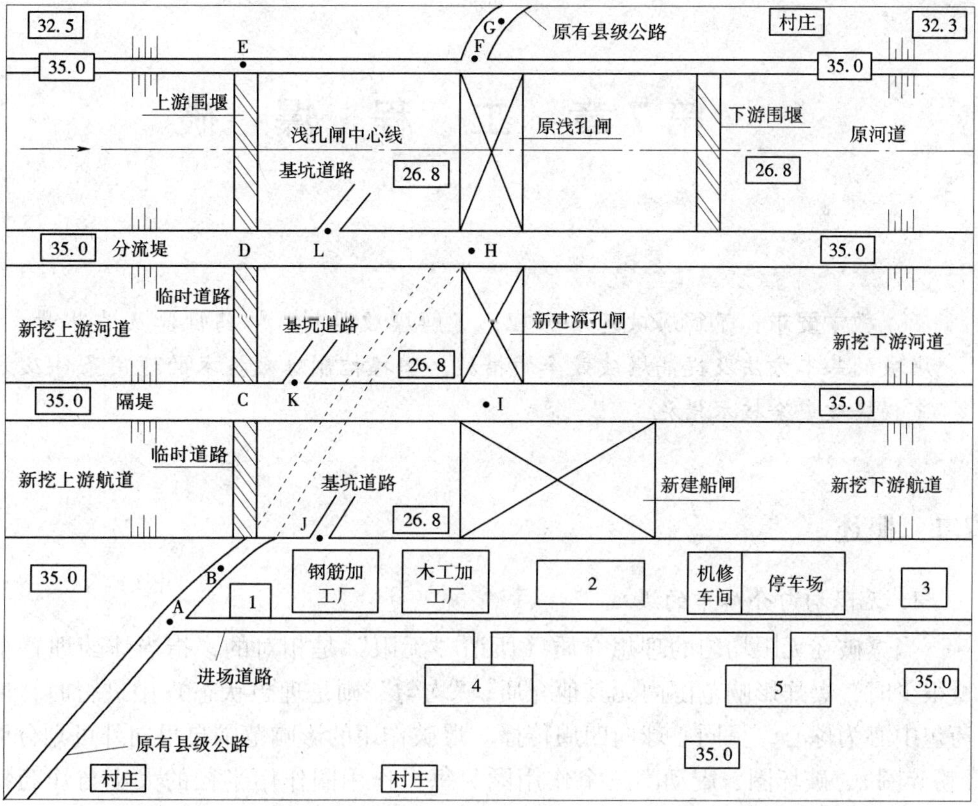

(4) 2008 年汛期枢纽工程基本具备设计排洪条件。

问题：

(1) 按照合理布置的原则，指出示意图中代号 1、2、3、4、5 所对应的临时设施的名称。

(2) 指出枢纽加固改造工程项目中哪些是控制枢纽工程加固改造工期的关键项目，并简要说明合理的工程项目建设安排顺序。

(3) 指出新建深孔闸（完工前）、浅孔闸加固（施工期）、新建船闸（2008 年 8 月）这三个施工阶段两岸的交通路线。

第7章　工　程　爆　破

教学要求：了解爆破基本原理；了解爆破器材、炸药性能及装药量；熟悉爆破的基本方法及提高爆破效率的措施；掌握控制爆破技术的适用条件及方法；掌握爆破安全技术措施。

7.1　概述

1. 无限均匀介质中的爆破

当爆破在无限均匀的理想介质（所谓“无限”是相对的，指当炸药埋置很深或药量很少时，爆炸影响范围内无其他介质；“均匀”则是理想状态）中进行时，冲击波以药包中心为球心，呈同心球向四周传播。爆破作用的影响范围自里向外可划分为压缩圈（粉碎圈）、破坏圈、震动圈三个作用圈。每个作用圈作用半径的大小与炸药特性、炸药用量、药包结构、爆炸方式及介质特性等密切相关。

2. 有限均匀介质中的爆破

(1) 自由面（临空面）。土岩介质与空气介质的交界面往往称为自由面或临空面。当自由面（临空面）在爆破作用的影响范围以内时，自由面将对爆破产生聚能作用和反射拉力波作用。

(2) 爆破漏斗。有限介质中的爆破，当药包的爆破作用具有使部分介质抛向临空面的能量时，往往形成一个倒立圆锥形的爆破坑，形如漏斗，如图1.7.1所示。

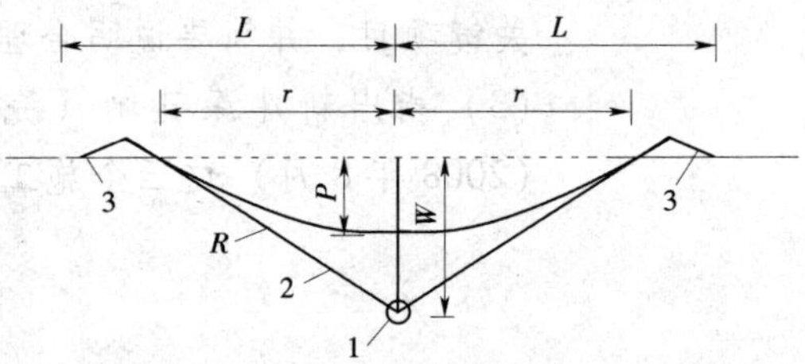

图1.7.1　爆破漏斗示意图

1—药包；2—飞渣回落充填体；3—坑外堆积物

爆破漏斗的几何特征参数有：药包中心至临空面的最短距离，即最小抵抗线长度 W、爆破漏斗底半径 r、爆破作用半径 R、可见漏斗深度 P 和抛掷距离 L。爆破漏斗的几何特性反映了药包重量和埋深的关系，反映了爆破作用的影响范围。显然，爆破作用指数 $n = r/W$ 最能反映爆破漏斗的几何特性，它是爆破设计中最重要的参数。n 值大形成宽浅式漏斗，n 值小形成窄深式漏斗，甚至不出现爆破漏斗，故可用 n 值大小对爆破进行分类。

当 $n = 1$，称为标准抛掷爆破。

当 $n > 1$，称为加强抛掷爆破。

当$0.75 < n < 1$，称为减弱抛掷爆破。

当$0.33 < n \leqslant 0.75$，称为松动爆破。

当$n \leqslant 0.33$，称为隐藏式爆破。

以上各类爆破的药包分别称为标准抛掷药包、加强抛掷药包、减弱抛掷药包、松动药包和炸胀药包。

3. 炸药的主要性能指标

爆破应根据岩石性质和施工要求选择不同特性的炸药。反映炸药特性的基本性能指标有威力、安定性、敏感度、最佳密度、氧平衡、殉爆距、稳定性等。

（1）威力。以爆力和猛度表示，前者又称静力威力，用定量炸药炸开规定尺寸铅柱体内空腔的容积来表示，它表征炸药破坏一定体积介质的能力；后者又称动力威力，用定量炸药炸塌规定尺寸铅柱体的高度来表示，它表征炸药爆炸时粉碎一定体积介质的能力。威力的大小主要反映在爆速、爆热、爆温、爆气量与爆压等几方面。

（2）安定性。是指炸药在长期储存和运输过程中，保持自身物理和化学性质稳定不变的能力。物理安定性主要有吸湿、结块、挥发、渗油、老化、冻结、耐水等性能。化学安定性取决于炸药的化学性能。例如：硝化甘油类炸药在50℃时开始分解，如果热量不能及时散发，可能引起自燃与爆炸。

（3）敏感度。是指炸药在外界能量的作用下，发生爆炸的难易程度。不同的炸药对不同的外界能量的敏感程度往往是不可比的。炸药的敏感度常用爆燃点、发火性、撞击敏感度和起爆敏感度等来表示。爆燃点是指在规定时间内（5min）使炸药发生爆炸的最低温度；发火性是指炸药对火焰的敏感程度；撞击敏感度是指炸药对机械作用的敏感程度；起爆敏感度是指引起炸药爆炸的极限药量。炸药的敏感度常随掺和物的不同而改变。例如：在炸药中掺有棱角坚硬物（如砂、玻璃、金属屑等）时敏感度提高；当掺有水、石蜡、沥青、油、凡士林等柔软、热容量大、发火点高的掺和物时，敏感度降低。

（4）最佳密度。是指炸药能获得最大爆破效果的密度。炸药密度凡高于和低于此密度，爆破效果都会降低。

（5）氧平衡。是炸药含氧量和氧化反应程度的指标。当炸药的含氧量恰好等于可燃物完全氧化所需要的氧量，则生成无毒的CO_2和H_2O，并释放大量热能，称零氧平衡。若含氧量大于需氧量，生成有毒的NO_2，并释放较少的热量，称正氧平衡。若含氧量不足，只能生成有毒的CO，释放热量仅为正氧平衡的1/3左右。显然，从充分发挥炸药化学反应的放热能力和有利于安全出发，炸药最好是零氧平衡。但考虑到炸药包装材料燃烧的需氧量，炸药通常配制成微量的正氧平衡。氧平衡可通过炸药的掺和来调整。例如TNT炸药是负氧平衡，掺入正氧平衡的硝酸铵，使之达到微量的正氧平衡。对于正氧平衡的炸药药卷，也可增加包装纸爆炸燃烧达到零氧平衡。

（6）殉爆距。殉爆是指由于一个药包的爆炸引起与之相距一定距离的另一药包爆炸的现象。殉爆距是能够连续三次使该药包出现殉爆现象的最大距离。

（7）稳定性。炸药起爆后，若能以恒定不变的速度自始至终保持完整的爆炸反应，称为稳定的爆炸。在钻孔爆破中影响爆炸稳定性的因素有药包直径（d）和炸药密度（ρ）。

炸药一般分为起爆炸药和主炸药。起爆炸药是用于制造起爆器材的炸药。其主要特点有：敏感度高；爆速增加快，易由燃烧转为爆轰；安定性好，特别是化学安定性好；有很好的松散性和压缩性。常用的起爆炸药主要有：雷汞［$Hg(CNO)_2$］，50℃开始分解，160℃爆炸，对温度敏感；氮化铅［$Pb(N_3)_2$］，比雷汞迟钝，不溶于水；二硝基重氮酚［$C_6H_2O_5N_4$］，安定性好，起爆能力强，相对安全，价格便宜。

主炸药是产生爆破作用的炸药。其主要特点是：威力大，能被普通雷管引爆；成本低，种类多（适用于各种条件），安全可靠。

石方开挖常用炸药主要有露天硝铵炸药、铵油炸药、岩石铵沥蜡、胶质硝化甘油炸药、铵梯炸药、浆状炸药、乳胶炸药、水胶炸药等。

根据2008年2月20日国防科工委和公安部〔2008〕2003号文件，铵梯炸药为淘汰产品，工程中主要采用2号、3号岩石水胶炸药、2号煤矿水胶炸药等。

胶质炸药的主要成分是硝化甘油，威力大、密度大、抗水性强，可做副起爆炸药，可用于水下和地下爆破工程。它价格昂贵，爆力500mL，猛度22～23mm。如国产SHJ—K水胶炸药，不仅威力大、抗水性好，且敏感度低，运输、储存和使用均较安全。

浆状炸药可以是非黏稠的晶质溶液、黏稠化的胶体溶液或黏稠并交联的凝胶体。几乎所有的浆状炸药都含有增稠的胶凝剂，含有水溶性剂的浆状炸药又称水胶炸药。水胶炸药性能主要取决于其配方和胶凝系统的制造工艺。其优点是炸药密度、形态及其性能可在较大的范围内调整，有突出的抗水性能，但其抗冻性和稳定性有待改善。

乳化炸药是以氧化剂水溶液与油类经乳化而成的油包水型的乳胶体作爆炸性基质，再添加少量氯酸盐和过氯酸盐作辅助氧化剂。乳化剂胶体是乳化炸药中的关键组成部分。乳化剂是一种表面活性剂，用来降低水油的表面张力，形成水包油或油包水的乳化物。乳化炸药的爆速较高，且随药柱直径增大、炸药密度增大而提高。其抗水性能强，爆炸性能好。

7.2 爆破基本方法

工程爆破的基本方法有孔眼爆破、洞室爆破和药壶爆破等。孔眼爆破又分为浅孔爆破和深孔爆破。施工过程包括布孔、钻孔、清孔、装药、捣实、堵气、引爆等几道工序。爆破方法取决于工程规模、开挖强度和施工条件。

进行爆破设计时，爆破参数主要包括爆破介质与炸药特性、药包布置、炮孔的孔径和孔深、装药结构及起爆药量等。对于明挖钻孔爆破，设计内容主要有：

（1）爆破区地形、地质条件。

（2）爆破区周围环境及质量、安全标准。

（3）梯段高度和爆破参数。

（4）边坡轮廓、建基面及爆区附近建筑物等保护。

（5）炸药品种、装药方法和堵塞。

（6）爆破方式与起爆方法。

（7）单响最大起爆药量。

（8）爆破安全距离计算。

（9）施工技术要求和质量、安全措施。

（10）附图（表）。如孔网平面布置图、起爆网络敷设图、单孔装药结构图和排孔装药量明细表等。

7.2.1 浅孔爆破

浅孔爆破是指炮孔深度 L 一般小于 5m，装药引爆的爆破技术。它适用于各种地形条件和工作面情况，有利于控制开挖面的形状和规格，使用的钻孔机具较简单，操作方便，但劳动强度大，生产效率低，孔耗大，不适合大规模的爆破工程。

炮孔布置合理与否，直接关系到爆破效果。设计时，要充分利用天然临空面或积极创造更多的临空面。例如在基础开挖时往往先开挖先锋槽，形成阶梯，这样不仅便于组织钻孔、装药、爆破和出碴等流水作业，安排出碴运输和基坑排水，避免施工干扰，加快进度，而且有利于提高爆破效果，降低成本；布孔时，宜使炮孔与岩石层面和节理面正交，不宜穿过与地面贯穿的裂缝，以防漏气，影响爆破效果。图 1.7.2 表示孔眼爆破梯段布孔图。平面上炮孔一般采用梅花状布置。

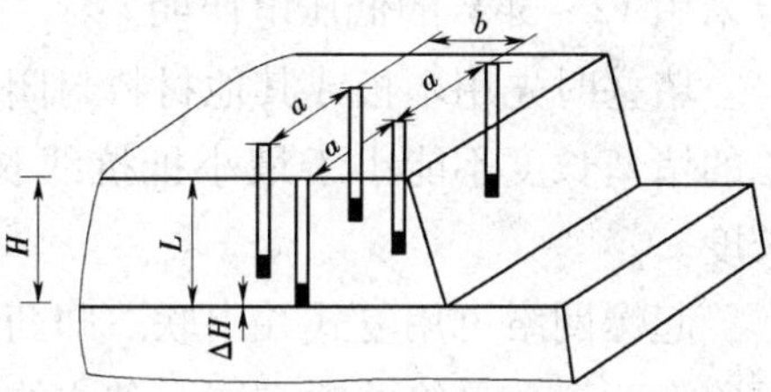

图 1.7.2　孔眼爆破梯段布孔示意图

7.2.2 深孔爆破

深孔爆破是炮孔深度 L 大于 5m，装药引爆的爆破技术。深孔爆破适用于料场和基坑规模大、强度高的采挖工作，且多采用松动爆破。深孔爆破具有爆破单位体积岩体所耗的钻孔工作量和炸药量少、爆破控制性差、对保留岩体影响大等特点。常用冲击式、回转式、潜孔钻等造孔。

深孔爆破的炮孔布置原则与浅孔爆破基本相同，平面上也采用梅花状布置；垂直方向上主要有垂直孔和倾斜孔两种，如图 1.7.3 所示。倾斜孔由于抵抗线长度 $W_{底}$ 全等均匀，所以具有堆渣高和宽容易控制、爆后坡面平整等优点，但倾斜孔技术复杂，装药也相对较难。

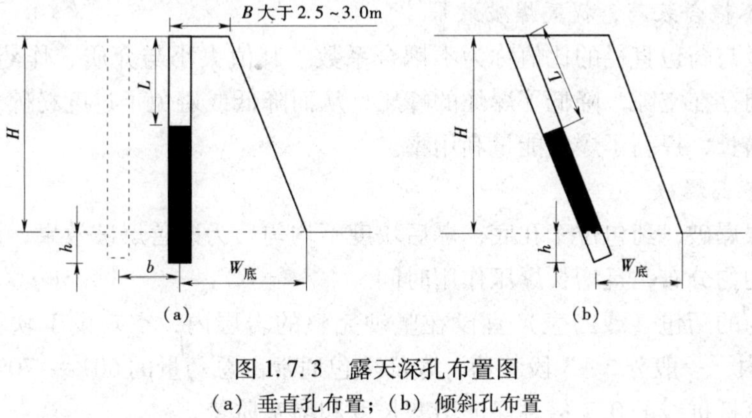

图 1.7.3　露天深孔布置图

（a）垂直孔布置；（b）倾斜孔布置

7.2.3 洞室爆破

工程设计和施工中，有时需要开凿洞室装药进行大量爆破来完成特定的施工任务。如采料、截流或定向爆破筑坝等。根据地形条件，一般洞室爆破的药室常用平洞或竖井相连，装药后须按要求将平洞或竖井堵塞，以确保爆破施工质量和效果。

洞室装药前应对洞室内的松石进行处理，并做好排水和防潮工作。

装药时，先在药室四周装填选用的炸药，再放置猛度较高性能稳定的炸药，最后于中部放置起爆体。起爆体重20~25kg，内装有敏感度高、传爆速度快的烈性起爆炸药，其中安放几个电雷管组或传爆索。起爆药量通常为总装药量的1%~2%。导洞和药室应采用12~36V的低压电照明。

堵塞时先用木板或其他材料封闭药室，再用黏土填塞3~5m，最后用石碴料堵塞。总的堵塞长度不能小于最小抵抗线长度的1.2~1.5倍。对T形导洞可适当缩小堵塞长度。

起爆网络可用复式并串联。即药室内雷管间用并联，药室间用串联，同样的并串联网路设两套，最终并联在同一条主线上。起爆电源的电压要稳定，电流不应低于安全准爆电流。

7.2.4 改善爆破效果的方法和措施

1. 合理利用并积极创造临空面

充分利用多面临空的地形或人工创造多面临空的自由面，有利于降低爆破的单位耗药量。当采用深孔爆破时，增加梯段高度或用斜孔爆破，均有利于提高爆效。平行坡面的斜孔爆破，由于爆破时沿坡面的阻抗大体相等，且反射拉力波的作用范围增大，通常可较竖孔的能量利用率提高50%。斜孔爆破后边坡稳定，块度均匀，还有利于提高装车效率。

2. 采用毫秒微差挤压爆破

毫秒微差挤压爆破是利用孔间微差迟发不断创造临空面，使岩石内的应力波与先期产生残留在岩体内的应力相叠加，从而提高爆破的能量利用率。在深孔爆破中可降低单位耗药量15%~25%。

3. 采用不耦合装药，提高爆破效果

炮孔直径与药包直径的比值称为不耦合系数。其值大小与介质、炸药特性等有关。由于药包四周存在空隙，降低了爆炸的峰压，从而降低或避免了过度粉碎岩石，也使爆压作用时间增长，提高了爆破能量利用率。

4. 分段装药爆破

一般孔眼爆破，药包位于孔底，爆后块度不均匀。为改善爆破效果，沿孔长分段装药，使爆能均匀分布，且增长爆压作用时间。

分段装药的药包（或药壶）宜设在坚硬完整的岩层内，空穴设于软弱岩层内。在孔深20m以内，一般分2~3段装药，底部药包通常占总药量的60%~70%。堵塞段长应不小于计算抵抗线的0.7倍。保证堵塞长度和堵塞质量。

一般堵塞良好时其爆破效果和能量利用率较堵塞不良时可以成倍地提高。工程中应严格按规范进行爆破施工质量控制。

7.3 钻孔机具和爆破器材

7.3.1 钻孔机具

钻孔的效率和质量很大程度上取决于钻孔机具。爆破施工中多数采用孔眼爆破法。钻爆作业中，浅孔爆破多用风钻钻孔，采石、基础开挖等作业则多用大型钻机进行深孔作业。

1. 风钻

浅孔爆破作业中，向下钻垂直孔，多采用轻型手提式风钻；向上及倾斜钻孔，则多采用支架式重型风钻，所用风压一般为 $4\times10^5 \sim 6\times10^5$Pa，耗风量一般为 $2\sim4m^3/min$。国内常用 YT—23 型、YT—25 型和 YT—30 型及带腿的 YTP—26 型风钻。YT—23 型自重轻，钻孔效率高。

2. 回转式钻机

回转式钻机一般以钻孔最大深度表示钻机的型号。例如国产 XJ—100 型和 X—300 型回转式钻机。回转式钻机可钻斜孔，钻进速度快。钻杆端部可根据钻孔孔径要求装大小不同的钻头，如钢钻头和嵌有合金刀片的各种型式钻头、钻石钻头等。钻进过程中为了排除岩粉，冷却钻头，由钻杆顶部通过空心钻杆向孔内注水。钻松软岩石时，可向孔内注入泥浆，使岩屑悬浮至表面溢出孔外，泥浆还起固护孔壁的作用。

3. 冲击式钻机

冲击式钻机工作时只能钻垂直向下的孔。钻具凭自重下落冲击岩石，其自重和落高是机械类型的控制参数。如国产 CZ—20 型、CZ—2 型钻机。钻孔时每冲击一次，钢索旋转带动钻具旋转一个角度，以保证钻具均匀破碎岩石，形成圆形钻孔。钻进时应向孔内加水，以冷却钻头。

4. 潜孔钻

潜孔钻结构较回转式钻机和冲击式钻机有进一步改进，钻孔效率较高。通常一根钻杆的有效钻孔深度为 8m。国内常用的 YQ—150A 型钻机，钻孔直径 170mm，钻孔方向有 45°、60°、75°、90°四种。钻进过程中，将粉尘由设在孔口的捕尘罩借助抽风机将粉尘吸入集尘箱处理。潜孔钻运行可靠，是一种通用的、功能良好的深孔作业钻孔机械。

7.3.2 起爆器材与起爆方法

主要起爆方法有导火索起爆法、电力起爆法、导爆索起爆法和导爆管起爆法。

1. 导火索起爆法

导火索起爆法又称火雷管起爆法，是利用导火索产生的火焰使火雷管爆炸，从而引起药包爆炸的方法。导火索一般由压缩的黑火药做线芯，外缠纱线并涂沥青防水。导火索在储存、运输和使用中应防止折断，使用前应进行燃速试验。导火索的长度由炮工撤至安全区及点炮所需的总时间来确定。

导火索起爆虽然简便，但一次点炮的数目不宜太多，不宜用于重要的大型爆破工程。

导火索起爆法应注意以下几点：

（1）点火前用快刀切除导火索点火端5cm，严禁边点火边切除。

（2）应使用导火索段或专用点火器材点火。

（3）在爆破区附近应有点炮人员的安全避炮设施。

2. 电力起爆法

电力起爆法又称电雷管起爆法。电雷管与火雷管的不同之处在于管的前段装有电点火装置，当电雷管中输入大于安全准爆电流后即可起爆。

电雷管按起爆时间的不同，分为即发电雷管、秒延发电雷管和毫秒微差电雷管三种。常用的即发雷管为6～8号；秒延发雷管在点火装置与加强帽之间加了一段缓燃剂，根据缓燃剂的性质和多少控制延发时间。国产的延发雷管分7段，每段延发间隔1s；毫秒微差雷管的缓燃剂是特殊的延发剂，一般延发时间为25～200ms，国产毫秒雷管共有20段。一般电雷管因爆点附近有杂散电流而容易产生意外爆炸，国产BJ—1型安全电雷管则有抗杂散电流的功能。

电力起爆适用于远距离同时或分段起爆大规模药包群。可用仪表检测电雷管和起爆网路，保证起爆的安全可靠性。为了安全准爆，要求通过每个电雷管的最小准爆电流：直流电流为1.8A，交流电流为2.5A；雷管电阻为1.0～1.5Ω之间，成组串联的电雷管电阻差最大不得大于0.25Ω；不同种类的即发和延发雷管不能串联在同一支路上，只能分类串联，各支路间可以相互并联接入主线，但各支路电阻必须保持平衡。

常用的电爆网络连接方法有串联法、并联法和混合联。串联法要求电压大而电流小，导线损耗小，接线和检测容易，但只要有一处脚线或雷管断路，整个网络的雷管将全部拒爆；并联法要求电压小而电流大，导线损耗大，只要主线不断损，雷管间互不影响；串联法和并联法只宜用于小规模爆破。为了准爆和减小电流消耗，施工中多采用混合连接，如串并联和并串联，对于分段起爆的网络，各段分别采用即发或某一延发雷管，则宜采用并—串—并联网络。电力起爆应注意以下几点：

（1）只允许在无雷电天气、感应电流和杂散电流小于30mA的区域使用。

（2）爆破器材进入爆破区前，现场所有带电的设备、设施、导电的管与线设备必须切断电源。

（3）起爆电源开关须为专用开关，且在危险区内人员未撤离、避炮防护工作未完前禁止打开起爆箱。

3. 导爆管起爆法

导爆管传递的爆轰波是一种低爆速的爆轰波，只能起爆与之相匹配的非电雷管，再由雷管爆炸引爆孔内炸药。导爆管用火或撞击均不能引爆，须用起爆枪或雷管才能起爆。

导爆管是一根外径3mm，内径1.4mm的塑料软管，内壁涂有薄层烈性炸药，其传爆速度为2000m/s以上，在起爆网路中多用串联连接。它适用于非电引爆的起爆系统，只能用雷管起爆，不受爆点附近杂散电流及火花影响。储存、运输和使用比较安全。

导爆管起爆应严格执行以下规定：

（1）起爆导爆管的雷管聚能穴方向与导爆管的传爆方向相反。起爆雷管应捆扎在导爆管末端不少于15cm的位置上。

（2）集中起爆的导爆管应用连接块连接传爆，采用捆扎法应均匀捆扎在起爆雷管的周围，导爆管不得超过两层。

（3）寒冷季节或高寒地区出现导爆管硬化易折断时，不得使用导爆管起爆法。

4. 导爆索起爆法

利用绑在导爆索一端的雷管起爆导爆索，由导爆索引爆药包，即导爆索的传爆可直接引爆起爆药包。导爆索起爆法多用于深孔和洞室爆破。

导爆索是由黑索金或泰安等单质炸药卷成，外涂红色或红白间色。导爆索可用火雷管或电雷管引爆。

施工中导爆索的连接，一般采用搭接和扭接的方法。连接处的两根导爆索之间不得夹有杂物，且接合紧密两端捆紧。

导爆索起爆法应注意以下几点：

（1）进入孔内的导爆索须与起爆药包紧密结合。

（2）起爆导爆索的雷管聚能穴应朝向导爆索的传爆方向。起爆雷管应捆扎在距导爆索末端不少于15cm的位置上。

（3）孔口堵塞前应对导爆索进行检查。

须指出，当工程爆破为群体药包时，可用同时、延期或组内同时组间延期的方式起爆。同时起爆能增强爆破效果，但爆炸破坏及震动影响随之增大。为保护围岩的完整性和相邻建筑物的安全，常须限制一次同时起爆的炸药用量。延期起爆常采用电力起爆方式，选用秒延发或毫秒延发雷管控制延发时间。秒延起爆有创造辅助临空面和减震的作用。

7.4 控制爆破技术

7.4.1 定向爆破

爆破工程中，药包与临空面的关系相当于爆炸偶极子。当进行抛掷爆破时，介质从爆破漏斗中抛出。实践证明，临空面对抛掷速度有明显的影响。介质流主要沿药包中心至临空面的最短距离，即沿最小抵抗线 W 方向抛射是其必然的结果。

向外弯曲的临空面及曲心被称为“定向坑”和“定向中心”，是单药包爆破时设计的关键。群药包定向爆破，绝大部分介质流的运动是沿着几个药包联合作用所决定的方向。只要药包布置得当，群药包定向爆破的效果比单药包好。在陡峭且狭窄的山谷中搞定向爆破有时可以不用抛掷，因介质流还受重力的作用，靠重力将爆松的土岩滚到沟底预期位置（崩塌爆破）。爆破时应尽量利用天然地形布置药包，或利用辅助药包创造人工临空面，以满足工程定向抛掷的要求。

定向爆破可以用来截流、筑坝、开渠、移山填谷等。这里只对定向爆破筑坝作一些简要介绍。

7.4.2 预裂爆破

预裂爆破即在开挖区主体爆破之前，先沿设计开挖线钻孔装药并爆破，使岩体形成一条沿设计开挖线延伸的宽 1 ~4cm 的贯穿裂缝，在这条缝的“屏蔽”下再进行主体爆破，冲击波的能量通常可被预裂缝削减 70%，保留区的震动破坏得到控制，设计边坡稳定平整，同时避免了不必要的超挖和欠挖。预裂爆破常用于大劈坡、基础开挖、深槽开挖等爆破施工中。

1. 预裂爆破设计与施工

影响预裂爆破效果的主要因素有：炮孔直径 D、炮孔间距 a、装药量及装药集中度、岩石物理力学性质、地质构造、炸药品种及其特性、药包结构、起爆技术、施工条件等。

预裂爆破的炮孔直径 D 通常为 50 ~200mm，浅孔爆破用小值，深孔爆破用大值。

为避免孔壁破坏，采用不耦合装药，不耦合系数一般取 $\eta=2\sim4$。

炮孔间距 a 与岩石特性、炸药性质、装药情况、缝壁平整度要求、孔径等有关，通常为 $a=(8\sim12)D$，小孔径取大值，大孔径取小值，岩石均匀完整取大值，反之取小值。

预裂炮孔内采用线状分散间隔装药，单位长度的装药量称为线装药密度，根据不同岩性，一般 $Q_{线}=200\sim400$g/m。为克服岩石对孔底的夹制作用，孔底药包采用线装药密度的 2 ~5 倍。

钻孔质量是保证预裂面平整度的关键。钻孔轴线与设计开挖线的偏离值应控制在 15cm 之内。

预裂炮孔的孔口应用粒径小于 10mm 的砾石堵塞。起爆时差控制在 10ms 以内，以利用微差爆破提高爆破效果。

为阻隔主爆区传来的冲击波，应使预裂孔的深度超过开挖区炮孔深度 Δh，预裂缝的长度应比开挖区里排炮孔连线两端各长 ΔL，同时应与内排炮孔保持 Δa 的距离，表 1.7.1 为葛洲坝工程预裂爆破开挖区与预裂缝的关系。开挖区里排炮孔宜用小直径药包，远离预缝的炮孔可采用大直径药包。前者为了减震，后者可以改善爆破效果。

表 1.7.1　　预裂缝与开挖区炮孔的关系

药包直径 d（mm）	Δa（m）	ΔL（m）	Δh（m）
55	0.8 ~1.0	6	0.8
90	1.5 ~2.0	9	1.3
100 ~150	2.5 ~6.0	10 ~15	1.3

2. 预裂爆破质量控制

预裂爆破的质量控制主要是预裂面的质量控制，通常按如下标准控制。

（1）预裂缝面的最小张开宽度应大于 0.5 ~1cm，坚硬岩石取小值，软弱岩石取大值。

（2）预裂面上残留半孔率，对坚硬岩石不小于 85%；中等坚硬岩石不小于 70%；

软弱岩石不小于50%。

（3）钻孔偏斜度小于1°，预裂面的不平整度不大于15cm。

7.4.3 光面爆破

从原理上看预裂爆破与光面爆破并没有什么区别。只是光面爆破与预裂爆破在爆破顺序上刚好相反，是先在开挖区内对主体部位的岩石进行爆破，然后再利用布置在设计开挖线上的光爆孔，将作为保护层的“光爆层”爆除，从而形成光滑平整的开挖面。

光面爆破被广泛地用于隧道（洞）等地下工程的施工中，因为它具有成型好、爆岩平整光滑、围岩破坏小、超挖少效率高、与喷锚技术结合施工质量好且安全可靠、省材料成本低等一系列优点。

1. 光面爆破设计与施工

（1）炮孔直径 D。对于隧洞，常用的孔径为 $D=35\sim45$mm，光面爆破的周边孔与掘进作业的其他炮孔直径一致。

（2）不耦合系数 η。一般 $D=62\sim200$mm 时，$\eta=2\sim4$，$D=35\sim45$mm，$\eta=1.5\sim2.0$。

（3）周边炮孔间距 a 。a 值过大而 W 值取大则须加大装药量，从而增大围岩的损坏和震裂，W 值取小则周边会凹凸不平；a 值过小而 W 值取大，则爆后难以成缝。通常 $a=$（12～16）D，具体视岩石硬度而定。如果在两炮孔间加一不装药的导向孔效果更好。

（4）线装药密度 $Q_{线}$。一般当露天光面爆破 $D\geqslant50$mm、$W>1$m 时，$Q_{线}=100\sim300$g/m，完整坚硬的取大值，反之取小值。全断面一次起爆时适当增加药量。

（5）光爆层厚度 W 与周边孔密集系数 m。光爆层是周边炮孔与主爆区最边一排炮孔之间的那层岩石，其厚度就是周边炮孔的最小抵抗线 W，一般等于或略大于炮孔间距 a，在隧洞爆破中取 $W=70\sim80$cm 较好。a 与 W 的比值称为炮孔密集系数 m，它随岩石性质、地质构造和开挖条件的不同而变化，一般 $m=a/W=0.8\sim1.0$。

（6）周边孔的深度和角度。对于隧洞开挖，从光爆效果来说周边孔越深越好，但受岩壁的阻碍，一般深度为1.5～2.0m，采用钻孔台车作业时为3～5m，以一个工作班能进行一个掘进循环为原则。钻孔要求“准、平、直、齐”，但受岩壁的阻碍，凿岩机钻孔时不得不甩出一个小角度，一般要求将此角度控制在4°以内。

（7）装药结构。常用的装药结构有三种：一是普通标准药卷（ϕ32mm）空气间隔装药，二是小直径药卷径向空气间隙连续装药，三是小直径药卷（ϕ20～25mm）间隔装药。

2. 光面爆破质量控制

（1）周边轮廓尺寸符合设计要求，岩石壁面平整。露天光爆壁面不平整度控制在±20cm以内；隧洞工程欠挖不大于5cm，超挖不大于5cm；岩石起伏差控制在15～20cm以内。

（2）光爆后岩面上残留半孔率，对坚硬岩石不小于80%；中等坚硬岩石不小于65%；软弱岩石不小于50%。

（3）光爆后，地质好的无危石，地质差的无大危石，保留面上无粉碎和明显的新裂缝。

（4）两排炮孔衔接处的“台阶”，露天大直径深孔光爆应控制在 30～50cm 以内，地下隧洞工程应控制在 10～15cm 以内。

7.4.4 水下岩塞爆破

岩塞爆破是一种水下控制爆破。一般从隧洞出口逆水流方向按常规开挖，待掌子面接近进水口位置时，预留一定厚度的岩石（称为岩塞），待隧洞和进口控制闸门全部完建后，采用爆破将岩塞一次炸除，形成进水口，使隧洞和水库连通。

岩塞布置应根据隧洞的使用要求、地形、地质等因素确定，宜选择在覆盖层薄、岩石坚硬完整且层面与进口中心交角大的部位，特别应避开节理、裂隙、构造发育的地段。岩塞的开口尺寸应满足进水流量的要求。岩塞厚度一般为岩塞底部直径的 1～1.5 倍，太厚则难以一次爆通，太薄则不安全。

7.4.5 微差挤压爆破

微差挤压爆破就是在大规模的深孔爆破中，将炮孔以毫秒级的时间间隔，分组进行顺序起爆的方法。由于不同组的起爆时间有微差间隔，因而地震强度大大降低。观测资料表明，微差爆破的地震作用比一般爆破大约降低 1/3 ～2/3。

由于微差挤压爆破应用于深孔爆破中具有增加自由面、应力波叠加、岩块相互碰撞和挤压、地震效应减弱等一系列优点，所以微差挤压爆破被广泛应用于水利水电工程施工的基坑开挖中。

微差挤压爆破是爆破工作面前有堆渣的微差爆破。在一般条件下，爆破后破碎岩石的体积要比在原岩状态下增加 50%～60%，所以在自由面要留出足够的空间，在基坑开挖中一般称先锋槽。采用深孔台阶挤压爆破，爆破后岩石仅产生微动，碎胀系数仅为 1.05～1.10，这大大减少了等待爆破的停产时间和设备及建筑物转移或保护的工作量。

7.5 爆破安全控制

7.5.1 爆破作业安全防护措施

1. 严格规章制度，加强安全教育

严格爆破作业的规章制度，对施工人员进行安全教育，是保证施工安全的重要环节；一般起爆器材与炸药要分开运输、储存和保管；爆破器材在运输中不得抛掷、撞击，严防明火接近；炸药储存地点相互应有足够的殉爆安全距离；装药洞室内应用 36V 以内的低压照明。

2. 提高工艺水平，增加技术含量

爆破作业应尽可能采用分段延期和毫秒微差爆破，减少一次起爆药量，调整震动周期和减少震动；通过打防震孔、挖防震槽或进行预裂爆破，以保护有关建筑物、构筑物和重要设施；尽量避免采用裸露爆破，以节约炸药，减少飞石和空气冲击波压力；水下爆破可采用气幕防震，利用气泡压缩变形吸收能量，减轻水中冲击波对被保护目标的破坏；尽可能选择小的爆破作用指数和孔距小、孔深浅的爆破，减小抛掷距离和飞石；也可以采用调整布孔和起爆顺序的方法来改变最小抵抗线的方向，避免最小抵抗线正对居民区、重要建筑物、主要施工机械设备以及其他重要设施。

3. 加强保护措施，防止飞石破坏

对飞石的防护措施可根据被保护对象的特征和施工条件而异。在平地开挖宽度不大于4m的沟槽，可采用拱式或壳式覆盖；挡板式覆盖的架设拆除费时费工，要求架设在高于爆破对象的天然或人工支承上，距爆破表面不小于0.3~0.5m；网式和链式覆盖多用于对房屋建筑的拆除爆破；浅孔爆破在孔口压土袋，大量爆破用填土覆盖被保护建筑物，对防止飞石破坏有明显效果。

7.5.2 安全控制距离

在制订爆破作业安全措施时，应根据各种情况对安全控制距离进行计算，以便确定安全警戒范围和安全保护措施。

1. 飞石安全控制距离 R_F

爆破时个别飞石对人的安全距离 R_F 可按下式计算：

$$R_F = 20n^2 W K_F \tag{1.7.1}$$

式中 W——最小抵抗线，m；

n——爆破作用指数；

K_F——安全系数：一般采用1.0~1.5，大风时取1.5~2.0。

计算时应注意：

（1）飞石对机械设备影响，按上式计算值减半。

（2）一般抛掷爆破的个别飞石飞散范围可参考表1.7.2。

（3）在不同爆破条件下，其爆破作用指数 n 值可见表1.7.3。

表1.7.2　抛掷爆破个别飞石的安全距离　单位：m

最小抵抗线 m	对人					对机械				
	爆破作用指数 n					爆破作用指数 n				
	1.0	1.5	2.0	2.5	3.0	1.0	1.5	2.0	2.5	3.0
1.5	200	300	350	400	400	100	150	250	300	300
2.0	200	400	600	600	600	100	200	350	400	400
4.0	300	500	700	800	800	150	250	500	550	550
6.0	300	600	800	1000	1000	150	300	550	650	650

注　当 $n<1$ 时，将最大药包的最小抵抗线 W 换算成相当于抛掷爆破的最小抵抗线 W_p，$W_p=5W/7$，再根据 $n=1$ 条件下按本表查得碎石飞散的安全距离。

表1.7.3　不同条件下的爆破作用指数 n 值

爆破条件		n 值
多临空面	抛掷	1.0~1.25
	加强松动	0.7~0.8
陡坡	抛掷	0.8~1.0
	加强松动	0.65~0.75

2. 爆破地震作用安全控制距离

爆破地震安全，多采用质点振速 V 进行控制，即以实测质点振速是否大于允许振速 $[V]$（表 1.7.4）来判断该点处的建筑物是否安全。地表某质点振速 V 可根据一些半经验半理论的公式进行计算，可阅有关参考书。

在混凝土浇筑或其基础灌浆过程中，若邻近的部位还在钻孔爆破，为确保爆破时混凝土、灌浆、预应力锚杆（索）质量及电站设备不受影响，必须采取控制爆破。控制标准见表 1.7.5。

表 1.7.4　爆破振动破坏允许振速 $[V]$　单位：cm/s

建筑物或构筑物情况	允许振速
简易木结构房屋、砖砌居住房屋、钢筋混凝土烟囱	5
无胶结材料的大型砌块房屋	1.2 ~ 1.5
砖砌体烟囱	2 ~ 5
有精密仪器的工业厂房	1.5 ~ 3
一般工业厂房、桥梁	5 ~ 10
钢筋混凝土框架结构	5 ~ 15
钢构件结构	8 ~ 16
跨度 8 ~ 10m 的洞室（顶部岩石坚硬或中等坚硬）	8 ~ 12
跨度 15 ~ 18m 的洞室（顶部岩石坚硬或中等坚硬）	7 ~ 10
跨度 19 ~ 25m 的洞室（顶部岩石坚硬或中等坚硬）	4 ~ 6

表 1.7.5　允许爆破质点振动速度　单位：cm/s

项　目	龄　期 (d)			备　注
	3	3 ~ 7	7 ~ 28	
混凝土	1 ~ 2	2 ~ 5	6 ~ 10	
坝基灌浆	1	1.5	2 ~ 2.5	含坝体、接缝灌浆
预应力锚索	1	1.5	5 ~ 7	含锚杆
电站机电设备		0.9		含仪表、主变压器

3. 空气冲击波影响的安全距离 R_b

空气冲击波为球形波，为保证人身安全，其波阵面的超压不应大于 1.96×10^4Pa。对于建筑物避免危害影响的半径可按下式计算：

$$R_b = K_b \sqrt{Q} \tag{1.7.2}$$

式中　Q——一次同时起爆药包重量，kg；

K_b——与装药情况和限制破坏程度有关的系数，可查表 1.7.6 确定。

4. 有害气体扩散安全控制距离

炸药爆炸生成的各种有害气体，如一氧化碳、二氧化碳、二氧化硫和硫化氢等，在空气中的含量超过一定数值就会危及人身安全。空气中爆生有害气体浓度随扩散距增加而渐减，直到许可标准，这段扩散距离可作为有害气体扩散的控制安全距离，爆破有害气体的许可量视有害气体种类不同而各异，可参考有关安全规程确定。

表 1.7.6　　空气冲击波影响安全距离系数 K_b 值

破坏程度	安全级别	裸露药包	埋入药包	破坏程度	安全级别	裸露药包	埋入药包
完全无损坏	Ⅰ	50～150	10～50	隔墙、门窗、板棚破坏	Ⅳ	2～5	1～2
玻璃窗偶然破坏	Ⅱ	10～50	5～10	砖、石、木结构破坏	Ⅴ	1.5～2	0.5～1
玻璃窗全坏，门局部破坏	Ⅲ	5～10	2～5	全部破坏	Ⅵ	1.5	

5. 库区外部安全距离和库间殉爆安全距离

炸药库与炸药库之间、炸药库与雷管库之间要相隔一段殉爆安全距离，防止一处爆炸引起另一处发生爆炸。根据规范规定，炸药库房之间、雷管库与炸药库间的最小安全距离分别如表 1.7.7 所示。

表 1.7.7　　炸药库房之间允许最小安全距离

距离（m）／存药量（t）／炸药名称	150～200	100～150	80～100	50～80	30～50	20～30	10～20	5～10	<5
硝铵类炸药	42	35	30	26	20	16	12	9	6
梯恩梯	—	100	90	80	70	60	50	40	35
黑索金	—	—	100	90	80	70	60	50	40
胶质炸药	—	—	—	—	100	85	75	60	50

注　1. 表中为各库均设有土堤的最小距离。不设土堤时表中距离需调整。
2. 导爆索按每万米为 140kg 黑索金计算。

根据水利水电土建工程安全操作要求，爆破器材运输照明应是防爆电灯，停车车距不小于 10m，行车距 50m（平坦）、300m（上下坡），人力装卸每人每次限 25～30kg，搬运者间距应大于 3m，装车高度低于车厢 10cm。气温低于 10℃运输易冻硝化甘油炸药，或气温低于－15℃运难冻的硝化甘油炸药时，必须采取防冻措施。在良好视线下，装运炸药车辆行车速度不超过 20km/h、15km/h（工区内）、5km/h（多弯狭窄山路）。

爆破不准在恶劣天气下露天作业，以下四种情况禁止装炮：一是炮孔不符合要求，二是孔内岩粉末清除，三是孔内温度超过 35℃，四是炮区人员未撤离。

严禁边打孔边装药。

对于用火花起爆、电力起爆、导爆管起爆等均有严格的限制要求，务必遵守。

爆破器材必须储存在专用仓库内，严禁个人保存。

爆破器材运输禁止用翻斗车、自卸汽车、拖车、机动三轮车、人力三轮车、摩托车和自行车等。

爆破作业必须统一指挥、统一信号，划定安全警戒线区，明确安全警戒人员。爆破后须经检查确认安全后，其他人员方可进入现场。对暗挖石方爆破尚须经通风、恢复照明、安全处理后方可进行其他工作。

本章习题

1.7.1 无限均匀介质中的爆破有哪几个作用圈？

1.7.2 什么是爆破漏斗？其几何参数的意义是什么？

1.7.3 临空面对爆破有什么作用？

1.7.4 试比较浅孔爆破与深孔爆破的特点。

1.7.5 常用的爆破方法有哪几种？各适用于什么情况？如何提高爆破效果？

1.7.6 什么是预裂爆破？它与光面爆破有什么不同？

1.7.7 预裂爆破、光面爆破参数选择的基本要求有哪些？

1.7.8 什么是微差挤压爆破？它有什么特点？

1.7.9 爆破作业中有哪些安全问题？

第8章　钢　筋　工　程

教学要求：了解钢筋的验收和储存；了解钢筋机械工艺；熟悉内场加工和机械连接的施工工艺；掌握钢筋配料和安装要求。

8.1　钢筋的验收与配料

8.1.1　钢筋的验收与储存

钢筋进场应具有出厂证明书或试验报告单，每捆（盘）钢筋应有标牌，同时应按有关标准和规定进行外观检查和分批作力学性能试验。钢筋在使用时，如发现脆断、焊接性能不良或机械性能显著不正常等，则应进行钢筋化学成分检验。

钢筋进场应进行外观检查，钢筋表面不得有裂纹、结疤和折叠。冷拉钢筋表面不得有裂纹和局部缩颈，表面如有凸块不得超过横肋的高度，其他缺陷的高度和深度不得大于所在部位尺寸的允许偏差，钢筋外形尺寸等应符合国家标准。

钢筋进场后，必须严格按批分等级、牌号、直径、长度挂牌存放，不得混淆。堆放时，钢筋下部应垫高，离地至少20cm，以防钢筋锈蚀。

8.1.2　钢筋的配料

钢筋加工前应根据图纸按不同构件先编制配料单，然后进行备料加工。为了使工作方便和不漏配钢筋，配料应该有顺序地进行。

下料长度计算是配料计算中的关键。钢筋弯曲时，其外皮伸长，内壁缩短，而中心线长度并不改变。但是设计图中注明的尺寸是根据外包尺寸计算的，且不包括端头弯钩长度。显然，外包尺寸大于中心线长度，它们之间存在一个差值，这个差值称为“量度差值”。因此钢的下料长度应为：

直筋下料长度 = 构件长度 − 保护层厚度 + 弯钩增加长度

弯起筋下料长度 = 直段长度 + 斜段长度 + 搭接长度 − 弯曲调整值 + 弯钩增加长度

箍筋下料长度 = 直段长度 + 弯钩增加长度 − 弯曲调整值 = 箍筋周长 + 箍筋调整值

1. 弯钩增加长度

根据规定，光圆钢筋两端做180°弯钩，其弯曲直径 $D=2.5d$，平直部分为 $3d$（手工弯钩为 $1.75d$），见图1.8.1（a）。以外包尺寸度量，其每个弯钩的全长为：

$$3d+\frac{3.5d\pi}{2}=8.5d$$

弯钩增加长度（包括量度差值）为：

$$8.5d - 2.25d = 6.25d$$

同理可得135°斜弯钩［图1.8.1（b）］每个弯钩的增加长度为$5d$。

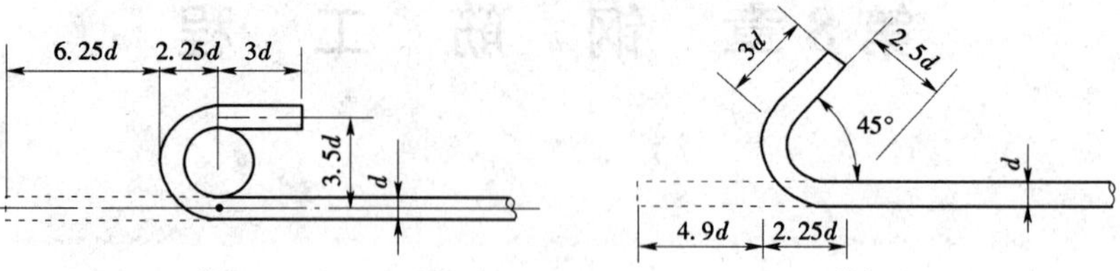

图1.8.1 钢筋弯钩

（a）180°弯钩；（b）135°弯钩

2. 钢筋弯曲调整长度

钢筋90°弯曲时按施工规范有两种情况：Ⅰ级钢筋弯曲直径$D=2.5d$，Ⅱ级钢筋弯曲直径$D=4d$，如图1.8.2（a）所示。其每个弯曲的减少长度为：

$$1/4\pi(D+d) - 2(0.5D+d) = -(0.215D + 1.215d)$$

当弯曲直径$D=2.5d$时，其值为$-1.75d$；

当弯曲直径$D=4d$时，其值为$-2.07d$。

为计算方便，两者都取其近似值$-2d$。

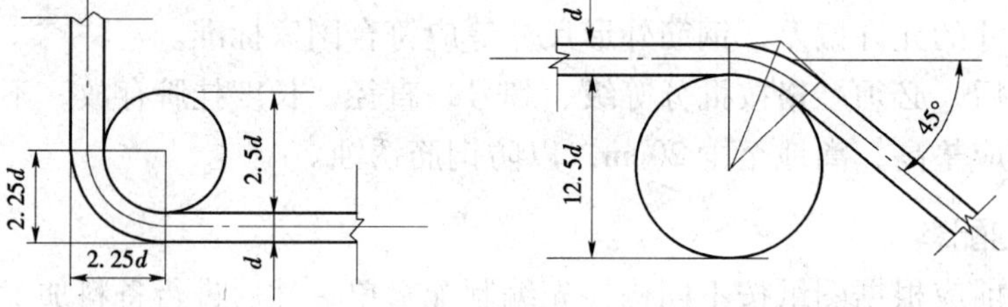

图1.8.2 钢筋弯曲

（a）弯曲90°；（b）弯曲45°

同理可得45°、60°、135°弯曲的减少长度分别为$-0.5d$、$-0.85d$、$-2.5d$。将上述结果整理成表1.8.1。

表1.8.1 钢筋弯曲调整长度

弯曲类型	弯钩			弯曲				
	180°	135°	90°	30°	45°	60°	90°	135°
调整长度	$6.25d$	$5d$	$3.2d$	$-0.35d$	$-0.5d$	$-0.85d$	$-2d$	$-2.5d$

3. 箍筋调整值

为了箍筋计算方便，一般将箍筋的弯钩增加长度、弯曲减少长度两项合并成箍筋调整值，如表1.8.2所示。计算时将箍筋外包尺寸或内皮尺寸加上箍筋调整值即为箍筋下料长度。

表 1.8.2　　　　　　　　**箍筋调整值**　　　　　　　　单位：mm

箍筋量度方法	箍筋直径			
	4～5	6	8	10～12
量外包尺寸	40	50	60	70
量内皮尺寸	80	100	120	150～170

4. 钢筋配料

合理地配料能使钢筋得到最大限度的利用，并使钢筋的安装和绑扎工作简单化。根据钢筋下料长度计算结果汇总编制钢筋配料单。钢筋配料单中必须反映出工程部位、构件名称、钢筋编号、钢筋简图和尺寸、钢筋直径、钢号、数量、下料长度、钢筋重量等。

8.1.3　钢筋代换

钢筋加工时，由于工地现有钢筋的种类、钢号和直径与设计不符，应在不影响使用条件的前提下进行代换。但代换必须经设计或监理机构书面批复。

钢筋代换要注意以下事项：

（1）以一种钢号钢筋代替施工图中规定钢号的钢筋时，应按设计所用钢筋计算强度和实际使用的钢筋计算强度经计算后，对截面面积作相应的改变。

（2）某种直径的钢筋以钢号相同的另一种钢筋代替时，其直径变更范围不宜超过4mm，变更后的钢筋总截面面积与设计的截面面积之比不得小于98%或大于103%。

（3）如用冷处理钢筋代替设计中的热轧钢筋时，宜采用改变钢筋直径的方法而不宜采用改变钢筋根数的方法来减少钢筋截面面积。

（4）以较粗钢筋代替较细钢筋时，部分构件（如预制构件、受挠构件等）应校核钢筋握裹力。

（5）要遵守钢筋代换的基本原则：①当构件受强度控制时，钢筋可按等强度代换；②当构件按最小配筋率配筋时，钢筋可按等截面代换；③当构件受裂缝宽度或挠度控制时，代换后应进行裂缝宽度或挠度验算。

（6）限裂钢筋禁止用粗钢筋代替细钢筋。

（7）在钢筋代换中不允许改变构件的有效高度，否则就会降低构件的承载能力。

（8）对于在施工图中明确不能以其他钢筋进行代换的构件和结构的某些部位，均不得擅自进行代换。

（9）钢筋代换后，应满足钢筋构造要求，如钢筋的根数、间距、直径、锚固长度等。

8.2　钢筋内场加工

8.2.1　钢筋调直与除锈

钢筋在使用前必须经过调直，钢筋调直应符合下列要求：

（1）钢筋的表面应洁净，使用前应无表面油渍、漆皮、锈皮等。

（2）钢筋应平直，无局部弯曲，钢筋中心线同直线的偏差不超过其全长的1%。成盘的钢筋或弯曲的钢筋均应调直后才允许使用。

（3）钢筋调直后其表面伤痕不得使钢筋截面积减少5%以上。

钢筋可用钢筋调直机、弯筋机、卷扬机等调直。钢筋调直机用于圆钢筋的调直和切断，并可清除其表面的氧化皮和污迹。目前常用的钢筋调直机有GT16/4、GT3/8、GT6/12和GT10/16。钢筋调直切断机主要由放盘架、调直筒、传动箱、牵引机构、切断机构、承料架、机架和电控箱等组成，其基本工作原理如图1.8.3所示。

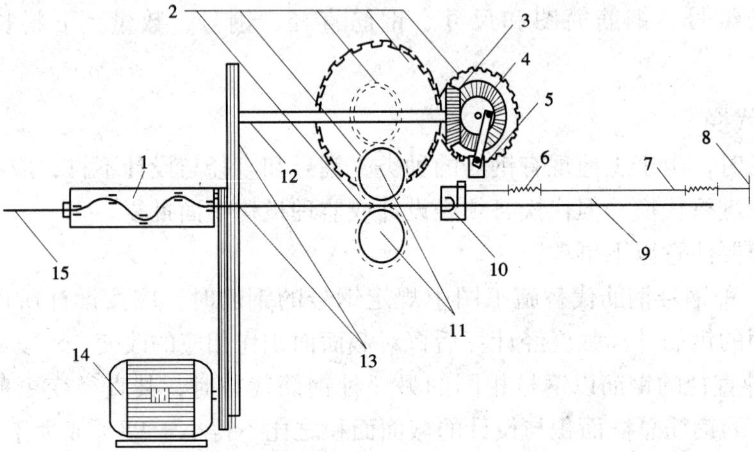

图1.8.3　钢筋调直切断机工作原理图

1—调直筒；2—传送减速齿轮；3—转向锥形齿轮；4—曲柄轮；5—锤头；
6—压缩弹簧；7—定尺拉杆；8—定尺板；9—调直钢筋；
10—滑动刀台；11—传送压辊；12—轴；13—皮带轮；
14—电动机；15—未调直钢筋

钢筋表面的一般浮锈可不必清除，磷锈可用除锈机或钢丝刷清除。

8.2.2　钢筋切断

钢筋切断有手工切断、机械切断、氧气切割等三种方法。直径大于40mm的钢筋一般用氧气切割。

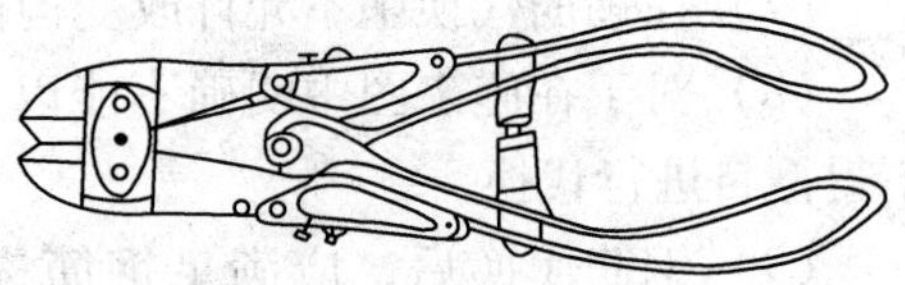

图1.8.4　断线钳

手工切断的工具有断线钳（图1.8.4）、手动液压钢筋切断机（图1.8.5）和手压切断器。断线钳用于切断5mm以下的钢丝；手动液压钢筋切断机能切断直径16mm以下的钢筋和直径25mm以下的钢绞线；手压切断器用于切断直径16mm以下的Ⅰ级钢筋。

钢筋切断机是用来把钢筋原材料或已调直的钢筋切断，其主要类型有机械式、液压式和手持式钢筋切断机。机械式钢筋切断机构造如图1.8.6所示。

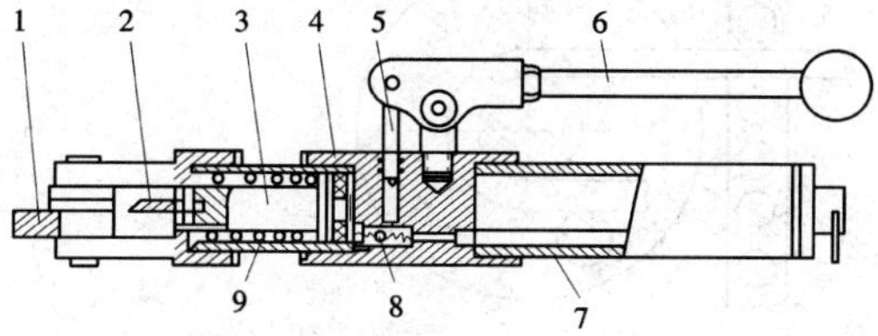

图 1.8.5　GJ5Y—16 型手动液压钢筋切断机
1—滑轨；2—刀片；3—活塞；4—缸体；
5—柱塞；6—压杆；7—储油筒；
8—吸油阀；9—回位弹簧

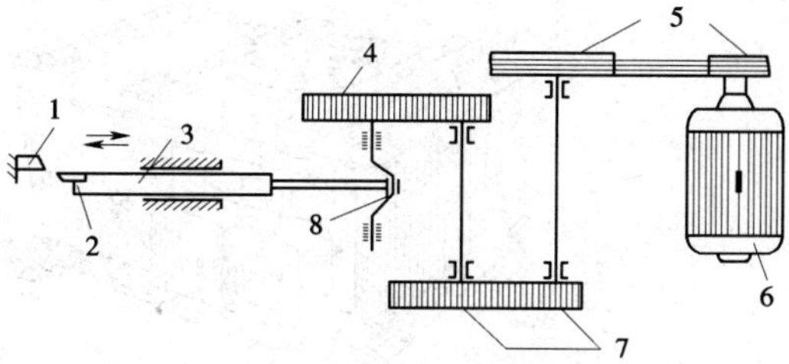

图 1.8.6　机械式钢筋切断机构造示意图
1—固定刀片；2—冲切刀片；3—连杆；4—变速
齿轮组；5—皮带轮；6—电动机；
7—变速齿轮组；8—偏心轴

8.2.3　钢筋弯曲成形

钢筋弯曲成形有手工弯曲和机械弯曲两种方法。

1. 手工弯曲成形

手工弯曲是在工作台上固定挡板、板柱，采用扳手或扳子实施人工弯曲。主要工具见图 1.8.7。

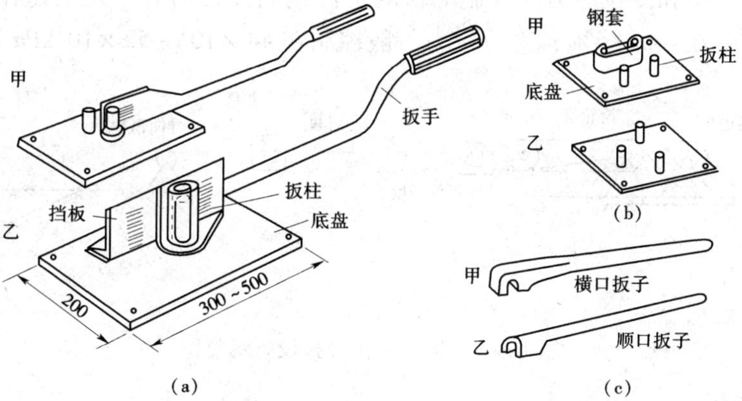

图 1.8.7　手工弯制钢筋的工具（单位：mm）
(a) 手摇板；(b) 卡盘；(c) 扳子

2. 机械弯曲

机械弯曲由钢筋弯曲机完成。钢筋弯曲机由电动机、工作盘、插入座、涡轮、蜗杆、皮带轮、齿轮和滚轴等组成。也可在底部装设行走轮，便于移动。其构造如图 1.8.8 所示。

8.2.4　钢筋的冷加工

钢筋的冷加工方法有冷拉、冷拔等。

1. 钢筋冷拉

钢筋冷拉是在常温下，以超过钢筋屈服强度的拉应力拉伸钢筋，使其发生塑性变形，改变内部晶体排列。经过冷拉后的钢筋，长度一般增加 4% ～6%，截面稍许减小，屈服

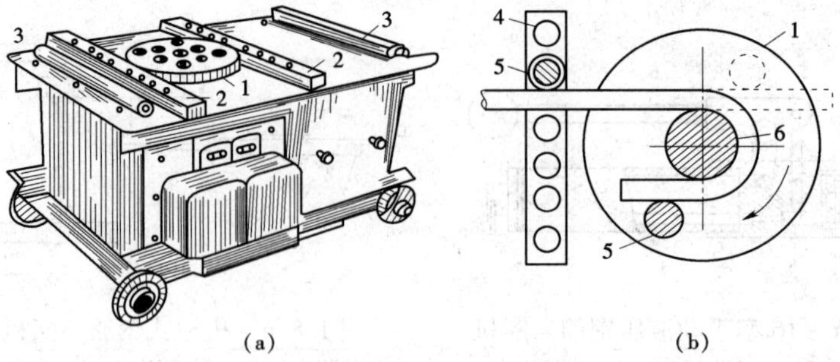

图 1.8.8　GJ7—40 型钢筋弯曲机

1—弯曲工作盘；2—板条；3—滚筒轴；4—插孔；
5—档铁轴；6—中心轴

强度一般提高 20% ~25%，从而达到节约钢材的目的。但冷拉后的钢筋，塑性降低，材质变脆。根据规范规定，在水工结构的非预应力钢筋混凝土中，不应采用冷拉钢筋。

钢筋冷拉的机具主要是千斤顶、拉伸机、卷扬机和夹具等，如图 1.8.9 所示。冷拉的方法有两种：一种是单控制冷拉法，仅控制钢筋的拉长率；另一种是双控制冷拉法，要同时控制拉长率和冷拉应力。控制的目的是使钢筋冷拉后有一定的塑性和强度储备。拉长率一般控制在 4% ~6%，冷拉应力一般控制在 $44\times10^4 \sim 52\times10^4$kPa 范围内。

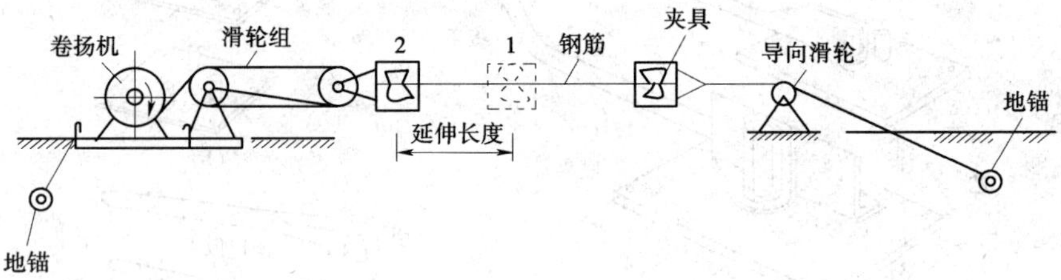

图 1.8.9　钢筋单控冷拉设备示意图

2. 钢筋冷拔

冷拔是将直径 6 ~8mm 的Ⅰ级钢筋通过特制的钨合金拔丝模孔（图 1.8.10）强力拉拔成为较小直径钢丝的过程。拔成的钢丝称为冷拔低碳钢丝。与冷拉受纯拉伸应力相比，冷拔是同时受纵向拉伸与横向压缩的立体应力，内部晶体既有纵向滑移又同时受横向压密作用，所以抗拉强度提高更多，达 40% ~90%，可节约更多钢材。冷拔后，硬度提高而塑性降低，应力应变过程已没有明显的屈服阶段。

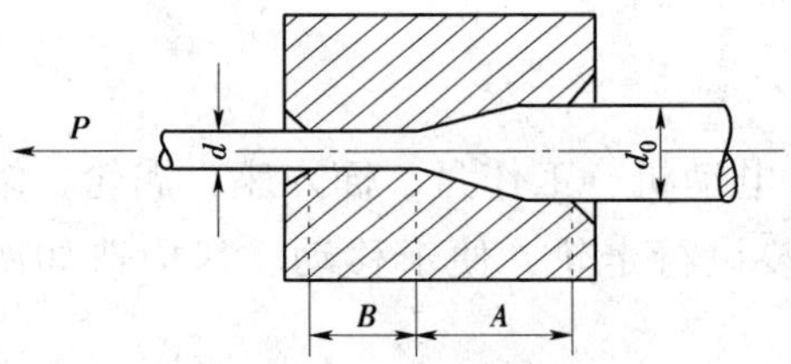

图 1.8.10　拔丝模示意图

A—工作区段；B—定径区段

冷拔低碳钢丝分为甲、乙两级。甲级的主要用作预应力筋，乙级的用于焊接网、焊接骨架、箍筋和构造钢筋。

钢筋冷拔的工艺过程是：轧头——剥皮——润滑——拔丝。钢筋表面多有一层硬渣壳，易损坏拔丝模，并使钢丝表面产生沟纹，易被拔断。因此，冷拔前应进行剥皮。方法是使钢筋通过3～6个上下错开排列的阻力轮，反复弯曲钢筋剥除渣壳。润滑剂常按下列配比制成：甲级石灰：动物油：白蜡：水＝1：0.3：0.1：2。拔丝机有立式和卧式两种，目前多使用卧式。

影响冷拔低碳钢丝质量的主要因素是原材料的质量和冷拔总压缩率。甲级冷拔低碳钢丝应用符合Ⅰ级热轧钢筋的光圆盘条拔制。总压缩率$\beta=(d_0^2-d^2)/d_0^2\times100\%$，$d_0$为原料钢筋直径（mm），$d$为成品钢丝直径（mm）。$\beta$越大，则抗拉强度提高越多，但塑性降低也越多。$\beta$不宜过大，应有所控制，一般控制在60%～80%，故直径5mm的钢丝由$\phi8$的钢筋拔制；直径3.5～4mm的钢丝由$\phi6.5$的钢筋拔制。

冷拔低碳钢丝是经过多次拉拔而成的。虽然冷拔次数对冷拔钢丝的强度影响不大，但次数过少，每次的压缩率过大，要求拔丝机的功率大，拔丝模易损耗，且易断丝；次数过多，钢丝塑性降低过多，脆性大，易断，生产率也会降低。一般每次拉拔的前后直径比以1.15左右为宜。

8.3 钢筋的连接

钢筋的连接方法有焊接、机械连接和绑扎接头三类。常用的钢筋焊接机械有闪光对焊机、电阻点焊机、电弧焊接机和电渣压力焊机等。钢筋机械连接方法主要有钢筋套筒挤压连接、锥螺纹套筒连接等。

8.3.1 钢筋焊接

1. 闪光对焊

闪光对焊是利用电流通过对接的钢筋时，产生的电阻热作为热源使金属熔化，产生强烈飞溅，并施加一定压力而使之焊合在一起的焊接方式。闪光对焊不仅能提高工效，节约钢材，还能充分保证焊接质量。

如图1.8.11所示，将钢筋夹入对焊机的两电极中，闭合电源，然后使钢筋两端面轻微接触，烧化钢筋端部，当温度升高到要求温度后，快速顶锻，然后断电，即形成焊接接头。

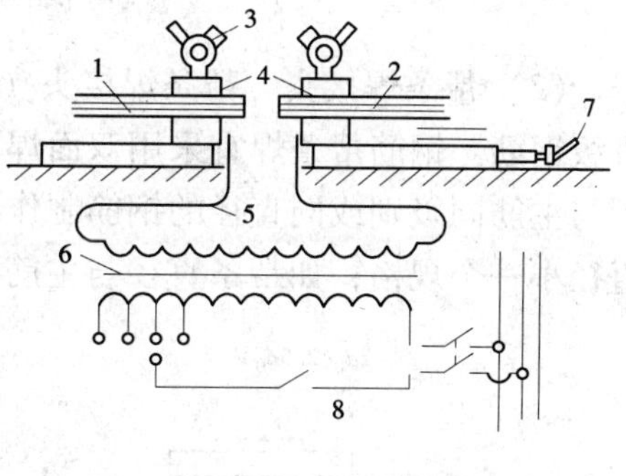

图1.8.11　对焊机工作原理

1、2—钢筋；3—夹紧装置；4—夹具；5—线路；6—变压器；7—加压杆；8—开关

闪光对焊一般用于水平钢筋非施工现场连接；适用于直径10～40mm的Ⅰ、Ⅱ、Ⅲ级热轧钢筋、10～25mm的Ⅳ级钢筋，以及直径10～25mm的余热处理Ⅲ级钢筋的焊接。

根据所用对焊机功率大小及钢筋品种、直径，闪光对焊又分连续闪光焊、预热闪光焊、闪光—预热闪光焊等不同工艺。钢筋直径较小时，可采用连续闪光焊；钢筋直径较大、端面较平整时，宜采用预热闪光焊；直径较大且端面不够平整时，宜采用闪光—预热闪光焊。Ⅳ级钢筋必须采用预热闪光焊或闪光—预热闪光焊，对Ⅳ级钢筋中焊接性差的钢筋还应采取焊后通电热处理的方法改善接头焊接质量。

采用不同直径的钢筋进行闪光对焊时，直径相差以一级为宜，且不得大于4mm。采用闪光对焊时，钢筋端头如有弯曲，应予矫直或切除。

2. 电弧焊

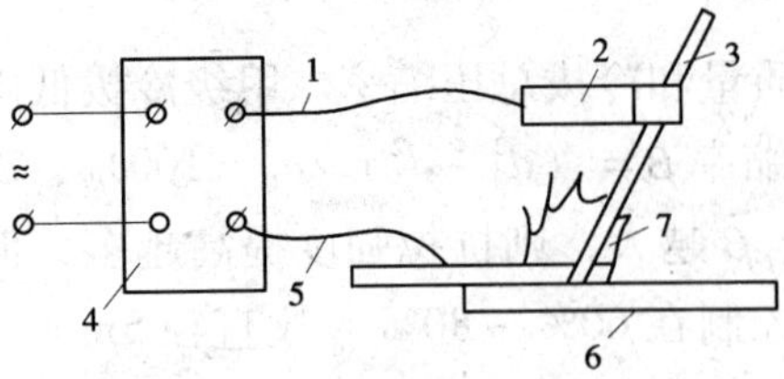

图1.8.12　电弧焊的工作原理图
1—电缆；2—焊钳；3—焊条；4—焊机；
5—地线；6—钢筋；7—电弧

电弧焊是利用电弧焊机使焊条与焊件之间产生高温电弧，使焊条和电弧燃烧范围内的焊件金属熔化，熔化的金属凝固后，便形成焊缝或焊接接头。电弧焊的工作原理如图1.8.12所示。电弧焊应用范围广，如钢筋的接长、钢筋骨架的焊接、钢筋与钢板的焊接、装配式结构接头的焊接及其他各种钢结构的焊接等。

钢筋电弧焊可分为搭接焊、帮条焊、坡口焊三种接头形式。

（1）搭接焊接头。搭接焊接头（图1.8.13），适用于焊接直径为10~40mm的Ⅰ~Ⅲ级钢筋。钢筋搭接焊宜采用双面焊；不能进行双面焊时，可采用单面焊。焊接前，钢筋宜预弯，以保证两钢筋的轴线在一直线上，使接头受力性能良好。

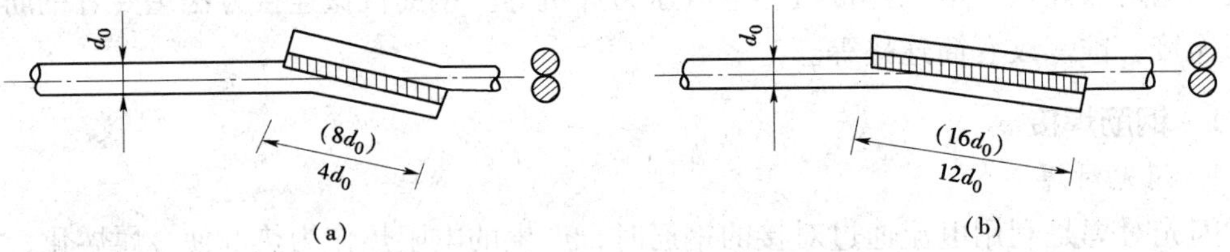

图1.8.13　搭接焊接头（单位：mm）
（a）双面焊缝；（b）单面焊缝
（图中括号内数值用于Ⅱ、Ⅲ级钢筋）

（2）帮条焊接头。帮条焊接头（图1.8.14），适用于焊接直径为10~40mm的Ⅰ~Ⅲ级钢筋。钢筋帮条焊宜采用双面焊；不能进行双面焊时，也可采用单面焊。帮条宜采用与主筋同级别或同直径的钢筋制作。如帮条级别与主筋相同时，帮条直径可以比主筋直径小一个规格；如帮条直径与主筋相同时，帮条钢筋级别可比主筋低一个级别。

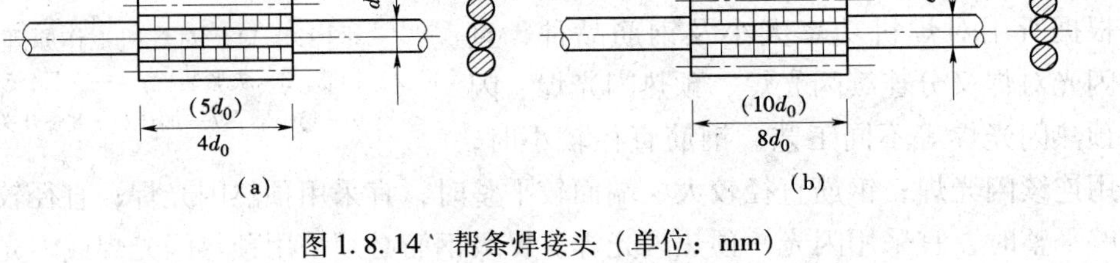

图1.8.14`　帮条焊接头（单位：mm）
（a）双面焊缝；（b）单向焊缝
（图中括号内数值用于Ⅱ级、Ⅲ级钢筋）

钢筋搭接焊接头或帮条焊接头的焊缝厚度应不小于0.3倍主筋直径，焊缝宽度不应小于0.7倍主筋直径。

（3）坡口焊接头。坡口焊接头比上述两种接头节约钢材，适用于现场焊接装配现浇式构件接头中直径为18～40mm的Ⅰ～Ⅲ级钢筋。

坡口焊按焊接位置不同可分为平焊和立焊，如图1.8.15所示。

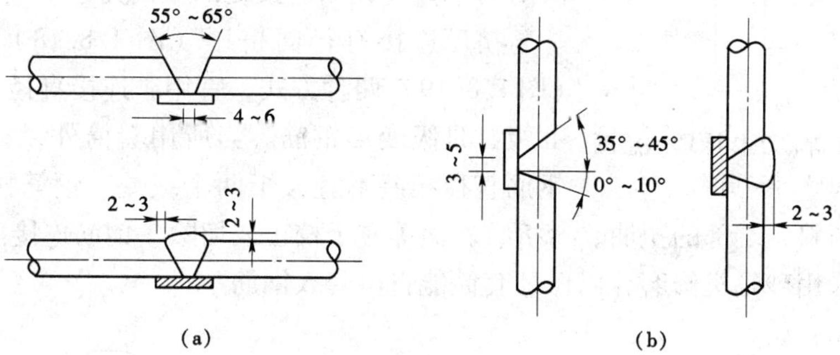

图1.8.15　坡口焊接头（单位：mm）
（a）平焊；（b）立焊

3. 电渣压力焊

电渣压力焊是将两根钢筋安放成竖向对接形式，利用焊接电流通过两钢筋端面间隙，在焊剂层下形成电弧过程和电渣过程，产生电弧热和电阻热，熔化钢筋，加压完成的一种焊接方法。钢筋电渣压力焊机操作方便，效率高，适用于竖向或斜向受力钢筋的现场连接。电渣压力焊机分为自动电渣压力焊机和手工电渣压力焊机两种。主要由焊接电源（BX2－1000型焊接变压器）、焊接夹具、操作控制系统、辅件（焊剂盒、回收工具）等组成。其焊接原理如图1.8.16所示。

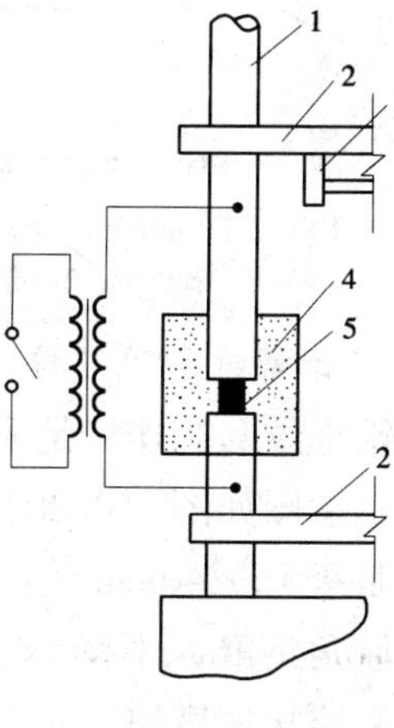

图1.8.16　电渣压力焊焊接原理示意图
1—钢筋；2—夹钳；3—凸轮；4—焊剂；5—铁丝团环球或导电焊剂

4. 电阻点焊

电阻点焊是利用电流通过焊件时产生的电阻热作为热源，并施加一定的压力，使交叉连接的钢筋接触处形成一个牢固的焊点，将钢筋焊合起来。

点焊机主要由点焊变压器、时间调节器、电极和加压机构等部分组成，点焊机工作原理如图1.8.17所示。电阻点焊适用于钢筋骨架和钢筋网中交叉钢筋的焊接，所适用的钢筋直径和级别为：直径6～14mm的热轧Ⅰ级、Ⅱ级钢筋；直径3～5mm的冷拔低碳钢丝和直径4～12mm的冷轧带肋钢筋。

8.3.2　钢筋机械连接

钢筋机械连接的种类很多，如钢筋套筒挤压连接、锥螺纹套筒连接、精轧大螺旋钢筋套筒连接、热熔剂充填套筒连接、平面承压对接等。

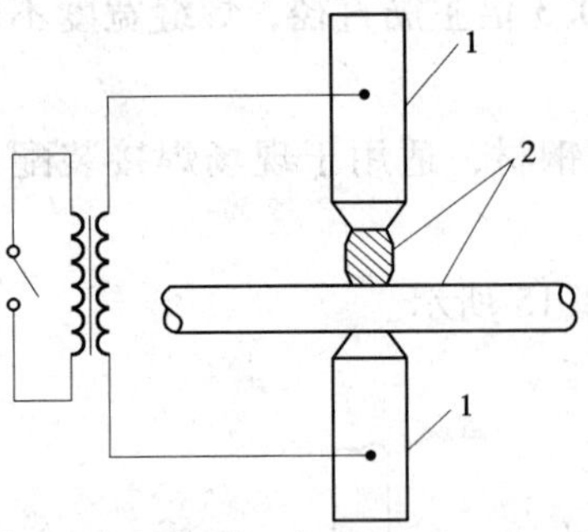

图 1.8.17　点焊机工作原理示意图
1—电极；2—钢丝

1. 钢筋套筒挤压连接

钢筋套筒挤压连接工艺的基本原理是将两根待接钢筋插入钢连接套筒，采用专用液压压接钳侧向（或侧向和轴向）挤压连接套筒，使套筒产生塑性变形，从而使套筒的内周壁变形而嵌入钢筋螺纹，由此产生抗剪力来传递钢筋连接处的轴向力。

挤压连接有径向挤压（图 1.8.18）和轴向挤压（图 1.8.19）两种方式，宜用于连接直径 20～40mm 的Ⅱ级、Ⅲ级变形钢筋。当所用套筒外径相同时，连接钢筋直径相差不宜大于两个级差。钢筋接头处宜采用砂轮切割机断料，端部的扭曲、弯折、斜面等应予校正或切除，钢筋连接部位的飞边或纵肋过高应采用砂轮机修磨，以保证套筒能自由套入钢筋。

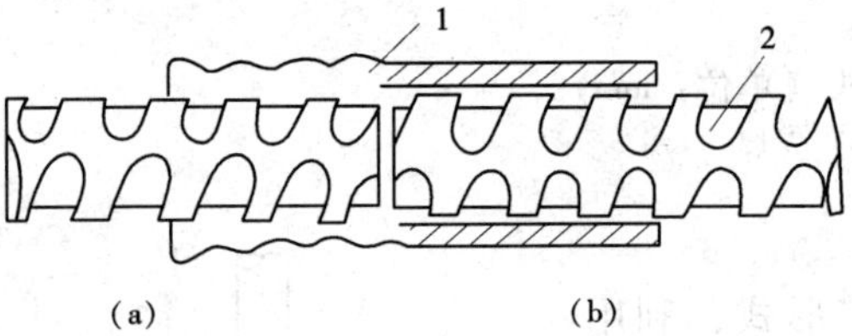

图 1.8.18　钢筋径向挤压连接
（a）已挤压部分；（b）未挤压部分
1—钢套筒；2—带肋钢筋

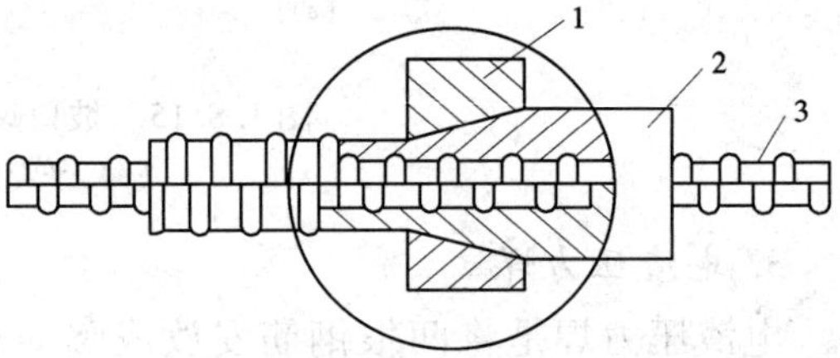

图 1.8.19　钢筋轴向挤压连接
1—压模；2—钢套筒；3—钢筋

2. 锥螺纹套筒连接

锥螺纹套筒连接是采用锥螺纹连接钢筋的一种机械式钢筋接头（钢筋锥螺纹套管连接示意图如图 1.8.20）。它能在施工现场连接Ⅱ级、Ⅲ级 16～40mm 的同径或异径的竖向、水平或任何倾角钢筋，不受钢筋有无花纹及含碳量的限制。它连接速度快，对中性好，工艺简单，安全可靠，无明火作业，不污染环境，节约钢材和能源，可全天候施工。所连钢筋直径之差不宜超过 9mm。

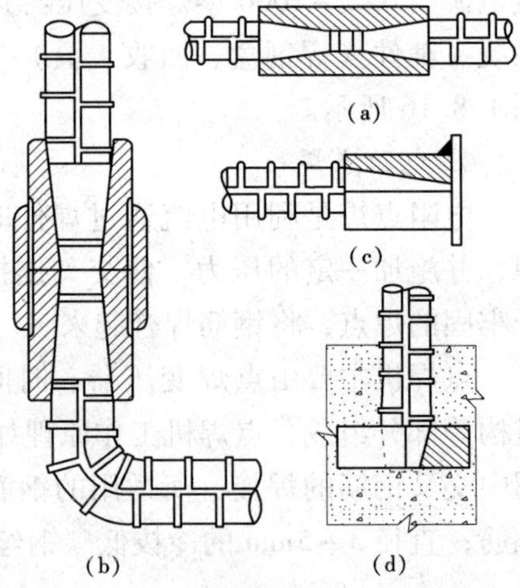

图 1.8.20　钢筋锥螺纹套管连接示意图

8.3.3　绑扎接头

根据施工规范规定：直径在 25mm 以下的钢筋接头，可采用绑扎接头。轴心受压、小偏心受拉构件和承受振动荷载的构件中，钢筋接头不得采用绑扎接头。搭接长度不得小于规范规定的数值；受拉区域内的光面钢筋绑扎接头的末端，应做弯钩；梁、柱钢筋的接头，如采用绑扎接头，则在绑扎接头的搭接长度范围内应加密箍筋。当搭接钢筋为受拉钢筋时，箍筋间距不应大于 $5d$（d

为两搭接钢筋中较小的直径）；当搭接钢筋为受压钢筋时，箍筋间距不应大于 10d。绑扎所用扎丝一般采用 18～22 号铁丝或镀锌铁丝，绑扎的方法有一面顺扣法、十字花扣法、反十字扣法、兜扣法、缠扣法、兜扣加缠法、套扣法等，较常用的是一面顺扣法，见图 1.8.21。

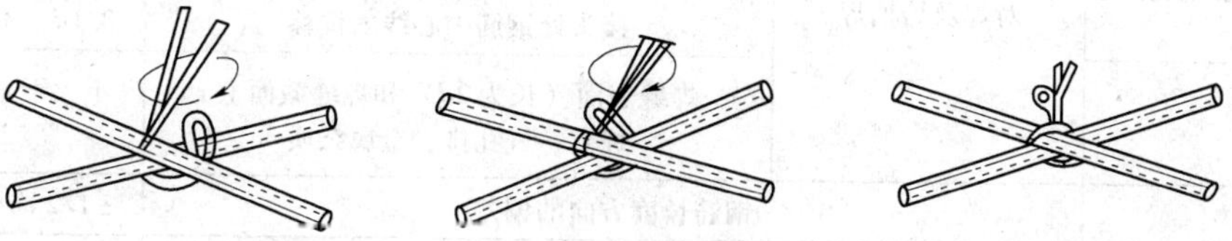

（a）　　（b）　　（c）

图 1.8.21　钢筋绑扎一面顺扣法

钢筋绑扎接头应分散布置，配置在同一截面内的受力钢筋，其接头的截面积占受力钢筋总截面积的比例应符合下列要求：

（1）绑扎接头在构件的受拉区中不超过 25%，在受压区中不超过 50%。

（2）焊接与绑扎接头距钢筋弯起点不小于 10d，也不位于最大弯矩处。

（3）在施工中如分辨不清受拉、受压区时，其接头设置应按受拉区的规定。

（4）两根钢筋相距在 30d 或 50cm 以内，两绑扎接头的中距在绑扎搭接长度以内，均作同一截面。

（5）直径不大于 12mm 的受压Ⅰ级钢筋的末端，以及轴心受压构件中任意直径的受力钢筋的末端，可不做弯钩，但搭接长度不应小于 30d。

8.4　钢筋安装及其质量控制

钢筋的安装方法有两种：一种是将钢筋骨架在加工厂制好，再运到现场安装，称为整装法；另一种是将加工好的散钢筋运到现场，再逐根安装，称为散装法。

按现行施工规范，水工钢筋混凝土工程中的钢筋安装，其质量应符合以下规定：

（1）钢筋的安装位置、间距、保护层厚度和各部分钢筋的大小尺寸，均应符合设计要求，其偏差不得超过表 1.8.3 的规定。

表 1.8.3　　钢筋安装的允许偏差

项次	项目			允许偏差
1	点焊及电弧焊	帮条对焊接头中心的纵向偏移		0.5d
2		接头处钢筋轴线的曲折		4°
3		焊缝	长度	−0.5d
			高度	−0.5d
			宽度	−0.1d
			咬边深度	0.05d，但不大于 1mm
			表面气孔夹渣 （1）在 2d 长度上 （2）气孔、夹渣直径	 不多于 2 个 不大于 3mm

续表

项次	项目		允许偏差
4	对焊及熔槽焊	焊接接头根部未焊透深度 （1）25～40mm 钢筋 （2）40～70mm 钢筋	 0.15d 0.10d
5		接头处钢筋中心线的位移	0.1d，不大于2mm
6		焊缝表面（长为2d）和焊缝截面上蜂窝、气孔排、金属杂质	不大于直径1.5mm 3个
7	钢筋长度方向的偏差		±1/2 净保护层厚度
8	同一排受力钢筋间距的局部偏差 （1）柱及梁中 （2）板、墙中		 ±0.5d ±0.1mm 间距
9	同一排分布钢筋间距的偏差		±0.1mm 间距
10	双排钢筋，其排与排间距的局部偏差		±0.1mm 排距
11	梁与柱中钢箍间距的偏差		0.1mm 箍筋间距
12	保护层厚度的局部偏差		±1/4 净保护层厚度

检查时先进行宏观检查，未发现有明显不合格处，即可进行抽样检查，对梁、板、柱等小型构件，总检测点数不少于30个，其余总检测点数一般不少于50个。

（2）现场焊接或绑扎的钢筋网，其钢筋交叉的连接应按设计规定进行。如设计未作规定，且直径在25mm以下时，则除楼板和墙内靠近外围两行钢筋之交点应逐根扎牢外，其余按50%的交叉点进行绑扎。

（3）钢筋安装中交叉点的绑扎，对于Ⅰ级、Ⅱ级钢筋，直径在16mm以上且不损伤钢筋截面时，可用手工电弧焊进行点焊来代替，但必须采用细焊条、小电流进行焊接，并严加外观检查，钢筋不应有明显的咬边和裂纹出现。

（4）板内双向受力钢筋网，应将钢筋全部交叉点全部扎牢。柱与梁的钢筋中，主筋与箍筋的交叉点在拐角处应全部扎牢，其中间部分可每隔一个交叉点扎一点。

（5）安装后的钢筋应有足够的刚性和稳定性。整装的钢筋网和钢筋骨架，在运输和安装过程中应采取措施，以免变形、开焊及松脱。安装后的钢筋应避免错动和变形。

（6）在混凝土浇筑施工中，严禁为方便浇筑擅自移动或割除钢筋。

本章习题

1.8.1 钢筋进场检验内容有哪些？

1.8.2 什么叫钢筋冷拉？什么叫钢筋冷拔？两者之间有什么区别？冷拉的方法有哪些？

1.8.3 什么是钢筋配料？什么是钢筋弯曲量度差？

1.8.4 钢筋焊接工艺有哪些？适用条件分别是什么？

1.8.5 钢筋机械连接形式有哪些？

1.8.6 代换钢筋时应注意什么问题？

1.8.7 钢筋安装有哪些质量要求？

1.8.8 某工程钢筋混凝土梁结构图如下图所示。根据图纸，编制钢筋配料单。

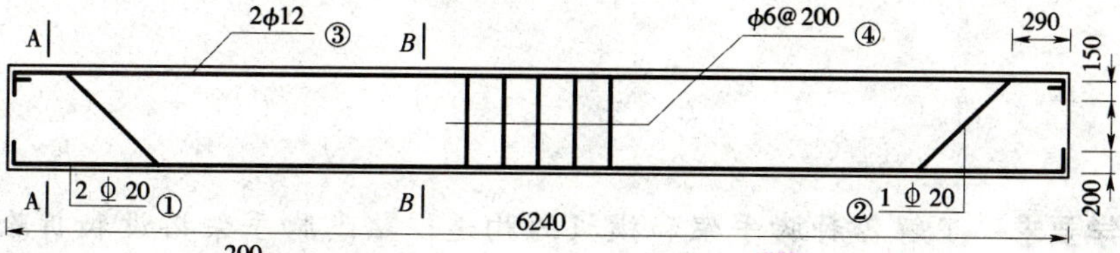

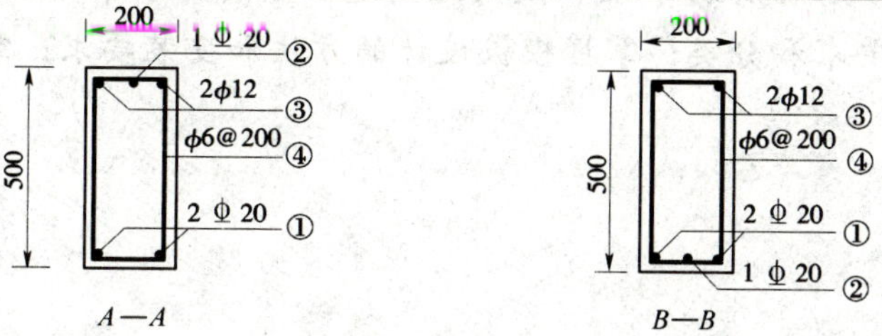

构件名称	钢筋编号	钢筋简图	规格	下料长度	单位根数	总根数	重量
承重梁（共6根）							

第 9 章　脚手架与模板工程

教学要求：了解各种脚手架和模板的构造；熟悉脚手架搭设和拆除要求；熟悉模板的基本要求和分类；掌握模板设计的方法和安装要求；掌握模板拆除要求。

9.1　脚手架工程

脚手架是工程施工过程中的临时设施。工人在脚手架上进行施工操作，堆放建筑材料，有时还要在上面进行短距离水平运输。

脚手架必须满足以下几点要求：

（1）要有足够的坚固性和稳定性，施工期间在允许荷载和气候条件下，不产生变形、倾斜或摇晃现象，确保施工人员人身安全。

（2）要有足够的工作面，能满足工人操作、材料堆放及车辆行驶的需要。

（3）因地制宜，就地取材，尽量节约架子用料。

（4）构造简单，装拆方便，并能多次周转使用。

脚手架按其搭设位置不同，可分为外架子和里架子两大类。凡搭设在建筑物外围的架子，统称为外架子；凡搭设在建筑物内部的架子，统称为里架子。

脚手架按其所用材料不同，又可分为钢脚手架、木脚手架、竹脚手架等。

选择脚手架的类型，要根据工程特点、材料配备及施工方法等因素来决定，力求达到安全、坚固、适用和经济。

9.1.1　扣件式钢管脚手架

1. 杆件和扣件

扣件式钢管脚手架是由许多钢管杆件用扣件连接而成的。搭设灵活、拆除方便，周转使用能适应建筑物平、立面变化的需要，还可以用作搭设斜道、上料平台、井架，也可用作模板的支撑构件，还可以搭设各种卸荷支架，用作屋架和构件的负重补强。

构成钢管脚手架的主要杆件有底座、立杆、大横杆、小横杆、剪刀撑、斜撑和抛撑。各种杆件应优先采用外径 48mm，壁厚 3.5mm 的焊接钢管，缺乏这种钢管时，也可以采用同样规格的无缝钢管。用作立杆和斜杆的钢管长度以 4 ~ 6.5m 为好。小横杆的长度以 2.1 ~ 2.3m 为宜。底座由套管和底板焊成，套管一般用外径 57mm、壁厚 3.5mm 的钢管（或用外径 60mm，壁厚 3 ~ 4mm 的钢管）做成，长为 150mm。底板一般用边长（或直径）150mm、厚 8mm 的钢板（图 1.9.1）做成。

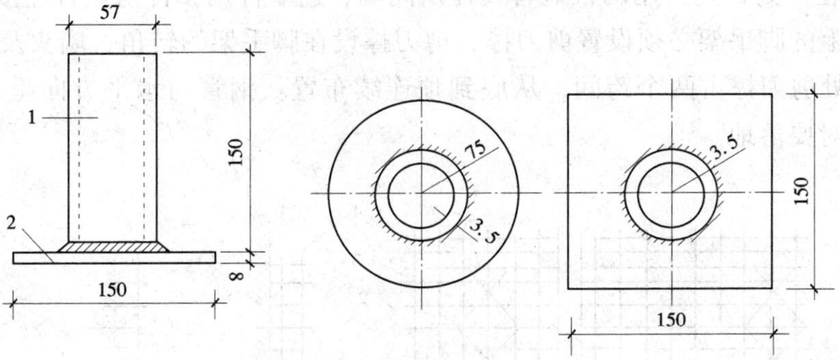

图 1.9.1　底座（单位：mm）
1—套管；2—底板

扣件基本上有以下三种形式（图 1.9.2）：

（1）直角扣件，又称十字扣。用于连接扣紧两根垂直相交的杆件，如立杆与大横杆、大横杆与小横杆的连接。

（2）对接扣件，又称一字扣件。用于两根杆件的对接接长，如立杆、大横杆、斜杆的接长。

（3）回转扣件。用于连接扣紧两根呈任意角度相交的杆件，如立杆与剪刀撑和斜撑的连接。

扣件是用可锻铸铁制成，扣件螺栓用 3 号钢制成，最好作镀锌处理，以防锈蚀。

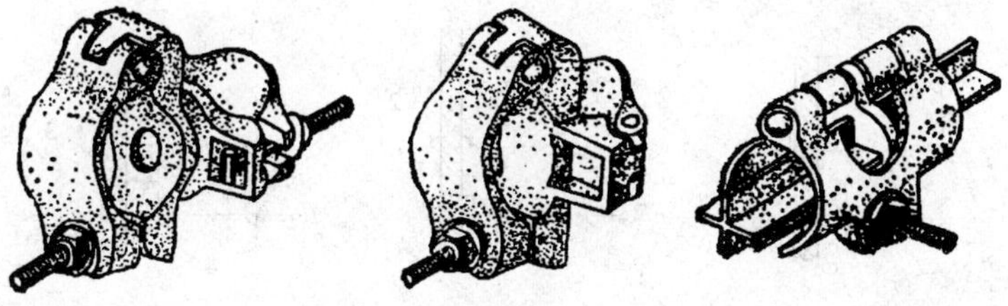

图 1.9.2　扣件的形式
（a）回转形；（b）十字形；（c）一字形

2. 构造与搭设

扣件式钢管脚手架同样有单排和双排两种（图 1.9.3），立杆纵向间距和横向间距均为 1.5m。双排架子的里排立杆距墙面为 0.4 ~ 0.5m；大横杆步距为 1.2 ~ 1.4m；小横杆间距不大于 1.5m。单排架立杆距墙面为 1.2 ~ 1.4m；小横杆一端插入墙内至少 24cm。其他间距同双排架子。

三步以上的脚手架必须设连墙杆，连墙杆要隔三步架、五跨间设置一地脚杆与墙拉结的方法有下列几种（图 1.9.4）：

（1）将连墙杆一头穿过墙，并在墙的里、外侧加短管用主件扣住。

（2）将连墙杆一头顶墙，并用铁线绕过立杆与墙上的预埋吊环绑住。

（3）在窗洞处，则另用两根短管夹住窗间墙，连墙杆用扣件与短管连接。

七步以上的脚手架必须设置剪刀撑，剪刀撑设在脚手架的转角、墙头及沿纵向每隔30m处，每处剪刀撑占两个跨间，从底到顶连续布置。钢管与水平方向呈45°～60°夹角，最下一对要落地。

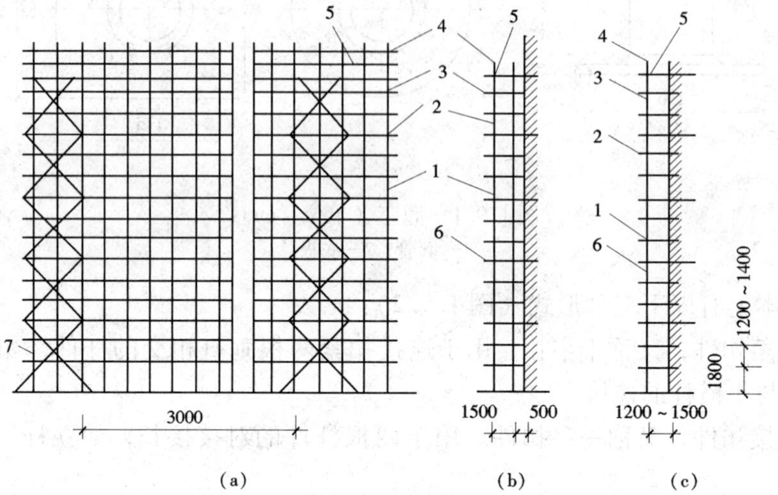

图1.9.3　扣件式钢管脚手架（单位：mm）

1—立杆；2—大横杆；3—小横杆；4—栏杆；

5—脚手板；6—连墙杆；7—剪刀撑

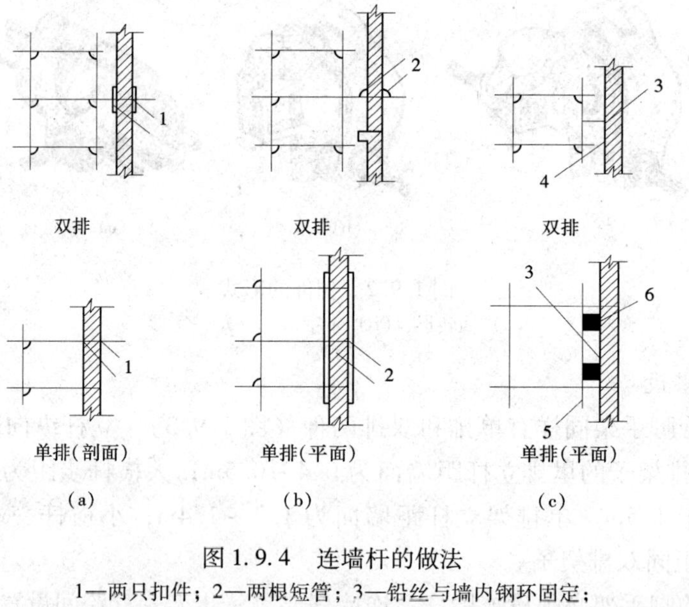

图1.9.4　连墙杆的做法

1—两只扣件；2—两根短管；3—铅丝与墙内钢环固定；

4—此横杆顶墙；5—加一根短管；6—木楔

脚手架的施工层上，沿外排立杆要设通长的栏杆。扣件式钢管脚手架在搭设时，要注意以下要求：

（1）立杆的垂直偏差不得大于架高的 1/200，相邻两根立杆的接头应错开 50cm，并力求不在同一步内，为此在装第一节立杆时应有意识地选长短不一的钢管。

（2）大横杆在安装时，同一步内纵向水平高低差不得超过 6cm。同一步里、外两根大横杆接头应互相错开，不宜在同一距间内。同一跨间上下相邻的两根大横杆接头要错开 50cm 以上，也不宜在同一跨间内。

（3）小横杆用扣件紧固于大横杆上，靠近立杆的小横杆，可紧固于立杆上。双排脚手架小横杆靠墙的一端应离开墙面 5～10cm。

（4）剪刀撑搭设时，应将一根钢管紧扣在立杆上，另一根钢管紧扣在小横杆（与立杆相扣的小横杆上）。剪刀撑两端的扣件距邻近连接点不宜大于 20cm。最下一对剪刀撑与立杆连接点距地面不宜大于 50cm。

（5）脚手架各杆件相交伸出的端头，均应大于 10cm，以防止杆件滑脱。

（6）随着砌墙高度按要求设置连墙杆与墙锚拉。

（7）扣件安装时，对接扣件开口朝向架子内侧，螺栓向上。直角扣件开口不得朝下。螺栓的拧紧程度必须适度，过紧过松都不好。还应经常检查扣件是否松动，如有松动要及时拧紧。

9.1.2 扣件式组合脚手架

为了节约钢管，可搭设扣件式组合脚手架。扣件式组合脚手架由支承架、桁架、水平拉杆等组成（图 1.9.5）。

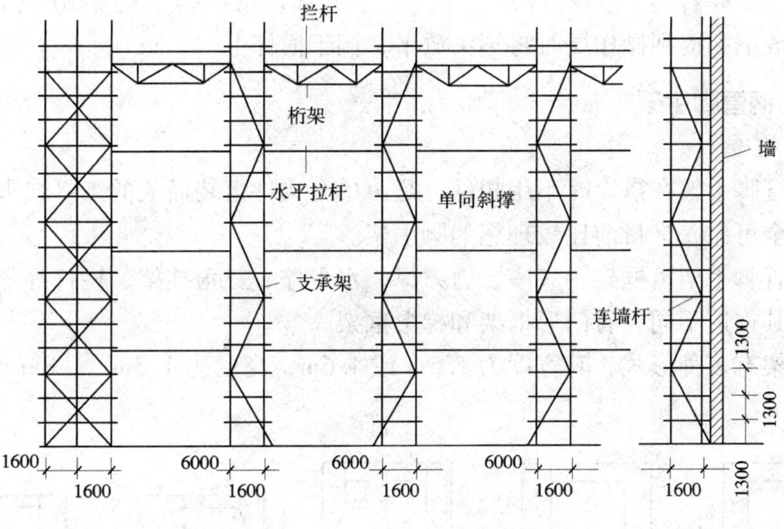

图 1.9.5　扣件式组合脚手架（单位：mm）

支承架由立杆、横杆、剪刀撑等组成，各杆件用扣件连接。支承架的平面尺寸 1.6m×1.6m，横杆步距 1.2～1.4m，剪刀撑从底到顶布置在支承架的四周。支承架每隔三步高要设连墙杆，与墙拉结。支承架之间净距为 6m，尽端的支承架直搭双跨的。每隔四步高要在支承架之间设水平拉杆，以保持脚手架的整体稳定。

桁架可用角钢及钢筋焊成，两头要做成活动端头，提升时端头转垂直，到操作层时，端头转水平，搁在支承架的横梁上（图1.9.6）。

组合脚手架搭设前，现场地面要平整，基土要夯实，接支承架立杆位置放线，依次放稳垫板和底座。四根立杆要求构成正方形，对角线长度要相等。立杆要立直，对垂直度允许偏差不得大于其高度的1/300。横杆要求水平，各支承架相对位置上的横杆要求在同一水平面上。这样，桁架支上后，不致发生歪斜现象。随着支承架的搭高，按要求及时设置连墙杆和剪刀撑。两支承架之间净距力求准确。误差不得超过7cm。两支承架之间也要及时安装水平拉结杆。

桁架的升降可采用倒链或手扳葫芦等起重机具，将其挂在支承架顶部，吊钩钩于桁架吊环上。提升时，将桁架端头放下，提到操作层时将端头放平，搁于横杆上。

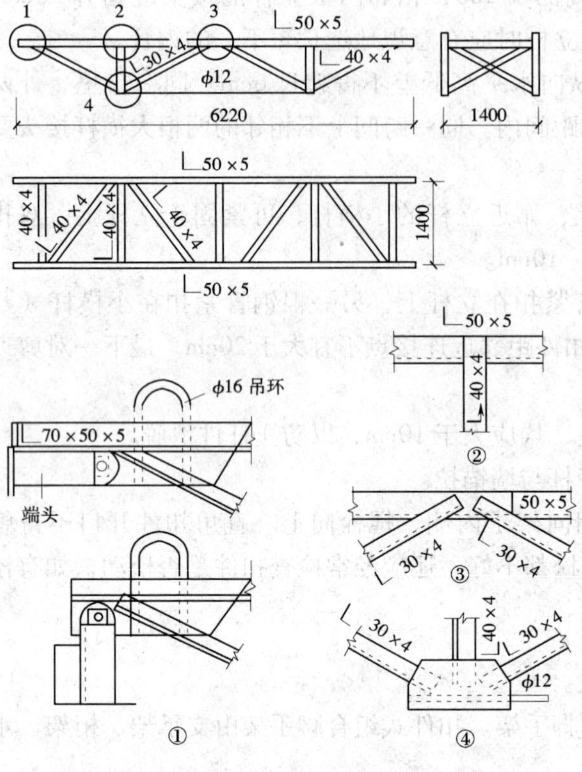

图1.9.6　桁架构造图（单位：mm）

1、2、3、4—桁架节点

9.1.3　框式钢管脚手架

1. 基本构造

框式钢管脚手架在搭设时不用扣件，是由单个构件组装而成的工具式脚手架，能周转使用，安全可靠，是目前比较理想的脚手架。

框式钢管脚手架由框架、底座、剪刀撑、水平撑、三角挂架、栏杆等部分组成。

框架依其构造不同，有门形框架和梯形框架。

门形框架有多种形式，其宽度为1.5m或1.6m，高度为1.3m、1.8m或2.0m（图1.9.7）。

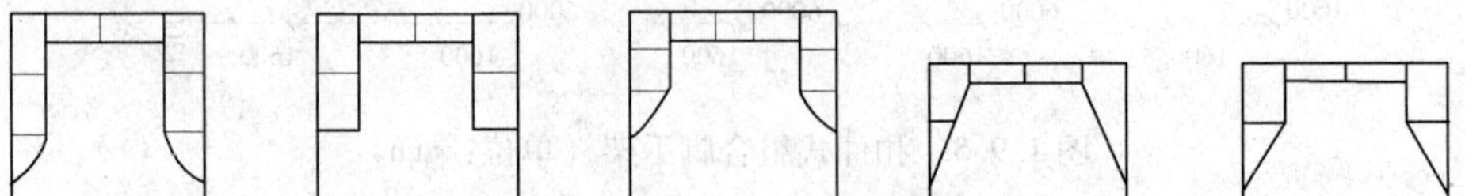

图1.9.7　门形框架形式

在制作时，门形框架一般用直径38～45mm、壁厚3mm的钢管焊成，分立管、横管斜管、挂架管等部分。两侧立管上留有栓孔，并带螺栓（图1.9.8）。

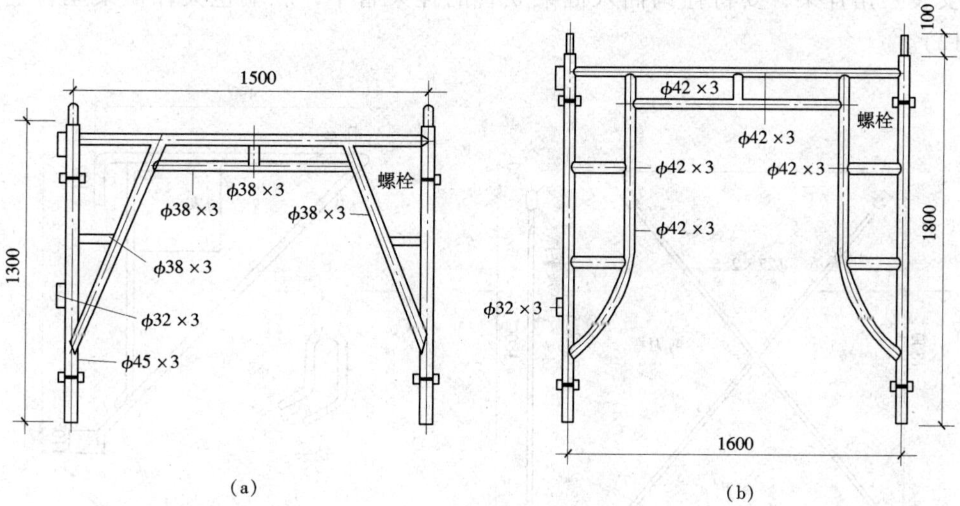

图 1.9.8　门形框架（单位：mm）

梯形框架一般用直径 27 ~ 45mm、壁厚 3mm 的钢管焊成，分立管、横管、斜管、挂架管等部分。框架两侧立管上留有栓孔，并带螺栓（图 1.9.9）。

底座由底板、套管两部分焊成。底板一般用边长 150 ~ 200mm、厚 8 ~ 10mm 的钢板。套管一般用直径 32mm、壁厚 2.5mm 的钢管，长为 100 ~ 150mm，顶端封严（图 1.9.10）。

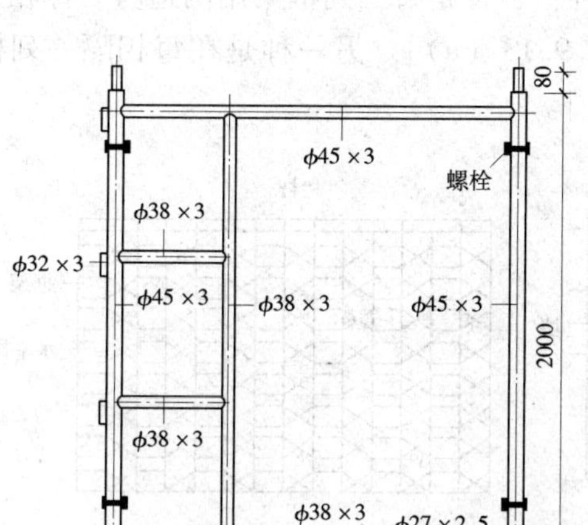

图 1.9.9　梯形框架（单位：mm）

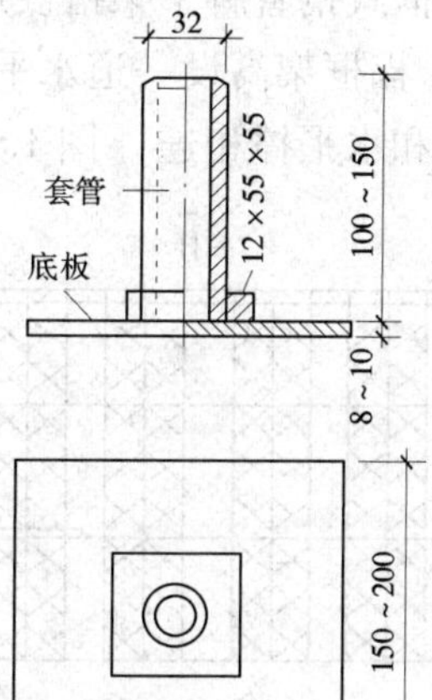

图 1.9.10　底座（单位：mm）

剪刀撑与水平撑一般用直径 27mm，壁厚 2.5mm 的钢管制成，两头打扁，留有栓孔（图 1.9.11）。

三角挂架一般用直径 12 ~ 20mm 的钢筋和钢板焊成。端头焊有钢筋挡头，用以挡住脚手板。挂架底端的钢板做成圆弧形，顶部一侧做成挂钩（图 1.9.12）。

安装三角挂架，要将挂钩插入框架立管的挂架管中，底端包夹在框架立管上（图 1.9.12）。

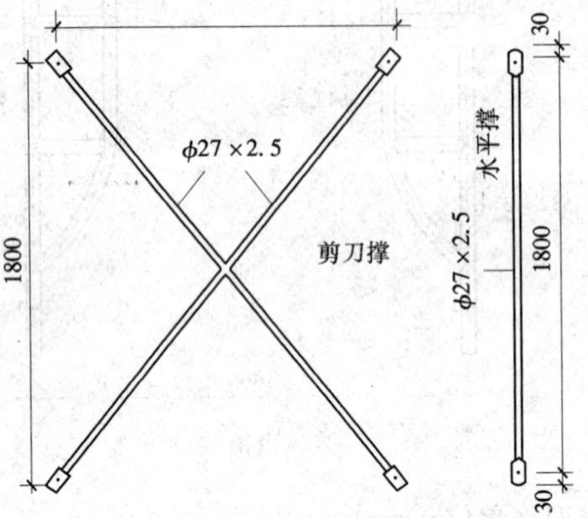

图 1.9.11　剪刀撑与水平撑（单位：mm）

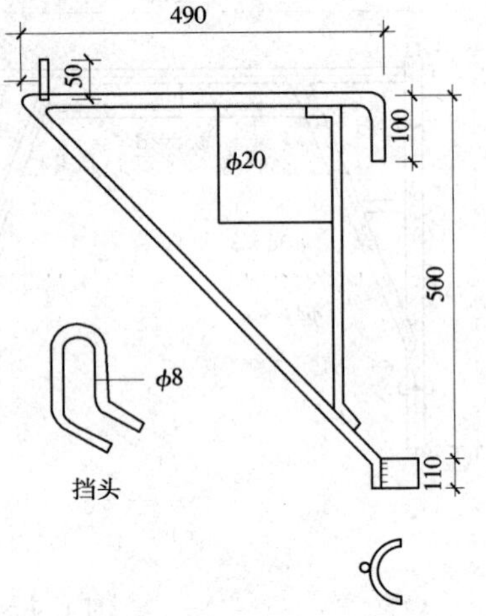

图 1.9.12　三角挂架（单位：mm）

栏杆由立柱和扶手组成。立柱一般用直径 45mm、壁厚 3mm 的钢管，两侧焊有若干插管。扶手一般用直径 27mm、壁厚 2.5mm 的钢管制成。两端弯折，插入插管中。也可用水平撑代替扶手，而在立柱上留栓孔，用螺栓将水平撑与立柱相连。

2. 搭设形式

常用的框式钢管脚手架搭设形式有两种：一种是每三列框架用两道剪刀撑相连，其间每隔 3～4 榀框架高设一道水平撑［图 1.9.13（a）］。另一种是在每相隔一列框架用一道剪刀撑和水平撑相连［图 1.9.13（b）］。

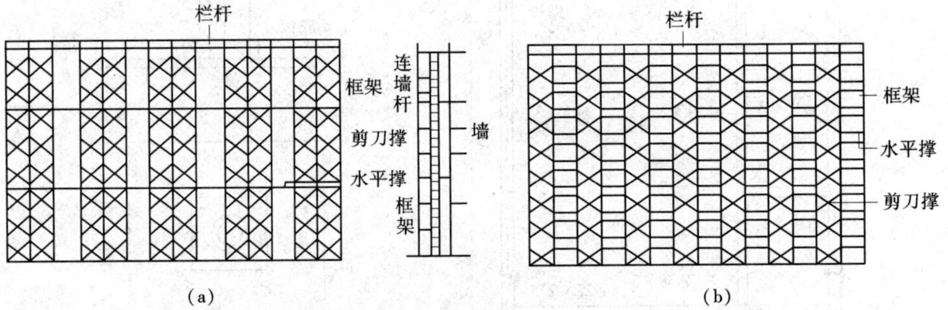

图 1.9.13　框式钢管脚手架搭设形式

为了防止脚手架倾覆，应每隔 3～4 榀框架高、4 个跨间设置连墙杆与墙拉结。连墙杆一端插在框架的挂架管中，另一端插入销孔中并在墙的里、外侧用销钉插入销孔中，使销片不致移位，另一种方法同扣件式钢管脚手架（图 1.9.14）。

框式钢管脚手架搭设前，现场要进行平整，作好排水措施。如遇土质不好，应在底座位置处铺设垫板，垫板厚度应不小于 5cm。

搭设时，各榀框架要立稳，本身要立垂直，框架平面要与墙面垂直。水平撑要平

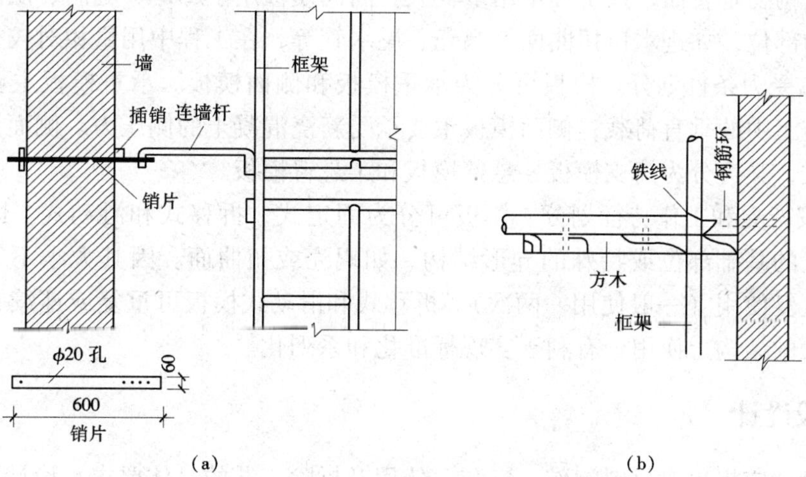

图 1.9.14　框式脚手架连墙杆设置

（a）钢连墙杆拉结；（b）木连墙杆拉结

顺，及时用螺栓装好剪刀撑和水平撑，按要求在搭设过程中及时设连墙杆。各承插部分都要插到底，不应有松动现象。脚手架纵向倾斜度不得超过总高的 1/400，横向倾斜度不得超过 1/200。

平时保管时，框式脚手架各部件要注意防潮防锈，最好储存在库房内，框架可立放或平放储存，门型框架宜倒立放置。平时要相互对齐。剪刀撑、水平撑、栏杆等应绑扎成捆，其他小零件应分类装入木箱内。

9.2　模板的基本要求与分类

模板在混凝土工程中起成形和支撑作用，同时还具有保护和改善混凝土表面质量的功效。在一般混凝土工程中，模板安拆劳动量占总劳动量的 30% ~60%，模板费用占混凝土工程造价的 15% ~30%，在大体积混凝土中也占到 5% ~15%。

9.2.1　模板的基本要求

模板及其支撑系统必须满足下列要求：

（1）保证混凝土结构和构建各部分设计形状、尺寸和相互位置正确。

（2）具有足够的强度、刚度和稳定性，能可靠地承受各项施工荷载，并保证变形在允许范围内。

（3）面板板面平整、光洁，拼缝密合、不漏浆。

（4）结构简单，安装和拆卸方便、安全，尽量能够多次周转使用。

（5）模板宜标准化、系列化。

9.2.2　模板分类

（1）按制作材料划分。模板可分为木模板、钢模板、混凝土模板和塑料模板等。

（2）按形状划分。模板可分为平面模板和曲面模板。平面模板又称为侧面模板，主要用于结构物垂直面，在工程中用量较大。曲面模板用于廊道、隧洞、溢流面和某些形状特殊的部位，如进水口扭曲面、蜗壳、尾水管等，在工程中用量相对较少。

（3）按受力条件划分。模板可分为承重模板和侧面模板。承重模板主要承受混凝土重量和施工中的垂直荷载；侧面模板主要承受新浇混凝土的侧压力。侧面模板按其支撑受力方式，又可分为简支模板、悬臂模板和半悬臂模板。

（4）按架立和工作特征划分。模板可分为固定式、拆移式和滑动式。固定式模板多用于起伏的基础部位或特殊的异形结构，如蜗壳或扭曲面。因其大小不等，形状各异，难以重复使用（一般使用一两次）。拆移式和滑动式模板可重复或连续在形状一致或变化不大的结构上使用，有利于实现标准化和系列化。

9.3 模板设计

模板设计应提出对材料制作、安装、使用及拆除工艺的具体要求。设计图纸应标明设计荷载和变形控制要求。模板设计应满足混凝土施工措施中确定的控制条件，如混凝土的浇筑顺序、浇筑速度、浇筑方式、施工荷载等。

9.3.1 模板的设计荷载

模板及其支架承受的荷载分基本荷载和特殊荷载两类。

1. 基本荷载及其标准值计算

设计模板时，应考虑下列各项基本荷载：

（1）模板的自身重力。模板自重标准值，应根据模板设计图纸确定。肋形楼板及无梁楼板模板的自重标准值，可按表 1.9.1 采用。

表 1.9.1　　楼板模板自重标准值表　　单位：kN/m

模板构件名称	木模板	定型组合刚模板
平板的模板及小楞	0.3	0.5
楼板模板（其中包括梁的模板）	0.5	0.75
楼板模板（楼层高度为 4m 以下）	0.75	1.1

（2）新浇筑混凝土重力。普通混凝土的自重标准值可采用 $24kN/m^3$，对其他混凝土可根据实际表观密度确定。

（3）钢筋和预埋件的重力。自重标准值应根据设计图纸确定。对一般梁板结构，楼板取 $1.1kN/m^3$，梁取 $1.5kN/m^3$。

（4）施工人员和机具设备的重力。施工人员和设备荷载标准值：①计算模板及直接支承模板的小楞时，对均布荷载取 $2.5kN/m^2$，另应以集中荷载 2.5kN 进行验算，比较两者所得的弯矩值，采用其中较大者；②计算直接支承小楞结构构件时，均布荷载取 $1.5kN/m^2$；③计算支架立柱及其他支承结构构件时，均布荷载取 $1.0kN/m^2$。

大型浇筑设备，如上料平台、混凝土输送泵等按实际情况计算，混凝土堆集料高度超过 100mm 以上者按实际高度计算，模板单块宽度小于 150mm 时，集中荷载可分布在相邻的两块板上。

（5）振捣混凝土时产生的荷载。振捣混凝土时产生的荷载标准值，对水平面模板可采用2.0kN/m²；对垂直面模板可采用4.0kN/m²，作用范围为新浇筑混凝土侧压力的有效压头高度之内。

（6）振捣混凝土时产生的侧压力。与混凝土的初凝时间的浇筑速度、振捣方法、凝固速度、坍落度及浇筑块的平面尺寸等因素有关，以前三个因素关系最为密切。混凝土侧压力分布如图1.9.15和图1.9.16所示。图中 h 为有效压头高度，$h=F/\gamma_c$。重要部位的模板承受新浇筑混凝土的侧压力，应通过实测确定。

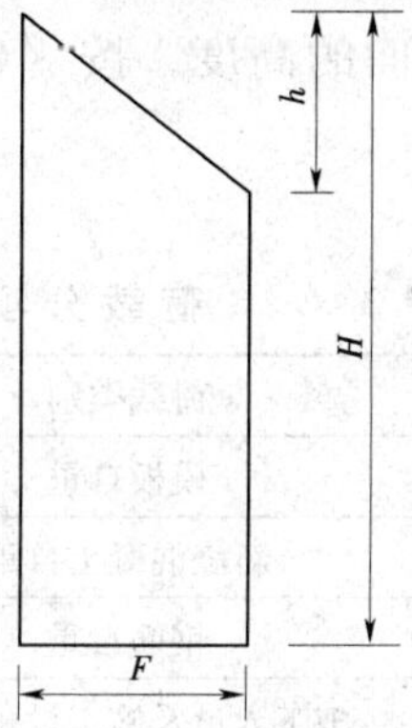

图1.9.15　薄壁混凝土侧压力分布图

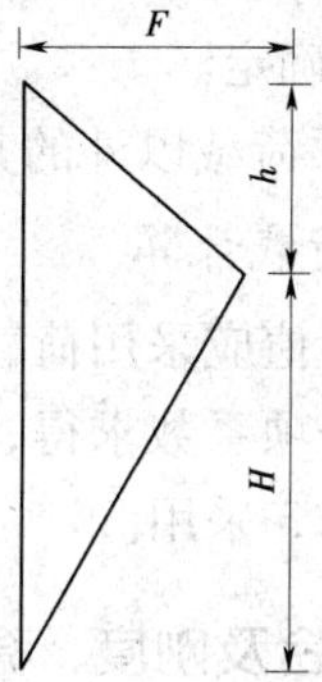

图1.9.16　大体积混凝土侧压力分布图

新浇筑混凝土对模板侧面的压力标准值，采用内部振捣器时，最大侧压力可按下列公式计算，并取其中的较小值。

$$F=0.22\gamma_c t_0\beta_1\beta_2 v^{1/2} \tag{1.9.1}$$

$$F=\gamma_c H \tag{1.9.2}$$

式中　F——新浇混凝土对模板的最大侧压力，kN/m²；

γ_c——混凝土的表观密度，kN/m³；

t_0——新浇混凝土的初凝时间（h），可按实测确定，当缺乏试验资料时，可采用 $t_0=200/(T+15)$ 计算（T 为混凝土的浇筑温度，℃）；

v——混凝土的浇筑速度，m/h；

H——混凝土侧压力计算位置处至新浇混凝土顶面的总高度，m；

β_1——外加剂影响修正系数，不掺外加剂时取1.0，掺具有缓凝作用的外加剂时取1.2；

β_2——混凝土坍落度影响修正系数，当坍落度小于30mm时取0.85，当坍落度为30～90mm时取1.0，当坍落度大于90mm时，取1.15。

（7）新浇筑混凝土产生的浮托力。

（8）倾倒混凝土时产生的荷载。倾倒混凝土时对模板产生的冲击荷载，应通过实测确定。当没有实测资料时，对垂直面模板产生的水平荷载标准值可按表1.9.2采用。

表 1.9.2　　倾倒混凝土时产生的水平荷载标准值表　　单位：kN/m^2

向模板内供料方法	水平荷载	向模板内供料方法	水平荷载
溜槽、串筒或导管	2	容量 $1\sim3m^3$ 的运输器具	8
容量小于 $1m^3$ 的运输器具	6	容量大于 $3m^3$ 的运输器具	10

注　作用范围在有效压头高度以内。

2. 特殊荷载

（1）风荷载。根据施工地区和立模部位离地面的高度，按《建筑结构荷载规范》（GB 50009—2001）确定。

（2）除上列九项荷载以外的其他荷载。

3. 模板的设计荷载计算

模板的荷载设计值应采用荷载标准值乘以相应的荷载分项系数求得，荷载分项系数应按表 1.9.3 采用。

表 1.9.3　　荷载分项系数表

项目	荷载类别	荷载分项系数
1	模板自重	1.2
2	新浇混凝土自重	
3	钢筋自重	
4	施工人员及施工设备荷载	1.4
5	振捣混凝土时产生的荷载	
6	新浇混凝土对模板侧面的压力	1.2
7	倾倒混凝土时产生的荷载	1.4

9.3.2　设计荷载组合及刚度、稳定性验算

在计算模板及支架的强度和刚度时，应根据模板的种类，按表 1.9.4 的基本荷载组合进行选择。特殊荷载可按实际情况计算，如平仓、非模板工程的脚手架、工作平台、混凝土浇筑过程中不对称的水平推力及重心位移、超过规定堆放的材料等。

1. 模板刚度验算

根据水利水电强制性标准规定，当验算模板刚度时，其最大变形值不得超过下列允许值：

（1）对结构表面外露的模板，为模板构件计算跨度的 1/400。

（2）对结构表面隐蔽的模板，为模板构件计算跨度的 1/250。

（3）支架的压缩变形值或弹性挠度，为相应的结构计算跨度的 1/1000。

2. 抗倾覆稳定性核算

承重模板的抗倾覆稳定性，应按下列要求核算：

（1）倾覆力矩，按下列两项计算，并采用其中的最大值：①风荷载，按《建筑结构荷载规范》（GB 50009—2001）确定；②作用于承重模板边缘 $150kN/m^2$ 的水平力。

（2）计算稳定力矩时，模板自重的折减系数为 0.8；如同时安装钢筋时，应包括钢筋的重量。活荷载按其对抗倾覆稳定最不利的分布计算。

（3）抗倾稳定系数大于 1.4。

表 1.9.4　　　　　　　　　　**常用模板的荷载组合表**

模板类别	荷载组合（表中数字为荷载次序）	
	计算承载能力	验算刚度
薄板和薄壳的底模板	(1)、(2)、(3)、(4)	(1)、(2)、(3)、(4)
厚板、梁和拱的底模板	(1)、(2)、(3)、(4)、(5)	(1)、(2)、(3)、(4)、(5)
梁、拱、柱（边长≤300mm）、墙（厚≤400mm）的垂直侧面模板	(5)、(6)	(6)
大体积结构、厚板、柱（边长>300mm）、墙（厚>400mm）的垂直侧面模板	(6)、(8)	(6)、(8)
悬臂模板	(1)、(2)、(3)、(4)、(5)、(8)	(1)、(2)、(3)、(4)、(5)、(8)
隧洞衬砌模板台车	(1)、(2)、(3)、(4)、(5)、(6)(7)	(1)、(2)、(3)、(4)、(6)、(7)

注　当底模板承受倾倒混凝土时产生的荷载对模板的承载能力和变形有较大影响时，应考虑荷载（8）。

9.4　模板的基本形式

9.4.1　拆移式模板

拆移式模板由面板、肋木和支架三个基本部分组成。拆移式模板适应于浇筑表面为平面的筑块。为增加模板的周转次数，常做成定形的平面标准模板。

1. 平面标准木模板

平面标准木模板尺寸大型为 100cm ×（325 ~ 525）cm，小型为（75 ~ 100）cm × 150cm，如图 1.9.17 所示。前者适用于 3 ~ 5m 厚的浇筑块，需小型机具吊装；后者用于薄层浇筑，可人力搬运。

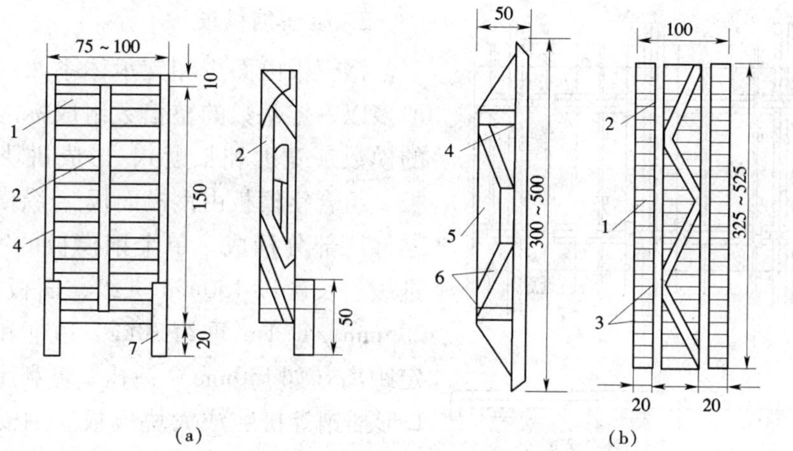

图 1.9.17　平面标准模板（单位：cm）

1—面板；2—肋木；3—加肋筋；4—方木；

5—拉条；6—桁架木；7—支撑木

架立模板的支架，常用围囹和桁架梁，如图 1.9.18 所示。桁架梁多用方木和钢筋制作。立模时，将桁架梁下端插入预埋在下层混凝土块内的 U 形铁件中。当浇筑块较薄时，上端用钢拉条对拉；当浇筑块较大时，则采用斜拉条固定，以防模板变形。钢筋拉条直径大于 8 mm，间距为 1 ~2m，斜拉角度为 30° ~40°。

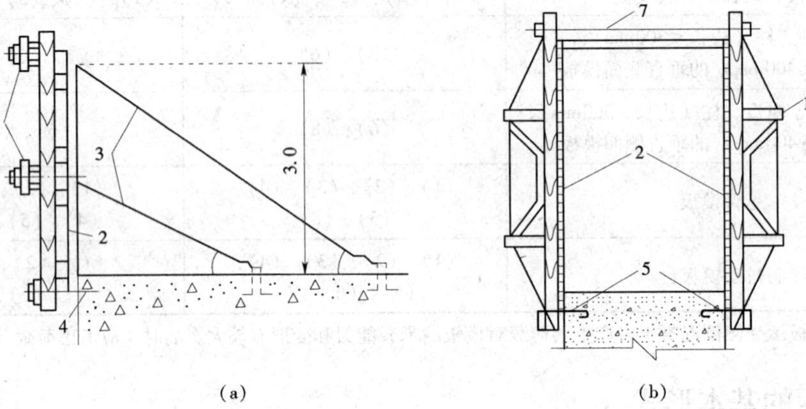

图 1.9.18 拆移式模板的架立图（单位：m）
（a）围囹斜拉条架立；（b）桁架梁架立
1—钢木桁架；2—木面板；3—斜拉条；4—预埋锚筋；
5—U 形埋件；6—横向围囹；7—对拉条

标准木模板须手工操作架立安装，劳动强度大、繁琐费时；而且仓内用拉筋支撑模板，妨碍混凝土的运输与平仓振捣，以至经常发生吊罐、平仓机碰坏拉筋的现象，不利于机械化施工，影响混凝土质量和工程进度。另外，标准木模板木材消耗量大，目前已经较少使用。

2. 组合钢模板

钢模板由面板和支承体系两部分组成，一般多以一定基数的整倍数组成标准化、系列化的模数（宽度和长度），形成拼块式组合钢模板。组合钢模板由钢模面板 、纵横联系梁和联结件三部分构成。单个钢模板的宽度以 50mm 进级，长度以 150mm 进级，面板厚 2. 3mm 或 2. 5mm，每 1m^2 重约 30kg。边框和加劲肋按一定距离（如 150mm）钻孔，可利用 U 形卡孔和 L 形插销等拼装成大块模板。钢模板联结件包括 U 形卡、L 形插销、钩头螺栓、蝶形扣件等，用于钢面板之间及钢面板与联系梁之间的联结。

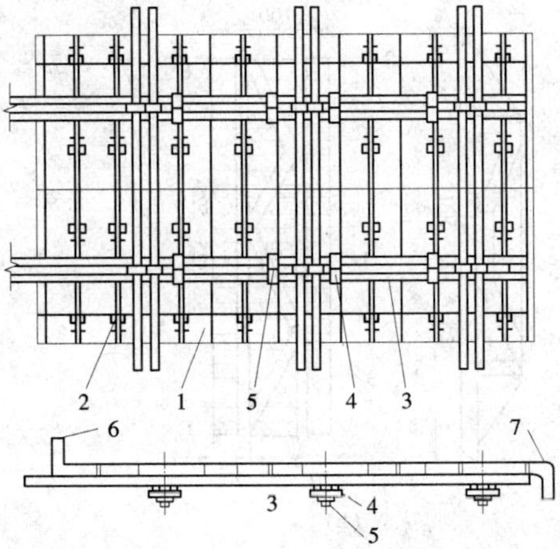

图 1.9.19 组合钢模板的基本形式
1—钢模板；2—U 形卡孔；3—钢楞；
4—“3”形扣件；5—钩头螺栓；
6—阳角模板；7—阴角模板

组合钢模板常用于墙体、梁、柱等现浇钢

筋混凝土构筑物的模板工程（图 1.9.19）。在水利水电工程的施工中，则常用于水闸、混凝土坝、水电站厂房工程。专用于大体积混凝土的悬臂模板的面板也可由组合钢模板组成，还可以组成6.0m×7.5m 的组合梁式大块钢模板，在工程中逐渐取代了木模板。

钢木组合模板由钢木排架和木面板组成，可有效地克服木模板的缺点，一般标准木模板的重复利用次数（周转率）为 5 ~ 10 次，而钢木混合模板的周转率为 30 ~ 50 次，木材消耗减少 90% 以上。由于是大块组装和拆卸，故劳力、材料、费用大为降低。

3. 悬臂钢模板

悬臂钢模板由面板、支撑臂（悬臂梁）和预埋联结件组成。面板可由木材或钢材制作，也可采用组合钢模板拼装。

悬臂钢模板高度与浇筑块高度相适应，通常采用标准高度。宽度视用途而定。图 1.9.20 为悬臂钢模板的一种结构式。

采用悬臂钢模板，由于仓内无拉条，模板整体拼装为大体积混凝土机械化施工创造了有利条件。且模板本身安装比较简单，重复使用次数高（可达 100 多次）。但模板重量大（每块模板重 0.5 ~ 2t），需要起重机配合吊装。由于模板顶部容易移位，故浇筑高度受限制，一般为 1.5 ~ 2m。用钢桁架和支撑柱时，高度也不宜超过 3m。

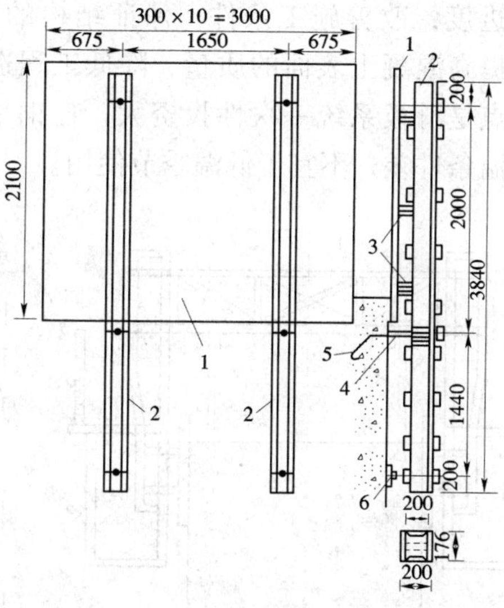

图 1.9.20　悬臂式模板（单位：mm）

1—面板；2—支臂柱；3—横钢楞；4—紧固螺母；5—预埋螺栓；6—千斤顶螺栓

4. 爬升式模板

爬升式模板是随着混凝土衬砌高度的升高，模板可以随之跟着升高，逐层浇筑。用下一层混凝土内的预埋件，利用杠杆原理，依靠自身的支撑系统使模板固定。在该层混凝土浇筑完成以后，模板将被拆除，利用起重设备提升安装在上一层仓号上准备浇筑。爬升式木模板主要使用于直墙段的混凝土衬砌。小浪底枢纽工程 DOKA 爬升式模板主要使用于直墙段浇筑，该模板背支撑为三角形结构，面板为胶合木面板。爬升式模板具有安装拆卸方便、成形质量好等优点，目前在水利水电工程中得到了广泛应用。

9.4.2　移动式模板

根据建筑物外形轮廓特征，做一段定形模板，在支撑钢架上装上行驶轮，沿建筑物长度方向铺设轨道分段移动，分段浇筑混凝土。移动时，只需顶推模板的花篮螺丝或千斤顶收缩，使模板与混凝土面脱开，模板即可随同钢架移动到拟浇筑部位，再用花篮螺丝或千斤顶调整模板至设计浇筑尺寸，如图 1.9.21 所示。移动式模板多用钢模板，作为浇筑混凝土墙和隧洞混凝土衬砌使用。

9.4.3 滑动式模板

滑动式模板是在混凝土浇筑过程中，随浇筑而滑移（滑升、拉升或水平滑移）的模板，简称滑模，以竖向滑升应用最广。

滑升模板是先在地面上按照建筑物的平面轮廓组装一套 1.0～1.2m 高的模板，随着浇筑层的不断上升而滑升，直至完成整个建筑物计划高度内的浇筑。

滑模施工可以节约模板和支撑材料，加快施工进度，改善施工条件，保证结构的整体性，提高混凝土表面的质量，降低工程造价。其缺点是滑板系统一次性投资大，耗钢量大，且保温条件差，不宜于低温季节使用。

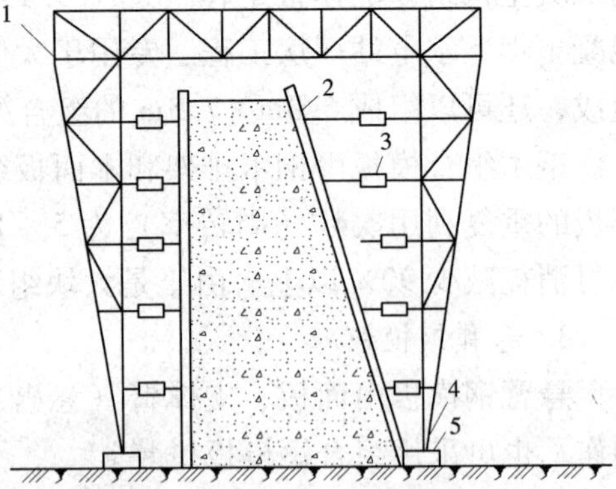

图 1.9.21　移动式模板浇筑混凝土墙
1—支撑钢架；2—钢模板；3—花篮螺丝；4—行驶轮；5—轨道

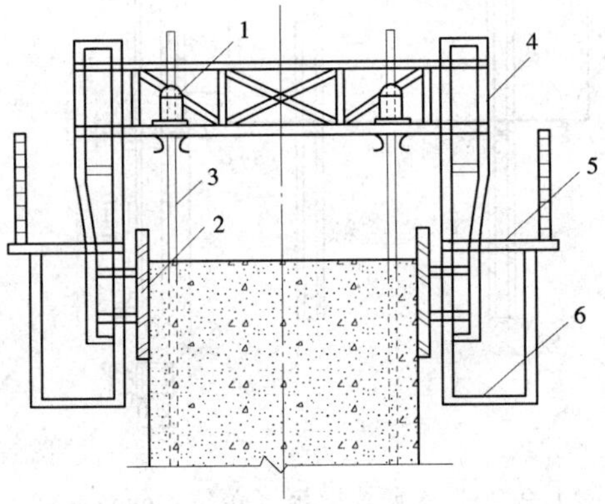

图 1.9.22　滑升模板
1—液压千斤顶；2—钢模板；3—金属爬杆；4—提升架；5—操作平台；6—吊架

滑模施工最适于断面形状尺寸高度基本不变的高耸建筑物，如竖井、沉井、墩墙、烟囱、水塔、筒仓、框架结构等的现场浇筑，也可用于大坝溢流面、双曲线冷却塔及水平长条形规则结构、构件施工。

滑升模板由模板系统、操作平台系统和液压支撑系统三部分组成，如图 1.9.22 所示。

(1) 模板系统包括模板、围囹（也称围圈）和提升架等。模板多用钢模或钢木混合模板，其高度取决于滑升速度和混凝土达到出模强度（0.05～0.25MPa）所需的时间，一般高 1.0～1.2m。为减小滑升时与混凝土面之间的摩擦力，应将模板自下向上稍向内倾斜，做成单面 0.2%～0.5% 模板高度的正锥度。围囹用于支撑和固定模板，上下各布置一道，它承受由模板传来的水平侧压力和由滑升摩阻力、模板与圈梁自重、操作平台自重及其上面的施工荷载产生的竖向力，多用角钢或槽钢制成。如果围囹所受的水平力和竖向力很大，也可做成平面桁架或空间桁架，使其具有大的承载能力和刚度，防止模板和操作平台出现超标准的变形。提升架的作用是固定围囹，把模板系统和操作平台连成整体，承受整个模板和操作平台系统的全部荷载，并将竖向荷载传给千斤顶。提升架一般用槽钢做成由双柱和双梁组成的“开”形架，立柱有时也采用方木制作。

(2) 操作平台系统包括操作平台和内外吊脚手，可承放液压控制台，临时堆存钢筋或混凝土，以及作为修饰刚刚出模的混凝土面的施工操作场所，一般为木结构或钢木混合结构。

(3) 液压支撑系统包括支撑杆、穿心式液压千斤顶、输油管路和液压控制台等，是使模板向上滑升的动力支撑装置。

支撑杆又称爬杆，它既是液压千斤顶爬升的轨道，又是滑模装置的承重支柱，承受施工过程中的全部荷载。支撑杆的规格与直径要与选用的千斤顶相适应，目前使用的额定起重量为30kN的滚珠式卡具千斤顶，其支撑杆一般采用ϕ25mm的Q235圆钢。支撑杆的长度一般为3～5m，其连接方式可用丝扣连接、榫接连接和剖口焊接，如图1.9.23所示。丝扣连接操作简单，使用安全可靠，但机械加工量大。榫接连接也有操作简单，加工量大的特点，滑升过程中易被千斤顶卡头带起。采用剖口焊接时，接口处倘若略有偏斜或凸疤，则要用手提砂轮机处理平整，使能通过千斤顶孔道。当采用工具支撑杆时应用丝扣连接。

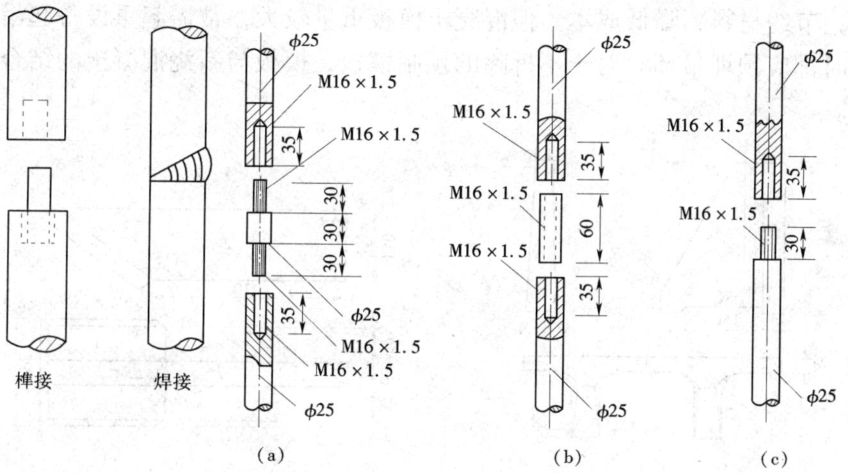

图1.9.23　支撑杆的连接（单位：mm）

(a)、(b) 母丝扣连接；(c) 公母丝扣连接

滑模所用的千斤顶为穿心液压千斤顶，支撑杆从其中心穿过。按千斤顶卡具形式不同可分为滚珠卡具式和楔块卡具式。液压千斤顶工作时，先将支撑杆由上向下插入千斤顶中心孔，然后开动油泵由油嘴P进油［图1.9.24（a）］。由于上卡头与支撑杆锁紧，活塞不能下行，在高压油液的作用下整个缸体被举起，当上升至上、下卡头相互顶紧时，即完成一个提升过程［图1.9.24（b）］。排油时上卡头放松，下卡头锁紧，上卡头及活塞被排油弹簧向上推动复位［图1.9.24（c）］。一次循环的行程一般为20～30mm。如此往复运动，千斤顶即带动滑模装置沿着支撑杆不断地爬升。

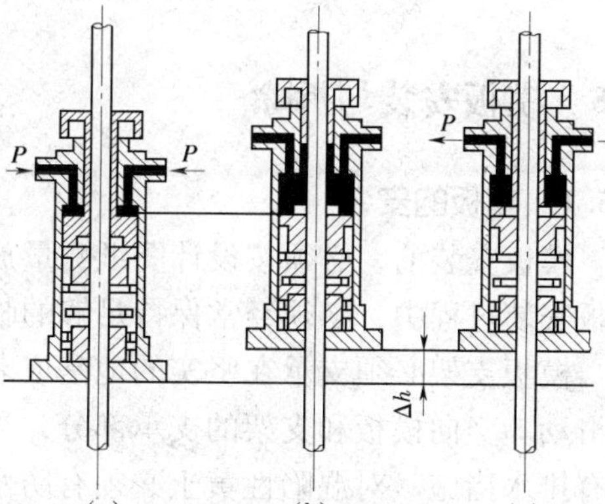

图1.9.24　液压千斤顶

(a) 进油；(b) 爬升；(c) 排油

液压控制台是液压传动系统的控制中心，主要由电动机、齿轮油泵、溢流阀、换向

阀、分油器和油箱等组成。液压控制台按操作方式不同可分为手动和自动两种控制形式。

9.4.4 混凝土与钢筋混凝土模板

混凝土与钢筋混凝土模板既是模板，也是建筑物的护面结构，浇筑后作为建筑的外壳，不予拆除。水利水电工程中采用预制混凝土模板，不仅代替木制或钢制的模板，还使混凝土建筑物的表面具有一层防裂、抗冻和耐久性较高的外壳。通常采用的预制混凝土模板有重力式混凝土模板［图 1.9.25（a）］、钢筋混凝土模板、外悬式混凝土模板［图 1.9.25（b）］、廊道混凝土模板等。

预制混凝土和钢筋混凝土模板避免了高架立模，既有利于施工安全，又有利于加快施工进度，节约材料，降低成本。但混凝土模板重量较大，常需起重设备起吊，所以在模板预制时都应预埋吊环。对于不拆除的预制模板，模板与新浇混凝土的结合面须进行凿毛处理。

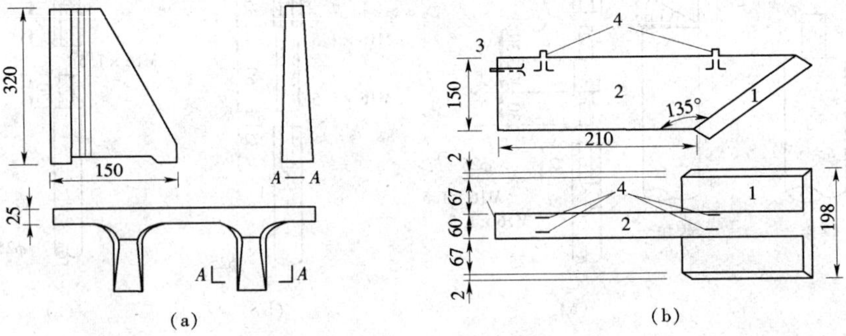

图 1.9.25 混凝土预制摸板（单位：cm）

（a）直臂式；（b）倒臂式

1—面板；2—肋墙；3—连接预埋环；4—预埋吊环

9.5 模板安装与拆除

9.5.1 模板的安装

模板安装前，必须按设计图纸测量放样，重要结构应多设控制点，以利检查校正。模板安装过程中，必须经常保持足够的临时固定设施，以防倾覆。

模板支架必须支承在坚实的地基或老混凝土上，并应有足够的支承面积。斜撑应防止滑动。竖向模板和支架的支承部分，当安装在土基上时应加设垫板，且土基必须坚实并有排水措施。对湿陷性黄土必须有防水措施；对冻胀性土必须有防冻融措施。

现浇钢筋混凝土梁、板，当跨度等于或大于 4m 时，模板应起拱；当设计无具体要求时，起拱高度宜为全跨长度的 1/1000～3/1000。

模板的钢拉杆不应弯曲。伸出混凝土外露面的拉杆宜采用端部可拆卸的结构形式。拉杆与锚环连接必须牢固。预埋在下层混凝土中的锚定件（螺栓、钢筋环等），在承受荷载时，必须有足够的锚固强度。

模板与混凝土的接触面，以及各块模板接缝处，必须平整、密合，以保证混凝土表面的平整度和混凝土的密实性。模板的面板应涂脱模剂，但应避免脱模剂污染或侵蚀钢筋和混凝土。建筑物分层施工时，应逐层校正下层偏差，模板下端不应有错台。

9.5.2 模板的拆除

拆模的迟早直接影响混凝土质量和模板使用的周转率。相关施工规范规定，非承重侧面模板，混凝土强度应达到2.5MPa以上，其表面和棱角不因拆模而损坏时方可拆除。一般需2~7天，夏天2~4天，冬天5~7天。混凝土表面质量要求高的部位，拆模时间官晚一些。而钢筋混凝土结构的承重模板，根据强制性条文规定，按表1.9.5规定拆模。

表1.9.5 现浇结构拆模时所需混凝土强度表

结构类型	结构跨度(m)	按设计的混凝土强度标准值的百分率计(%)
板	≤2	50
	>2，≤8	75
	>8	100
梁、拱、壳	≤8	75
	>8	100
悬臂构件	≤2	75
	>2	100

拆模的程序和方法：在同一浇筑仓的模板，按“先装的后拆，后装的先拆”的原则，按次序、有步骤地进行，不能乱撬。拆模时，应尽量减少模板的损坏，以提高模板的周转次数，要注意防止大片模板的坠落；高处拆组合钢模板，应使用绳索逐块下放，模板连接件、支撑件应及时清理，收检归堆。

本章习题

1.9.1 脚手架和模板的基本要求和基本类型有哪些？

1.9.2 什么是模板侧压力？侧压力与什么因素有关？模板设计的荷载如何确定？

1.9.3 组合钢模板和DOKA模板的安装构造分别有何特点？

1.9.4 跨度超过4m的构件安装底模，再无设计要求时，应预留的拱度是多少？

1.9.5 模板安装的要求是什么？

1.9.6 模板拆除有何要求？

第10章　混凝土工程

教学要求：了解骨料制备设备的基本原理；熟悉混凝土拌和、运输、浇筑的施工方案；掌握混凝土施工的质量要求；掌握混凝土养护、混凝土冬季施工的措施；掌握预应力混凝土施工工艺；掌握碾压混凝土施工工艺。

10.1　骨料制备

混凝土由90%的砂石骨料构成，每立方米混凝土需近1.5m^3砂石骨料，大中型水利水电工程，不仅对砂石骨料的需要量相当大，质量要求高，而且往往需要施工单位自行制备。因此，砂石料生产是一项十分重要的工作。

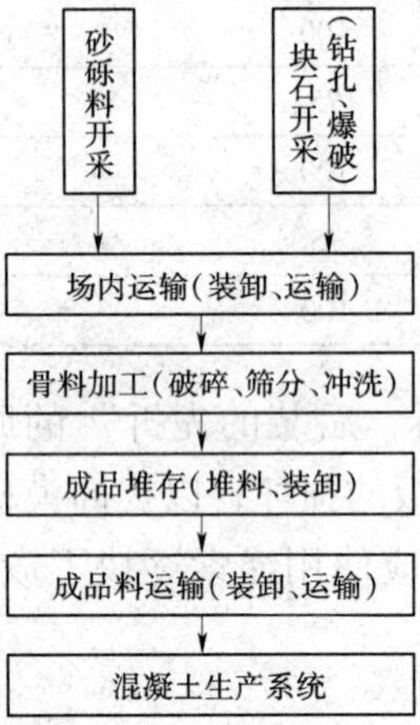

图1.10.1　骨料生产的基本过程

水利水电工程中骨料来源分为三种：①天然骨料：天然砂、砾石经筛分、冲洗而制成的混凝土骨料；②人工骨料：开采的石料经过破碎、筛分、冲洗而制成的混凝土骨料；③组合骨料：以天然骨料为主，人工骨料为辅，配合使用的混凝土骨料。确定骨料来源时，应以就地取材为原则，优先考虑采用天然骨料。只有在当地缺乏天然骨料，或天然骨料中某一级骨料的数量或质量不符合要求时，或综合开采加工运输成本高于人工骨料时，才考虑采用人工骨料。

骨料生产的基本过程和作业内容如图1.10.1所示。对于组合骨料，可以分成两条独立的流水线，也可以在天然骨料生产过程中，辅以超径石的破碎和筛分，以补充短缺粒径的不足。

10.1.1　骨料加工

骨料加工包括破碎、筛分、冲洗等过程，制成符合级配的各级粗、细骨料。

1. *破碎*

为了将开采的石料破碎到规定的粒径，往往需要经过几次破碎才能完成。因此，通常将骨料破碎过程分为粗碎（将原石料破碎到70～300mm）、中碎（将原石料破碎到20～70mm）和细碎（将原石料破碎到1～20mm）三种。

水利水电工程工地常用的破碎设备有颚式破碎机、旋回破碎机、圆锥破碎机、反击式破碎机、立轴式冲击破碎机和棒磨机。

（1）颚式破碎机。颚式破碎机的构造如图1.10.2所示，它的破碎槽由两块颚板

（一块固定，另一块可以摆动）构成，颚板上装有可以更换的齿状钢板。工作时，由传动装置带动偏心轮作用，使活动颚板左右摆动，破碎槽即可一开一合，将进入的石料轧碎，从下端出料口漏出。

颚式破碎机是最常用的粗碎设备，其优点是结构简单，自重较轻，价格便宜，外形尺寸小，配置高度低，进料尺寸大，排料口开度容易调整；缺点是衬板容易磨损，活动颚板需经常更换，产品中针片状含量较高，处理能力较低，一般需配置给料设备。

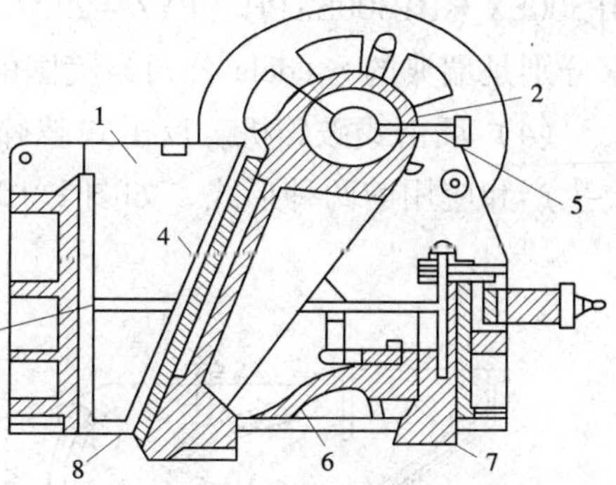

图 1.10.2　颚式破碎机

1—进口；2—偏心轮；3—固定颚板；4—活动颚板；5—偏心轴；6—撑杆；7—楔形滑块；8—出料口

颚式破碎机的规格，常用其进料口尺寸（宽 × 长）表示。例如，规格为 400mm × 600mm 的颚式破碎机，能轧碎直径为 350mm 的块石（约为进料口宽度的 85%），它的出料口宽度为 40 ~ 160mm，生产率为 17 ~ 85t/h。

破碎机生产率的大小与石料性质、破碎机出料口宽度、喂料的均匀程度和破碎机转速等因素有关。出料口宽度可以在一定范围内调整，如出料口调宽，可使生产率提高，但产品粗粒径增多，石料破碎率（即进料平均粒径与出料平均粒径之比）也随之降低。因此，破碎率应控制在 6% ~ 8%，当第一次破碎不合要求时，应进行第二次破碎。破碎机转速低则生产率低；转速过高，碎石来不及下落，生产率也低。

（2）旋回破碎机。旋回破碎机可作为颚破后第二阶段破碎，也可直接用于一破，是常用的粗碎设备。其优点是处理能力大，产品粒形较颚式好，可挤满给料，进料无需配给料设备；缺点是其结构较颚式破碎机复杂，自重大，机体高，价格贵，维修复杂，土建工程量大。出料要设缓冲仓和专用设备。

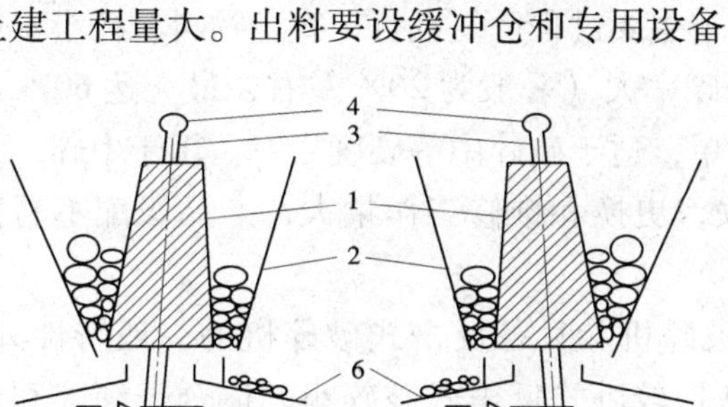

图 1.10.3　锥式破碎机工作原理图

1—内锥体；2—破碎室机壳；3—偏心主轴；4—球形铰；5—伞齿及转动装置；6—出料滑板

（3）圆锥破碎机。

1）传统圆锥破碎机。传统圆锥破碎机是最常用的二破和三破设备，有标准、中型、短头三种腔型，有弹簧和液压两种形式。它的破碎室由内、外锥体之间的空隙构成。活动的内锥体装在偏心主轴上，外锥体固定在机架上，如图 1.10.3 所示。工作时，由传动装置带动主轴旋转，使内锥体作偏心转动，将石料碾压破碎，并从破碎室下端出料槽滑出。

传统锥式破碎机工作可靠，磨损轻，效率高，产品粒径均匀。但其结构和维修较复杂，机体高，价格贵，破碎产品中针片状含量较高。

2）高性能圆锥破碎机。与传统圆锥破碎机相比，高性能圆锥破碎机破碎能力大为提高，可挤满给料，产品粒形好，有更多的腔型变化，以适应中碎、细碎和制砂等各工序及各种不同的生产要求，操作更为方便可靠，但价格高。我国二滩工程、三峡工程人工砂石料生产系统中，中碎、细碎均采用了这种高性能圆锥破碎机。其型号有HP500SX、HP300SXPH、PYZ－2227和OCl560SXST。目前国际上具有代表性的制造厂家分别是瑞典的Svedala公司与美国的Nordberg公司。

（4）反击式破碎机。反击式破碎机有单转子、双转子、联合式三种形式。我国主要生产和应用前两种形式，如图1.10.4、图1.10.5所示。

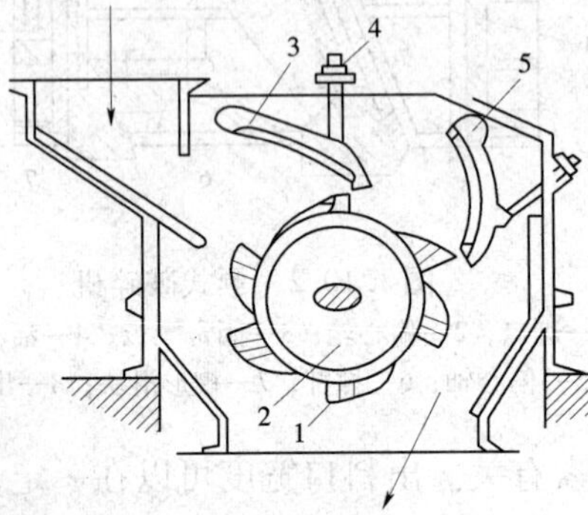

图1.10.4　单转子反击式破碎机
1—打击板；2—转子；3—第一道反击板；4—悬挂反击板的拉杆；5—第二道反击板

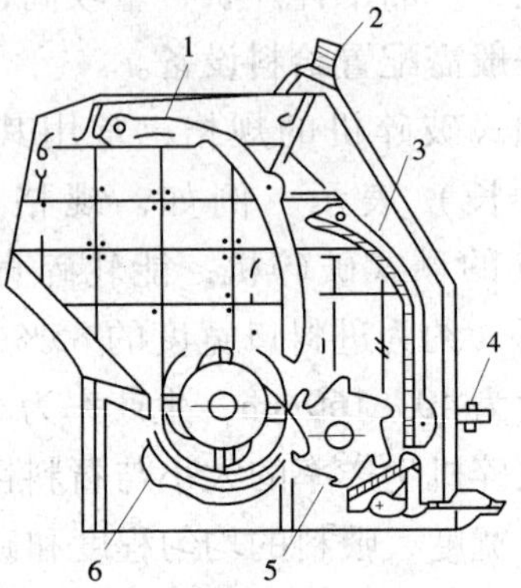

图1.10.5　双转子反击式破碎机
1—第一道反击板；2—反击板调节拉杆螺栓；3—第二道反击板；4—调节弹簧；5—第二级转子；6—第一级转子

反击式破碎机的破碎原理属冲击破碎，主要借固定在转子上的打击板高速冲击被破碎物料，使其沿薄弱部分（层理、节理等）进行选择性破碎。还通过被冲击料块，从打击处获得的动能，向反击板进行二次主动冲击，以及料块在破碎腔内的互击，经过打击破碎、反弹破碎、互撞破碎、铣削破碎四个主要过程反复进行，直至物料粒径小于打击板与反击板间缝隙时被卸出。其优点是破碎率大（一般为20%左右，最大达60%），产品细，粒形好，产量高，能耗低，结构简单，适于破碎中等硬度岩石。用于中碎、细碎和机制砂。其缺点是板锤和衬板容易磨损，更换和维修工作量大，产品级配不易控制，容易产生过粉碎。

（5）立轴式冲击破碎机。立轴式冲击破碎机除具备反击式破碎机的一般特性外，它还具有一些显著的优点，即产品更细，磨损较卧式反击式破碎小，适合于细碎和制砂，但产品粒径组成不理想。“石打石”立轴式冲击破碎机是我国从瑞典进口的新一代超细碎破碎机的代表，该破碎机产品粒形优异，级配可调，结构简单，产品可根据岩石破碎工艺要求，进行成品骨料粒径的整形，也可专门用于人工砂的生产，在我国江垭、三峡、棉花滩等水利水电工程中成功使用。

（6）棒磨机。制砂用棒磨机通常采用两端轴扎进料、中间边孔排料型，产品粉粒较少。国内使用最多的规格为ϕ2100mm×3600mm，如乌江渡、二滩、东风、五强溪等工程都是采用这种型号。

近年来随着冲击式破碎机、旋盘式破碎机、“石打石”立轴式破碎机等机型的出现，制砂工艺由单一的棒磨机制砂方式发展到多种类型及联合型的制砂方式。如三峡工程采用了棒磨机、筛分石渣、“石打石”立轴式冲击破碎机制砂后混合的工艺。图 1.10.6 所示为冲击式破碎机制砂工艺流程。

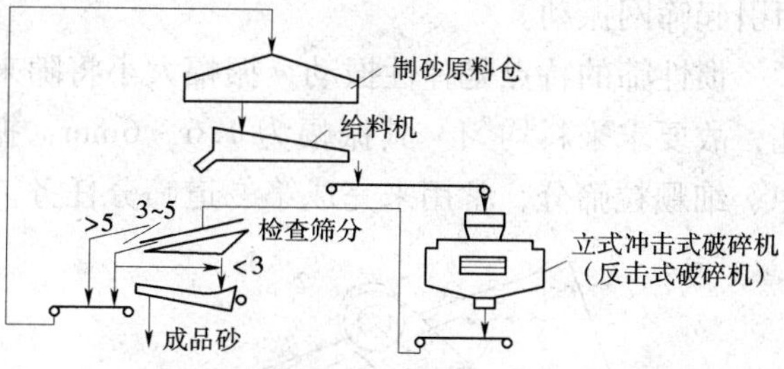

图 1.10.6　冲击式破碎机制砂工艺流程图

2. 骨料筛分

骨料筛分就是将天然或人工的骨料，按粒径大小进行分级。分级的方法有水力筛分和机械筛分两种。水力筛粉利用骨料颗粒大小不同、水力粗度各异的特点进行分级，适用于细骨料；机械筛分利用机械作用，经不同孔眼尺寸的筛网对骨料进行分级，适用于粗骨料。

（1）偏心振动筛。偏心振动筛又称为偏心筛，如图 1.10.7 所示。它主要由固定机架、活动筛架、筛网、偏心轴和电动机等组成。筛网的振动，是利用偏心轴旋转时的惯性作用。偏心轴安装在固定机架上的一对滚珠轴承中，由电动机通过皮带轮带动，可在轴承中旋转。活动筛架通过另一对滚珠轴承悬装在偏心轴上。筛架上装有两层不同筛孔的筛网，可筛分三级不同粒径的骨料。

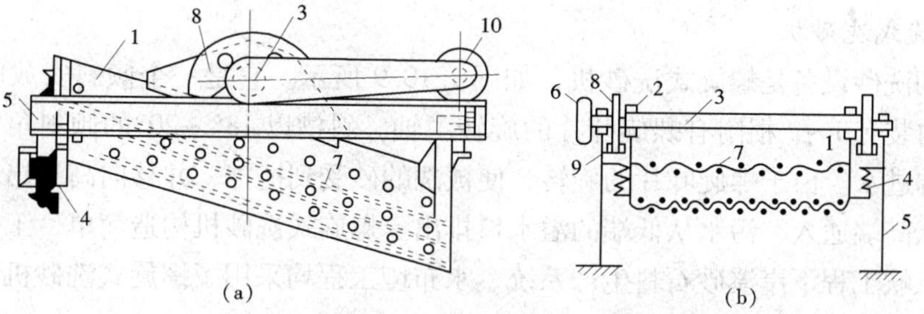

图 1.10.7　偏心振动筛
1—活动筛架；2—筛架上的轴承；3—偏心轴；4—弹簧；5—固定机架；
6—皮带轮；7—筛网；8—平衡轮；9—平衡块；10—电动机

当偏心轴旋转时，由于偏心作用，筛架和筛网也就跟着振动，从而使筛网上的石块向前移动，并且向上跳动和向下筛落。由于筛架与固定机架之间是通过偏心轴刚性相连的，所以会同时发生振动。为了减轻对固定机架的振动，在偏心轴两端还安装有与轴偏心方向成180°的平衡块。

偏心筛的特点是刚性振动，振幅固定（3～6mm），不因来料多少而变化，也不易因来料过多而堵塞筛孔。其振动频率为 840～1200 次/min。偏心筛适用于筛分粗、中粒径的骨料，常用来完成第一道筛分任务。

（2）惯性振动筛。惯性振动筛又称为惯性筛，如图 1.10.8 所示。它的偏心轴（带偏心块的旋转轴）安装在活动筛架上，利用马达带动旋转轴上的偏心块，产生离心力而引起筛网振动。

惯性筛的特点是弹性振动，振幅大小将随来料多少而变化，容易因来料多而堵塞筛孔，故要求来料均匀。其振幅为 1.6 ~ 6mm，振动频率为 1200 ~ 2000 次/min。适用于中、细颗粒筛分，常用来完成第二道筛分任务。

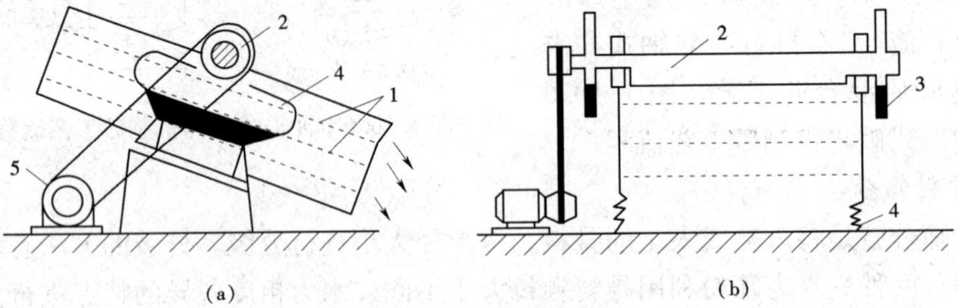

图 1.10.8 惯性振动筛

（a）构造简图；（b）工作原理图

1—筛网；2—筛架上的偏心轴；3—调整振幅用的配重盘；4—消振弹簧；5—电动机

（3）高效振动筛分机。目前，国外广泛采用高效的编织网筛面的振动筛进行砂石的分级处理。其优点是石料在筛网面上可以迅速均匀地散开，而筛网采用钢丝编织的网，其开孔率较目前国内普遍采用的橡胶网与聚氨酯网高出 30% ~ 50%，因而效率高于普通型振动筛。

3. 螺旋式洗砂机

常用的洗砂设备是螺旋式洗砂机，如图 1.10.9 所示。它是一个倾斜安放的半圆形洗砂槽，槽内装有 1 ~ 2 根附有螺旋叶片的旋转主轴。斜槽以 18° ~ 20°的倾斜角安放，低端进砂，高端进水。由于螺旋叶片的旋转，使被洗的砂受到搅拌，并移向高端出料口。洗涤水则不断从高端通入，污水从低端的溢水口排出。螺旋式洗砂机构造简单，工作可靠，应用广泛。三峡工程下岸溪砂石料生产系统、水布垭工程均采用了螺旋式洗砂机。

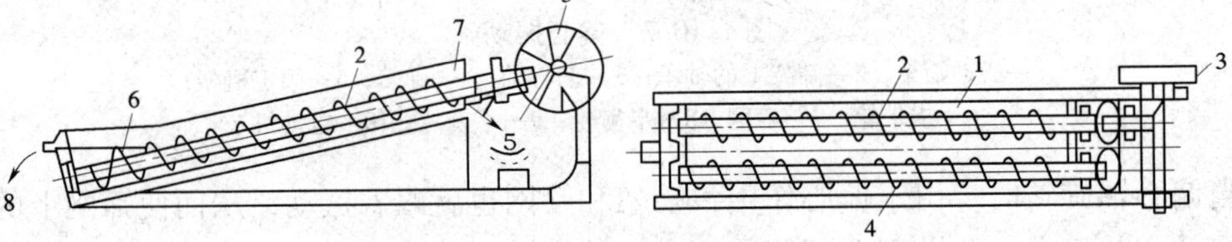

图 1.10.9 螺旋式洗砂机

1—洗砂槽；2—带螺旋叶片的旋转轴；3—驱动机构；4—螺旋叶片；5—皮带机（净砂出口）；6—加料口；7—清水注入口；8—污水溢出口

经水力分级后的砂含水率往往高达 17% ~ 24%，必须经脱水方可使用。根据《水工混凝土施工规范》的要求，成品砂的含水率应稳定在 6% 以下，因此必须在水力分级后进行机械脱水。二滩工程采用的是圆盘式真空脱水筛，高频振动脱水筛通过负压吸水及振动脱水联合作用，达到脱水效果，可控制砂含水率在 10% ~ 12%，如图 1.10.10

所示。江垭工程采用多折线式直线振动脱水筛，与圆盘式真空脱水筛相比较，占地面积小，结构简单，不需设置真空系统。

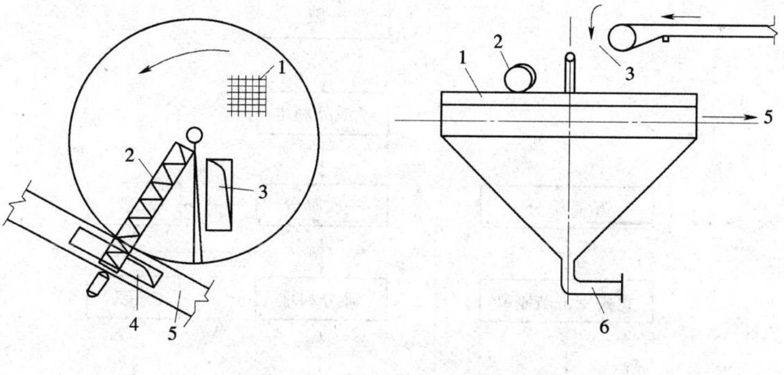

图 1.10.10　圆盘式真空脱水筛简图

1—筛网；2—螺旋输送机；3—湿砂下料点；4—脱水后砂出料点；5—脱水后砂出料皮带机；6—真空管道

10.1.2　骨料加工厂

大规模的骨料加工，常将加工机械设备按工艺流程布置成骨料加工厂。骨料加工厂的布置原则上应综合考虑工程施工总布置、料源情况、水文、地质、环境保护等因素，根据地形情况、料场位置、工程分期、施工标段等条件综合比较选定。做好主要加工设备、运输线路、净料和弃料堆的布置。骨料加工厂宜尽可能靠近混凝土生产系统，以便共用成品堆料场。

在大中型骨料加工厂内，以筛分为主的加工厂称为筛分楼。其设备布置和工艺流程如图 1.10.11 所示。

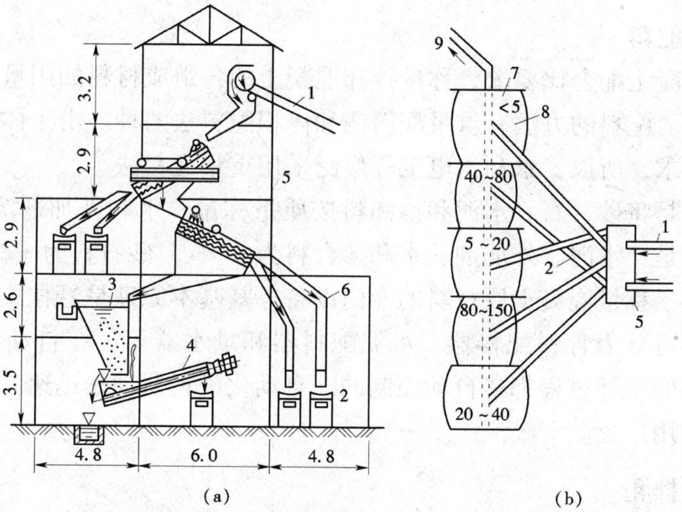

图 1.10.11　筛分楼布置示意图（单位：m）

1—进料皮带机；2—出料皮带机；3—沉砂箱；4—洗砂机；5—筛分楼；6—溜槽；7—隔墙；8—成拼品料堆；9—成品运出

三峡下岸溪人工砂生产系统是目前世界上最大的专门用于生产人工砂的系统，其工艺流程如图 1.10.12 所示。

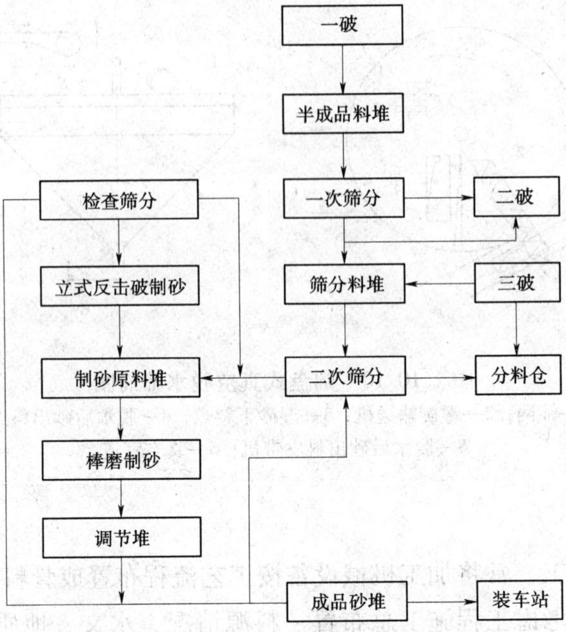

图 1.10.12　下岸溪人工砂生产工艺流程图

10.2　混凝土制备

混凝土制备的过程包括储料、供料、配料和拌和。其中配料和拌和是主要生产环节，也是质量控制的关键。

10.2.1　混凝土配料

配料是按混凝土配合比要求，称量拌和混凝土的各组成材料的用量，其精度直接影响混凝土的质量。配料的方法有重量配料法和体积配料法两种。由于体积配料法难以满足配料精度的要求，所以，水利水电工程广泛采用重量配料法。

重量配料法是将砂、石、水泥和掺和料按质量称量，水和外加剂溶液按体积计量。规范要求的精度是：水泥、外加剂、水和掺合料为 ±1%，砂石料为 ±2%。

配料器是用于称量混凝土原材料的专门设备，其基本原理是悬挂式的重量秤。按所称料物的不同，可分为骨料配料器、水泥配料器和量水器等。在自动化配料器中，装料、称量和卸料的全部过程都是自动控制的。自动化配料器动作迅速，称量准确，在混凝土拌和楼中应用广泛。

10.2.2　混凝土拌和

混凝土拌和的方法有人工拌和与机械拌和两种。

1. 人工拌和

缺乏机械设备的小型工程或工程量小时可采用人工拌和，但其质量不易保证。人工拌和一般在干净的钢板或混凝土地面上进行，采用“干三湿三法”拌制，即先倒入砂子，后倒入水泥，用铁锹干拌三遍，然后中间扒开，加入石子和2/3的水量，湿拌三遍，其余的水边拌边加，直至拌匀。

2. 机械拌和

拌和机是制备混凝土的主要设备，按照拌和机的工作原理，可分为自落式、强制式和涡流式。自落式拌和机是一种利用可旋转的拌和筒上的固定叶片，将混凝土料带至筒顶，自由跌落拌制。其特点是结构简单，单位产量成本低，可拌制骨料粒径较大的混凝土，适用较广。强制式拌和机是装料鼓筒不旋转，利用固定在轴上的叶片带动混凝土进行强制拌和。其特点是拌和时间短，搅拌质量好，但拌制低坍落度碾压混凝土易磨损叶片和衬板。涡流式拌和机靠旋转的涡流搅拌筒，利用侧面的搅拌叶片将骨料提升，再沿搅拌筒内侧将骨料送至强搅拌区，中轴叶片在逆向涡流中对骨料进行强烈搅拌。其特点是能耗低，磨损小，维修方便，但对大粒径骨料拌和不均，因此适用不广。

自落式拌和机应用普遍，按其外形又分为鼓形和双锥形两种。

鼓形拌和机的构造如图1.10.13（a）所示。鼓筒两侧开口，一侧开口用于装料，另一侧开口用于卸料。由于鼓筒只能旋转拌和，而不能倾翻卸料，故需利用插入筒内的卸料槽进行卸料。鼓形拌和机构造简单，装拆方便，使用灵活，如装上车轮便成为移动式拌和机。但容量较小（400~800L），生产率不高，多用于中小型工程或大型工程施工初期。双锥形拌和机的构造如图1.10.13（b）所示。拌和筒一端开口，用于装料和卸料（也有少数是两端开口，分别用于装料或卸料）。拌和时，拌和筒开口端微微向上翘起，大部分材料在筒的中、后部进行拌和。同时，叶片的形状能使材料交叉翻动，增强了拌和效果。卸料时，利用气顶或机械传动使拌和筒倾翻约60°，将拌和料迅速卸出。双锥形拌和机容量较大，有800L、1000L、1600L、3000L等，拌和效果好，间歇时间短，生产率高，多用于大中型工程。

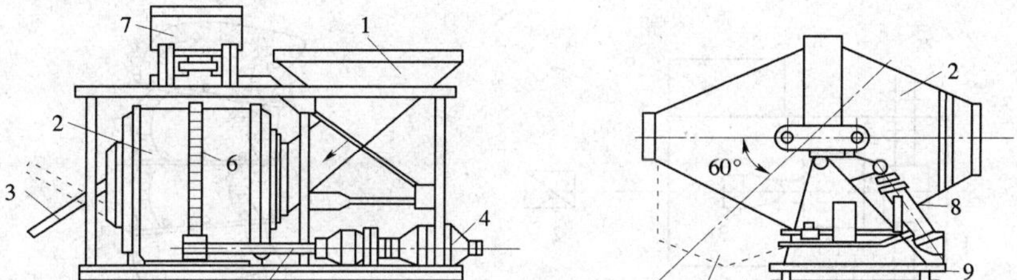

图1.10.13 自落式混凝土拌和机

（a）鼓形拌和机；（b）双锥形拌和机

1—装料机；2—拌和筒；3—泄料槽；4—电动机；5—传动轴；

6—齿圈；7—量水器；8—气顶；9—机座；10—泄料位置

拌和机按拌和实方体积（L或m^3）确定拌和机的工作容量（又称出料体积）。拌和机的装料体积是指每拌和一次装入拌和筒内各种材料松散体积之和。拌和机的出料系数是出料体积与装料体积之比，一般为0.6~0.7。

每台拌和机的小时生产率 P 可按式（1.10.1）计算：

$$P = K\frac{3600V}{t_1 + t_2 + t_3 + t_4} \tag{1.10.1}$$

式中 V——拌和机出料容量，m^3；

t_1——进料时间，自动化配料为10~15s，半自动化配料为15~30s；

t_2——拌和时间，随拌和机容量、坍落度、气温而异，一般自落式为90~150s，强制式为60~120s；

t_3——出料时间，一般倾翻式为15s，非倾翻式为25~30s；

t_4——必要的技术间歇时间，一般双锥式为3~5s；

K——时间利用系数，视施工条件定，一般为0.85~0.95。

10.2.3 混凝土拌和站

工程中通常将骨料堆场、水泥仓库、拌和机等集中布置，组成拌和站，或采用先进的混凝土拌和楼来制备混凝土，有利于提高生产率，也有利于工程管理。

小型工程一般采用简易拌和站，整个拌和站位于同一平面上（图1.10.14）。当地形狭窄时，也可将骨料堆场布置在拌和站附近，利用皮带机或者装载机将骨料送至拌和站。

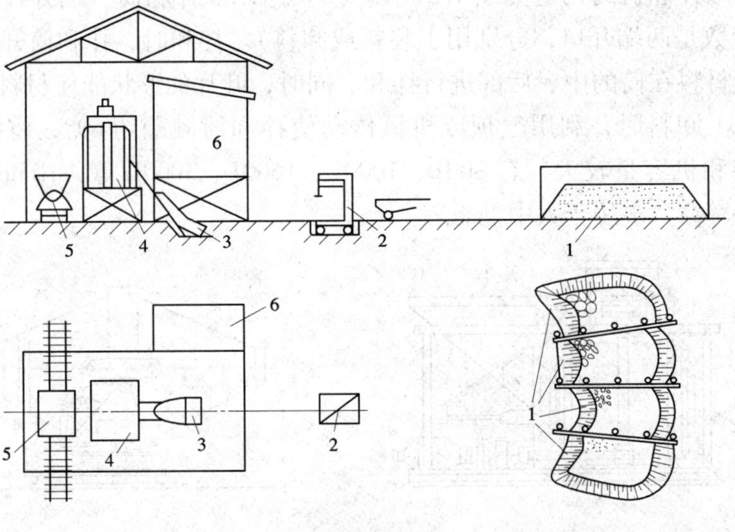

图1.10.14 简易拌和站布置

1—砂石料堆；2—地磅；3—装料斗；4—拌和机；5—受料车；6—水泥仓库

混凝土拌和楼是一套集配料、搅拌等混凝土生产过程于一体的自动化设备，由进料层、储料层、配料层、拌和层和出料层组成。全套设备生产率高，能制备各种级配的混凝土，便于管理，混凝土拌制质量好。但对地基要求高，安装复杂，价格高，且需要连续的砂、石、水泥输送系统配合。

混凝土拌和楼的生产能力应能满足混凝土质量品种和浇筑强度的要求。混凝土拌和设备需要满足的生产能力 P_0（m^3/h）可按式（1.10.2）计算：

$$P_0 = K\frac{Q_{max}}{nm} \tag{1.10.2}$$

式中 n——高峰月每日平均工作时数，一般取20h；

m——高峰月有效工作日数，一般取25d；

K——小时生产不均匀系数，可按1.5考虑；

Q_{max}——混凝土高峰浇筑强度，m^3/月。

10.3 混凝土运输

10.3.1 混凝土运输要求

混凝土运输对混凝土质量和进度影响很大。运输过程包括水平运输和垂直运输，从拌和机前到浇筑仓前，主要是水平运输；从浇筑仓前至仓内，主要是垂直运输。

在运输过程中，要求混凝土不初凝、不分离、不漏浆、无严重泌水、无过大的温度变化，且不得有混凝土强度等级和级配错误，也不容许在运输过程中向混凝土拌和物内加水。

《水工混凝土施工规范》规定：选择混凝土运输设备和运输能力，应与拌和、浇筑能力和仓面具体情况相适应；所用的运输设备，应使混凝土在运输过程中不致发生分离、漏浆、严重泌水、过多温度回升和坍落度损失；同时运输两种以上强度等级、级配或其他特性不同的混凝土时，应设置明显的区分标志；混凝土在运输过程中，应尽量缩短运输时间及减少转运次数。掺普通减水剂的混凝土运输，时间运输时段的平均气温20～30℃不宜超过45min，时间运输时段的平均气温10～20℃不宜超过60min，运输时段的平均气温5～10℃不宜超过90min。因故停歇过久，混凝土已初凝或已失去塑性时，应作废料处理。严禁在运输途中和卸料时加水；在高温或低温条件下，混凝土运输工具应设置遮盖或保温设施，以避免天气、气温等因素影响混凝土质量；混凝土的自由下落高度不宜大于1.5m。超过时，应采取缓降或其他措施，以防止骨料分离。

10.3.2 混凝土水平运输机械

通常混凝土的水平运输有有轨运输和无轨运输两种。有轨运输一般用轨距762mm或1000mm的窄轨机车托运平台完成。一台机车拖挂3～5节平台列车，上放2～4个混凝土立罐。无轨运输的主要设备是手推车、机动翻斗车和自卸汽车，辅助设备有盛装混凝土的立罐和卧罐，罐的容量一般在3～6m^3，配合起吊的起重机运输吨位在10～20t以上。

《水工混凝土施工规范》规定：用汽车、侧翻车、侧卸车、料罐车、搅拌车及其他专用车辆运送混凝土时，运输混凝土的汽车应为专用；运输道路应保持平整。装载混凝土的厚度不应小于40cm，车厢应平滑密封不漏浆。每次卸料，应将所载混凝土卸净，并应适时清洗车厢（料罐）。汽车运输混凝土直接入仓时，必须有确保混凝土施工质量的措施。

1. 机动翻斗车运输

机动翻斗车（图1.10.15）的容量约0.5m³，载重量1t，最高速度20km/h。其特点是：轻便灵活，转弯半径小，能自卸，但运输量小。适用于短途运送混凝土和砂石料。

图1.10.15　机动翻斗车

2. 汽车运输

汽车运输主要有混凝土搅拌车、后卸式自卸车、汽车运立罐和无轨侧卸料罐车等。汽车运输机动灵活，载重量大，装卸快，应用最广泛。它比有轨运输的投资少，适用范围宽，且对道路的要求低；但运费较高，震动大，容易造成混凝土漏浆和分离。图1.10.16（a）为自卸汽车利用钢栈桥直接入仓的方式，图1.10.16（b）是汽车卸入仓前卧罐与履带起重机配合方式，前者适合基础部位的浇筑，后者一般用于高部位浇筑。当地形条件有利时，也可采用图1.10.17形式的溜槽方式。

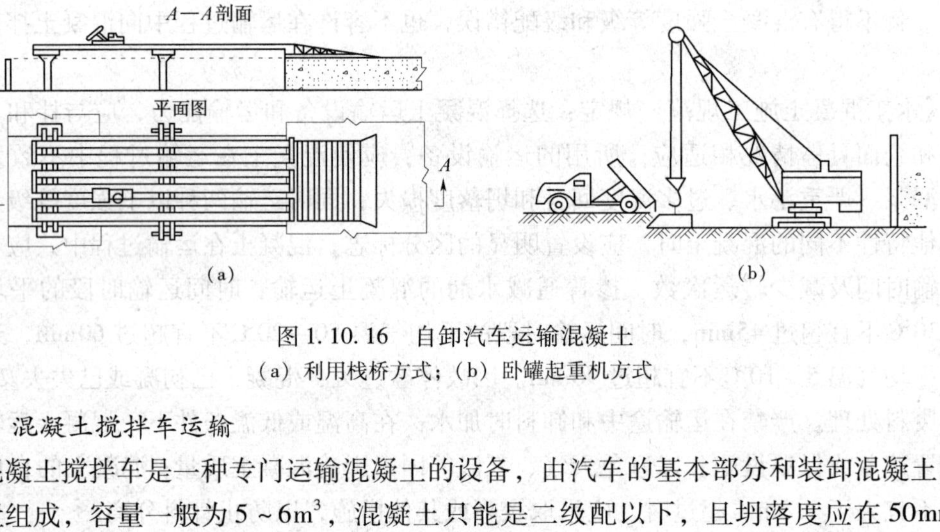

图1.10.16　自卸汽车运输混凝土

（a）利用栈桥方式；（b）卧罐起重机方式

3. 混凝土搅拌车运输

混凝土搅拌车是一种专门运输混凝土的设备，由汽车的基本部分和装卸混凝土的工作装置组成，容量一般为5～6m³，混凝土只能是二级配以下，且坍落度应在50mm以上，否则难以卸料。优点是运输平稳，混凝土和易性不会有大的改变，且混凝土温度损失小。

4. 铁路运输

大型水利水电工程混凝土运输利用平坦的地形条件或水电站的尾水平台布置铁路，利用平板机车拖挂3～5节列车运送混凝土。常用的方式有“三罐一空”或“四罐一空”。此方式的运输量大，运输平稳，混凝土质量容易保证，且有利发挥起重机的效率。如图1.10.18所示，为“两罐一空”方式。

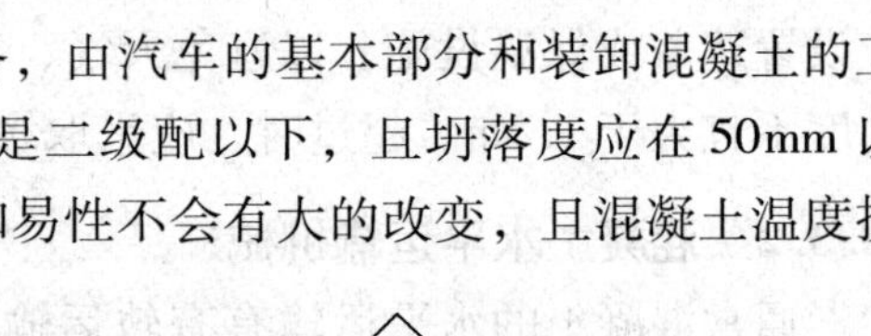

图1.10.17　自卸汽车通过溜槽卸料

1—车厢；2—溜槽；3—串桶

10.3.3 混凝土垂直运输机械

混凝土垂直运输又称为浇筑仓前到仓内的运输，由起重机完成。常用的起重机有以下几种：

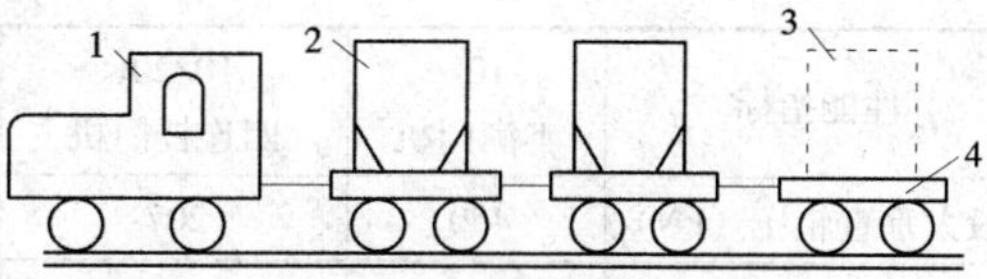

图 1.10.18　平台机车拖挂混凝土立罐

1—柴油机车；2—混凝土罐；3—空位；4—平台车

1. 门式起重机

10/20t 门机如图 1.10.19 所示，它是一种可沿钢栈桥轨道移动的大型起重机。门架中间可通行 2～3 列平台机车，近距离起吊 20t，远距离 10t。门机型式有单杆臂架（如丰满门机）和四连杆臂架（如大连产 10/20 门机）。前者结构简单，控制范围小；后者臂架可以收缩，减小空间占位，便于相邻门机靠近浇筑同一浇筑块，生产率高，可加快浇筑速度，但结构较复杂。

高架门机是 20 世纪 40 年代由门机发展起来的，起重幅度大，控制范围大，很适合于高坝、进水塔和大型厂房的浇筑。图 1.10.20 为三门峡 MQ540/30 型高架门机示意图。常用门机性能见表 1.10.1。

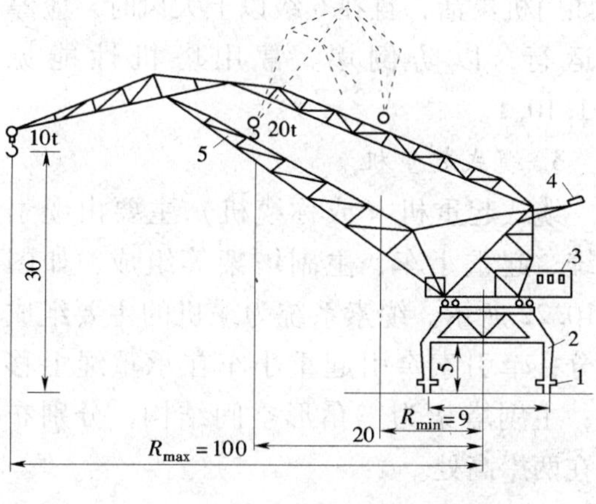

图 1.10.19　10/20t 四连杆门机（单位：m）

1—行驶装置；2—门架；3—机房；
4—平衡重；5—起重臂

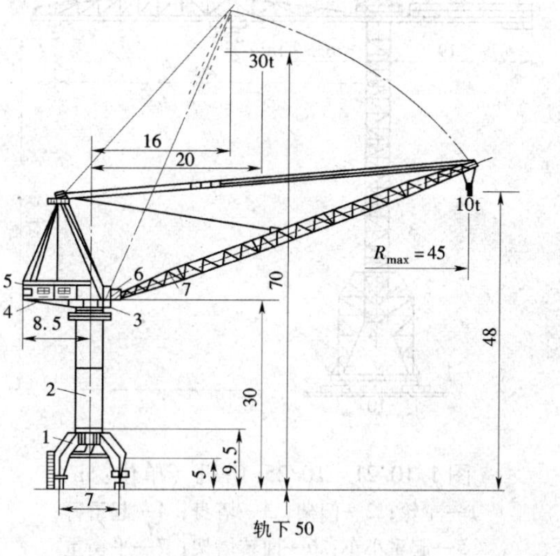

图 1.10.20　10/30t 高架门机（单位：m）

1—门架；2—圆筒高架塔身；3—回转盘；4—机房；
5—平衡重；6—操纵台；7—起重臂

表 1.10.1　　**常用门、塔机性能表**

性能指标	10t 丰满门机	10/20t 四连杆门机	10/25t 塔机	MQ540/30 高架门机	SDMQ1260/60 高架门机
最大起重力矩（kNm）	5292	3920	4410	5880	12348
起重量（t）	10/30	10/20	10/25	10/30	20/60
起重幅度（m）	(18－37)/18	(9－40)/(9－20)	(7－40)/(7－18)	(14－45)/(16－21)	(18－45)/(18－21)
总扬程（m）	90/39.5	75/75	88/42	120/70	115/72
轨上起重高度（m）	37	30	42	70	52/72

续表

性能指标	10t 丰满门机	10/20t 四连杆门机	10/25t 塔机	MQ540/30 高架门机	SDMQ1260/60 高架门机
最大垂直轮压（kN）	450	207	392	490	465
轨距（m）	7	10	10	7	10.5
机尾回转半径（m）	8.1	8	20.7	8.5	11.2
电源电压（V）	6000	380	380	6000	6000 或 10000
功率（kW）	215	284	217	230	419
整机质量（t）	151	239	293	210	358
产地	吉林	大连	太原、天津	三门峡	吉林

2. 塔式起重机

10/25t 塔机如图 1.10.21 所示。起重臂一般为水平状，塔身高，伸臂长，配两台起重小车，可沿起重臂移动。塔机本身有行走装置，可在栈桥上行走，可以增加其控制范围。塔机的控制范围大，但转动有限制，相邻塔机运行时的安全距离要求大，不如门机灵活，且在 6 级以上大风时，应停止运行，以防倒塌。常用塔机性能见表 1.10.1。

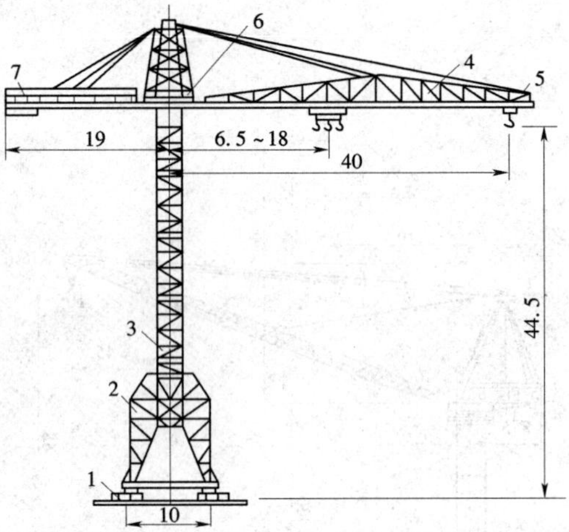

图 1.10.21　10/25t 塔机（单位：m）
1—车轮；2—门架；3—塔身；4—起重臂；5—起重小车；6—回转塔架；7—平衡重

3. 缆式起重机

缆式起重机（或称缆机）主要由缆索系统、起重小车、主副塔架等组成，如图 1.10.22 所示。缆索系统为缆机的主要组成部分；牵引索牵引起重小车在承重绳上移动；主副塔架为三角形空间结构，分别布置在两岸高处。

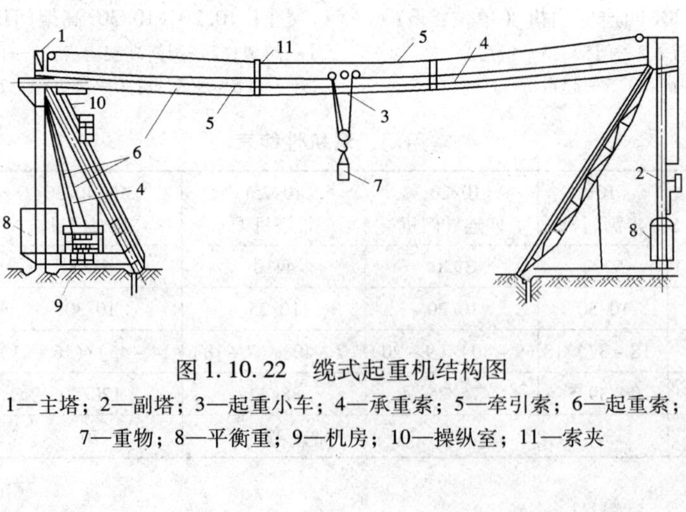

图 1.10.22　缆式起重机结构图
1—主塔；2—副塔；3—起重小车；4—承重索；5—牵引索；6—起重索；7—重物；8—平衡重；9—机房；10—操纵室；11—索夹

缆机的类型按塔架的移动情况分为固定式、平移式、辐射式和摆塔式四种。三峡工程二期混凝土浇筑采用摆塔式缆机。图 1.10.23 为辐射式缆机浇筑混凝土拱坝的布置图。

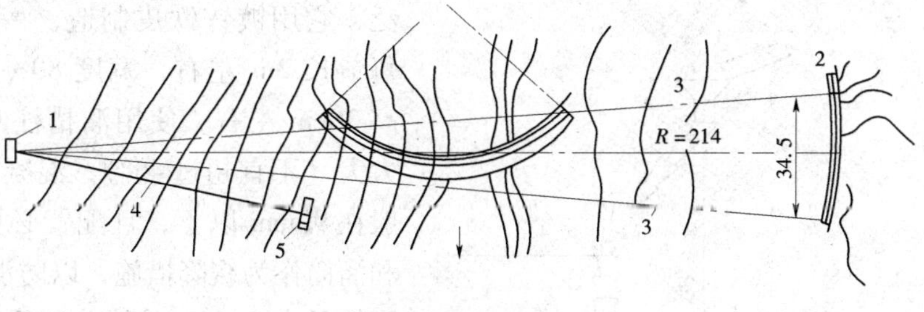

图 1.10.23 辐射式缆机浇筑拱坝的布置（单位：m）

1—主塔；2—副塔轨道；3—起重机极限；4—绞车索；5—绞车

缆机的起重量一般在 10～25t，最大可达 50t，跨度在 400～1300m 左右，起重小车水平移动速度 360～670m/min，吊钩的垂直升降速度 100～670m/min，吊运混凝土立罐 8～12 次，最大可吊运 24 罐，小时浇筑强度一般为 50～120m^3/h。

缆机适用于狭窄河床的混凝土浇筑。它的主要优点是：缆机安装工期灵活，对主体工程的干扰较小，不占浇筑部位；受水流控制的影响小，全年有效施工时间多；控制范围大，使用时间长，生产率高。但投资大，钢索容易损坏，通用性差，对地形要求高。

4. 其他垂直运输机械

除上述几种常用的混凝土垂直运输机械外，还有履带式起重机（或是反铲改装）、汽车式起重机、桅杆式起重机、升降塔和小型塔机等。一般适用于小型工程，或作为大中型工程运输混凝土的辅助设备。

10.3.4 泵送混凝土运输机械

混凝土输送泵有活塞式和风动式两种。混凝土输送能力为水平距离 200～450m，垂直高度 40～80m。主要用于浇筑配筋稠密或仓面狭窄部位，如隧洞衬砌与封堵、边墙混凝土浇筑。

混凝土输送泵运行须注意保持输送管道清洁，输送混凝土前，先通砂浆予以润滑管道，浇筑完毕应立即清洗输送泵及管道；保持进料斗始终处在满料状态；严格控制混凝土流动性和骨料粒径，混凝土坍落度一般为 100～160mm，水泥用量 250～300kg/m^3，骨料最大粒径在 40mm 左右。使用完毕后立即清洗机身和输送泵管。

10.3.5 塔带机运输

塔带机将混凝土水平运输和垂直运输合二为一，具有连续运输、生产效率高、运行灵活等特点。但由于运输强度大、速度快、高速入仓，对铺料、平仓和振捣也带来不利影响。近年来，塔带机（顶带机）和胎带机的引进和应用实现了对混凝土运输传统方式的变革，从而导致了皮带机运输混凝土的广泛应用。

10.3.6 混凝土运输的辅助设备

混凝土输送的辅助设备有吊罐、骨料斗、溜槽、溜管（图 1.10.24）等。特别是溜槽在边坡和混凝土面板浇筑中应用广泛，它用镀锌铁皮制造，一般成 U 形，每节长 2m 左右，宽度 80～120cm，缘高 30cm 左右。使用溜槽注意坡度不能太大（不宜超过 45°），混凝土坍落度一般在 90mm 以下，且配置必要的骨料斗和溜筒作为缓降措施，以防混凝土分离。溜筒是进入仓面前的分料缓降措施，其出口离浇筑面的高差不宜大于 2m。

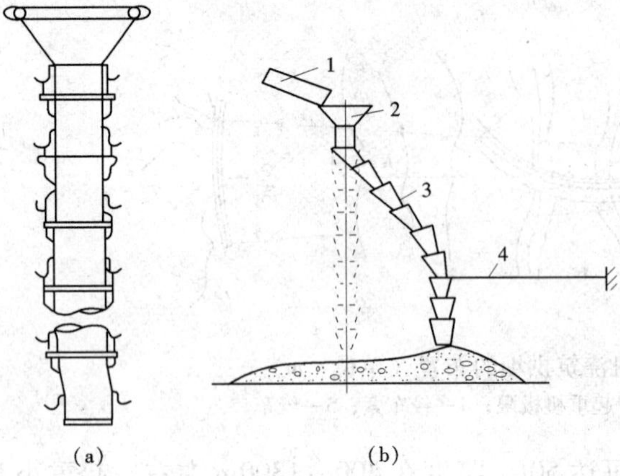

图 1.10.24 溜管

（a）垂直位置（b）拉向一侧卸料

1—运料工具；2—受料斗；3—溜管；4—拉索

近几年来，出现了一些新型的混凝土输送设备，如混凝土真空溜槽、MY-BOX 等，对解决混凝土在输送过程中的分离现象起到了很好的控制。这些设备在三峡、江垭等工程取得了成功经验。

10.4 混凝土浇筑与养护

混凝土浇筑是保证混凝土工程质量的最重要环节。混凝土浇筑过程包括浇筑前的准备工作、混凝土入仓铺料、平仓与振捣及养护等。

10.4.1 浇筑仓面准备工作

浇筑前的准备作业包括基础面的处理、施工缝处理、立模、钢筋及预埋件安设和全面检查与验收等。

1. 基础面处理

《水工混凝土施工规范》规定：建筑物地基必须验收合格后，方可进行混凝土浇筑的准备工作。岩基上的松动岩石和杂物、泥土均应清除。岩基面应冲洗干净并排净积水；如有承压水，必须采取可靠的处理措施。清洗后的岩基在浇筑混凝土前应保持洁净和湿润。软基和容易风化的岩基，应做好下列工作：

（1）在软基上准备仓面时，应避免破坏或扰动原状土壤。如有扰动，必须处理。

（2）非黏性土壤地基，如湿度不够，应至少浸湿 15cm 深，使其湿度与最优强度时的湿度相符。

（3）当地基为湿陷性黄土时，应采取专门的处理措施。

（4）在混凝土覆盖前，应做好基础保护。

2. 施工缝处理

施工缝是指浇筑块之间临时的水平和垂直结合缝，亦即新老混凝土之间的结合面。对需要接缝处理的纵缝面，只需冲洗干净可不凿毛，但须进行接缝灌浆。水平缝的处理，必须将老混凝土面的软弱乳皮清除干净，形成石子半露而不松动的清洁表面，以利新老混凝土接合。

《水工混凝土施工规范》规定：混凝土施工缝处理时，混凝土收仓面应浇筑平整，在其抗压强度尚未到达2.5MPa前，不得进行下道工序的仓面准备工作。混凝土施工缝面应无乳皮，微露粗砂。毛面处理宜采用25～50MPa高压水冲毛机，也可采用低压水、风砂枪、刷毛机和人工凿毛等方法。毛面处理的开始时间由试验确定。采取喷洒专用处理剂时，应通过试验后实施。

施工缝处理的方法有如下几种：

（1）高压水冲毛。高压水冲毛技术是一项高效、经济而又能保证质量的缝面处理技术，其冲毛压力为20～50MPa，冲毛时间以收仓后24～36h为宜，冲毛延时以每平米0.75～1.25min效果最佳。关键是掌握开始冲毛的时间，过早，会浪费混凝土，并造成石子松动；过迟，又难以达到清除乳皮的目的。时间选择应根据水泥品种、混凝土强度等级和外界气温等进行。

（2）风砂枪喷毛。用粗砂和水装入密封的砂箱，再通过压缩空气（0.4～0.6MPa）将水、砂混合后，经喷射枪喷向混凝土面，使之形成麻面。最后，用水清洗冲出的污物。一般在混凝土浇筑后24～48h内进行。此法质量好，效率高。

（3）钢刷机刷毛。这是一种专门的机械刷毛方式，类似街道清扫机，其旋转的扫帚是钢丝刷。其质量和工效高。

（4）人工或风镐凿毛。是对坚硬混凝土面用人工或风镐凿除乳皮。质量好，但工效低。风镐是利用空气压缩机提供的风压力驱动震冲钻头，震动力作用于混凝土面层，凿除乳皮。人工则是用铁锤和钢钎敲击。

3. 仓面检查

混凝土浇筑前准备工作检查：应按规范要求对基础面或混凝土施工缝进行处理；对模板、钢筋、预埋件质量进行检查，取得开仓证方可进行混凝土浇筑。有金属结构、机电安装和仪器埋设时，签发开仓证之前，应按相关规程或标准进行验收。检查混凝土生产是否处于正常状态。由施工方自检合格后，报经监理工程师核查，经监理工程师签发准浇证后，才能浇筑。

浇筑前进行技术交底，明确浇筑高程、铺料方式和厚度、特殊部位的浇筑要点等。

10.4.2 混凝土浇筑

1. 施工工艺要求

混凝土入仓料多采用平层浇筑法。它是沿仓面某一边逐条逐层有序连续铺填，上一层铺填完毕并振捣密实好后，紧接着铺填振捣下一层，逐层进行，直至浇至限定的浇筑高程为止，一般为3m以内，如图1.10.25（a）所示。每层厚度要根据振捣器性能、浇筑强度、混凝土初凝时间、气温高低和仓面条件等因素确定。一般情况下，层厚30～50cm，采用振捣器组时，可达70～80cm，人工铺料平仓时，层厚不超过30cm。当层间间歇超过混凝土初凝时间，会出现冷缝（即铺填上层混凝土时，下层混凝土已初凝），使层间抗渗，抗剪和抗拉的能力明显降低。当允许层间间隔时间t（h）已定后，为了不出现冷缝，应满足以下的条件：

$$KP(t-t_1) \geqslant B\ L\ h \quad (1.10.3)$$

式中 K——混凝土运输延误系数，一般取0.8~0.85；

P——浇筑仓面要求的混凝土运输、浇浇能力，m^3/h；

t_1——混凝土从出机到入仓的时间，h；

B、L——浇筑块的宽度和长度，m；

h——铺料层厚度，m。

出现冷缝的主要原因是浇筑能力不够和仓面面积过大。当采用其他措施（如使用缓凝剂、减水剂降低浇筑厚度等）仍不足以防止冷缝时，可采取斜层铺料法或阶梯铺料法，如图1.10.25（b）、图1.10.25（c）所示。这两种方法，都容易使混凝土在平仓振捣中出现分离。因此，混凝土坍落度不宜过大，浇筑块高度不宜超过2m。

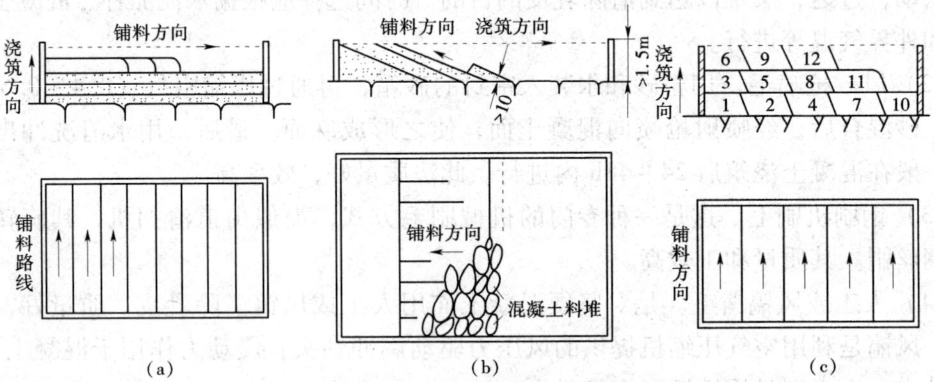

图1.10.25 混凝土铺料方法

（a）平层铺料；（b）斜层铺料；（c）阶梯铺料

混凝土平仓可采用振捣器平仓，斜向插入混凝土料堆，自下而上进行；大型工程大仓面混凝土平仓，一般用平仓机进行；小部位或边角部位利用人工铁锹平仓。须注意，振捣器平仓不能代替振捣密实工序。规范要求：入仓的混凝土应及时振捣，不得堆积。仓内若有粗骨料堆叠时，应均匀地分布于砂浆较多处，但不得用水泥砂浆覆盖，以免造成内部蜂窝。在倾斜面上浇筑混凝土时，应从低处开始浇筑，浇筑面应保持水平，在倾斜面处收仓面应与倾斜面垂直。

振捣是混凝土浇筑的关键工序，应在平仓后立即进行。按振捣方式不同，振捣器分为插入式、外部式和表面式三种，如图1.10.26所示。其中，外部式适用于柱、墙等结构尺寸小且钢筋稠密的构件；表面式适用于路面、薄板等混凝土浇筑；插入式在大体积混凝土工程中运用较广。插入式振捣器按动力源又分为电动软轴式、电动硬轴式和风动式三种，以电动式应用最普遍，其振动影响半径大，捣实质量好，使用方便。

电动软轴式应用在钢筋密集、结构较薄的部位，有B-50型，ϕ63型等，频率为6000次/min和11560次/min，电动机与振捣棒用软轴连接，如图1.10.27所示。电动硬轴式的电机与棒体合在一起，国产型号有HZ6P-80D、HZ6X-30等，一般用于三级、

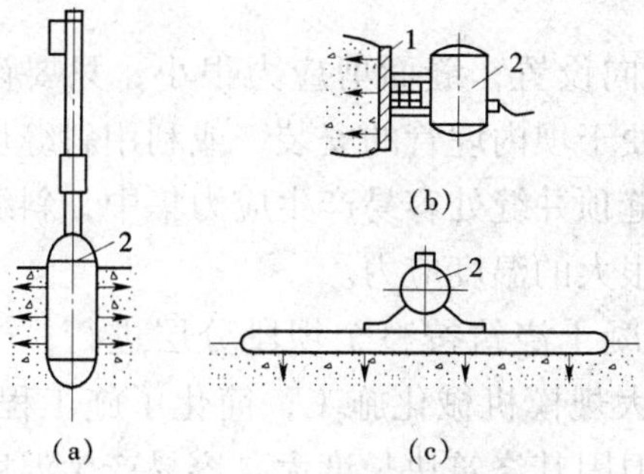

图 1. 10. 26　混凝土振捣器图

（a）内部式；（b）外部式；（c）表面式

1—模板；2—振捣器

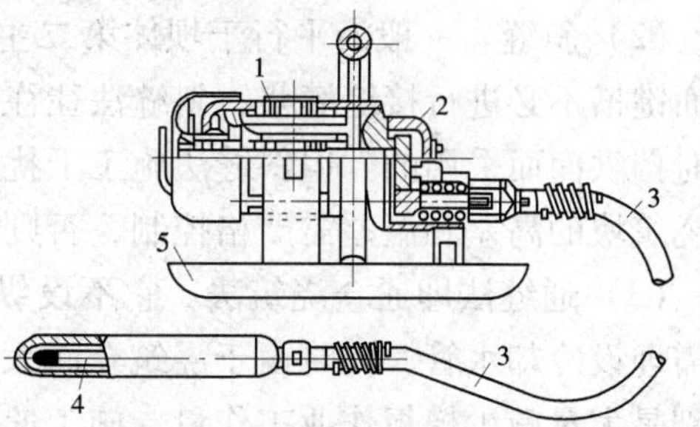

图 1. 10. 27　电动软轴插入式振捣器

1—电机；2—机械增速器；3—软轴；

4—振捣棒；5—底盘

四级配的大体积混凝土浇筑。

使用插入式振捣器，应垂直插入混凝土内部，快插慢拔，并插入下层混凝土 5 ~ 10cm，以消除上、下层间的接缝。振动棒上下略为抽动，振捣时间为 20 ~ 30s，插点要均匀，逐点移动，按顺序进行，不得遗漏，移动间距不大于振动棒作用半径的 1.5 倍（一般为 30 ~ 50cm），靠近模板距离不应小于 20cm。平板振动器的移动间距应能保证振捣器的平板覆盖已振实部分边缘。振捣器不要碰到钢筋和模板。

振实标准可按以下一些现象判别：混凝土面不再出现气泡、不再显著下沉、表面泛浆为准。

2. 混凝土坝的分缝与分块

混凝土坝的浇筑块是用垂直于坝轴线的横缝和平行于坝轴线的纵缝以及水平缝划分而成的。分缝方式有垂直纵缝法、错缝法、斜缝法、通仓浇筑法等，见图 1. 10. 28。

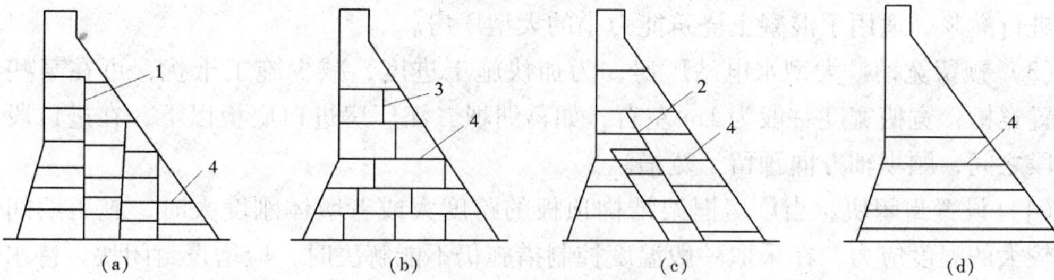

图 1. 10. 28　混凝土坝分缝方式

（a）垂直纵缝法；（b）错缝法；（c）斜缝法；（D）通仓浇筑法

1—纵缝；2—斜缝；3—错缝；4—水平缝

（1）纵缝法。用垂直纵缝把坝段分成独立的柱状体，因此又叫柱状分块。它的优点是温度控制容易，混凝土浇筑工艺较简单，各柱状块可分别上升，彼此干扰小，施工安排灵活，但为保证坝体的整体性，必须进行接缝灌浆；模板工作量大，施工复杂。纵缝间距一般为 20 ~ 40m，以便降温后接缝有一定的张开度，便于接缝灌浆。为了传递剪应力的需要，在纵缝面上设置键槽，并需要在坝体到达稳定温度后进行接缝灌浆，以增加其传递剪应力的能力，提高坝体的整体性和刚度。

（2）斜缝。一般沿平行于坝体第二主应力方向设置，缝面剪应力很小，只要设置缝面键槽不必进行接缝灌浆，斜缝法往往是为了便于坝内埋管的安装，或利用斜缝形成临时挡洪面而采用的。但斜缝法施工干扰大，斜缝顶并缝处容易产生应力集中，斜缝前后浇筑块的高差和温差需严格控制，否则会产生很大的温度应力。

（3）通缝法即通仓浇筑法。它不设纵缝，混凝土浇筑按整个坝段分层进行；一般不需埋设冷却水管。同时由于浇筑仓面大，便于大规模机械化施工，简化了施工程序，特别是大量减少模板作业工作量，施工速度快，但因其浇筑块长度大，容易产生温度裂缝，所以温度控制要求比较严格。

3. 水电站主厂房混凝土施工

水电站主厂房通常以发电机层为界，分为下部结构和上部结构。下部结构大多数是大体积钢筋混凝土，有尾水管、锥管、蜗壳、机墩等大的孔洞结构；上部结构一般为钢筋混凝土板、梁、柱、屋架等轻型结构，与工业厂房基本相似。下部结构是介于大体积混凝土和杆件系统之间的结构形式，其尺寸大、孔洞多、受力条件复杂，必须分层分块进行浇筑。合理的分层分块是减少混凝土温度应力、保证工程质量和结构整体性的重要措施。

（1）分层通仓浇筑。即整个厂房段不设纵缝，逐层浇筑。此法可加快施工进度，又有利于结构的整体性。适用于厂房尺寸不大、混凝土浇筑可安排在低温季节或具有一定的温度控制能力的厂房施工。

（2）错缝分块浇筑（又称砌砖法）。即上、下层浇筑块相互搭接，相邻浇筑块均匀上升的施工方法。错缝分块长度一般为 8 ~ 30m，分层厚度 2 ~ 4m，下层浇筑块的搭接长度大约为浇筑块厚度的 1/3 ~ 1/2。当采用台阶缝隙施工时，相邻块高差一般不得超过 4 ~ 5m。在结构较薄弱部位的垂直或水平施工缝，必要时设置键槽，埋设止浆片及灌浆系统进行灌浆。适用于混凝土浇筑能力小的大型厂房。

（3）预留宽槽。大型水电站厂房，为加快施工进度，减少施工干扰，可在某些部位设置宽槽，宽槽宽度一般为 1m 左右，如葛洲坝二江厂房进口底板以下，在进口段与主机段之间，顺坝轴方向预留了宽槽。

（4）设置封闭块。当厂房框架结构顶板的跨度大或者墩体刚度大时，施工期间会出现较大的温度应力，在采取一般温度控制措施仍不能解决时，应增设封闭块。待水化热散发和混凝土体积变形基本结束后，选择适当时间用微膨胀混凝土回填。

10.4.3 混凝土养护

养护是保证混凝土强度增长，表面不发生干缩裂缝，保证混凝土质量的必要措施。

混凝土浇筑完毕后，应在 12h 以内加以覆盖，并洒水养护。每日洒水次数应能保持混凝土处于足够的润湿状态。冬季应采取保温措施，减少洒水次数，气温低于 5℃时，应停止洒水。

混凝土浇水养护时间，掺用缓凝型外加剂或有抗渗要求的混凝土不得小于 14 天；大跨度梁、板或悬臂梁需带模养护 28 天以上，水工混凝土要求养护 28 天。在混凝土强度达到1.25MPa之前，不得在其上踩踏或施工振动。大面积结构如底板、楼板、屋面等可洒水养护，储水池可蓄水养护。可喷洒养护剂，在混凝土表面形成保护膜，防止水分蒸发，达到养护的目的。也可用草袋、锯末、无纺布或塑料薄膜等覆盖。

10.4.4 混凝土冬、夏季施工

1. 混凝土冬季施工

当温度降低到0℃时，存在于混凝土中的水有一部分开始结冰，逐渐由液相（水）变为固相（冰）。因此，水化作用减慢，强度增长相应较慢。温度继续下降，水泥水化作用基本停止，强度不再增长。水变成冰后，体积增大，同时产生较大的冰胀应力。其冰胀应力值常常大于水泥石内部形成的初期强度值，使混凝土受到不同程度的破坏，还会在骨料和钢筋表面上产生颗粒较大的冰凌，减弱水泥浆与骨料和钢筋的黏结力，从而影响混凝土的强度。当冰凌融化后，又会在混凝土内部形成各种各样的空隙，而降低混凝土的密实性和耐久性。

由此可见，在冬季混凝土施工中，对于预先养护期长，获得初期强度较高的混凝土受冻后，后期强度几乎没有损失。而对于预先养护期短，获得初期强度比较低的混凝土受冻后，后期强度都有不同程度的损失。

规范规定：“寒冷地区5℃以下或最低气温稳在 -3℃以下时”混凝土施工必须采取冬季施工措施，要求混凝土强度达到设计要求的50%以前不遭受冻结。由于受工期制约，许多工程的混凝土在冬季施工是不可避免的。因此，必须采取相应的冬季施工措施，以保证混凝土质量。

混凝土冻结前，使其在正常温度下有一段预先养护期，以加速水泥的水化作用。使混凝土获得不遭受冻害的最低预养强度值，称为混凝土受冻的临界强度。为与国际衡量标准一致，更能反映混凝土的实际强度，以及测定养护温度和时间也比较方便，现行规范规定：以1800℃·h的成熟度为标准，所谓成熟度是指混凝土养护温度与养护时间的乘积。对普通硅酸盐水泥混凝土的强度可以达到设计强度等级的40%以上，与原规范临界强度值较接近。

混凝土冬季施工措施有：

（1）调整配合比法。主要适用于0℃左右的混凝土施工。选择适当品种的水泥，应使用硅酸盐水泥（R型）或快硬水泥，该品种水泥水化热较大，且在早期强度较高，效果较明显。尽量降低水灰比，水灰比不大于0.6，一般水泥用量300kg/m^3，从而增加水化热量，提高了混凝土早期强度。

（2）蓄热法。主要用于室外日平均气温 -10℃以上，结构比较厚大的结构。对原材料（水、砂、石）进行加热，使混凝土在搅拌、运输和浇筑以后，还储备有相当的热量，并加强保温，以保证在温度降到0℃以前使新浇混凝土具有足够的抗冻能力。此法施工简单、经济，但要注意保温，避免角部与外露表面受冻。

当气温在3～5℃以下可加热水拌和，水温不宜超过60℃，否则易产生假凝。砂子加热的温度不宜超过60℃，石子不能超过40℃。水泥不能直接加热，宜在使用前放置暖棚内存放，升温不宜过高。具体可通过热工计算。

（3）外部加热法。主要用于小范围、结构不大、要求较高的特殊结构。常采用搭设暖棚火炉加热、蒸气加热、电加热、红外线等对混凝土进行密封辐射加热。此类方法可使混凝土获得较高的温度，但设备复杂，能耗多，热效率低，费用高。

（4）掺外加剂法。在 -10℃以上的气温中，对混凝土拌和物掺加一种能降低水的冰点的化学剂，使混凝土在负温下仍处于液相状态，水化作用能继续进行，从而使混凝土强度继续增长。目前常用的化学剂有氯化钙、氯化钠、硫酸钠、木质素磺酸钙等。使用氯盐类早强剂必须慎重，以免钢筋与混凝土受到侵害，注意适当添加阻锈剂。

在保持混凝土配合比不变的情况下，加入引气剂后生成的气泡，相应增加了水泥浆的体积，提高拌和物的流动性，改善其黏聚性及保水性，缓冲混凝土内水结冰所产生的冰压力，提高混凝土的抗冻性。

总之，混凝土冬季作业应做好施工组织上的合理安排，创造混凝土强度快速增长的条件；合理选择水泥品种、外加剂；延长混凝土的拌和时间；减少拌和、运输、浇筑中的热量损失；预热拌和材料；增加保温、蓄热和加热养护措施。

2. 混凝土夏季施工

在混凝土凝结过程中，水泥水化速度与环境温度成正比。夏季气温较高，平均气温超过30℃，若不采取冷却降温措施，便会对混凝土质量产生不良影响。若气温骤降或水分蒸发过快，易引起表面裂缝，浇筑块体冷却收缩时因基础约束会引起贯穿裂缝，影响坝体的整体性和防渗性能。所以规范规定，当气温超过30℃时，混凝土生产、运输、浇筑等各个环节应采取夏季施工措施。采取一系列的预冷降温、散热以及充分利用低温时段浇筑等措施实施温度控制。

10.5 预应力钢筋混凝土

普通钢筋混凝土构件在荷载作用下，受拉区的混凝土较容易开裂。此时，受拉钢筋的应力只达到30MPa。对于允许出现裂缝的构件，当裂缝宽度限制在0.2~0.3mm时，受拉钢筋的应力也只达到200MPa左右，钢筋的作用没有得到充分发挥。为了提高构件的抗裂性，并使高强度钢材能充分发挥作用，在结构或构件承受荷载以前，在受拉区域通过对高强度钢筋进行张拉后将钢筋的回弹力施加给混凝土，使混凝土受到一个预压应力。当该构件在荷载作用下产生拉应力时，受拉区混凝土的拉伸变形首先与压缩变形抵消，随着荷载的不断增加，受拉区混凝土才逐渐受拉，从而提高了构件的抗裂度和刚度。

预应力混凝土构件与钢筋混凝土构件相比，具有截面小、自重轻、节约钢材（节约钢材20%~40%）、刚度大、抗裂性高和耐久性好等优点，可有效地利用高强度钢筋和高强度等级的混凝土。但预应力混凝土施工工序多，需要专门的机械设备，工艺比较复杂，操作要求较高。

为了使预应力混凝土结构中的钢筋与混凝土共同工作、共同受力，提高两者的黏结力、郑家锚固能力，预应力混凝土的强度等级不宜低于C30，若采用碳素钢丝、钢绞线、热处理钢筋作预应力钢筋时，混凝土强度等级不小于C40。

预应力混凝土预加应力的方法有先张法和后张法（包括无黏结后张法）两种。

10.5.1 先张法

1. 先张法施工工艺

先张法是在浇筑混凝土前张拉预应力筋，并将张拉的预应力筋临时固定在台座上（或钢模上），然后浇筑混凝土，待混凝土强度达到设计强度的75%以上，预应力筋与混凝土之间具有足够的黏结力之后，在端部放松预应力筋，使混凝土产生预压应力，如图1.10.29所示。

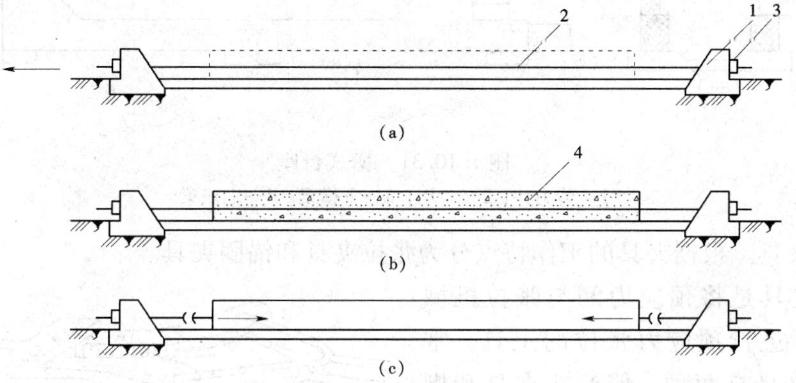

图1.10.29　先张法施工顺序

（a）张拉应力钢筋；（b）浇筑混凝土；（c）放松预应力筋

1—台座；2—预应力筋；3—夹具；4—构件

先张法是将构件固定在台座上生产，预应力筋的张拉力由台座承受。预应力筋的张拉、锚固与混凝土的浇筑、养护和预应力筋的放张等均在台座上进行。这种方法不需要复杂的机械设备，既可露天生产、自然养护，也可采用湿热养护，适用于中小型预应力混凝土构件的生产。

2. 张拉设备和机具

（1）台座。台座是先张法生产中的主要设备，承受预应力筋的张拉力。台座按结构形式分为墩式和槽式两种。

1）墩式台座。有重力式和构架式两种，如图1.10.30所示。重力式台座主要靠自重来平衡张拉力所产生的倾覆力矩；构架式台座主要靠土压力来平衡张拉力所产生的倾覆力矩。

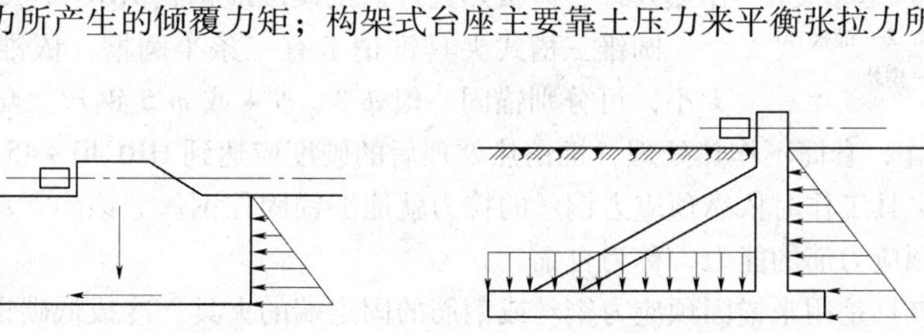

图1.10.30　墩式台座

（a）重力式台座；（b）构架式台座

2）槽式台座。浇筑中小型吊车梁时，由于张拉力和倾覆力矩都很大，一般多采用槽式台座。如图 1. 10. 31 所示，它由钢筋混凝土立柱、上下横梁和台面组成。为便于拆卸迁移，台座应设计成装配式。此外，在施工现场也可利用条石或已预制好的柱、桩和基础梁等构件，装配成简易式台座。

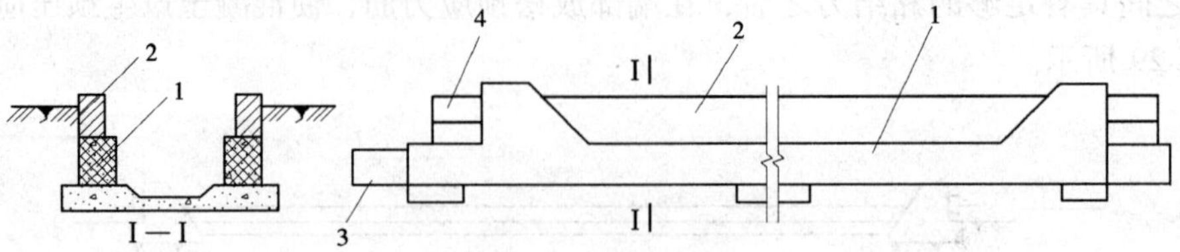

图 1. 10. 31　槽式台座

1—传力柱；2—砖墙；3—下横梁；4—上横梁

（2）夹具。根据夹具的工作特点分为张拉夹具和锚固夹具。

张拉夹具是将预应力筋与张拉机械连接起来，进行预应力张拉的工具。常用的张拉夹具有两种：偏心式夹具和楔形夹具。偏心式夹具由一对带齿的月牙形偏心块组成，如图 1. 10. 32 所示；楔形夹具由锚板和楔块组成，如图 1. 10. 33 所示。

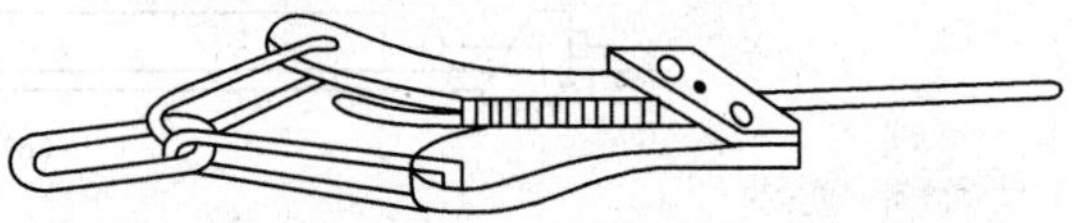

图 1. 10. 32　偏心式夹具

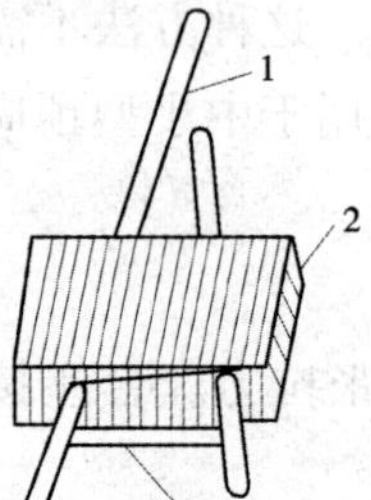

图 1. 10. 33　楔形夹具

1—钢丝；2—锚板；3—楔块

锚固夹具是将预应力筋临时固定在台座横梁上的工具。常用的锚固夹具主要有锥形夹具、圆套筒夹具、三片式夹具、方套筒两片式夹具、镦头夹具等。

锥形夹具是用来锚固预应力钢丝的，由中间开有圆锥形孔的套筒和刻有细齿的锥形齿板或锥销组成，分别称为圆锥齿板式夹具和圆锥三槽式夹具。见图 1. 10. 34 和图1. 10. 35。

圆锥齿板式夹具的套筒和齿板均用 45 号钢制作。套筒不需作热处理，齿板热处理后的硬度应达到 HRC40 ~ 50。

圆锥三槽式夹具锥销上有三条半圆槽，依锥销上半圆槽的大小，可分别锚固一根 ϕ^b3、ϕ^b4 或 ϕ^b5 钢丝。套筒和锥销均用 45 号钢制作，套筒不作热处理，锥销热处理后的硬度应达到 HRC40 ~ 45。

锥形夹具工作时依靠预应力钢丝的拉力就能够锚固住钢丝。锚固夹具本身牢固可靠地锚固住预应力筋的能力，称为自锚。

镦头夹具是用来锚固预应力钢丝或钢筋的固定端的夹具。冷拔低碳钢丝可采用冷镦或热镦方法制作镦头；碳素钢丝只能采用冷镦方法制作镦头；直径小于 22mm 的钢筋可在对焊机上采用热镦方法制作镦头；大直径的钢筋只能采用热锻方法锻制镦头。镦头夹具如图 1. 10. 36 所示。

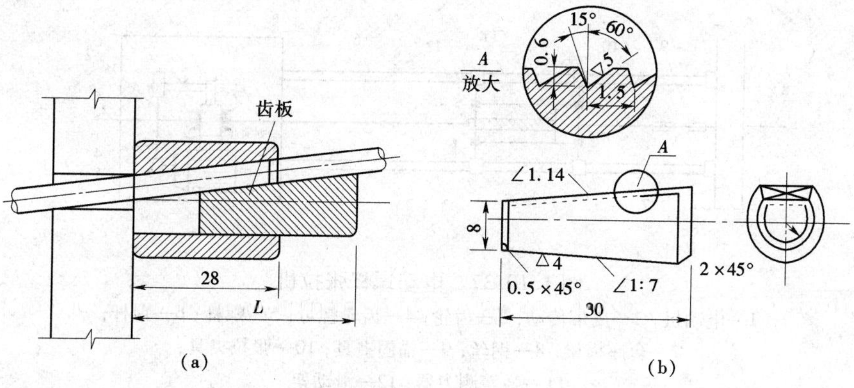

图 1.10.34　圆锥齿板式夹具（单位：mm）

（a）装配图；（b）工形齿板

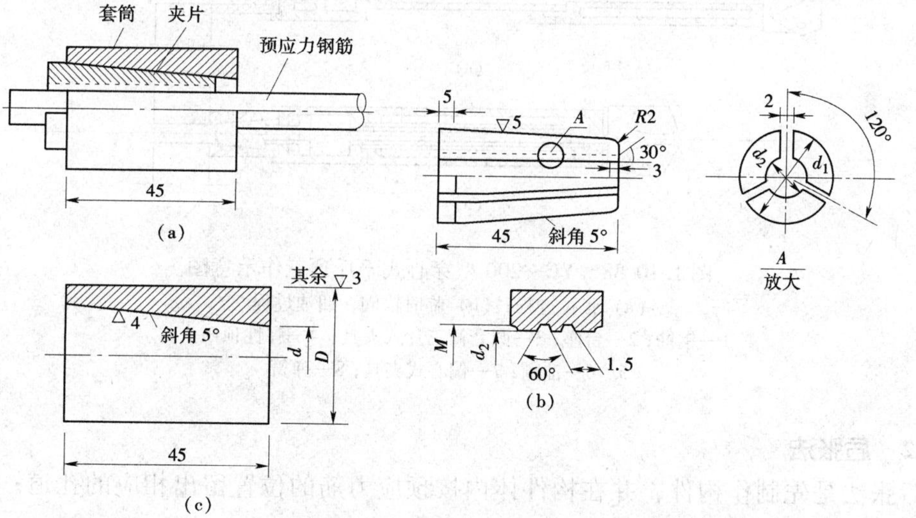

图 1.10.35　圆锥三槽式夹具（单位：mm）

（a）装配图；（b）锥销；（c）套筒

（3）张拉机械。先张法施工中预应力筋可单根张拉或多根成组张拉。常用的张拉机械有以下几种：

1）电动螺杆张拉机。电动螺杆张拉机由张拉螺杆、变速箱、拉力架、承力架和张拉夹具组成。电动螺杆张拉机可以张拉预应力钢筋也可以张拉预应力钢丝。如图 1.10.37 所示。

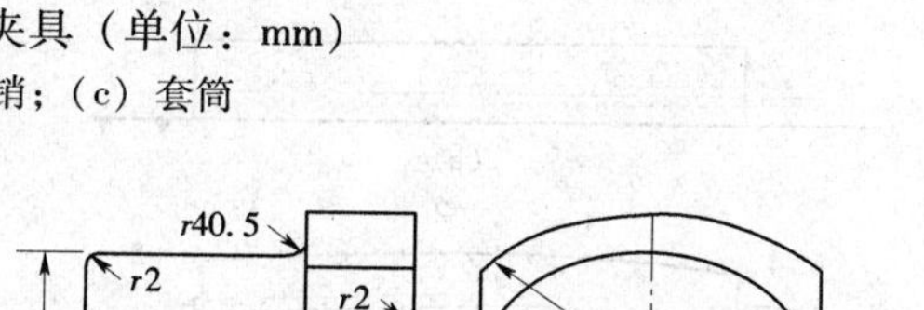

图 1.10.36　单根墩头夹具（单位：mm）

2）YC—200 型穿心式千斤顶。张拉直径 12 ~ 20mm 的单根预应力钢筋，可采用 YC—200 型穿心式千斤顶，如图 1.10.38 所示。由偏心式夹具、油缸和弹性顶压头组成。

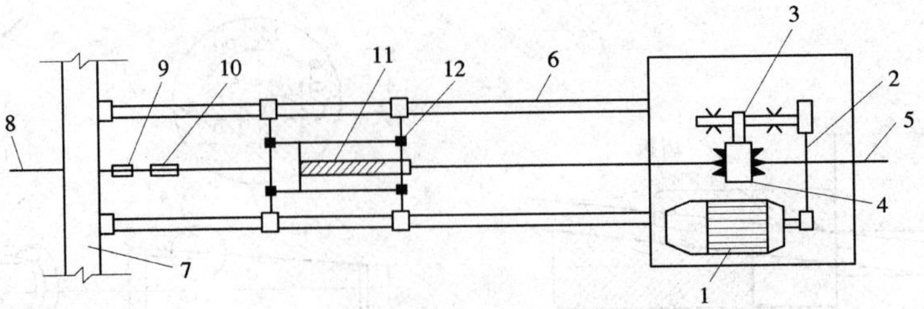

图 1.10.37　电动螺杆张拉机

1—电动机；2—皮带传动；3—齿轮；4—齿轮螺母；5—螺杆；6—顶杆；
7—台座横梁；8—钢丝；9—锚固夹具；10—张拉夹具；
11—弹簧测力器；12—滑动架

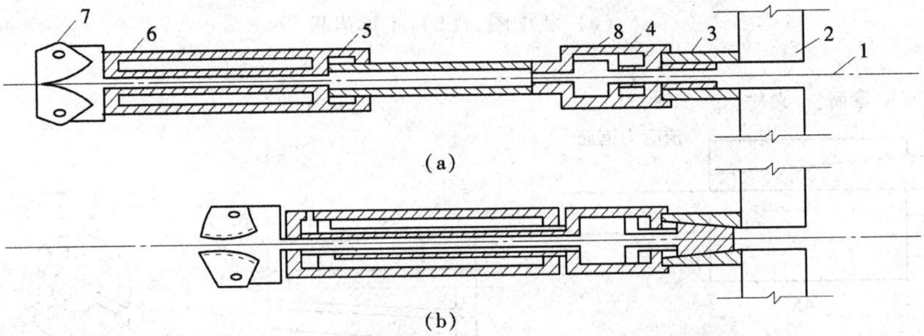

图 1.10.38　YC—200 型穿心式千斤顶工作示意图

(a) 张拉过程；(b) 临时锚固，回油过程
1—钢筋；2—台座；3—圆套筒三片式夹具；4—弹性顶压头；
5、6—油嘴；7—偏心式夹具；8—弹簧

10.5.2　后张法

后张法是先制作构件，并在构件体内按预应力筋的位置留出相应的孔道；待构件的混凝土强度达到规定的强度（一般不低于设计强度的 75%）后，在预留孔道中穿入预应力钢筋（或钢丝）进行张拉，并利用锚具把张拉后的预应力筋锚固在构件的端部，依靠构件端部的锚具将预应力筋的预张拉力传给混凝土，使其产生预压应力；最后在孔道中灌入水泥浆，使预应力筋与混凝土构件形成整体。图 1.10.39 为预应力混凝土构件采用后张法生产的示意图。

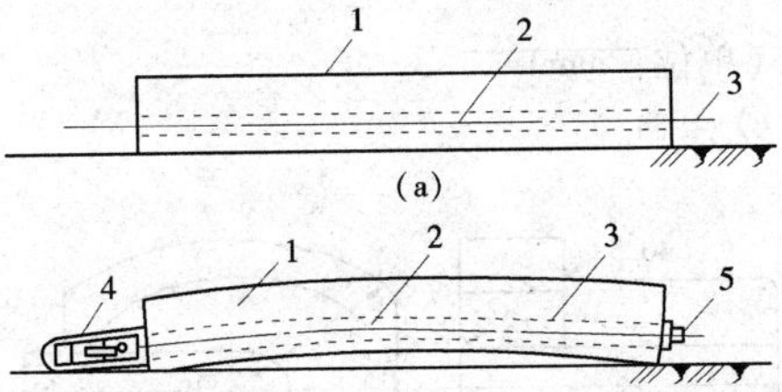

图 1.10.39　预应力混凝土后张法生产示意图

(a) 制作混凝土构件；(b) 张拉钢筋；
(c) 锚固与孔道灌浆
1—混凝土构件；2—预留孔道；3—预应力筋；
4—千斤顶；5—锚具

采用后张法施工时，预应力筋的张拉是在构件端部直接进行的，不需要专门的台座，故可在现场进行。它可以现场生产大型构件（薄腹梁、吊车梁、屋架），也可以作为预制构件的拼装手段。采用后张法生产时，因为留设在构件上的锚具不能重复使用，故耗钢量大；由于孔道留设、穿筋、灌浆和锚具部分预压应力局部集中处需加配筋等原因，使端部断面构造和施工操作都比先张法复杂。后张法的生产工艺流程如图 1.10.40 所示。

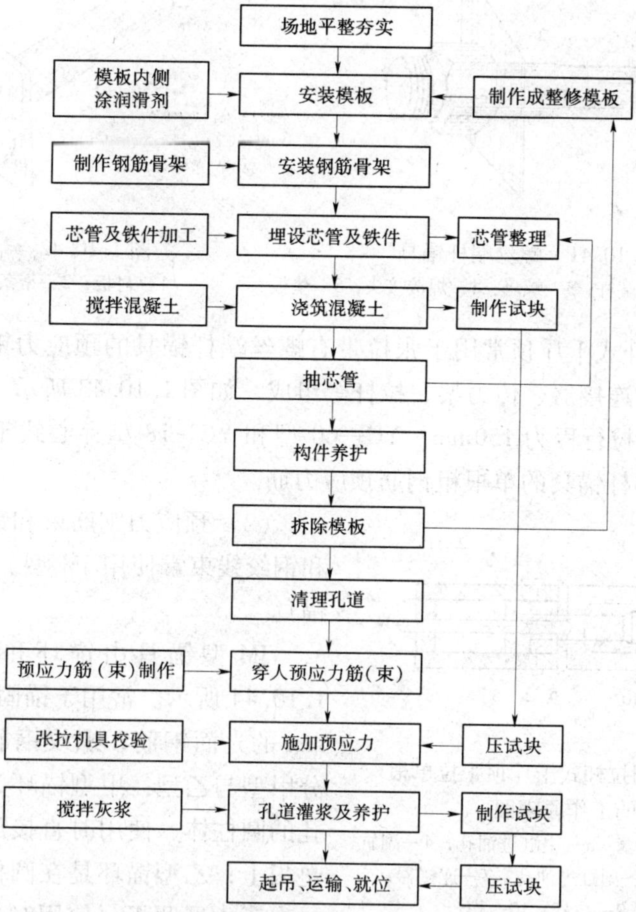

图 1.10.40　后张法生产工艺流程示意图

1. 锚具、预应力筋和张拉设备

在后张法施工中的锚具、预应力筋和张拉设备是相互配套的。现在常用的预应力筋有单根粗钢筋、钢绞线束（钢筋束）和钢丝束三类。它们的加工方法与钢筋的直径、锚具的形式、张拉设备和张拉工艺有关，其中锚固预应力筋的锚具必须具有可靠的锚固能力，并且不能超过预期的滑移值。

（1）用单根钢筋作预应力筋。用单根粗钢筋作预应力筋时，张拉端通常采用螺丝端杆锚具，固定端采用帮条锚具。

螺丝端杆锚具由螺丝端杆、螺母、垫板组成，如图 1.10.41 所示。螺丝端杆与预应力钢筋的焊接，应在预应力筋冷拉以前进行。冷拉时螺母的位置应在螺丝端杆的端部，经冷拉后螺丝端杆不得发生塑性变形。

帮条锚具由衬板与三根帮条焊接而成，见图 1.10.42。这种锚具可作为冷拉Ⅱ级与Ⅲ级钢筋的固定端锚具用。帮条固定时，三根帮条与衬板相接触部分的截面应在同一垂直面上，以免受力时产生扭曲。

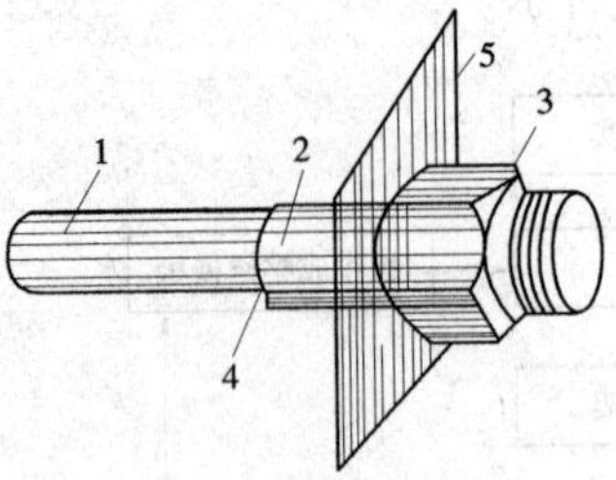

图 1.10.41　螺丝端杆锚具

1—钢筋；2—螺丝端杆；3—螺母；4—焊接接头；5—垫板

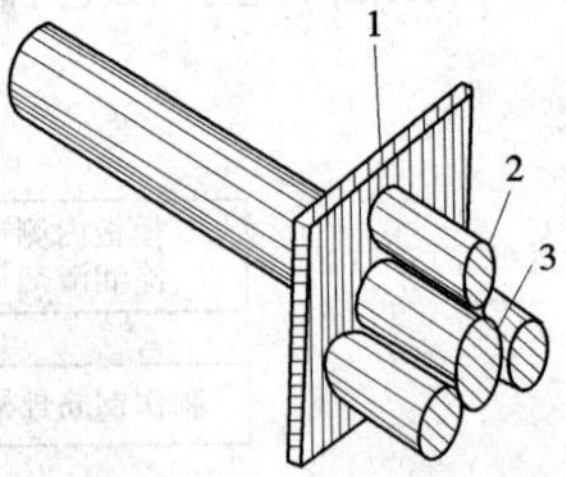

图 1.10.42　帮条锚具

1—衬板；2—帮条；3—主筋

YL—60 型拉杆式千斤顶常用于张拉带有螺丝端杆锚具的预应力钢筋。由主缸、副缸、主副缸活塞、连接器、传力架、拉杆等组成，如图 1.10.43 所示。这种千斤顶张拉吨位为 600kN；张拉行程为 150mm。YC—60 型和 YC—18 型穿心式千斤顶改装后可用于张拉带有螺丝端杆锚具的单根粗钢筋预应力筋。

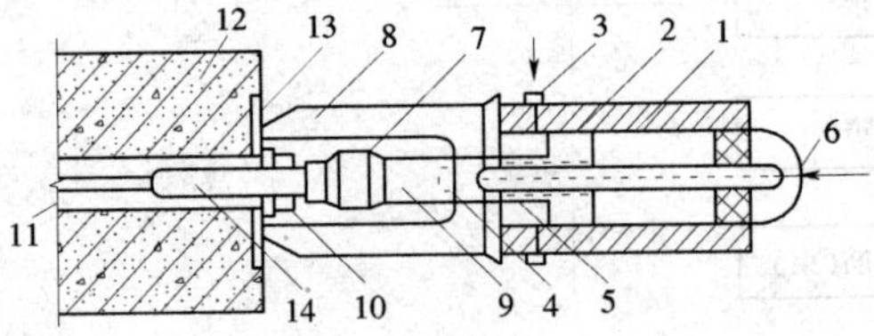

图 1.10.43　用拉杆式千斤顶张拉单根钢筋的工作原理图

1—主缸；2—主缸活塞；3—主缸进油孔；4—副缸；5—副缸活塞；6—副缸进油孔；7—连接器；8—传力架；9—拉杆；10—螺母；11—预应力筋；12—混凝土构件；13—螺丝端杆；14—螺丝端杆

（2）预应力钢筋束和钢绞线束。钢筋束和钢绞线束常使用 JM 型、QM 型、XM 型等锚具。

JM 型锚具由锚环和夹片组成，如图 1.10.44 所示。常用于锚固 3～6 根直径为 12mm 的光面钢筋、螺纹钢筋或钢绞线。锚环分甲型与乙型：甲型锚环为一个具有锥形内孔的圆柱体，使用时直接放置在构件端部的垫板上；乙型锚环是在圆柱体外部一端增加一个正方形肋板，使用时，将锚环预先埋在构件端部，不另设置垫板。

XM 型锚具是一种新型锚具，见图 1.10.45。它适用于锚固 1～12 根直径为 15mm 的预应力钢绞线束或钢丝束。这种锚具的特点是每根钢绞线都是分开锚固的，因此，任何一根钢绞线的失效（如钢绞线拉断、夹片碎裂等）都不会引起整束锚固失败。

QM 型锚具也是一种新型锚具，适用于锚固 4～31 根直径为 12mm 和 3～19 根直径为 15mm 的钢绞线束。它与 XM 型锚具的不同点是锚孔是直的，锚板顶面是平的，夹片垂直开缝；此外，备有喇叭形铸铁垫片与弹簧圈等。由于灌浆孔设在垫板上，锚板尺寸可稍小。QM 型锚具及其有关配件的形状见图 1.10.46。

使用 JM 型锚具、XM 型锚具和 QM 型锚具锚固时，可采用 YC 型穿心式千斤顶张拉钢筋束和钢绞线束。这种千斤顶的构造与工作原理如图 1.10.47（a）所示，其型号常

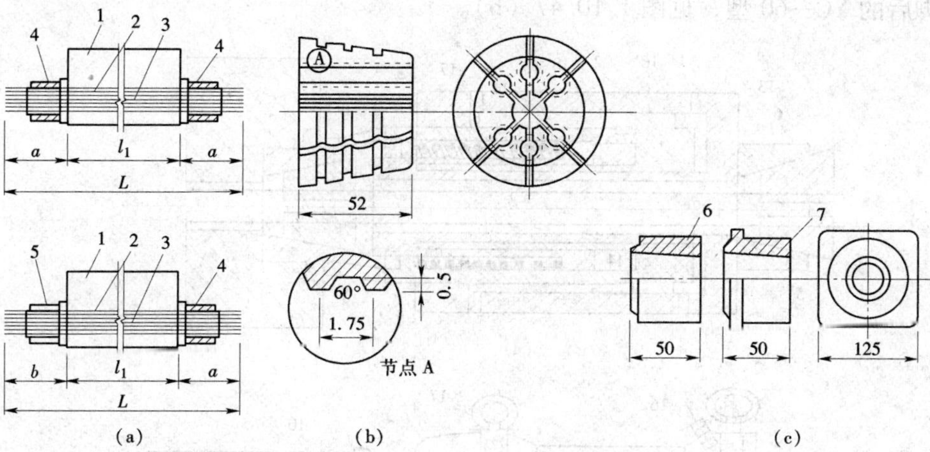

图 1.10.44　JM—12 型锚具

(a) 预应力筋与锚具连接；(b) JM 12—6 型夹片；(c) JM—12 型锚环

1—混凝土构件；2—孔道；3—钢筋束；4—JM—12 型锚具；

5—墩头锚具；6—甲型锚环；7—乙型锚环

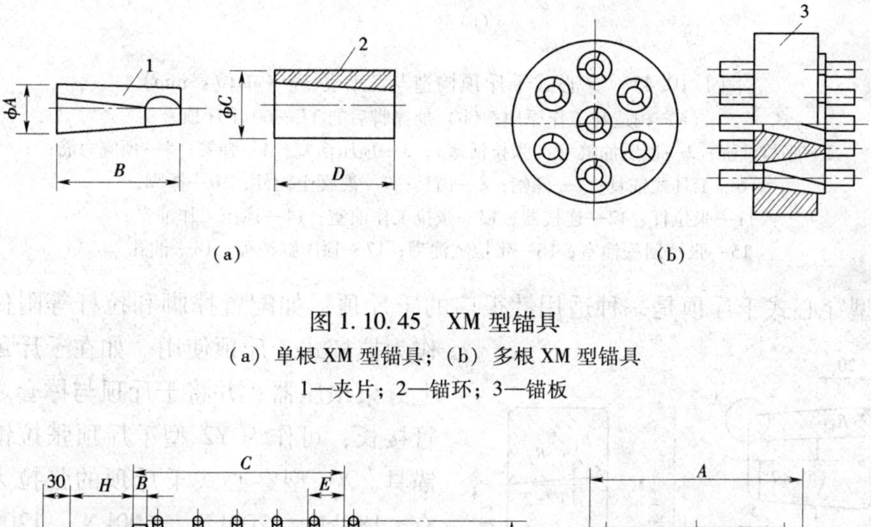

图 1.10.45　XM 型锚具

(a) 单根 XM 型锚具；(b) 多根 XM 型锚具

1—夹片；2—锚环；3—锚板

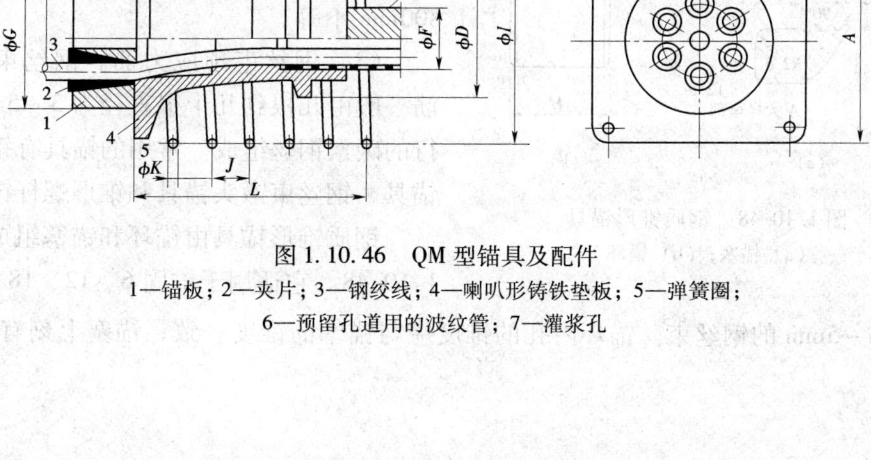

图 1.10.46　QM 型锚具及配件

1—锚板；2—夹片；3—钢绞线；4—喇叭形铸铁垫板；5—弹簧圈；

6—预留孔道用的波纹管；7—灌浆孔

用加撑脚后的 YC—60 型，见图 1.10.47（b）。

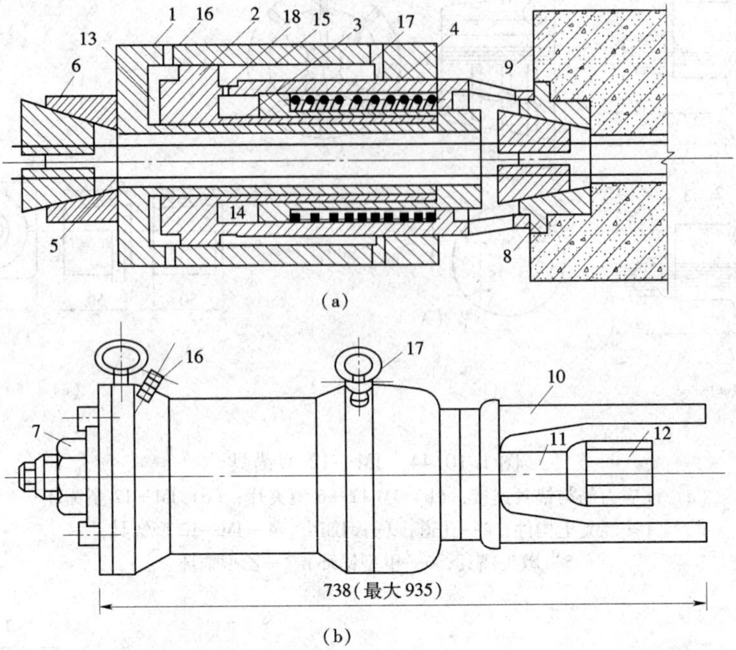

图 1.10.47　穿心式千斤顶构造与工作原理（单位：mm）

（a）构造与工作原理；（b）加撑脚后的 YC—60 千斤顶

1—张拉油缸；2—顶压油缸（即张拉活塞）；3—顶压活塞；4—弹簧；5—预应力筋；6—工具式锚具；7—螺帽；8—锚具；9—混凝土构件；10—撑脚；11—张拉杆；12—连接器；13—张拉工作油室；14—顶压工作油室；15—张拉回程油室；16—张拉缸油嘴；17—顶压缸油嘴；18—油孔

YC 型穿心式千斤顶是一种适用性很广的千斤顶，如配置撑脚和拉杆等附件，还可作为拉杆式千斤顶使用。如在千斤顶前端装上分束顶压器，并将千斤顶与撑套之间用钢管接长，可作为 YZ 型千斤顶张拉钢质锥形锚具。YC 型穿心式千斤顶的张拉力，一般有 180kN、200kN、600kN，1200kN 和 3000kN 等几种，张拉行程由 150mm 至 800mm 不等。

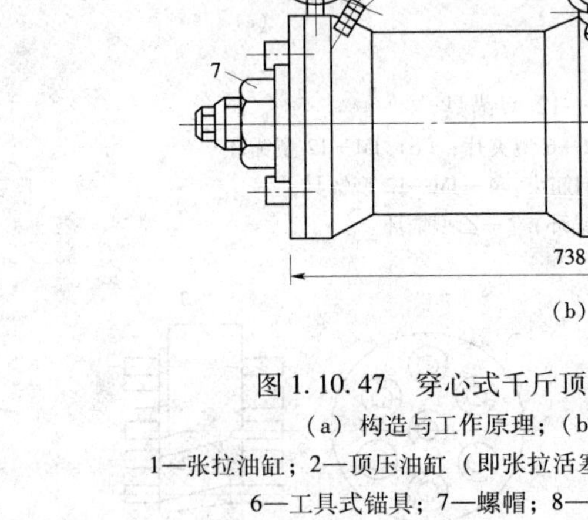

图 1.10.48　钢质锥形锚具

（a）锚塞；（b）锚环

（3）钢丝束预应力筋。钢丝束预应力筋一般由几根到几十根直径为 3～5mm 的平行的碳素钢丝组成。常用的锚具有钢质锥形锚具、钢丝束镦头锚具和锥形螺杆锚具。

钢质锥形锚具由锚环和锚塞组成，见图 1.10.48。它适用于锚固 6、12、18 与 24 根直径为 3～5mm 的钢丝束。锚环内孔的锥度应与锚塞的锥度一致；锚塞上刻有细齿槽，以夹紧钢丝防止滑动。

钢丝束镦头锚具用于锚固 12 ~ 54 根直径为 3 ~ 5mm 碳素钢丝的钢丝束，分为 A 型和 B 型两种，见图 1. 10. 49。A 型由锚环与螺母组成，用于张拉端；B 型为锚板，用于固定端。镦头锚具的滑移值不应大于 1mm。镦头锚具的强度不得低于钢丝规定抗拉强度的 98% 。

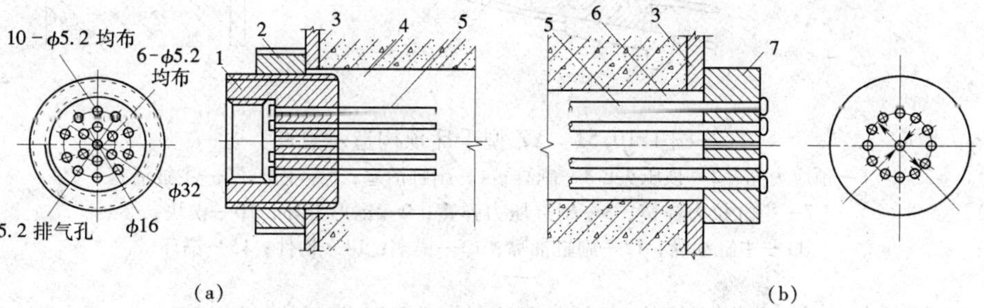

(a)　　　　　　　　　　　　(b)

图 1. 10. 49　钢丝束镦头锚具

(a) DM5A 型锚具；(b) DM5B 型锚具

1—A 型锚环；2—螺母；3—构件断面预埋钢板；4—构件端部孔道；

5—钢丝束；6—构件预留孔道；7—B 型锚板

张拉时，张拉螺杆一端与锚环内丝扣连接，另一端与拉杆式千斤顶得拉头连接。当张拉到控制应力时锚环被拉出，则拧紧锚环外丝扣上的螺母加以锚固。

锥形螺杆锚具由锥形螺杆、套筒、螺母和垫板组成，如图 1. 10. 50 所示。它适用于锚固 14 ~ 28 根直径为 3 ~ 5mm 的钢丝束。

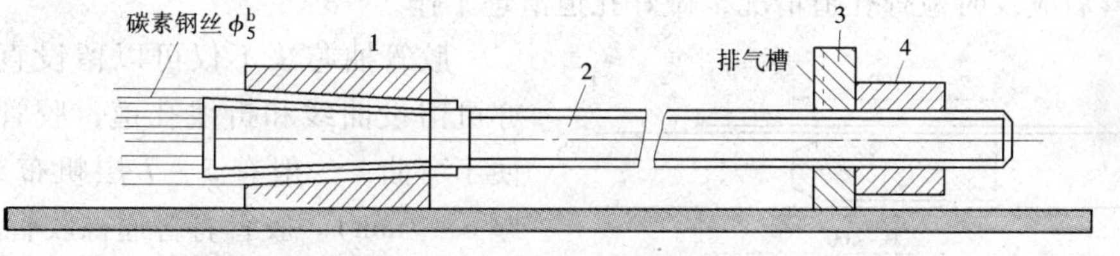

图 1. 10. 50　锥形螺杆锚具

1—套筒；2—锥形螺杆；3—垫板；4—螺母

对于钢丝束的张拉，钢质锥形锚具用 YZ 型锥锚式双作用千斤顶进行张拉。镦头锚具用 YC 型或 YL 型千斤顶张拉。大跨度结构、长钢丝束等引伸量大者，用 YC 型千斤顶为宜。YZ 型千斤顶（图 1. 10. 51）宜用于张拉钢质锥形锚具锚固的钢丝束。YZ 型千斤顶的张拉力为 380kN、635kN 和 850kN，张拉行程为 200 ~ 500mm，顶压力为 140kN、330kN 和 415kN。

2. 孔道留设

穿入预应力筋的预留孔道形状有直线形、曲线形和折线形三种。

孔道的直径一般比预应力钢筋（束）外径（包括钢筋对焊接头处外径或必须穿过孔道的锚具外径）大 10 ~ 15mm，以利于预应力钢筋穿入。孔道的留设方法有抽芯法和预埋波纹管法。

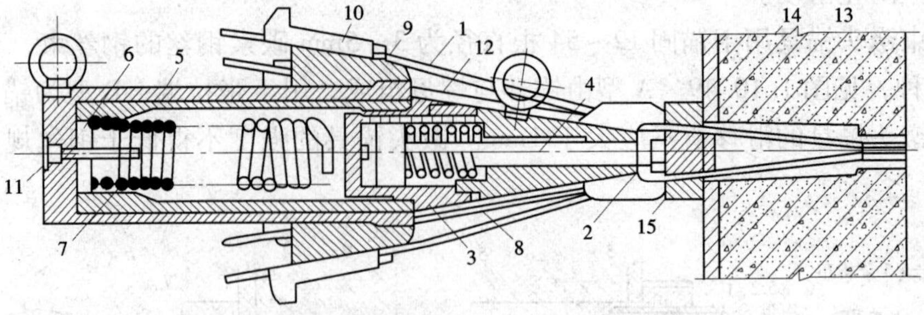

图 1.10.51　YZ 型千斤顶构造示意图

1—预应力筋；2—顶压头；3—副缸；4—副缸活塞；5—主缸；6—主缸活塞；
7—主缸拉力弹簧；8—副缸压力弹簧；9—锥形卡环；10—楔块；
11—主缸油嘴；12—副缸油嘴；13—锚塞；14—构件；15—锚环

（1）抽芯法。抽芯法一般有两种，即钢管抽芯法与胶管抽芯法。

钢管抽芯法适用于留设直线孔道。采用钢管抽芯法施工时，要预先将钢管埋设在模板内的孔道位置处。钢管要平直，表面要光滑，每根长度最好不超过 15m，钢管两端应各伸出构件约 500mm。较长的构件可采用两根钢管，中间用套管连接，见图 1.10.52。在混凝土浇筑过程中和混凝土初凝后，每间隔一定时间慢慢转动钢管，不让混凝土与钢管黏结牢固，等到混凝土终凝前抽出钢管。抽管过早，会造成坍孔事故；抽管太晚，则混凝土与钢管黏结牢固，抽管困难。一般抽管时间在浇筑后 3～6h。抽管顺序宜先上后下，抽管可采用人工或卷扬机，速度必须均匀，边抽边转，并与孔道保持在一条直线上。抽管后应及时检查孔道情况，做好孔道清理工作。

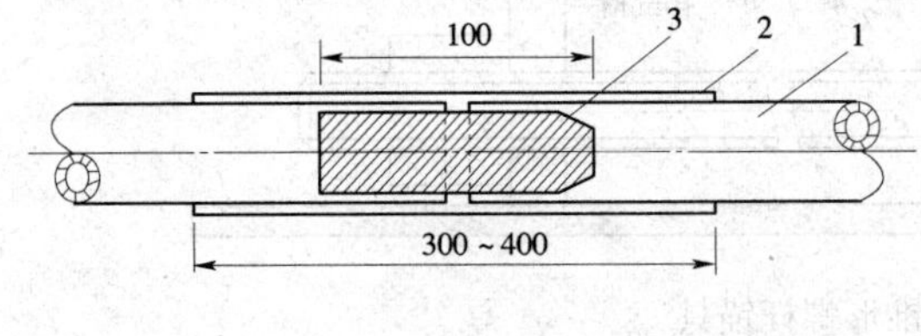

图 1.10.52　钢管连接方式（单位：mm）

1—钢管；2—白铁皮套管；3—硬木塞

胶管抽芯法不仅可以留设直线孔道，亦可留设曲线和折线孔道，胶管弹性好，便于弯曲，一般有 5～7 层帆布夹层（壁厚 6～7mm）。胶管有普通橡胶管和钢丝网橡皮管两种。胶管具有一定弹性，在拉力作用下，其断面能缩小，故在混凝土初凝后即可把胶管抽拔出来。夹布胶管质软，必须在管内充气或充水。在浇筑混凝土前，向胶皮管中充入压力为 0.5～0.8MPa 的压缩空气或压力水，此时胶皮管直径可增大约 3mm，浇筑混凝土时，振动棒不要碰胶管，并应经常检查水压表的压力是否正常，如有变化必须补压。待混凝土初凝后，放出压缩空气或压力水，胶管孔径变小，并与混凝土脱离，随即抽出胶管，形成孔道。抽管顺序一般应为先上后下，先曲后直。

一般采用钢筋井字形网架把管子固定在模内的位置。井字网架间距为钢管 1～2m；胶管直线段一般为 500mm 左右，曲线段为 300～400mm。

（2）预埋波纹管法。预埋波纹管法中的波纹管是由镀锌薄钢带经波纹卷管机压波卷成的一种金属波纹软管，具有重量轻、刚度好、弯折方便、连接简单、与混凝土黏结较好等优点。波纹管的内径为 50 ~ 100mm，管壁厚 0.25 ~ 0.30mm。除圆形管外，近年来又研制成一种扁形波纹管，可用于板式结构中，扁管的长边边长为短边边长的 2.5 ~ 4.5 倍。预埋波纹管法可根据要求做成曲线、折线等各种形状的孔道。所用波纹管施工后留在构件中，可省去抽管工序。

预埋管法一般用于采用钢丝或钢绞线作为预应力钢筋的大型构件或结构中，可直接把下好料的钢丝、钢绞线在孔道成型前就穿入波纹管中，这样可以省掉穿束工序，亦可待孔道成型后再进行穿束。

对连续结构中呈波浪状布置的曲线束，当高差较大时，应在孔道的每个峰顶处设置泌水孔；起伏较大的曲线孔道，应在弯曲的低点处设置排水孔；对于较长的直线孔道，应每隔 12 ~ 15m 设置排气孔。必要时可考虑将泌水孔、排气孔作为灌浆孔用。波纹管的连接可采用大一号的同型波纹管，接头管的长度为 200mm，用密封胶带或塑料热塑管封口。

3. 预应力钢筋张拉

（1）混凝土的张拉强度。预应力钢筋的张拉是制作预应力构件的关键，必须按规范有关规定精心施工。张拉时构件或结构的混凝土强度应符合设计要求，当设计无具体要求时，不应低于设计强度标准值的 75%。

（2）张拉控制应力与张拉程序。预应力张拉控制应力应符合设计要求及最大张拉控制应力有关规定。其中后张法控制应力值低于先张法，这是因为后张法构件在张拉钢筋的同时，混凝土已受到弹性压缩，张拉力可以进一步补足；而先张法构件是在预应力钢筋放松后，混凝土才受到弹性压缩，这时张拉力无法补足。此外，混凝土的收缩、徐变引起的预应力损失，后张法也比先张法小。

为了减小预应力钢筋的松弛损失等，与先张法一样采用超张拉法，其张拉程序为：$0 \to 1.05\sigma_{con} \to \sigma_{con}$ 或 $0 \to 1.03\sigma_{con}$，σ_{con} 为张拉控制应力。

（3）张拉方法。张拉方法有一端张拉和两端张拉。两端张拉宜先在一端张拉，再在另一端补足张拉力。如有多根可一端张拉的预应力钢筋，宜将这些预应力钢筋的张拉端分别设在结构的两端。

长度不大的直线预应力钢筋可一端张拉；曲线预应力钢筋应两端张拉；抽芯成孔的直线预应力钢筋，长度大于 24m 时应两端张拉，不大于 24m 时可一端张拉；预埋波纹管成孔的直线预应力钢筋，长度大于 30m 时应两端张拉；不大于 30m 时可一端张拉；竖向预应力结构宜采用两端分别张拉的方法，且以下端张拉为主。

安装张拉设备时，应使直线预应力钢筋张拉力的作用线与孔道中心线重合；曲线预应力钢筋张拉力的作用线与孔道中心线末端的切线重合。

（4）张拉顺序。选择合理的张拉顺序是保证质量的重要一环。当构件或结构有多根预应力钢筋（束）时，应同时张拉，如不能同时张拉，也可分批张拉。但分批张拉的顺序应考虑使混凝土不产生超应力，构件不扭转与侧弯、结构不变位等因素来确定。在同一构件上一般应对称张拉，避免引起偏心。在进行预应力钢筋张拉时，可采用一端张拉法，亦可采用两端同时张拉法。当采用一端张拉时，为了克服孔道摩擦力的影响，使预应力钢筋的应力得以均匀传递，反复张拉 2 ~ 3 次，可以达到较好的效果。

采用分批张拉时，应考虑后批张拉预应力钢筋所产生的混凝土弹性压缩对先批预应力钢筋的影响，即应在先批张拉的预应力钢筋的张拉应力中增加 $E_s/E_h \cdot \sigma_h$。

先批张拉的预应力钢筋的控制应力 σ_{con}^1 应为：

$$\sigma_{con}^1 = \sigma_{con} + \frac{E_s}{E_h}\sigma_h \tag{1.10.4}$$

式中 σ_{con}^1——先批预应力钢筋张拉控制应力；

σ_{con}——设计控制应力（即后批预应力钢筋张拉控制应力）；

E_s——预应力钢筋的弹性模量；

E_h——混凝土的弹性模量；

σ_h——张拉后批预应力钢筋时在已张拉预应力钢筋重心处产生的混凝土法向应力。

对于平卧叠层浇制的构件，张拉时应考虑由于上下层间的摩阻引起的预应力损失，可由上至下逐层加大张拉力。对于钢丝、钢绞线、热处理钢筋，底层张拉力不宜比顶层张拉力大 5%；对于冷拉Ⅱ~Ⅳ级钢筋，底层张拉力不宜比顶层张拉力大 9%，且不得超过最大张拉控制应力允许值。如果隔离层效果较好，亦可采用同一张拉值。

4. *孔道灌浆*

后张法预应力钢筋张拉、锚固完成后，利用灰浆泵将水泥浆压灌到预应力孔道中去，这样既可以起到预应力筋的防锈蚀作用，也可使预应力筋与混凝土构件的有效黏结增加，控制超载时的裂缝发展，减轻两端锚具的负荷状况，提高结构的耐久性。

灌浆前孔道应湿润、洁净。对于水平孔道，灌浆顺序应先灌下层孔道，后灌上层孔道。对于竖直孔道，应自下而上分段灌注，每段高度根据施工条件确定，下段顶部及上段底部应分别设置排气孔和灌浆孔。

灌浆用的水泥浆，除应满足强度和黏结力的要求外，还应具有较大的流动性和较小的干缩性和泌水性。宜用强度等级不低于 42.5 级的普通硅酸盐水泥；水灰比宜为 0.4 ~0.45。对于空隙大的孔道可采用水泥砂浆灌浆，水泥浆及水泥砂浆的强度均不得小于 20MPa。为增加灌浆密实度和强度，可使用一定比例的减水剂和膨胀剂。减水剂和膨胀剂均不得含有导致预应力钢材锈蚀的物质。

10.5.3 无黏结预应力混凝土施工工艺

无黏结后张预应力起源于 20 世纪 50 年代的美国，我国于 20 世纪 70 年代开始研究，80 年代初应用于实际工程中。无黏结后张预应力混凝土是在浇灌混凝土之前，把预先加工好的无黏结筋与普通钢筋一样直接放置在模板内，然后浇筑混凝土，待混凝土达到设计强度时，即可进行张拉。它与有黏结预应力混凝土的不同之处在于：不需在放置预应力钢筋的部位预先留设孔道和沿孔道穿筋；预应力钢筋张拉完后，不需进行孔道灌浆。

1. *无黏结筋的制作*

无黏结筋（图 1.10.53）的制作是无黏结后张预应力混凝土施工中的主要工序。无黏结筋一般由钢丝、钢绞线等柔性较好的预应力钢材制作而成，当用电热法张拉时，亦可用冷拉钢筋制作。

无黏结筋的涂料层应用防腐材料制作，一般防腐材料可以用沥青、油脂、蜡、环氧树脂或塑料。涂料应具有良好的延性和韧性；在一定的温度范围内（至少在 -20 ~ 70℃之间）不流淌、不变脆、不开裂；应具有化学稳定性，与钢、水泥及护套材料均无化学反应，不透水、不吸湿、防腐性能好；油滑性能好，摩擦阻力小，如规范要求：防腐油脂涂料层无黏结筋的张拉摩擦系数不应大于0.12，防腐沥青涂料则不应大于0.25。

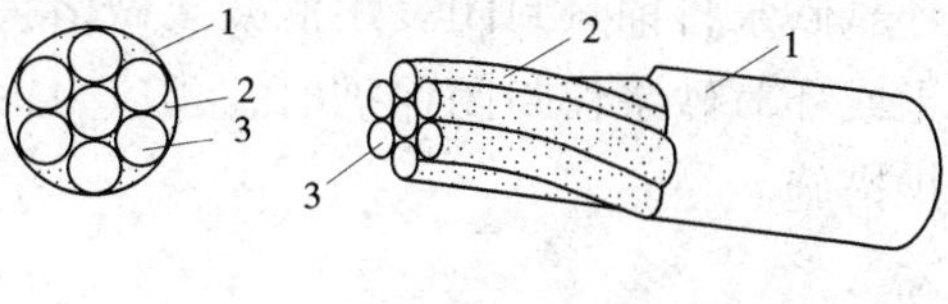

图 1.10.53　无黏结预应力筋
1—塑料外包层；2—防腐润滑脂；
3—钢绞线（或碳素钢丝束）

无黏结筋的护套材料可以用纸带或塑料带包缠或用注塑套管。目前我国使用的高压低密度聚乙烯塑料通过专门的注塑设备挤压成型，并将涂有防腐油脂层的预应力钢筋包裹上一层塑料。当用沥青防腐剂作涂料层时，可用塑料带密缠作外包层，塑料各圈之间的搭接宽度应不小于带宽的1/4，缠绕层数不应小于两层。

2. 无黏结筋的铺放

无黏结筋的铺设工序通常在绑扎完底筋后进行。无黏结筋铺放的曲率可用垫铁马凳或其他构造措施控制。其放置间距不宜大于2m，用铁丝与非预应力钢筋扎紧。铺设双向配筋的无黏结筋时，应先低后高，应尽量避免两个方向的无黏结筋相互穿插编结。绑扎无黏结筋时，应先在两端拉紧，同时从中间往两端绑扎定位。

浇筑混凝土前应对无黏结筋进行检查验收，如各控制点的矢高、塑料保护套有无脱落或歪斜、固定端镦头与锚板是否贴紧、无黏结筋涂层有无破损等。合格后方可浇筑混凝土。

3. 无黏结筋的张拉

无黏结预应力束的张拉与有黏结预应力钢丝束的张拉相似。张拉程序一般采用0→103%σ_{con}，然后进行锚固。由于无黏结预应力束为曲线配筋，故应两端同时张拉。

成束无黏结筋正式张拉前，宜先用千斤顶往复抽动几次，以降低张拉摩擦损失。试验表明，进行三次张拉时，第三次的摩阻损失值可比第一次降低16.8% ~49.1%。在张拉过程中，当有个别钢丝发生滑脱或断裂时，可相应降低张拉力，但滑脱或断裂的根数不应超过结构同一截面钢丝总根数的2%。

4. 锚头端部的处理

无黏结预应力束通常采用镦头锚具，外径较大，钢丝束两端留有一定长度的孔道，其直径略大于锚具的外径。钢丝束张拉锚固以后，其端部便留下孔道，且该部分钢丝没有涂层，必须采取保护措施，以防止钢丝锈蚀。

目前常用的无黏结预应力束锚头端部处理办法有两种：一是在孔道中注入油脂并加以封闭，见图1.10.54（a）；二是在两端留设的孔道内注入环氧树脂水泥砂浆，将端部孔道全部灌注密实，以防预应力钢筋发生局部锈蚀，见图1.10.54（b）。灌注用环氧树脂水泥砂浆的强度不得低于35MPa。灌浆的同时，将锚环内也用环氧树脂水泥砂浆封闭，既防止钢丝锈蚀，又起到一定的锚固作用。最后浇筑混凝土或外包钢筋混凝土，或用环氧砂浆将锚具封闭。用混凝土做堵头封闭时，要防止产生收缩裂缝。当不能采用混凝土或环氧砂浆作封闭保护时，预应力钢筋锚具要全部涂刷抗锈漆或油脂，并采取其他保护措施。

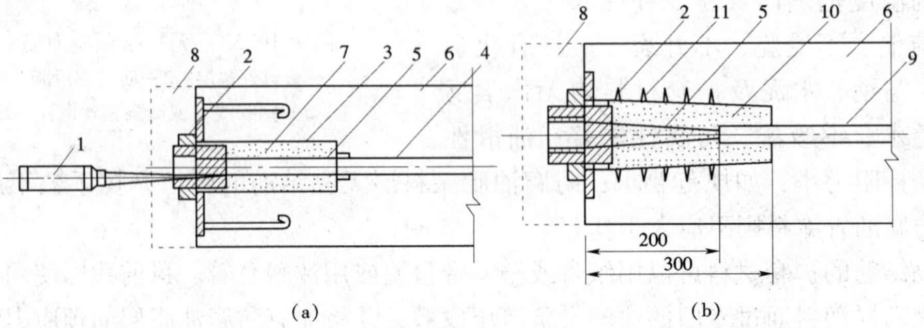

图1.10.54 锚头端部处理方法（单位：mm）

（a）锚头端部处理方法之一；（b）锚头端部处理方法之二

1—油枪；2—锚具；3—端部孔道；4—有涂层的无黏结预应力束；5—无涂层的端部钢丝；6—构件；7—注入孔道的油脂；8—混凝土封闭；9—无黏结预应力束；10—环氧树脂水泥砂浆；11—端部加固螺旋钢筋

10.6 碾压混凝土施工

碾压混凝土施工是用振动碾压超干硬性拌和物的混凝土修建建筑物的施工方法。碾压混凝土具有大仓面连续浇筑上升、施工速度快、工序简单、造价低等特点。

10.6.1 碾压混凝土原材料与配合比

碾压混凝土一般采用硅酸盐水泥或矿渣硅酸盐水泥，掺30%～65%粉煤灰，胶凝材料用量一般为120～160kg/m^3，《水工碾压混凝土施工规范》（SL 53—94）规定大体积建筑物内部碾压混凝土的胶凝材料用量不宜低于130kg/m^3，其中水泥熟料不宜低于45kg/m^3。

与常态混凝土一样，碾压混凝土可采用天然骨料或人工骨料，最大粒径一般为80mm，迎水面用碾压混凝土防渗时，一般在一定宽度范围内采用二级配碾压混凝土。碾压混凝土砂率一般比常态混凝土高，对砂子含水率控制要求比常态混凝土严格。当砂子含水量不稳定时，碾压混凝土施工层面易出现局部集中泌水现象。

一般应掺用缓凝减水剂，并掺用引水剂，以增强碾压混凝土的抗冻性。

碾压混凝土配合比应满足工程设计的各项指标及施工工艺要求，包括：

（1）混凝土质量均匀，施工过程中粗骨料不易发生分离。

（2）工作度适当，拌和物较易碾压密实，混凝土密度大。

（3）拌和物初凝时间较长，易保证碾压混凝土施工层面的良好黏结，层面物理力学性能好。

（4）混凝土的力学强度、抗渗性能满足设计要求，具有较高的拉伸应变能力。

（5）对于外部碾压混凝土，要求具有适应建筑物环境条件的耐久性。

（6）碾压混凝土配合比经现场试验后调整确定。

10.6.2 碾压混凝土拌和与运输

碾压混凝土一般可用强制式或自落式搅拌机拌和，也可采用连续式搅拌机拌和，其拌和时间一般比常态混凝土延长30s左右，故而生产碾压混凝土时拌和楼生产率比常态混凝土低10%左右。碾压混凝土运输一般采用自卸汽车、皮带机、真空溜槽等方式，也有采用坝头斜坡道运输混凝土。选取运输机具时，应注意防止或减少碾压混凝土骨料分离。

10.6.3 碾压混凝土浇筑

1．碾压混凝土浇筑上升方式

坝体浇筑方式有间断上升和连续上升两种，习惯上称为RCD（日本模式）和RCC（美国模式）。采用RCC碾压混凝土施工时，一般不分纵横缝（必要时可设少量的横缝），采用大仓面通仓浇筑，压实厚度一般为30cm。对于水平接缝的处理，在成熟度超过200～260℃·h时，对层面采取刷毛、铺砂浆等措施处理。否则仅对层面稍作清理。实际上，层面一般只需要清除松散物，在碾压混凝土尚处于塑性状态时即浇筑上一层碾压混凝土，因而施工速度快，造价低，也利于层面结合。广西岩滩碾压混凝土围堰采用RCC法。

RCD碾压混凝土施工，用振动切缝机切出与常态混凝土相同的横缝，碾压混凝土压实层厚50～75cm，甚至达到100cm；每层混凝土分几块薄层平仓，平仓层厚15～25cm，一次碾压。每层混凝土浇筑后停歇3～5天，层面刷毛、铺砂浆，因而混凝土水平施工缝面质量良好，但施工速度较慢。辽宁观音阁碾压混凝土坝完全采用RCD法。

2．碾压混凝土浇筑季节

碾压混凝土采用一个升程内大面积薄层连续浇筑上升，连续浇筑层层面间歇6～8h，高温季节浇筑碾压混凝土，仓面的温度回升大。另一方面，碾压混凝土用水量少，高温季节出机口温度难以达到7℃，因而高温季节对碾压混凝土进行预冷的效果不如常态混凝土。高温季节浇筑基础约束区混凝土，温升将大大超过坝体设计允许最高温度，因而可能产生危害性裂缝。另外，高温季节浇筑碾压混凝土时，混凝土初凝时间短，表层混凝土水分蒸发量大，压实困难，层面胶结差，难以保证层面结合质量。斜层铺筑法虽然可改善混凝土层面胶结，但难以解决混凝土温度控制问题。因此，为确保大坝碾压混凝土质量，高温季节不宜进行碾压混凝土施工。根据已建工程经验，在日均气温超过25℃时不宜进行碾压混凝土施工。如三峡工程左导墙碾压混凝土规定在10月下旬至次年4月上旬进行，其余时间停浇。

（1）平仓与碾压。碾压混凝土浇筑时一般按条带摊铺，铺料条带宽根据施工强度确定，一般为4～12m，铺料厚度为35cm，压实后为30cm，铺料后常用平仓机或大型履带推土机平仓。为解决一次摊铺产生骨料分离的问题，可采用二次摊铺，层厚35cm。采用二次摊铺后，对堆料之间及周边集中的骨料经平仓机反复推刮后，能有效分散，再辅以人工分散处理，可改善自卸汽车铺料引起骨料分离问题。

一条带平仓完后立即开始碾压，振动碾一般选用自重大于10t的大型双筒式自行式振动碾，作业时行走速度为1～1.5km/h，碾压遍数通过现场试碾决定。一般为无振2遍加有振6～8遍。碾压条带间搭接宽度大于20cm，端头部位搭接宽度大于100～150cm。条带从铺筑到碾压完成控制在2h左右。边角部位采用小型振动碾压实。碾压作业完成后，用核子密度仪检测其密度，达到设计要求后进行下一层碾压作业；若未达到设计要求，立即重碾，直到满足设计要求为止。模板周边无法碾压的部位可加注与碾压混凝土相同水灰比的水泥浓浆后用插入式振捣器振捣密实。仓面碾压混凝土的Vc值控制在5～10s，并尽可能加快混凝土的运输速度，缩短仓面作业时间，做到在下一层混凝土初凝前铺完上一层碾压混凝土。

（2）造缝。碾压混凝土一般采取几个坝段形成的大仓面连续浇筑上升，坝段之间的横缝，一般可采取切缝机切缝，或采用其他方式设置诱导缝。切缝机切缝时，可采取先切后碾或先碾后切，成缝面积不少于设计缝面的60%。缝内埋设隔板时，相邻高度宜比压实层低2～3cm。钻孔填砂造缝则是待碾压混凝土浇筑完一个升程后沿分缝线用手风钻造诱导孔。

（3）施工缝面处理。正常施工缝一般在混凝土收仓10h左右用压力水冲毛，清除混凝土表面的浮浆，以露出粗砂砾和小石为准。

施工过程中因故中止或其他原因造成层面间歇时间超过设计允许时间，应视间歇时间的长短采用不同处理方法。对于间歇时间较短、碾压混凝土未终凝的施工缝面，可将层面松散物和积水清除干净，铺一层2～3cm厚的砂浆后，继续进行下一层碾压混凝土摊铺、碾压作业；对于已经终凝的碾压混凝土施工缝，一般按正常工作缝处理。

第一层碾压混凝土摊铺前，砂浆铺设随碾压混凝土铺料进行，不得超前，保证在砂浆初凝前完成碾压混凝土的铺筑。碾压混凝土层面铺设的砂浆应有一定坍落度。

10.6.4 碾压混凝土温度控制

1. 碾压混凝土温度控制标准

由于碾压混凝土胶凝材料用量少，极限拉伸值一般比常态混凝土小，其自身抗裂能力比常态混凝土差，因此其温差标准比常态混凝土严。《混凝土重力坝设计规范》（DL 5108—1999）规定，当碾压混凝土28天极限拉伸值不低于0.70×10^{-4}时，碾压混凝土坝基础容许温差见表1.10.6。对于外部无常态混凝土或侧面施工期暴露的碾压混凝土浇筑块，其内外温差标准一般在常态混凝土基础上加2～3℃。

表1.10.6　碾压混凝土基础容许温差

距基础面高度 h	浇筑块长边长度 l		
	30m以下	30～70m	70m以上
0～0.2L	18～15.5℃	14.5～12℃	12～10℃
0.2～0.4L	19～17℃	16.5～14.5℃	14.5～12℃

2. 温控措施

碾压混凝土主要温控措施与常态混凝土基本相同，仅混凝土铺筑季节受到较大限制，由于碾压混凝土属于干硬混凝土，用水量少，高温季节施工时表面水分散发后易干燥而影响层间胶结质量，故而一般要求在低温季节浇筑。

本章习题

1.10.1 骨料加工的破碎设备有哪些？适用条件分别是什么？

1.10.2 绘图说明骨料生产的基本过程及开采加工的工艺流程。

1.10.3 混凝土拌和有哪些设备？

1.10.4 混凝土生产系统的生产能力如何确定？混凝土拌和系统包括哪些部分？

1.10.5 混凝土水平和垂直运输常采用哪几种方式？各有什么优缺点？

1.10.6 混凝土运输的基本要求是什么？

1.10.7 什么是施工缝和冷缝？两者有什么不同？

1.10.8 混凝土浇筑前需做哪些准备工作？具体要求是什么？

1.10.9 混凝土浇筑有哪些要求？如何判断混凝土浇筑密实？混凝土坝分缝分块的形式有哪几种？

1.10.10 混凝土养护时间有什么基本要求？养护措施有哪些？

1.10.11 混凝土冬期施工规范要求是什么？冬期施工措施有哪些？

1.10.12 预应力混凝土施工方法有哪些？其施工工艺和具体要求有哪些？

1.10.13 碾压混凝土的特征和适用范围是什么？其施工工艺有什么特点？

第11章 灌 浆 工 程

教学要求：了解灌浆种类与灌浆材料；熟悉砂卵石地基灌浆技术；掌握岩基灌浆的施工工艺与技术要求；掌握高喷灌浆与劈裂灌浆的施工工艺。

11.1 灌浆种类与灌浆材料

按灌浆的目的不同，灌浆可分为混凝土坝岩石地基及隧洞围岩的固结灌浆、岩基及砂砾石地基的防渗帷幕灌浆、混凝土坝与岩基的接触灌浆、混凝土建筑物的接缝及补强灌浆、土坝防渗的劈裂灌浆和透水地基防渗的高压喷射灌浆等；按其所用浆液材料的不同，可分为水泥灌浆、黏土灌浆、化学灌浆等。

11.1.1 水泥灌浆

水泥灌浆在水利水电工程中被普遍采用。一般多选用普通硅酸盐水泥或硅酸盐大坝水泥。在缝隙宽度比较大（大于0.2mm）、单位吸水率比较高［大于0.01L/（min·m·m）］、地下水流速度比较小（小于80m/d）、侵蚀性不严重的情况下，水泥灌浆的效果较好。

一般规定：灌浆用的水泥细度，要求通过标准筛孔（4900孔/cm^2）的筛余量不大于5%。应特别注意水泥的保管，不准使用过期、结块或细度不符合要求的水泥。一般的水泥浆只能灌注0.2～0.3mm的裂隙或孔隙。所以，我国研制出了SK型和CX型超细水泥，并在二滩水电站坝基成功试用。

根据灌浆需要，可掺铝粉及速凝剂、减水剂等外加剂，改善浆液的扩散性和流动性。

11.1.2 黏土灌浆

黏土灌浆的浆液是黏土和水拌制而成的泥浆。可就地取材，成本较低。它适用于土坝坝体裂缝处理及砂砾石地基防渗灌浆。

灌浆用的黏土，要求遇水后吸水膨胀，能迅速崩解分散，并有一定的稳定性、可塑性和黏结力。在砂砾石地基中灌浆，一般多选用塑性指数为10～20、黏粒（$d<0.005$mm）含量为40%～50%、粉粒（$d=0.005\sim0.05$mm）含量为45%～50%、砂粒（$d=0.05\sim2$mm）含量不超过5%的土料；在土坝坝体灌浆中，一般采用与土坝相同的土料，或选取塑性指数为10～20、黏粒含量为20%～40%、粉粒含量为30%～70%、砂粒含量为5%～10%的重壤土或粉质黏土。对于黏粒含量过大或过小的黏土都不宜作

坝体灌浆材料。

11.1.3 化学灌浆

化学灌浆的浆液流动性好、可灌性高，小于0.1mm的缝隙也能灌入。可以准确地控制凝固时间，防渗能力强，有些化学灌浆浆液胶结强度高，稳定性和耐久性好，能抗酸、碱、水生物、微生物的侵蚀。这种灌浆多用于坝基处理及建筑物的防渗、堵漏、补强和加固。缺点是成本高，有些材料有一定毒性，施工工艺较复杂。

化学灌浆的工艺按浆液的混合方式，可分为单液法和双液法两种灌浆法。

单液法是在灌浆之前，浆液的各组成材料按规定一次配成，经过气压和泵压压到孔段内，这种方法的浆液配合比较准确，设备及操作工艺均较简单，但在灌浆中要调整浆液的比例，很不方便，余浆不能再使用。此法适用于胶凝时间较长的浆液。

双液法是将预先已配置好的两种浆液分别盛在各自的容器内，不相混合，然后用气压或泵压按规定比例送浆，使两液在孔口附近的混合器中混合后送到孔段内，两液混合后即起化学反应，浆液固化成聚合体。这种方法在施工过程中，可根据实际情况调整两液用量的比例，适应性强，储浆筒中的剩余浆液分别放置，不起化学反应，还可继续使用。此法适用于胶凝时间较短的浆液。

化学灌浆材料品种很多。一般可分为防渗堵漏和固结补强两大类。前者有丙烯酰胺类、木质素类、聚氨酯类、水玻璃类等；后者有环氧树脂类、甲基丙烯酸酯类等。

11.2 砂卵石地基灌浆

砂卵石地基灌浆孔除打管外，都是铅直向钻孔，造孔方式主要有冲击钻进和回转钻进两类。地基防渗帷幕灌浆的方法可分为以下几种：

1. 打管灌浆

灌浆管由钢管、花管和锥形管头组成，用吊锤或振动沉管的方法打入砂卵石地基受灌层。每段在灌浆前，用压力水冲洗，将土砂等杂质冲出地表或压入地层灌浆区外部。采用纯压式或自流式压浆，自上而下分段拔管，分段灌浆，直到结束。此法设备简单，操作方便，适于覆盖层较浅、砂石松散及无大孤石的临时工程。其施工程序如图1.11.1所示。

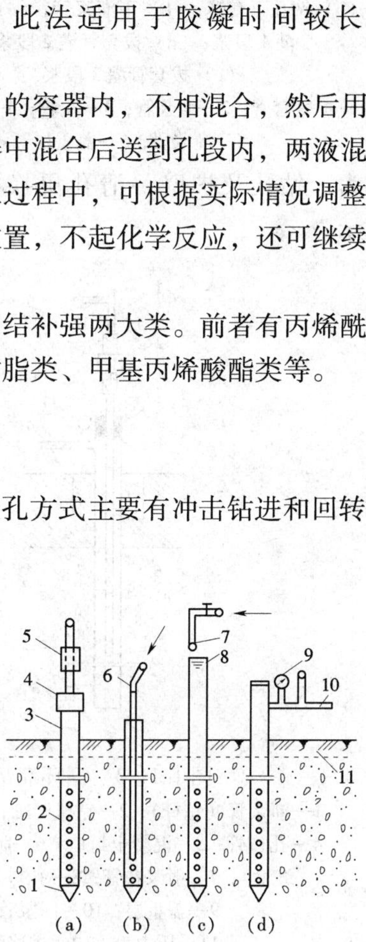

图1.11.1 打管灌浆

(a) 打管；(b) 冲洗；(c) 自流灌浆；(d) 压力灌浆

1—套锥；2—花管；3—钢管；4—管帽；5—打管锥；6—冲洗用水管；7—注浆管；8—浆液面；9—压力表；10—进浆管；11—压重层

2. 套管灌浆

套管灌浆是边钻孔边下套管进行护壁，直到套管下到设计深度。然后将钻孔冲洗干净，下灌浆管，再拔起套管至第一灌浆段顶部，安灌浆塞，压浆灌注。自下而上，逐段拔管，逐段灌浆，直到结束。其施工程序如图1.11.2所示。

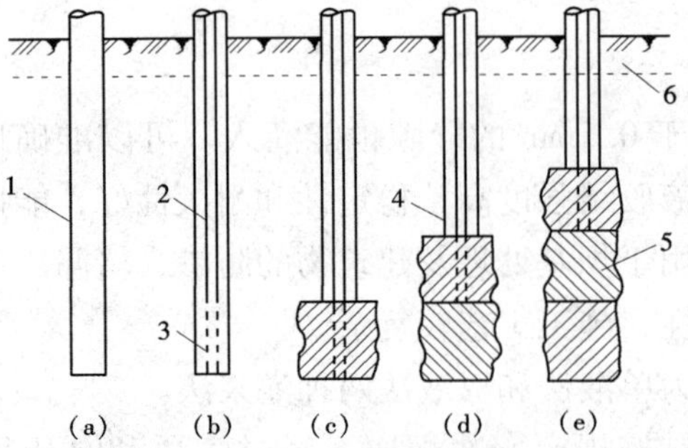

图 1.11.2　套管灌浆
(a) 钻孔下套管；(b) 下灌浆管；(c) 拔套管灌 1 段浆；(d) 拔套管灌 2 段浆；(e) 拔套管灌 3 段浆
1—护壁套管；2—灌浆管；3—花管；4—止浆塞；5—灌浆段；6—盖重层

3. 循环灌浆

循环灌浆是一种自上而下，钻一段灌一段，无需待凝，钻孔与灌浆循环进行的灌浆方法。钻孔时需用黏土浆固壁，每个孔段长度视孔壁稳定和渗漏大小而定，一般取 1 ~ 2m。此方法不设灌浆塞，而是在孔口管顶端封闭。孔口管设在起始段上，具有防止孔口坍塌、地表冒浆、钻孔导向的作用，以提高灌浆质量。其工艺过程如图 1.11.3 所示。

4. 埋花管灌浆

在钻孔内预先下入带有射浆孔的灌浆花管，花管外与孔壁之间的空间注入填料，在灌浆管内用双层阻浆器分段灌浆，其工艺过程为：钻孔及护壁→清孔更换泥浆→下花管和下填料→开环→灌浆。如图 1.11.4 所示。

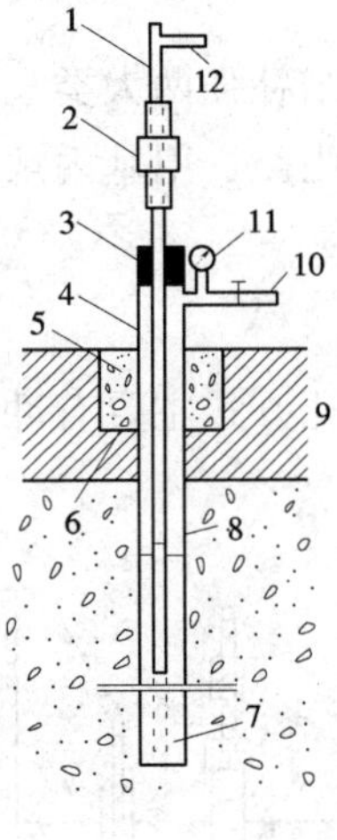

图 1.11.3　循环灌浆
1—灌浆管（钻杆）；2—钻机竖轴；3—封闭器；4—孔口管；5—混凝土封口；6—防浆环（麻绳缠箍）；7—射浆花管；8—孔口管下花管；9—盖重层；10—回浆管；11—压力表；12—进浆管

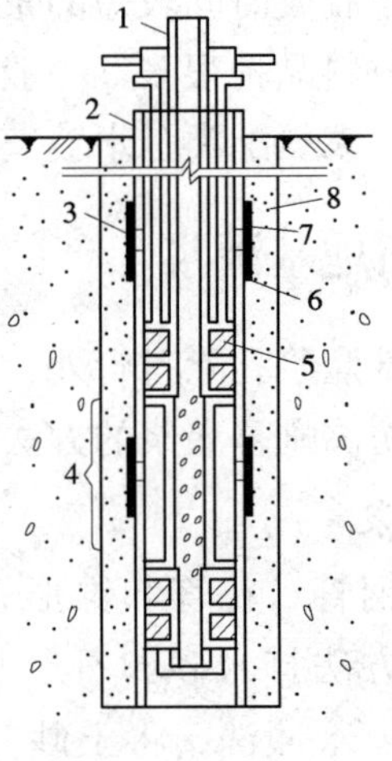

图 1.11.4　埋花管灌浆
1—灌浆管；2—花管；3—射浆孔；4—灌浆段；5—双栓灌浆塞；6—铅丝（防滑环）；7—橡皮圈；8—填料

一般用回转式钻机钻孔，下套管护壁或泥浆护壁；钻孔结束后，清除孔内残渣，更换新鲜泥浆；用泵灌注花管与套管空隙内的填料，边下料，边拔管，边浇筑直到全部填满将套管拔出为止；孔壁填料待凝 5 ~ 15d，具有一定强度后，压开花管上的橡皮圈，压裂填料形成通路，称为开环；然后用清水或稀浆灌注 5 ~ 10min，开始灌浆，完成每一排射浆孔（即一个灌浆段）的灌浆后，进行下一段开环灌浆。

11.3 岩基灌浆

帷幕灌浆的作用是减少坝基渗流，降低渗透压力，保证渗透稳定。其特点是孔较深、灌浆压力较大，一般采用单孔灌浆。斜幕比直幕效果好，但施工难度大。对于帷幕灌浆的主要部位，应在水库蓄水前完成。否则，由于出现较大的扬压力，不仅增加施工难度，还造成浆液损失，影响帷幕的整体性和密实性。为了解决帷幕灌浆和混凝土浇筑之间的矛盾，灌浆通常安排在廊道内进行。

固结灌浆的目的是提高和改善岩基物理力学性质，提高岩基的强度和整体性，增强防渗效果，减少开挖深度。固结灌浆部位与范围由地基地质条件、岩石破碎情况决定。当坝基良好时，有的工程仅在上下游应力大的范围内进行固结灌浆。当坝基岩石较差，坝又较高时，多进行坝基全面积甚至超出坝基面积的固结灌浆。灌浆孔深较小，一般为5～8m，也有达15～40m的深孔。平面上为网格交错布孔，通常采用群孔冲洗，分序加密灌浆。固结灌浆通常在坝基开挖和基础混凝土浇筑等工序间穿插进行，施工干扰大，时间性强，应合理安排。为了保证灌浆质量，有的工程要求分期进行，在混凝土浇筑前进行一期低压灌浆，基础混凝土浇筑后进行二期中压灌浆。

接触灌浆的目的是加强坝体混凝土与岸坡或地基之间的结合能力，提高坝体的抗滑稳定性。灌浆部位为混凝土与地基的结合面。通过混凝土钻孔压浆或预先在接触面上埋设灌浆盒及相应的管道系统进行灌浆，灌浆方法与固结灌浆相同。在固结灌浆部位，可结合固结灌浆进行。接触灌浆应安排在坝体混凝土达到稳定温度后进行，以防止混凝土冷缩拉裂。

11.3.1 钻孔

先进行放样。一般用测量仪器放出建筑物边线或中线后，由中线或边线确定灌浆孔的位置。开孔位置与设计位置的偏差不得大于10mm，帷幕灌浆还应测出各孔高程。对于直孔或倾角小于5°的斜孔，孔斜偏差值不得大于表1.11.1中的值。

表1.11.1 孔斜允许值 单位：m

孔深	20	30	40	50	60
孔斜最大允许偏差值	0.25	0.50	0.80	1.25	1.20

灌浆孔有铅直孔和倾斜孔两种。裂隙倾角小于40°的可打直孔，以提高工效。多采用回转式钻机钻孔，钻孔效率高，不受孔深孔向和岩石硬度的限制。回转式钻机的钻头，有硬质合金、钢粒和金刚石三种。在7级以下的岩石中，采用硬质合金钻头，钻进效率较高；7级以上的坚硬岩石，采用钢粒钻进，但产生的岩粉多、铁屑多，孔径不均，且只能钻直孔；在石质坚硬且较完整的岩石中，采用金刚石钻头，效率高、孔径均匀，且不受孔向影响，但成本高。孔径由岩石情况、孔的类别、钻孔深度而定，灌浆孔一般为75～91mm，检查孔为110～130mm。

各灌浆孔都是采用逐步加密的施工顺序。

先进行第一序孔的钻孔，灌浆后再依次进行进第二序孔的钻孔。这样，后序灌浆孔即可作为前序孔的检查孔，进行压水试验，如果单位吸水率达到了设计值，可省去后序孔的灌浆。帷幕孔布孔特点为“线、单、深”，固结孔的布孔特点为“面、群、浅”，其布孔顺序分别见图 1.11.5（a）、图 1.11.5（b）。

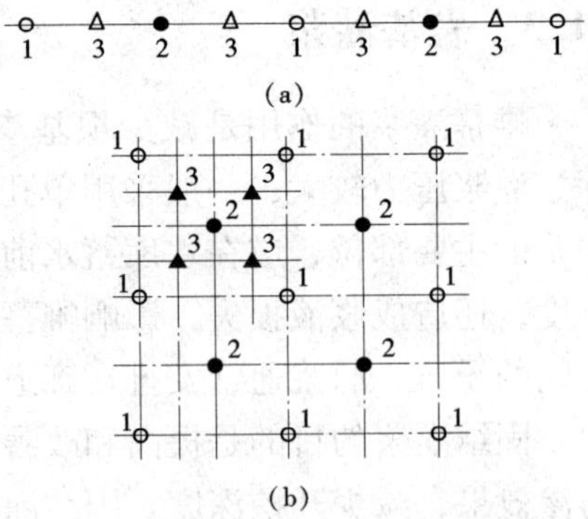

图 1.11.5　钻孔灌浆顺序
（a）帷幕灌浆；（b）固结灌浆
1、2、3—钻灌次序

11.3.2　冲洗

在灌浆之前，要对钻孔孔壁及周围的岩石裂隙进行冲洗，将残存在孔底的岩粉、铁砂粉及孔壁周围裂隙中的充填物冲出孔口或推移到灌浆区以外以确保灌浆质量。经过冲洗，回水变清，孔内残存杂质沉积厚度不超过 20cm 时，可结束冲洗。冲洗方法可根据地质条件、灌浆种类而选定，有单孔冲洗和群孔冲洗两种方法。

单孔冲洗仅能冲掉钻孔本身及周围较小范围裂隙的充填物，适用于岩石较完整、裂隙较少的情况，方法有以下四种：

1. 高压水冲洗

高压水冲洗就是将该孔段冲洗压力尽可能地提高，可达到灌浆压力的 80%，该值若大于 1MPa 时，采用 1MPa。在规定的灌浆压力下，达到回水完全清洁，延续 20min，达到稳定流量为止。

2. 高压脉冲冲洗

高压脉冲冲洗就是用高低压反复冲洗，先用高压（灌浆压力的 80%）冲洗 5～10min 后，将孔口压力在极短的时间内突然降低到零，形成反向水流，将缝隙中的碎屑带出，浊水变清后，再将压力升到原来的压力，维持几分钟，又突然降为零，一升一降，反复冲洗，直到回水变清，再延续 5～20min 结束。压差越大，效果越好。

3. 扬水冲洗

对于地下水位较高、水量丰富的钻孔，可以采用扬水法。冲洗时，先将冲洗管下入钻孔底部，压入压缩空气，孔内水汽混合，由于重量轻，在地下水和压缩空气的作用下，喷出孔口外，将孔内杂物带出。连续通水通气，直到钻孔冲净为止。在断层破碎带地区，冲洗效果最好。

4. 群孔冲洗

群孔冲洗一般适用于岩层破碎、节理裂隙比较发育的岩层中。根据设备能力和地质条件，常把 2～5 个裂隙互相串通的钻孔组成一批孔组，向一个或几个孔压入压力水和压缩空气，而从另外的孔排出污水，互为轮换，反复交替冲洗，直到各孔出水洁净为止。这种群孔冲洗，可不分序，同时灌浆。

11.3.3　压水试验

压水试验是在一定压力条件下，通过钻孔将水压入孔壁周围的缝隙中去，根据压入的水量和压入时间来计算出的反映出岩层渗透特性的技术参数。在我国，岩层的渗透特性一般多用单位吸水量 W 来表示。单位吸水量，就是在单位时间内，单位水头压力作用下压入单位长度试验孔段内的水量。

压水试验在裂隙冲洗结束后进行。试验孔段长度和灌浆段长度一致，一般为 5 ~ 6m。试验采用纯压式压水方法。按式（1.11.1）计算：

$$W = Q/L \cdot H \tag{1.11.1}$$

式中 W——单位吸水量，L/（min · m · m）；

Q——试验孔段压入流量，L/min；

L——试验孔段长度，m；

H——试验孔段的计算水头，m。

压水试验的压力，采用同段灌浆压力的 80%，该值若大于 1MPa 时，取 1MPa。

帷幕灌浆，在设计压力下，压水 20min 结束。其间，每 5 ~ 10min 测一次压入水量，取最后的流量值作为计算流量。压水实验也可以检查灌浆质量，在水利水电工程中防渗标准多采用 $W = 0.01 \sim 0.03$L/（min · m · m）。

目前，国内外普遍采用吕容来表示渗透性的单位，其值仍可用式（1.11.1）计算，但式中的水头不是 m，而是 1MPa，故数值上 1 吕容等于 $0.01W$。固结灌浆孔压水试验吸水量的稳定标准，可参考帷幕灌浆并适当放宽。

11.3.4 灌浆施工

1. *灌浆设备*

水泥灌浆所用的设备主要由灰浆搅拌机、灌浆泵、管路、灌浆塞等组成。

搅拌机由上下两个筒体及拌灰装置、传动装置组成，容量在 100 ~ 200L 之间，作用是连续供应灌浆泵所用浆液。灌浆用的泵一般为活塞式灌浆泵，按缸体轴线方向分为立式和卧式两种。立式为单缸，卧式分单缸和双缸两类。卧式较为常用，工作原理见图 1.11.6。当活塞右移时，为吸浆；左移时，为压浆，浆液被压入空气室（起稳压作用），再压入管路中去。

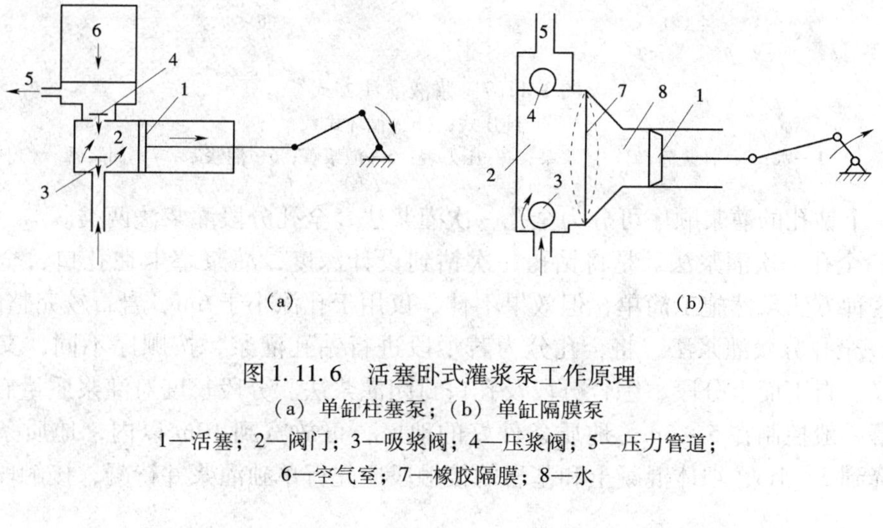

图 1.11.6 活塞卧式灌浆泵工作原理

（a）单缸柱塞泵；（b）单缸隔膜泵

1—活塞；2—阀门；3—吸浆阀；4—压浆阀；5—压力管道；

6—空气室；7—橡胶隔膜；8—水

管路的作用是输送浆液。有内外管、返浆管和高压输浆管之分，一般采用高压胶管。灌浆塞的作用是分隔密封灌浆孔段，进行分段灌浆，提升灌浆压力。主要包括灌浆头、扩张器（胶球）和一些管阀组成。扩张器被夹紧在底座和顶座之间，借孔口的丝杆压紧而扩张，与孔壁贴紧，起到阻浆作用。

2. 钻灌次序

在帷幕灌浆与固结灌浆中，钻孔与灌浆都要遵循分序加密的原则。通过分序加密，浆液逐渐被挤压密实，促进灌浆的连续性；逐序提高灌浆压力，有利于浆液的扩散和密实；通过每序孔的单位吸水量和单位吸浆量的变化，判断先序孔的灌浆效果；可减少串浆现象的发生。布孔时先稀后密，对于帷幕灌浆，第一序孔按 8 ~ 12m 进行钻孔，然后进行灌浆，第二、第三、第四序孔距分别为 4 ~ 6m、2 ~ 3m、1 ~ 1.5m，分别钻孔灌浆。在有地下水或蓄水状态下灌浆，双排帷幕，应先下排，后上排；三排帷幕，先下排，然后上排，最后中间排，以免浆液过多地流失。

固结灌浆，对于孔深小于 5m，岩层比较完整的条件下，可采用两序孔，方格型布点，最后孔序的孔距一般采用 3 ~ 4m。固结灌浆宜在混凝土压重下进行。

3. 灌浆方式与方法

灌浆方法包括每个孔段的浆液灌注方式和每孔的钻灌顺序。浆液灌注方式分为纯压式和循环式两种。工作原理见图 1.11.7。

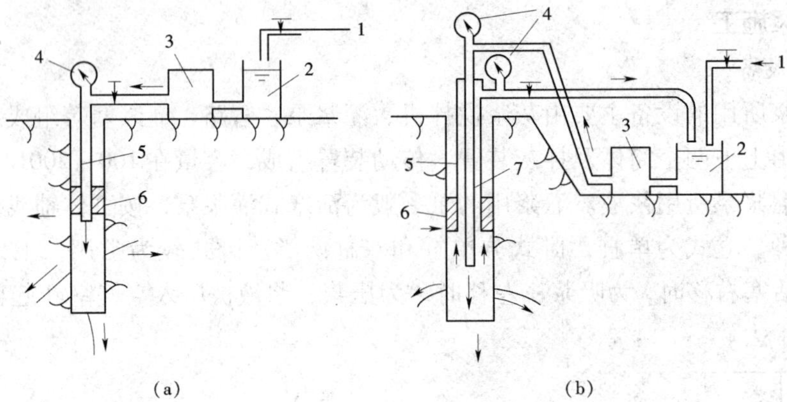

图 1.11.7 浆液灌注方式

（a）纯压式；（b）循环式

1—水；2—拌浆筒；3—灌浆泵；4—压力表；5—灌浆管；6—灌浆塞；7—回浆管

按一个钻孔的灌浆顺序可分为全孔一次灌浆法、全孔分段灌浆法两类。

（1）全孔一次灌浆法。是将钻孔一次钻到设计深度，灌浆塞卡在孔口，全孔一次灌浆。这种方法虽然施工简单，但效果不佳，仅用于孔深小于 6m、岩石较完整的地基。

（2）全孔分段灌浆法。将全孔分为若干段进行钻孔灌浆，按顺序不同，又有自上而下分段、自下而上分段、综合分段及孔口封闭灌浆法。分段长度对灌浆质量有一定影响，帷幕一般控制在 5 ~ 6m，地质条件好的地区，可放宽到 10m 以内，地质条件差的地区，降到 3 ~ 4m，坝体混凝土和基岩的接触段应先行单独灌浆并待凝，接触段在岩石中的长度不得大于2m。对于孔口封闭灌浆，孔段长度适当降低，地面以下10m内，分段长依次为2m、2m、3m、3m，10m以下各段长为4m。

自上而下分段灌浆法将全孔分为3～5m若干段，自上而下钻一段灌一段（图1.11.8）。其优点是随着孔深的增加，可逐段提高灌浆压力，保证灌浆质量；上段凝固后，才能灌下一段，可以防止地表冒浆；分段压水试验，成果准确，有利于分析判断各段灌浆质量。但钻机移动次数多、钻孔工效低、待凝时间长，对施工不利。适用于地质条件差、岩石破碎、灌浆要求高的地区。

自下而上分段灌浆法是将全孔一次钻完，然后自下而上，利用灌浆塞分段灌浆（图1.11.9）。这种方法提高了钻机的工作效率，钻灌互不干扰，进度较快，但灌浆压力不能太大，易发生卡塞、串浆和绕塞返浆等，故仅适用于岩层较完整、裂隙较少的地区。

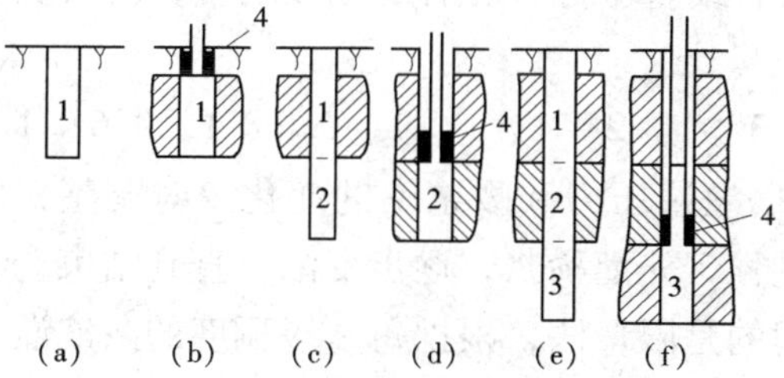

图1.11.8　自上而下分段灌浆

（a）第1段灌浆；（b）第2段灌浆；（c）第3段灌浆；（d）第4段灌浆；（e）第5段灌浆；（f）第6段灌浆

1、2、3—灌浆段顺序；4—灌浆塞

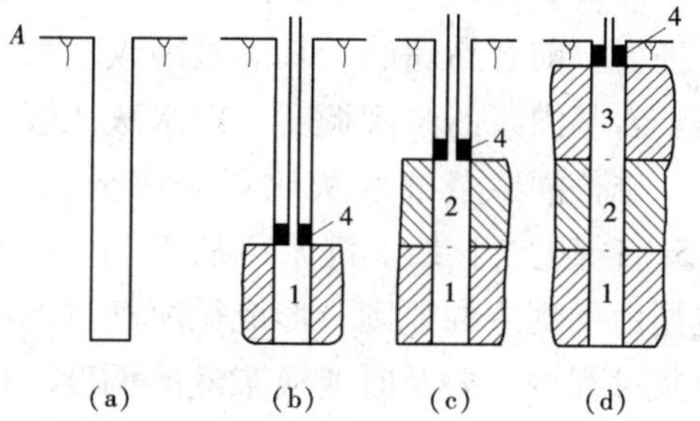

图1.11.9　自下而上分段灌浆

（a）一次钻孔；（b）第1段灌浆；（c）第2段灌浆；（d）第3段灌浆

1、2、3—灌浆段顺序；4—灌浆塞

（3）综合分段灌浆法。对于天然地基中，通常是接近地表的岩层比较破碎，下部岩层比较完整，常采用综合分段灌浆法。当钻孔较深时，在上部孔段采取自上而下分段钻孔灌浆，下部采取自下而上分段钻孔灌浆，取其两者的优点。

4. 灌浆压力

灌浆压力是指作用在灌浆孔段中心点的压力，是影响灌浆质量的重要因素。在不破坏岩层结构的前提下，压力越大，浆液扩散越远，胶体越密实，灌浆范围越大，灌浆效果越好。设计灌浆压力可由下式估算：

$$P = P_1 + P_2 + P_3 \tag{1.11.2}$$

式中　P——孔段中心点压力，MPa；

P_1——灌浆管路中压力表的压力，MPa；

P_2——浆液自重压力（考虑地下水的影响后），MPa（按灌浆中浆液密度最大值计算）；

P_3——压力表处至灌浆孔段间管路摩擦压力损失，MPa（当压力表安在孔口进浆管上时，取正值；压力表安在孔口回浆管上时，取负值）。

影响灌浆压力的因素很多，可按地质条件、压重条件、孔深及灌浆要求，参照已建工程进行类比确定。也可通过压水试验，确定不破坏岩石结构的临界压力，作为选取设计灌浆压力的依据。临界压力可通过压力与注入水量的关系来判断，正常情况下，压入水量与压力成正比，当压力上升至某一数值时，注入水量突然迅速增大，说明岩石裂隙已被扩宽，此时的压力即为临界压力。灌浆压力的控制有两种方法：一是灌浆开始后，在较短的时间内，将压力升到设计压力，直到终止，这种方法叫一次升压法；另一种是将压力分三级，即依次从 $0.3P$、$0.7P$、$1.0P$ 逐级升压，以吸浆率控制。前种压力大，浆液扩散远，利于提高质量，用于岩石完整、吸水率小的地层灌浆；后者可以防止超灌，延长机械寿命，用于岩石破碎、透水性强的地层。

5. 浆液稠度控制

稠度即水与干料的比值。在灌浆过程中，浆液的稠度要根据吸浆量的变化及时调整。稀浆流动性好，易扩散，细小缝也能灌入；浓浆流动性差，扩散范围小，细小缝灌不进去。前者易超灌，浆液凝固收缩大，与岩石结合不好；后者凝固收缩小，固结质量高。岩基灌浆的浆液稠度，以水灰比表示（重量比）。

帷幕灌浆浆液水灰比可采用分为 5：1、3：1、2：1、1：1、0.8：1、0.6：1、0.5：1等七个比级。灌浆可从 5：1 开始，根据灌浆压力和吸浆率的变化及时调整，应遵循由稀到浓的原则，形成循序渐进的灌浆过程，先灌稀浆，逐步变浓，直到结束。在灌浆过程中，要及时变换浆液的稠度。最常用的是限量法，根据每一级稠度的浆液灌入量来控制，称为限量法。当某级稠度的浆液灌入量超过限量标准（300L 以上或灌注时间超过 1h），而灌浆压力及吸浆量均无改变，或无明显改变时，将浆液加浓一级；当灌入率大于 30L/min 时，可根据具体情况越级加浓。如果发现变浓后，吸浆量显著下降，或灌浆压力突然上升，说明裂隙被浓浆堵塞，变浓不当，应立即变回原稠度。

固结灌浆浆液比级和稠度变换，可参照帷幕灌浆的规范，根据工程实际情况确定。

6. 灌浆结束

（1）灌浆结束的标准。帷幕灌浆当采用自上而下分段灌浆法时，在设计压力下，灌入率不大于 0.4L/min 或不大于 1L/min 时，分别继续灌注 60min 和 90min，灌浆结束；采用自下而上分段灌浆法时，继续灌注的时间可相应地减少为 30min 和 60min，灌浆可以结束。

固结灌浆在规定压力下，当注入率不大于 0.4L/min 时，继续灌注 30min，灌浆可结束。

（2）封孔。帷幕灌浆孔比较深，回填质量要求高，应采用分段压力灌浆封孔法。即自上而下灌浆结束后，就应立即改用浓浆自下而上复灌，每段 10～15m，采用原来的孔段压力，按正常灌浆结束标准，灌完待凝，直至顶部空孔部分小于 5m 时，清孔后用水泥砂浆封满。固结灌浆孔比浅，当孔深大于 10m 时，和帷幕灌浆相同；当孔深小于 10m 时，采用机械压浆封孔法，即灌浆结束后，将胶管下入底部，用灌浆泵或砂浆泵向孔内压入浓浆或砂浆，直到将孔内积水顶出，孔口冒出浓浆或砂浆为止。缓缓上提胶管，但不得脱出。

7. 灌浆质量检查

帷幕灌浆质量检查，应以检查孔压水试验成果为主，结合对竣工资料和测试成果的分析，综合评定。检查孔应设在帷幕中心线上，岩石破碎、断层、大孔隙等地质条件复杂部位，注入量大的孔段附近，以及经资料分析灌浆不正常、对灌浆质量有影响的部位。检查孔的数量宜为灌浆孔总数的 10% 。检查孔压水试验宜在灌浆结束 14 天后进行，采用自上而下分段压水试验，并采取岩芯，结束后，按技术进行灌浆和封孔。帷幕灌浆压水试验检查，坝体混凝土与基岩接触段及其以下的一段的合格率应有尽有为 100% ；再以下各段的合格率应在 90% 以上，不合格段的透水率不超过设计规定值的 100% ，且不集中，灌浆质量可认为合格。

固结灌浆质量检查宜采用测量岩体波速或静弹性模量的方法，也可以采用单点压水试验的方法，检查的时间应分别在灌浆结束 14 天、28 天、3 ~7 天后进行。检查孔的数量不宜小于灌浆孔总数的 5% ，检查结束后，按技术要求进行灌浆和封孔。对于压水试验检查，孔段合格率应在 80% 以上，不合格孔段的透水率值不超过设计规定值的 50% ，且不集中，灌浆质量可认为合格。

11.4 地基高压喷射灌浆

高压喷射灌浆技术是以高压射流冲切破坏地层结构，并利用水泥浆或黏土水泥浆与被灌地层土、石掺混形成具有近于水泥砂浆或混合砂浆强度的凝结体，借以加固地基或形成地下连续板、墙达到防渗的目的。

11.4.1 高压喷射灌浆分类

按射流介质不同，高压喷射灌浆可分为以下几类：

(1) 单介质喷射，亦称为单管喷射。它直接将浆液通过水平喷嘴喷射灌入地层。

(2) 双介质喷射，亦称为双管喷射。是在一根较大的钢管中并列安装浆、气两管，至管底后经水平喷嘴将浆液与压缩空气同轴喷射，压缩空气在外，形成气幕保护浆流，减少土壤对浆液的摩阻，可使浆液喷射得更远，掺搅作用更为强烈。

(3) 三介质喷射，亦称三管喷射。水、气、浆三管并列，至管底后，水、气沿水平向同轴喷射、冲切掺搅地层，同时浆液被从管底向下低压压出，受水汽射流的卷吸作用，沿喷射方向被挟带灌入冲切范围。由于气包的是水，黏度低，比双介质喷射的气包浆受到的摩阻力小，所以冲切距离更大。

(4) 多介质（气粉）喷射。在双管或三管喷射中，利用压缩空气的挟带作用，将灌浆材料如水泥干粉或水泥浆灌入地层，可以浆、气、粉喷射，亦可以水、气、粉或水、气、粉、浆喷射。

目前，高压喷射防渗板、墙施工多采用三介质喷射法。

11.4.2 设备与工艺

三介质高压喷射灌浆施工设备如图 1. 11. 10 所示，由气、水、浆喷射管路系统、喷管提升转角系统、造孔和浆液回收系统等组成。

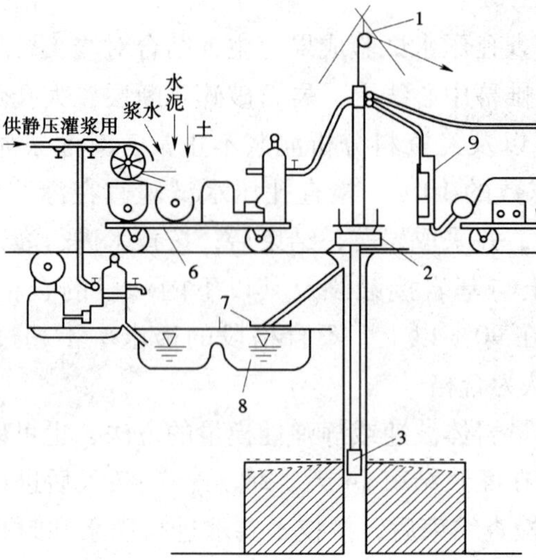

图 1.11.10　高压喷射灌浆设备组装示意图

1—三角架；2—孔口装置；3—喷头；4—空气压缩机；5—高压水泵；
6—搅浆机；7—筛；8—蓄浆池；9—转子流量计

（1）水系统。指高压水泵、压力表、高压截止阀和高压胶管等。高压水泵采用三柱塞泵，最高输出压力达50MPa；高压截止阀用于排泄高压水，调节喷射压力；高压胶管的工作允许压力为30～60MPa。

（2）气系统。包括空压机、转子流量计、气阀和输气胶管等。空压机用于生产压缩空气，转子流量计和气阀用于测量和调控排气量。

（3）浆系统。包括搅灌机（检浆灌浆机组）和输浆胶管。

（4）喷射管路系统。包括高压水龙头、喷射管和喷头三部分。水、气、浆三管并列装在108mm 的无缝钢管中，顶部为高压龙头。喷嘴构造如图 1.11.11 所示。气嘴与水嘴同心套放，环状间为 1～2mm。水汽喷嘴应于喷射管底部两侧对称布置，一般为水平式或下倾式，如图 1.11.12 所示。水平式的喷射受力互相平衡，喷管稳定。下倾式的喷射方向下倾 10°～20°，可改善凝结体与基岩界面的结合质量，并有利于使大颗粒位移易被浆液包裹。因为在岩层界面凹凸不平及风化破碎情况下，下倾式喷射可将岩面切

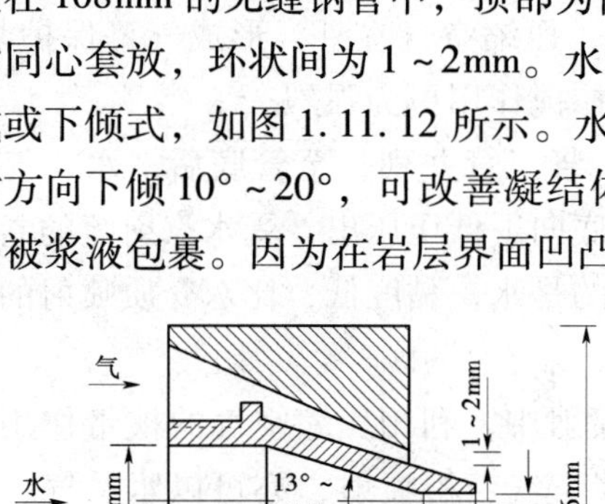

图 1.11.11　喷嘴构造示意图

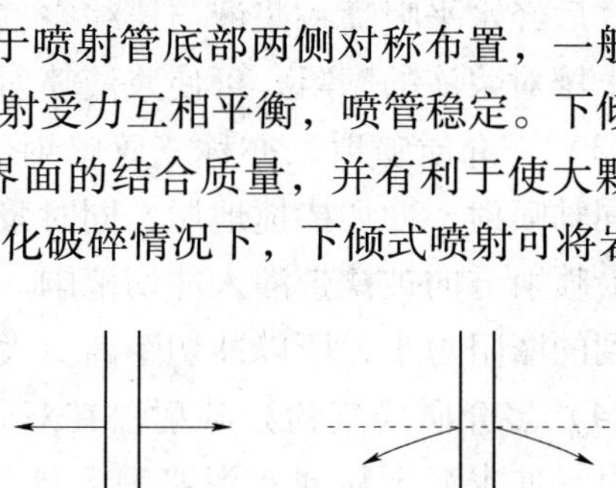

图 1.11.12　喷嘴布置方式

（a）水平式；（b）下倾式

割剥离，冲刷干净，使形成的凝结体与岩层结合紧密，有利于防止层面集中渗漏。

（5）喷管提升系统与转角系统。孔口设转盘，用以根据需要控制喷管转角进行旋转、定向或摆动喷射（图1.11.13）、提升系统由卷扬机、三角架和导向滑轮组成，在旋转、定向、摆动喷射的同时，按要求速度缓慢提升喷管。

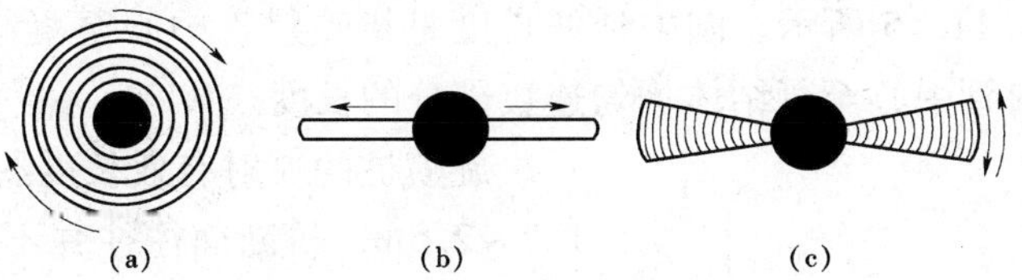

图1.11.13　旋、定、摆喷射示意图

（a）旋转喷射；（b）定向喷射；（c）摆动喷射

（6）造孔系统。一般用J—100型岩心钻机，合金钻头泥浆护壁钻孔，成孔后吊入喷管。

（7）浆液回收系统。喷射灌注过程中，孔内水、气将挟带部分浆液及细小土搅沿喷管周围间隙升至地面，称为冒浆。冒出的浆液经沉砂过滤后，用回浆泵送返搅灌机内，再掺加适量水泥搅拌加浓后重复使用。

高压喷射灌浆工艺流程如图1.11.14所示。

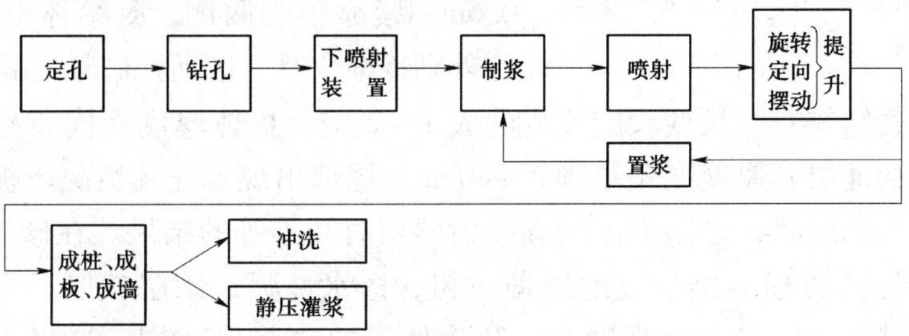

图1.11.14　施工流程

高喷施工必须联合作业。水、气、浆等各项工艺参数，均须按设计要求通过现场试验选择最佳工作状态，才能投入使用。主要工艺参数可按表1.11.2控制范围选定。

表1.11.2　　　　高喷灌浆施工参数

项目	控制范围	相应要求	备　注
高压水	压力20~40MPa 排量65~150L/min	喷嘴直径1.5~3.5mm，2个	压力高，嘴径小，排量大，冒浆稀
压缩空气	压力0.7~0.8MPa 排量0.4~1.8m³/min	气嘴与水嘴间隙1~3mm	排量大，升扬置换作用强
浆液	比重1.5~1.8g/cm³ 排量60~160L/min	回浆比重应不小于1.2~1.3g/cm³	
提升	6~30cm/min	慢，防渗体均匀	
施工形式	旋速10~20r/min 摆速10°~30°/min	浆量旋大，摆次，定小	

11.4.3 防渗体的形成、性能与连接形式

1. 单孔形成凝结体的条件与形状

采用不同的喷射灌浆方式，可以形成不同形状的凝结体。在缓慢连续提升的过程中，旋转、定向、摆动喷射可以分别形成断面为圆形（称为旋喷桩）、长条形和哑铃形等凝结体，如图 1.11.15 所示。图中延伸长度是指喷射管中心至凝结体边缘最大长度，有效长度是指喷射管中心至凝结体均匀连接部分的长度。

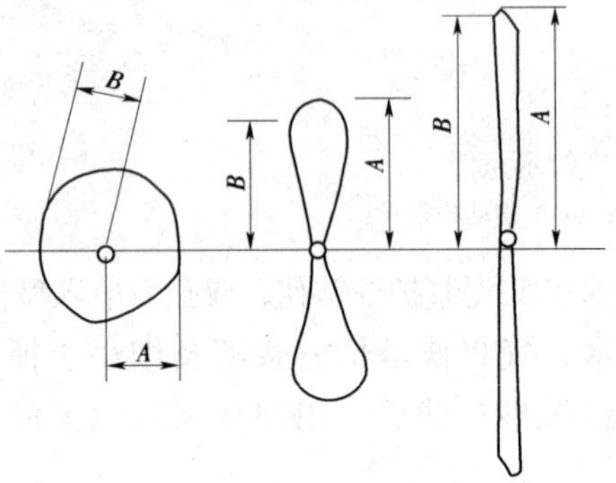

图 1.11.15 旋、定、摆喷射体断面形状
A—延伸长度；B—有效长度

旋喷桩的喷射有效长度约 0.6～1.5m，桩径 1.2～2.5m。桩断面往往并不是完整的圆形，而且沿桩长直径大小也不均匀，表面常呈海参状。这与土质不均，提升、旋转速度变化等因素有关。断面上，中心处颗粒细，外侧颗粒粗，周围常出现几厘米的硬壳，这是喷射冲击挤压的结果。

在相同的工作条件下，摆喷形成的哑铃状凝结体有效长度较旋喷桩的大 0.5～1.0 倍，厚度于摆角大小有关。中心处形成圆桩，直径 0.3～0.6m，紧靠中心两侧，凝结体厚为 0.1～0.5m，往外则逐渐变厚，最远处最厚，端面呈弧形。

定喷板状凝结体有效长度较旋喷桩的大 1～2 倍，板体厚度在同一地层内是比较均匀的，在不同的地层其厚度变化范围 3～40cm，尾部出现不连续情况。板体侧面形成水平凹凸线条，呈木纹状，是阻力不均和喷射停留时间不等的结果。在砂砾地层，板体两侧有 3～10cm 厚的渗透凝结层。地层颗粒粗，透水性强，该层就厚；反之，就薄。在板体与渗透凝结层之间常出现强度高、防渗性强的“浆皮”层，这里水泥含量高，胶结较好，较密实。

凝结体的形状、尺寸、密实度与很多因素有关，如水压与水量，气压与气量，浆压与浆量，提升与旋、摆速度，地层结构致密程度及颗粒粒径等。

2. 凝结体的性能

凝结体的物理力学性质受浆材性质的影响很大。常用的高喷浆材有两类：一类是纯水泥浆，一类是黏土水泥浆。纯水泥浆在砂砾石地层中形成水泥砂浆凝结体，在黏土地层中形成水泥土凝结体；黏土水泥浆在砂砾层中形成水泥黏土砂浆凝结体，在黏土层中形成水泥土凝结体。凝结体各部位的性质差异较大，但主体部分（板体和浆皮层）的强度是不低的，而渗透系数和弹模又较小，可以说强度、抗渗能力、适应变形的能力都是足够的。

浆液中含适量黏土成分，将降低凝结体的强度，但能改善防渗性能。防渗帷幕处于地下，并不要求凝结体有高强度，而对变形的适应性却很重要。含一定黏土成分的水泥黏土浆所形成的凝结体更能满足这种要求，所以高喷防渗板墙施工有更多采用水泥黏土浆材的趋势。如果地层中黏土含量已较大，则以灌纯水泥浆为好。

3. 凝结体的连接形式

防渗板、墙是由相距适当距离的一系列单喷凝结体连接而成的。连接的可靠性是防渗是否可靠的关键。凝结体的连接形式有两种（图 1.11.16）：一种是切割式连接，即在先期形成的凝结体强度还不高时，即开始邻孔喷射，后喷的射流可以将其冲开，使新老砂浆胶凝成整体，形成插入式连接；另一种是焊接式连接，即当先期凝结体强度已较高，难以实现切割，但在喷射流作用下，可将其表面冲刷剥离干净。新的浆液仍能较好与之黏结。所以，如能严格控制布孔距离在有效长度之内并掌握好喷射参数，无论切割式或焊接式连接，防渗都是可靠的。只是切割式较焊接式更理想一些。

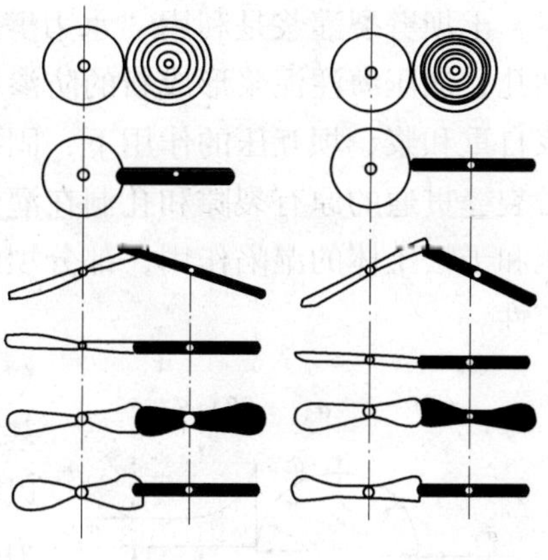

图 1.11.16　防渗墙连接形式
(a) 切割式连接（左先喷，右后喷）；
(b) 焊接式连接（左先喷，右后喷）

高喷防渗墙的平面布置形式（表 1.11.3）多种多样，各有特点，可根据实际条件选用。一般而言，在含大颗粒地层，采用摆喷是必要的，浆液易将大颗粒包裹住，不致像定喷那样墙体被隔断。兼有防渗和提高承载力双重任务的工程，采用圆柱桩套接或桩板结合式较好，主要防渗工程还可布置双排防渗墙。

影响高喷施工的防渗板、墙质量的因素较多，故为慎重起见，每项工程施工之前，均必须在现场进行围井（即利用 3～4 个喷射孔喷成的板墙围成的三角形或四边形封闭井）试验，以确定适合当地具体条件的工艺参数，然后方能正式施工，且施工完毕还应于下游侧在已成板墙的基础上喷成围井，挖去井中土体后直接检查渗水情况。

表 1.11.3　　高喷灌浆施工布置形式

编号	名称	图形	孔距（m）	厚度（cm）	特点
1	折线形	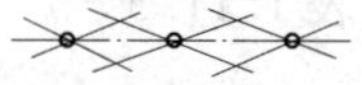	1.6～2.5	10～30	便于连接
2	微摆形	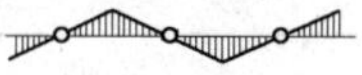	1.6～2.2	20～40	连接可靠，墙厚
3	交叉形	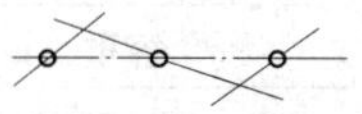	1.6～2.5	蜂果状	连接结构稳定性好
4	直摆形		1.6～2.5	20～50	便于连接
5	摆定形		1.6～2.5	10～40	连接结构性好
6	柱列形	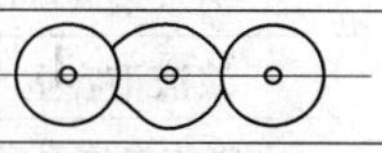	0.8～1.4	20～40	套接可靠性差
7	柱板形	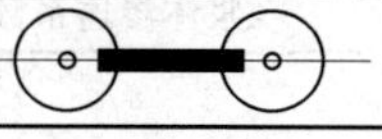	1.4～2.0	>10	便于连接，稳定性好

11.5　土坝劈裂灌浆

11.5.1　水力劈裂原理

土坝劈裂灌浆是利用“水力劈裂原理”，对存在隐患或质量不良的土坝在坝轴线上钻孔、加压灌注泥浆形成新的防渗墙体的加固方法。土坝体沿坝轴线劈裂灌浆后，在泥浆自重和浆、坝互压的作用下，固结而成为与坝体牢固结合的防渗墙体，堵截渗漏；与劈裂缝贯通的原有裂隙和孔洞在灌浆中得到充填，可提高坝体的整体性；通过浆、坝互压和干松土体的湿陷作用，部分坝体得到压密，可改善坝体的应力状态，提高其变形稳定性。

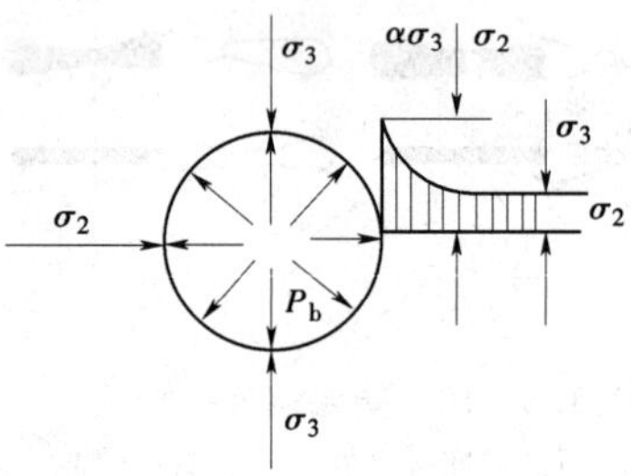

图 1.11.17　钻孔劈裂

σ_2—中主应力；σ_3—小主应力；P_b—起裂压力；α—应力集中

位于河槽段的均质土坝或黏土心墙坝，其横断面基本对称，当上游水位较低时，荷载也基本对称，施以灌浆压力，土体就会沿纵断面开裂。如能维持该压力，裂缝就会由于其尖端的拉应力集中作用而不断延伸（即水力劈裂），从而形成一个相当大的劈裂缝（图 1.11.17）。

劈裂灌浆裂缝的扩展是多次灌浆形成的，因此浆脉也是逐次加厚的。一般单孔灌浆次数不少于 5 次，有时多达 10 次，每次劈裂宽度较小，可以确保坝体安全。

基于劈裂灌浆的原理，只要施加足够的灌浆压力，任何土坝都是可灌的，但只在下列情况下才考虑采用劈裂灌浆：①松堆土坝；②坝体浸润线过高；③坝体外部、内部有裂缝或大面积的弱应力区（拉应力区、低压应力区）；④分期施工土坝的分层和接头处有软弱带和透水层；⑤土坝内有较多生物洞穴等。

11.5.2　浆液的选择

根据灌浆要求，坝型、土料隐患性质和隐患大小等因素选择，常用土料的物理性质指标和泥浆物理力学性质指标如表 1.11.4 和表 1.11.5。

表 1.11.4　　土料物理性质指标

项　目	指　标（%）	备　注
流限	30 左右	砂以细、中砂为主，并可用矿渣
塑限	20 左右	
黏粒含量	25～35	
粉粒含量	30～50	
砂粒含量	20～30	
有机质含量	<2	

表 1.11.5　　泥浆物理力学性质指标

项　目	指　标
容重（g/cm³）	1.3～1.6
黏度（s）	30～60
稳定性（g/cm³）	0.1～0.15
胶体率（%）	>80
失水量（cm³/30min）	10～30
浆液干容重（g/cm³）	>1.45
浆体渗透系数（cm/s）	10^{-6}～10^{-3}

11.5.3 劈裂灌浆施工

劈裂灌浆属于纯压式灌浆，其工艺流程如图1.11.18所示。

劈裂灌浆施工的基本要求是：土坝分段，区别对待；单排布孔，分序钻灌；孔底注浆，全孔灌注，综合控制，少灌多复。

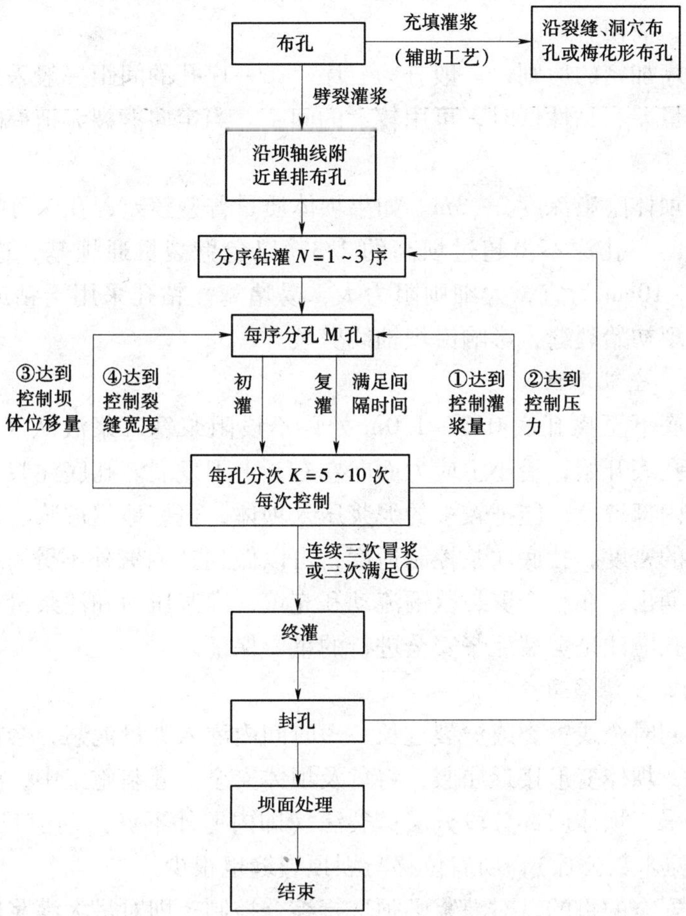

图1.11.18 劈裂灌浆工艺流程框图

1. 土坝分段，区别对待

土坝灌浆一般根据坝体质量、小主应力分布、裂缝和洞穴位置、地形等情况，将坝体区分为河槽段、岸坡段、曲线段及特殊坝段（裂缝集中、洞穴、塌陷和施工结合部位等），提出不同的要求，采用不同的灌浆方法施灌。

河槽段属平面应变状态，小主应力面是过坝轴线的铅直面，可采用较大孔距、较大压力进行劈裂灌浆。岸坡段由于坝底不规则，属于空间应力状态，坝轴线处的小主应力面可能是与坝轴线斜交或正交的铅直面，如灌浆导致贯穿上、下游的劈裂则是不利的，所以应压缩孔距，采用小于0.05MPa的低压灌注，用较稠的浆液逐孔轮流慢速灌注，并在较大裂缝的两侧增加2~3排梅花形副孔，用充填法灌注。曲线坝段的小主应力面偏离坝轴线（切线方向），应沿坝轴线弧线加密钻孔，逐孔轮流灌注，单孔每次灌浆量应小于5m^3，控制孔口压力不大于0.05MPa，轮灌几次后，每孔都发生沿切线的小劈裂缝，裂缝互相连通后，灌浆量才可逐渐加大，直至灌完，形成与弯曲坝轴线一致的泥浆防渗帷幕。

2. 单排布孔，分序钻灌

单排布孔是劈裂灌浆特有的布孔方式。单排布孔可以在坝体内纵向劈裂，构造防渗帷幕，工程集中，简便有效。

钻孔遵循分序加密的原则，一般分为三序。第一序孔的间距一般采用坝高的2/3左右，土坝高、质量差、黏性低时，可用较大的间距。当定向劈裂无把握时，可采用一序密孔，多次轮灌。

孔深应大于坝体隐患深度2~3m。如果坝体质量普遍较差，孔深可接近坝高，但坝基为透水性地层时，孔深不得超过坝高的2/3，以免劈裂贯通坝基，造成大量泥浆损失。孔径一般5~10cm为宜，太细则阻力大，易堵塞。钻孔采用干钻或少量注水的湿钻，应保证不出现初始裂缝，影响沿坝轴线劈裂。

3. 孔底注浆，全孔灌注

应将注浆管底下至离孔底0.5~1.0m处，不设阻浆塞，浆液从底口处压入坝体。泥浆劈裂作用自孔底开始，沿小主应力面向左右、上下发展。孔底注浆可以施加较大灌浆压力，使坝体内部劈裂，能把较多的泥浆压入坝体，更好地促进浆、坝互压，有利于提高坝体和浆脉的密度。孔底注浆控制适度，可以做到“内劈外不劈”。

浆液自管口涌出，在整个劈裂范围流动和充填，灌浆压力和注浆量虽大，但过程缓慢容易控制。全孔灌注是劈裂灌浆安全进行的重要保证。

4. 综合控制，少灌多复

如土坝坝体同时全线劈裂或劈裂过长，短时间内灌入大量泥浆，会使坝肩位移和坝顶裂缝发展过快，坝体变形接近屈服，将危及坝体安全。灌浆施工中，应绝对避免上述情况出现。最好采用坝体内部分段分层劈裂法（即内劈外不劈），孔口压力即使达到数百kPa（每平方厘米数公斤），坝肩位移与坝顶裂缝也很少。

要达到确保安全的目的，对灌浆必须进行综合控制；即对最大灌浆压力，每次灌浆量、坝肩水平位移量、坝顶裂缝宽度及复灌间隔时间等均应予以控制。非劈裂的灌浆控制压力应小于钻孔起裂压力，无资料时，该值可用0.6~0.7倍土柱重。

第一序孔灌浆量应占总灌浆量的60%以上，所需灌浆次数多一些。第二、第三序孔主要起均匀帷幕厚度的作用；因坝体质量不均，并且初灌时吃浆量大，以后吃浆渐少，故每次灌入量不能按平均值控制，一般最大为控制灌浆量的两倍。坝体灌浆将引起位移，对大坝稳定不利。一般坝肩的位移最明显，应控制在3cm以内，以确保坝体安全。复灌多次后坝顶即将产生裂缝，长度应控制在第一序孔间距内，宽度控制在3cm内，以每次停灌后裂缝能回弹闭合为宜。

为安全起见，灌浆应安排在低水位时进行，库水位应低于主要隐患部位。无可见裂缝的中小型土坝，可以在浸润线以下灌浆。对于松堆土坝，浸润线以上干燥的坝体部分，每次灌浆间隔时间不宜少于5天，浸润线以下的则不宜少于10天。

本章习题

1.11.1 常用的灌浆材料有哪些？各适用于什么条件？

1.11.2 固结灌浆和帷幕灌浆应如何布孔？

1.11.3 单孔冲洗的方法有几种？各怎样进行？

1.11.4 压水试验的目的是什么？如何进行？其成果是什么？

1.11.5 灌浆的方法有哪几种方式？各怎样进行？适用条件是什么？

1.11.6 如何确定灌浆压力？如何控制？

1.11.7 灌浆浆液稠度有几种？如何进行稠度变换？

1.11.8 灌浆结束的标准是什么？如何检查灌浆质量？

1.11.9 高压喷射灌浆的方式有哪些？凝结体有哪些连接形式？

1.11.10 水力劈裂灌浆的施工工艺是什么？

第12章　土　方　工　程

教学要求： 了解土的施工分级与工程特性；熟悉各种土方施工机械的特点，适用条件，土方挖运配套计算方法，挖运工作面布置等；掌握土方压实原理，压实参数确定等；了解土方工程在冬季和雨季的施工方法措施；掌握土方施工的质量控制及施工安全技术。

水利水电工程中，土方工程应用非常广泛。有些水工建筑物，如土坝、土堤、土渠等，几乎全部都是土方工程。其基本施工类型是挖方和填方；基本施工过程是开挖、运输和填筑。可根据实际情况采用人工、机械、爆破或水力冲填等方法施工。

12.1　概述

12.1.1　土的施工分级

在水利水电工程施工中，根据开挖的难易程度，将土壤分为Ⅰ～Ⅳ级，见表1.12.1。不同级别的土应采用不同的开挖方法，且施工挖掘时所消耗的劳动量和单价亦不同。

表1.12.1　　土壤的工程分级

土质级别	土壤名称	自然湿密度	外形特征	开挖方法
Ⅰ	砂土 种植土	1.65～1.75	疏松，黏着力差或容易透水，略有黏性	用锹（有时略加脚踩）开挖
Ⅱ	壤土 淤泥 含根种植土	1.75～1.85	开挖能成块并易打碎	用锹并用脚踩开挖
Ⅲ	黏土 干燥黄土 干淤泥 含砾质黏土	1.80～1.95	黏手，干硬，看不见砂砾	用镐、三齿耙或铁锹并用力加脚踩开挖
Ⅳ	坚硬黏土 砾质黏土 含卵石黏土	1.90～2.10	土壤结构坚硬，将土分裂后成块状或含黏粒、砾石较多	用镐、三齿耙等工具开挖

12.1.2　土的工程特性

土的工程特性对土方工程的施工方法及工程进度影响较大。主要的工程性质有表观密度、含水量、可松性、自然倾斜角等。

1. 表观密度

土壤表观密度就是单位体积土壤的质量。土壤保持其天壤组织、结构和含水量时的表观密度称为自然表观密度。单位体积湿土的质量称为湿表观密度。单位体积干土的质量称为干表观密度。表观密度是体现黏性土密实程度的指标，常用它来控制黏性土的压实质量。

2. 含水量

含水量是土壤中水的质量与干土质量的百分比。它表示了土壤空隙中含水的程度，含水量的大小直接影响黏性土的压实质量。

3. 可松性

自然状态下的土经开挖后因变松散而使体积增大的特性，称为土的可松性。土的可松性用可松性系数 K_s 表示，即

$$K_s = V_2/V_1 \tag{1.12.1}$$

式中 V_2——土经开挖后的松散体积；

V_1——土在自然状态下的体积。

土的可松性系数可用于计算土方量、进行土方挖填平衡计算和确定运输工具数量。各种土的可松性系数见表 1.12.2。

表 1.12.2 土的密度和可松性系数

土的类别	自然状态		挖松后	
	密度（t/m³）	可松性系数	密度（t/m³）	可松性系数
砂土	1.65～1.75	1.0	1.50～1.55	1.05～1.15
壤土	1.75～1.85	1.0	1.65～1.70	1.05～1.10
黏土	1.80～1.95	1.0	1.60～1.65	1.10～1.20
砂砾土	1.90～2.05	1.0	1.50～1.70	1.10～1.40
含砂砾壤土	1.85～2.00	1.0	1.70～1.80	1.05～1.10
含砂砾黏土	1.90～2.10	1.0	1.55～1.75	1.10～1.35
卵石	1.95～2.15	1.0	1.70～1.90	1.15

4. 自然倾斜角

自然堆积土壤的表面与水平面间所形成的角度，称为土的自然倾斜角。挖方与填方边坡的大小与土壤的自然倾斜角有关。确定土体开挖边坡和填方边坡应慎重考虑，对于重要的土方开挖边坡，应专门进行边坡稳定设计；对于中小型临时边坡，坡度可根据经验确定或参考 1.12.3 选用。

表 1.12.3 中小型土质边坡允许坡度值

土的种类	土料性质		容许坡度值	
			坡高<5m	坡高5~10m
碎石土	密实		1:0.35~1:0.50	1:0.50~1:0.75
	中密		1:0.50~1:0.75	1:0.75~1:1.00
	稍密		1:0.75~1:1.00	1:1.00~1:1.25
粉土	饱和度 $S_r \leqslant 0.5$		1:1.00~1:1.25	1:1.00~1:1.50
黏性土	坚硬		1:0.75~1:1.00	1:1.00~1:1.25
	硬塑		1:1.00~1:1.25	1:1.25~1:1.50
黄土	按地质年代分为	次生黄土 Q_4	1:0.5~1:0.75	1:0.75~1:1.00
		马兰黄土 Q_3	1:0.30~1:0.50	1:0.50~1:0.75
		离石黄土 Q_2	1:0.20~1:0.30	1:0.30~1:0.50
		午城黄土 Q_1	1:0.10~1:0.20	1:0.20~1:0.30

注 应结合工程所在地水文、气象、施工方法等条件具体选定。

土方的边坡开挖应采取自上而下、分区、分段、分层的方法依次进行，不允许先下后上切脚开挖；对于不稳定边坡的开挖，尽量避免采取爆破方式施工（冻土除外），边坡加固应及时进行；坡面开挖时，应根据土质情况，间隔一定的高度设置永久性戗台，戗台宽度视用途而定，台面横向应为反向排水坡，同时在坡脚设置护脚和排水沟；应严格施工过程质量控制，避免超挖、欠挖或倒坡；采用机械开挖时，应距设计坡面留有不小于20cm的保护层，最后用人工进行坡面修整。

受施工条件等因素的制约，施工中经常会遇到不稳定边坡，应采取适当措施加以支护，以保证施工安全。支护主要由锚固、护面和支挡几种形式。其中，护面又有喷护混凝土、块石（或混凝土块）砌护、三合土挡护等方法，支挡又有扶壁、支墩、挡土墙（板、桩）等形式。

12.2 土方开挖

土方开挖常用的方法有人工开挖法和机械开挖法，一般采用机械开挖。用于土方开挖的机械有单斗挖掘机、多斗挖掘机、铲运机械和水力开挖机械。

12.2.1 单斗挖掘机

单斗挖掘机是仅有一个铲土斗的挖掘机械，如图1.12.1所示。它由行走装置、动力装置和工作装置三部分组成。行走装置分为履带式和轮胎式两种。履带式是最常用的一种，它对地面的单位压力小，可在各种地面上行驶，但转移速度慢。动力装置分为电动和内燃机驱动两种，电动为最常用形式，效率高，操作方便，但需电源。工作装置由铲土斗、斗柄、推压和提升装置组成。按铲土方向和铲土原理分为正铲、反铲、拉铲（索铲）和抓铲四种类型，如图1.12.1所示，用钢索或液压操纵。钢索操纵用于大中型正铲，液压操纵用于小型正铲和反铲。

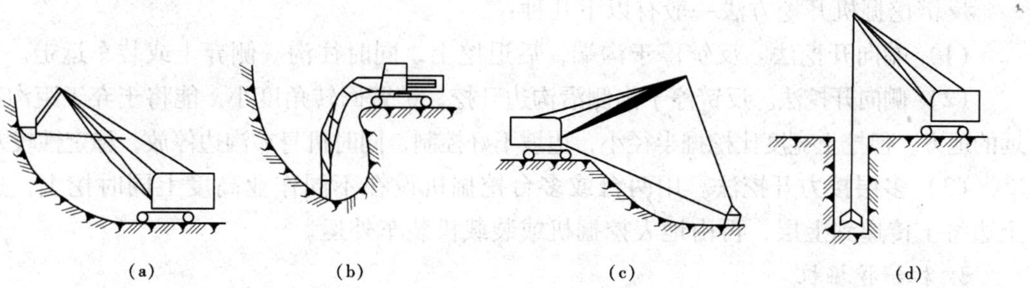

图 1.12.1　单斗挖掘机

（a）正铲挖掘机；（b）反铲挖掘机；（c）索铲挖掘机；（d）抓铲挖掘机

1. 正铲挖掘机

正铲挖掘机由推压和提升完成挖掘，开挖断面是弧形，最适于挖停机面以上的土方，也能挖掘机面以下的浅层（1～2m）土方。由于稳定性好，铲土能力大可以挖各种土料及软岩、岩渣进行装车。它的特点是循环式开挖，由挖掘、回转、卸土、返回构成一个工作循环，生产率的大小取决于铲斗大小和循环时间的长短。正铲的斗容从 0.5m^3 至几十立方米不等，工程中常用 1～4m^3。

正铲挖掘机开挖方式有以下两种：

（1）正向开挖、侧向装土。正铲向前进方向挖土，汽车位于正铲的侧向装车，如图 1.12.2 所示。铲臂卸土回转角度小于 90°，装车方便，循环时间短，生产效率高，常用于土料场及渠道土方开挖。

（2）正向开挖、后方装土。开挖工作面较大，但铲臂卸土回转角度大，生产效率降低，如图 1.12.3 所示。常用于基坑土方开挖。

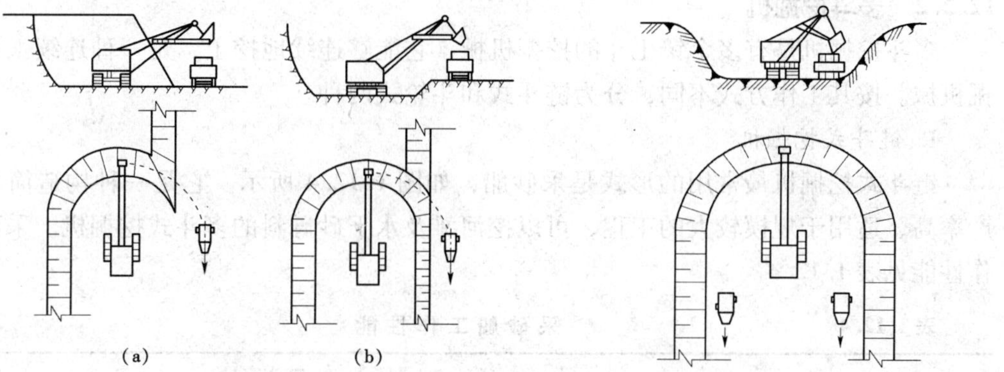

图 1.12.2　正向开挖、侧向装土法

（a）正向开挖；（b）侧向装土

图 1.12.3　正向开挖、后方装土法

2. 反铲挖掘机

反铲挖掘机能用来开挖停机面以下的基坑（槽）或管沟通及含水量大的软土等，挖土时由远而近，就地卸土或装车，适用于中小型沟渠、清基、清淤等工作。由于稳定性和铲土能力均比正铲差，故只用于Ⅰ～Ⅲ级土，硬土要先进行预松。

反铲挖掘机开挖方法一般有以下几种：

（1）端向开挖法。反铲停于沟端，后退挖土，同时往沟一侧弃土或装车运走。

（2）侧向开挖法。反铲停于沟侧沿沟边开挖，铲臂回转角度小，能将土弃于距沟边较远的地方，但挖土宽度比挖掘半径小，边坡不好控制，同时机身靠沟边停放，稳定性较差。

（3）多层接力开挖法。用两台或多台挖掘机设在不同作业高度上同时挖土，边挖土边将土传递到上层，再由地表挖掘机或装载机装车外运。

3. 拉铲挖掘机

拉铲挖掘机的铲斗用钢索控制，利用臂杆回转将铲斗抛至较远距离，回拉牵拉索，靠铲斗自重下切装满铲斗，然后回转装车或卸土。由于其挖掘半径、卸土半径、卸土高度较大，适用于Ⅰ~Ⅲ级土开挖，尤其适合于深基坑水下土砂及含水量大的土方开挖，在大型渠道、基坑和水下砂卵石开挖中应用广泛。开挖方式有沟端开挖和沟侧开挖两种，当开挖宽度和卸土半径较小时，用沟端开挖；当开挖宽度大，卸土距离远时，用沟侧开挖。

4. 抓铲挖掘机

抓铲挖掘机靠铲斗自由下落中斗瓣分开切入土中，抓取土料合瓣后提升，回转卸土。适用于开挖土质比较松软（Ⅰ~Ⅱ级土）、施工面狭窄而深的基坑、深槽及河床清淤等工程，最适宜于水下挖土，或用于装卸碎石、矿渣等松软材料，在桥墩等柱坑开挖中应用较多。抓铲能在回转半径范围内开挖基坑中任何位置的土方。

挖掘机是土方机械施工的主导机械，为提高生产率，应采取以下措施：加长斗齿，减小切土阻力；合并回转、升起、降落的操作过程，采用卸土转角小的装车或卸土方式，以缩短循环时间；小角度装车或卸土；采用大铲斗；合理布置工作面和运输道路；加强机械保养和维修，维持良好的性能。

12.2.2 多斗挖掘机

多斗挖掘机是有多个铲土斗的挖掘机械，它能够连续地挖土，是一种连续工作的挖掘机械。按其工作方式不同，分为链斗式和斗轮式两种。

1. 链斗式挖掘机

链斗式挖掘机最常用的形式是采砂船，如图1.12.4所示。它是一种构造简单、生产率高、适用于规模较大的工程，可以挖河滩及水下砂砾料的多斗式挖掘机。采砂船工作性能见表1.12.4。

表1.12.4　　采砂船工作性能

项　目	链斗容量（L）			
	160	200	400	500
理论生产率（m^3/h）	120	150	250	750
最大挖掘深度（m）	6.5	7.0	12.0	20.0
船身外廓尺寸（长×宽×高）（m×m×m）	28.05×8×2.4	31.9×8×2.3	52.2×12.4×3.5	69.9×14×5.1
吃水深度（m）	1.0	1.1	2.0	3.1

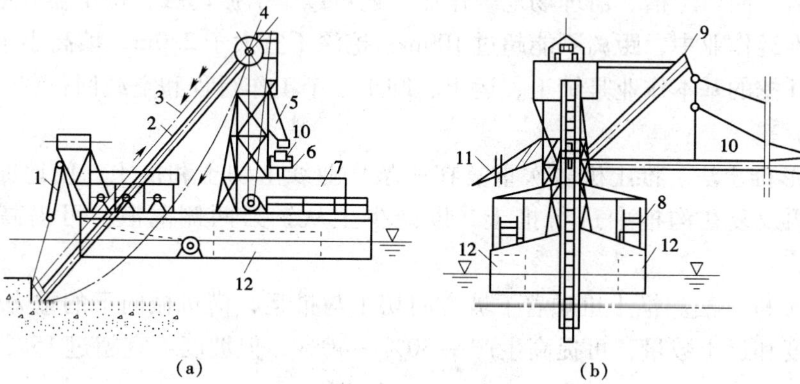

图 1.12.4 链斗式采砂船
（a）侧视图；（b）正视图
1—斗架提升索；2—斗架；3—链条和链斗；4—主动链轮；5—泄料漏斗；
6—回转盘；7—主机房；8—卷扬机；9—吊杆；10—皮带机；
11—泄水槽；12—平衡水箱

2. 斗轮式挖掘机

斗轮式挖掘机如图 1.12.5 所示，斗轮式挖掘机的斗轮装在斗轮臂上，在斗轮上装有 7～8 个铲土斗，当斗轮转动时，下行至拐角时挖土，上行运土至最高点时，土料靠自重和旋转惯性卸至受料皮带上，转送到运输工具或料堆上。其主要特点是斗轮转速较快，作业连续，斗臂倾角可以改变，并作 360°回转，生产率高，开挖范围大。斗轮式挖掘机适用于大体积的土方开挖工程，且具有较高的掌子面，土料含水量不宜过大。多与胶带运输机配合作长距离运输。

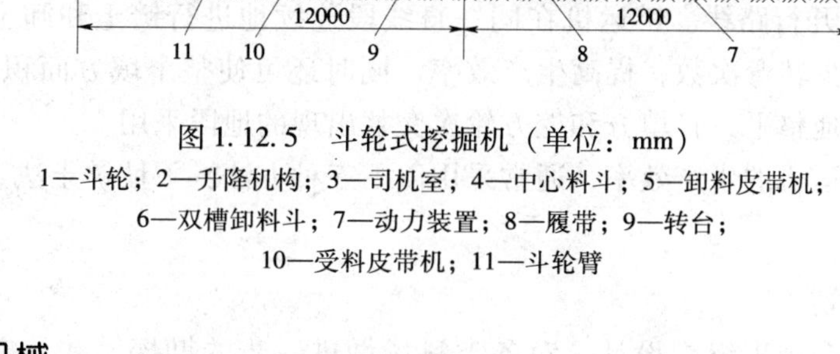

图 1.12.5 斗轮式挖掘机（单位：mm）
1—斗轮；2—升降机构；3—司机室；4—中心料斗；5—卸料皮带机；
6—双槽卸料斗；7—动力装置；8—履带；9—转台；
10—受料皮带机；11—斗轮臂

12.2.3 铲运机械

1. 推土机

推土机是一种在履带式拖拉机上安装推土板等工作装置而成的一种铲运机械，是水利水电建设中最常用、最基本的机械，可用来完成场地平整、基坑和渠道开挖、推平填方、堆积土料、回填沟槽、清理场地等作业，还可以牵引振动碾、松土器、拖车等机械作业。它在推运作业中，距离不能超过100m，挖深不宜大于2.0m，填高小于2m。

推土机开挖的基本作业是铲土、运土、卸土三个工作行程和空载回行程。常用的作业方法如下：

（1）槽形推土法。推土机多次重复在一条作业线上切土和推土，使地面逐渐形成一条浅槽，再反复在沟槽中进行推土，以减少土从铲刀两侧漏散，可提高工作效率10%～30%。

（2）下坡推土法。推土机顺着下坡方向切土与推运，借机械向下的重力作用切土，增大切土深度和运土数量，可提高生产率30%～40%，但坡度不宜超过15°，避免后退时爬坡困难。

（3）并列推土法。用2～3台推土机并列作业，以减少土体漏失量。铲刀相距15～30cm，平均运距不宜超过70m，亦不宜小于20m。

（4）分段铲土集中推送法。在硬质土中，切土深度不大，将铲下的土分堆集中，然后再整批推送到卸土区。堆积距离不宜大于30m，堆土高度以2m以内为宜。

（5）斜角推土法。将铲刀斜装在支架上或水平放置，并与前进方向成一倾斜角度进行推土。

2. 铲运机

铲运机是一种能够连续完成铲运、运土、卸土、铺土、平土等工序的综合性土方工程机械，铲运机按牵引方式分为自行式和拖式。适用于大型基坑、渠道、路基开挖、大型场地的平整、土料开采、填筑堤坝等。适用于Ⅰ～Ⅲ级土，经济运距100～500m。

根据施工场地的不同，铲运机常用的开行路线有以下几种：

（1）椭圆形开行路线。从挖方到填方按椭圆形路线回转，适合于长100m内基坑开挖、场地平整等工程使用。

（2）“8”字形开行路线。即装土、运土和卸土时按“8”字形运行，可减少转弯次数和空车行驶距离，提高生产率，同时可避免机械行驶部分单侧磨损。

（3）大环形开行路线。从挖方到填方均按封闭的环形路线回转。当挖土和填土交替，而刚好填土区在挖土区的两端头，则可采用大环路线。

（4）连续式开行路线。铲运机在同一直线段连续地进行铲土和卸土作业，可消除跑空车现象，减少转弯次数，提高生产效率，同时还可使整个填方面积得到均匀压实。适合于大面积场地整平，且填方和挖方轮次交替出现的地段采用。

为了提高铲运机的生产效率，通常采用以下三种方法：下坡铲土法、沟槽铲土法和助铲法。

12.2.4 料场规划

施工前应结合施工组织设计，对各类料场做进一步的勘探，并从空间、时间与程序、质与量等方面进行总体规划，制订分期开采计划，使各种坝料有计划、有次序地使用，以满足坝体施工的要求。

空间规划是指对料场位置、高程的合理布置。土料的上坝运距尽可能短，高程要有利于重车下坡。坝的上下游、左右岸最好都有料场，这样有利于同时供料，减少过坝和交叉运输造成的干扰，以保证坝体均衡上升。料场高程与相应的填筑部位相协调，重车下坡，空车上坡。做到就近取料，低料低用，高料高用。

在料场的使用时间与程序上，应考虑工程的其他建筑物的开挖料、料场开采料与坝体填筑之间的相互关系，并考虑施工期水位和流量的变化及施工导流使上游水位升高的影响。用料规划上力求做到料场使用要近料和上游易淹料场先用，远料和下游不淹料场后用。含水量低的料场雨季用，含水量高的料场夏季用。施工强度高时用近料，强度低时用远料。枯水期多用滩地料，有计划地保留一部分近坝料供合龙段和度汛拦洪的高峰填筑期使用。对坝基和地下工程开挖弃料，应考虑挖、填各种坝料的综合平衡，做好土石方的调度规划，做到弃渣无隐患，不影响环保。合理用料，降低工程造价，力求最佳的经济效果。

料场质与量的规划是决定料场取舍的重要前提，在选择和规划使用料场时，应对料场的地址成因、产状、埋深、储量及各种物理力学性质和压实特性进行全面的复查，选用料场应满足坝体设计施工质量要求。

料场规划应规划主要料场和备用料场。主要料场应质好、量大、运距近，利于常年开采。备用料场一般在淹没区以外，当主要料场淹没时使用备用料场。考虑由于开采、挖运、雨后坝面清理、返工与削坡等损失，因此要求主要料场的可开采量不少于设计总方量的1.5～2.0倍，备用料场储量为主要料场总储量的20%～30%。各坝料与填筑数量的比例一般为：土料2.0～2.5；砂砾料1.0～2.0；水下砂砾料2.0～2.5；石料1.2～1.5；天然反滤料应根据筛后的有效方量确定，但一般不宜小于3.0。

12.3 土料压实

12.3.1 土料压实方法与机械

土料压实方法按其作用原理分为碾压、夯击和振动三类。碾压法和夯击法用于各类土，振动法仅适用于砂性土。根据压实原理，制成各种机械。常用的机械有羊脚碾、气胎碾、振动碾和夯实机械。

1. 羊脚碾

羊角碾是碾的滚筒表面设有交错排列的柱体，形似羊脚。碾压时，羊脚插入土料内部，使羊脚底部土料受到正压力，羊脚四周侧面土料受到挤压力，碾筒转动时土料受到羊脚的揉搓力，从而使土料层均匀受压。羊脚碾压实层厚，层间结合好，压实度高，压实质量好，但仅适于黏性土。非黏性土压实中，由于土颗粒产生竖向及侧向移动，效果不好。压实原理见图1.12.6。

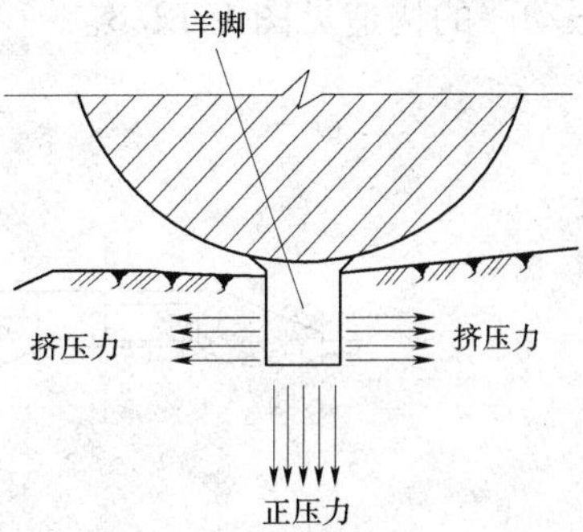

图1.12.6 羊脚碾压实原理

羊脚碾压实的方法有以下两种：

（1）回转套压法。即先沿填土一侧开始，逐圈错距以螺旋形开行，逐渐移动进行压实，机械始终前进开行，生产率高，适用于宽阔的工作面，并可多台羊脚碾同时前进工作。但拐角处及错距交叉处易产生重压和漏压。

（2）进退错距法。即沿直线前进后退压实，反复行驶，达到要求后错距，重复进行。此种方式压实质量好，遍数好控制，但后退操作不便，用于狭窄工作面。压实遍数可按式 1.12.2 计算：

$$N = KS/(MF) \tag{1.12.2}$$

式中 S——碾筒表面面积，cm^2；

F——羊脚的端面积，cm^2；

M——羊脚的数量；

K——碾压时羊脚在土料表面分布不均匀修正系数，一般取 1.3。

2. 气胎碾

气胎碾是由拖拉机牵引，以充气轮胎作为压实构件，利用碾的重量来压实土料的一种碾压机械。可通过改变轮胎气压的方法来调节接触压力的大小，增加碾重（一般重量为 8～30t，重型的可达到 50～200t），可以增加与土层接触面积，压实深度大，生产效率高，施工费用比凸块碾低。与刚性平碾相比，气胎碾压实效果较好。缺点是需加刨毛等工序，以加强碾压上下层的结合。压实原理见图 1.12.7。

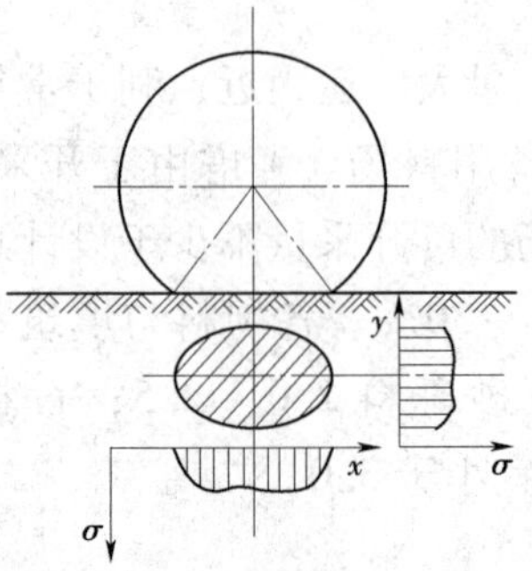

图 1.12.7 气胎碾压实原理

气胎碾的适应范围广，对黏性土和非黏性土都能压实，在多雨地区或含水量较高的土料更能突出它的优点。其与羊脚碾联合作业效果更佳，如用气胎碾压实，如用气胎碾压实，羊脚碾收面，有利于上下层结合；羊脚碾碾压，气胎碾收面，有利于防雨。

3. 振动碾

振动碾是一种具有静压和振动双重功能的复合型压实机械。常见的类型是振动平碾，也有振动变形（表面设凸块、肋形、羊脚等）碾。振动碾主要用于压实非黏性土。振动碾的构造见图 1.12.8。

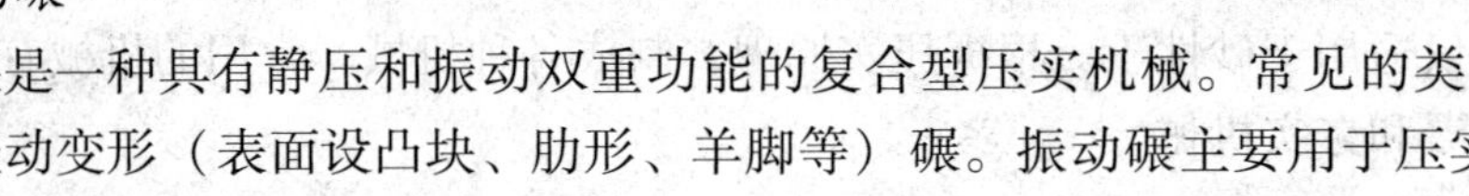

图 1.12.8 振动碾构造示意图

1—牵引挂钩；2—碾滚；3—轴；4—偏心块；5—轮；6—车架侧壁；7—隔板；8—弹簧悬架

由于振动力的作用，土中的应力可提高 4 ~5 倍，压实层达 1m 以上，有的高达 2m，生产率很高。振动碾可以有效地压实堆石体、砂砾料和砾质土，也能压实黏性土，是土坝砂壳、堆石坝碾压必不可少的工具，应用非常广泛。

4. 夯实机械

夯实机械是利用夯实机具的冲击力来压实土料，有强夯机、挖掘机夯板等，用于夯实砂砾料，也可以夯实黏性土。适于在碾压机械难以施工的部位压实土料。

12.3.2 压实标准、压实参数确定与压实试验

1. 压实标准

土料压实越好，其物理力学性能越好，坝体质量就越有保证。但对土料过分压实，不仅提高了费用，还会造成剪切破坏。因此，应确定合理的压实标准。

（1）黏性土料。黏性土料的压实标准，主要以压实干表观密度和施工含水量这两个指标来控制。

1）压实干表观密度。用击实试验来确定。我国采用击实仪 25 击（89.75t · m/m³）作为标准压实功能，得出一般不少于 25 ~30 组最大干密度的平均值 γ_{dmax}（t/m³）作为依据，从而确定设计干密度 γ_d（t/m³）：

$$\gamma_d = m\gamma_{dmax} \qquad (1.12.3)$$

式中 m——施工条件系数，一般Ⅰ、Ⅱ级坝和高坝采用 0.97 ~0.99，中低坝采用 0.95 ~0.97。

这种方法对大多数黏性土料是合理的、适用的。但是，土料的塑限含水量、黏粒含量不同，对压实度都有影响，应进行以下修正：①以塑限含水量为最优含水量，由试验从压实功能与最大干表观密度和最优含水量曲线上初步确定压实功能，当天然含水量与塑限含水量接近且易于施工时，以天然含水量作为最优含水量确定压实功能；②考虑沉降控制的要求，通过控制压缩系数 $\alpha = 0.0098 \sim 0.0196 \text{cm}^2/\text{kg}$，确定干表观密度。

2）施工含水量。是由标准击实条件时的最大干表观密度确定的，但最大干表观密度对应的最优含水量是一个点值，而实际的天然含水量总是在某一范围内变化。为适应施工的要求，必须围绕最优含水量规定一个范围，即含水量的上下限。即在击实曲线上，以设计干表观密度值做水平线，与曲线相交的两点就是施工含水量的控制范围。如图 1.12.9 所示。

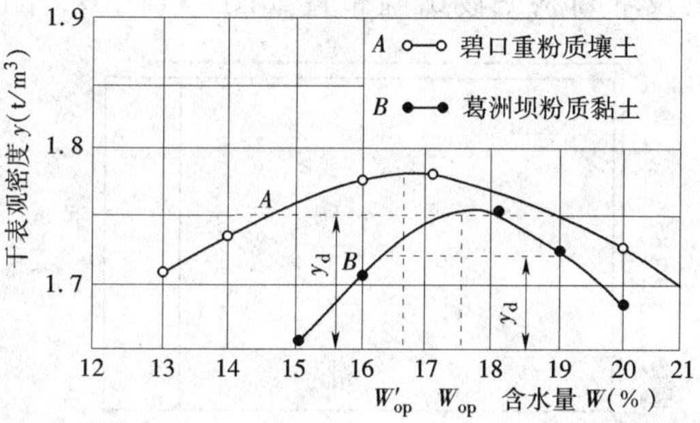

图 1.12.9 设计干表观密度与施工含水量范围

（2）砂土与砂砾石。砂土与砂砾石的压实程度、颗粒级配和压实功能关系密切，一般用相对密度 D_r 表示。在施工现场，当使用相对密度不方便时，可换算成相应的干表观密度 γ_p（t/m³）：

$$\gamma_p = \gamma_{max}\gamma_{min} / [\gamma_{max} - D_r(\gamma_{max} - \gamma_{min})] \qquad (1.12.4)$$

式中　γ_{max}——砂石料最大干表观密度，t/m³；

γ_{min}——砂石料最小干表观密度，t/m³。

在填方工程中，一级建筑物可取 $D_r = 0.7 \sim 0.75$，二级建筑物可取 $D_r = 0.65 \sim 0.7$。

2. 压实参数确定

压实参数包括碾压机具重量、含水量、碾压遍数及铺土厚度等。

根据土料的性质、颗粒大小及组成、压实标准等条件初步确定压实机械的类型后，还应进一步确定压实参数，使之达到经济合理。最好的方法是进行现场碾压试验，确定施工控制含水量、铺土厚度和压实遍数。

3. 压实试验

现场压实试验是土石坝施工中的一项技术措施。通过压实试验核实坝料设计填筑指标的合理性，作为选择压实机械类型和施工参数的依据。

土料的压实试验，是根据已选择的压实机械来确定铺土厚度、压实遍数及相应的含水量。应选择有代表性的土料，各料场如有差异，应分别试验。

试验组合方法一般采用淘汰法，也称逐步收敛法。此法每次变动一种参数，固定其他参数，通过试验求出该参数的适宜值，以此类推。待各项参数选定后，用选定参数进行复核试验。这种方法的优点是：效果相同时试验总数较少。

试验场地应平坦、坚实，靠近水源，地形开阔，有水电附属设施。用试验土料先在地基上铺筑一层，压实到设计标准，将这一层作为基层，然后在上面进行碾压试验。

试验区每个试验组合面积为：黏土不小于5m×2m（长×宽）；砾石土、风化砾石土、砂及砂砾不小于4m×8m；卵漂石、堆石料不小于6m×10m。由于碾压时产生侧向挤压，因此试验区的两侧应各留出一个碾宽，试验区的两端各留4～5m（黏土）或8～10m（堆石坝）作为非试验区，以满足停车和错车的要求。一般一场试验可完成十几或几十个组合试验。淘汰法每场只变动一种参数，一般一场试验布置四个组合试验，黏性土及堆石料一场试验布置如图1.12.10、图1.12.11所示。

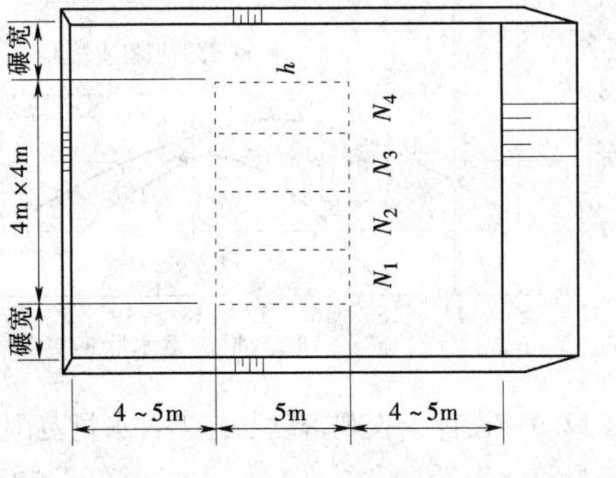

图1.12.10　黏性土压实试验场地布置

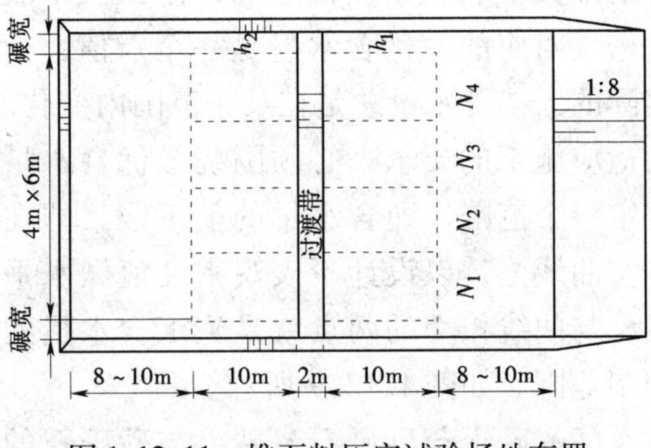

图1.12.11　堆石料压实试验场地布置

按不同压实遍数（n）、不同铺土厚度（h）和不同含水量（W）进行压实、取样。每一个组合取样数量为：黏土、砂砾石10～15个；砂及砂砾6～8个；堆石料不少于3个。分别测定干表观密度、含水率和颗粒级配。可绘出不同铺土厚度时压实遍数、干表观密度与含水量关系曲线，见图 1. 12. 12。根据上述关系曲线，可作 h、n、γ_{max}、W_{op} 关系曲线，如图 1. 12. 13 所示。

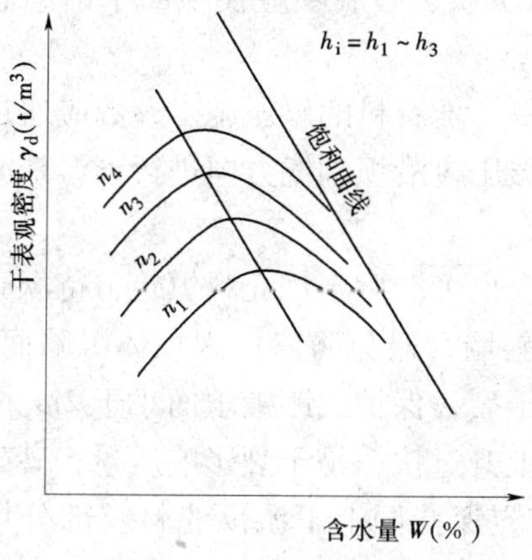

图 1. 12. 12　铺土厚度、压实遍数与干表观密度、含水量关系曲线

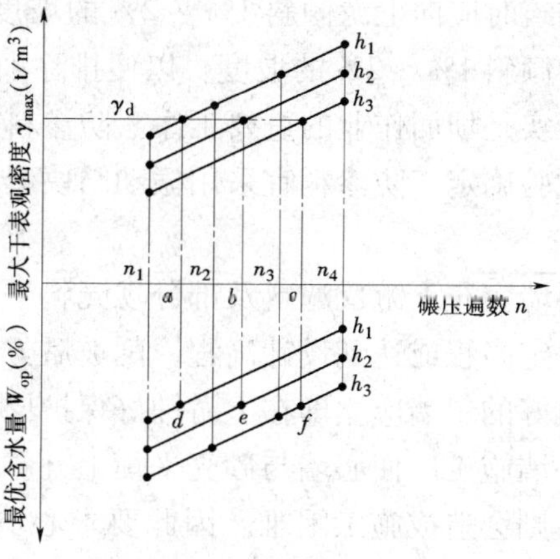

图 1. 12. 13　铺土厚度、压实遍数与最大干密度、最优含水量关系曲线

在图 1. 12. 18 曲线上，根据设计干表观密度 γ_d，分别查取不同铺土厚度所需的碾压遍数 a、b、c 及相应的最优含水量 d、e、f。然后计算压实遍数与铺土厚度的比值，即 a/h_1、b/h_2 和 c/h_3，取最小者。因为单位铺土厚度的压实遍数最少，需要压实功能最小，最经济合理。确定了合理的压实参数后，将选定的含水量控制范围与天然含水量比较，看是否便于施工控制，否则，应适当改变含水量或其他参数再进行试验。

12. 3. 3　坝面作业

坝面作业包括铺土、平土、洒水或晾晒（控制含水量）、压实、刨毛（平碾碾压时）、修整边坡、修筑反滤层和排水体及护坡、质量检查等工序。常采用流水作业法施工。

流水作业是根据施工工序数目将坝面划分成几个施工段，组织各工种的专业施工队相继投入到所划分的施工段上同时施工。对同一施工段而言，各专业队按工序依次进入连续进行施工；对各专业队，则不停地轮流在各个施工段完成本专业的施工工作。实施坝面流水作业，施工队作业专业化，有利于工人技术熟练和提高；施工过程中充分利用了人、地、机，避免了施工干扰和窝工，有利于坝面作业。各施工段面积的大小取决于各施工期土料的上坝强度。

1. 坝面填筑施工要求

铺料宜沿坝轴线方向进行，铺料应及时，严格控制铺土厚度，不得超厚。防渗体土料应采用进占法卸料，运输车辆应在铺筑的松土上行驶，车辆穿越的防渗体道口段应经常变换，每隔 40 ~ 60m 设专用道口，以免车辆因穿越反滤层时将反滤料带入防渗体内，造成土料和反滤料边线混淆，影响坝体质量。防渗体分段碾压时相邻两段交接带应搭接碾压，垂直于碾压方向搭接宽度不小于 0.3 ~ 0.5m，顺碾压方向的搭接宽度为1 ~ 1.5m。

平土要求厚度均匀，以保证压实质量，采用自卸汽车或皮带机运料上坝时，由于卸料集中，多采用推土机或平土机平土。土料要均匀平整，以免雨后积水，影响施工。斜墙坝铺筑时应向上游倾斜1% ~2% 的坡度，对均质坝、心墙坝应使坝面中部凸起，向上下游倾斜1% ~2% 的坡度，以便排除坝面雨水。

压实是坝面作业的重要工序。防渗料、砂砾料、堆石料的碾压施工参数应通过现场碾压试验确定。防渗料宜采用振动凸块碾压实，碾压应沿坝轴线方向进行，严禁漏压或欠压。

斜墙宜与下游反滤料及部分坝壳料平起填筑，也可滞后于坝壳料填筑，待坝壳料填筑到一定高程或达到设计高程，削坡后方可填筑斜墙，避免防渗体因坝体沉陷而裂缝。已填筑好的斜墙应立即在上游铺好保护层，防止干裂，保护层距铺填面小于2m。

心墙施工应使心墙与砂壳平衡上升。若心墙上升过快，易干裂影响质量；砂壳上升太快，则会造成施工困难。因此要求心墙填筑中应保持同上下游反滤料及部分坝壳平起，骑缝碾压。为保证土料与反滤料层次分明，采用土砂平起法施工。根据土料与反滤料填筑先后顺序的不同，分为先土后砂法和先砂后土法。

先土后砂法是先填压三层土料再铺一层反滤料与土料齐平，然后对反滤料的土砂边沿部分进行压实，如图1.12.14（a）所示。由于土料压实时，表面高于反滤料，土料的卸、铺、平、压都是在无侧限的条件下进行的，很容易形成超坡。在采用羊脚碾压实时，要预留30~50cm松土边，避免土料被羊脚碾插入反滤层内。当连续晴天时，土料上升较快，应注意防止土体干裂。

先砂后土法是先在反滤料的控制边线内，用反滤料堆筑一小堤，为了便于土料收坡，保证反滤料的宽度，每填一层土料，随即用反滤料补齐。收坡留下的区域，进行人工捣实，如图1.12.14（b）所示。这样对控制土砂边线有利。由于土料是在有侧限下压实，松土边很少，故此法采用较多。例如，石头河水库填筑黏土心墙和反滤料采用先砂后土平起施工。

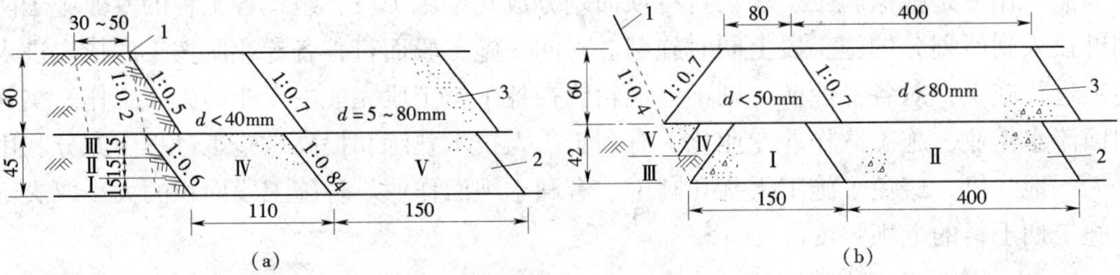

图1.12.14　土砂平起法施工示意图（单位：cm）

（a）先土后砂法；（b）先砂后土法

1—心墙设计线；2—已压实层；3—待压层；Ⅰ、Ⅱ、Ⅲ、Ⅳ、Ⅴ—填料次序

先砂后土法和先土后砂法土料边沿仍有一定宽度未压实合格，所以需要每填三层土料用夯实机具夯实一次土砂结合部，先夯土料一侧，等合格后再夯反滤料，切忌交替夯实，影响质量。

2. 结合部位处理

土石坝的防渗体要与地基（包括齿墙）、岸坡及周围其他建筑物的边界相接；由于施工导流、施工分期、分段分层填筑等要求，还必须设置纵向、横向的接坡或接缝。这些结合部位是施工的薄弱环节，质量控制应采取以下措施：

（1）防渗体与坝基或混凝土结合部位的处理。一般用薄层、轻碾的方法施工，不允许用重碾或重型夯，以免破坏基础，造成渗漏。对于黏性土、砂砾石坝基，应将表层土含水量调至施工含水量上限范围，用凸块振动碾压实；对于非黏性土地基应先洒水压实，再铺第一层土料，含水量为施工含水量的上限，采用轻型机械压实；对于岩石地基和混凝土面，应先把局部不平的岩石修理平整、清洗干净，清除混凝土表面的乳皮、粉尘及其附着杂物。若岩石和混凝土面干燥可适当洒水湿润，边涂刷浓泥浆、边铺土、边夯实。填土含水率大于最优含水率1% ~3%，用轻型碾压实。填筑0.5 ~1.0m以上，方可用选定的压实机械和压实参数正常碾压。

（2）土料与岸坡结合面处理。填土前，先将结合面的污物冲洗干净，清除松动岩石，然后在结合面上洒水湿润，涂刷一层浓黏土浆（厚约5mm），以利于结合，防止产生渗透，搭接处采用轻型机具压实，局部碾压不到的边角采用小型机具压实。防渗体与岸坡结合带碾压，搭接宽度不小于1.0m。如岸坡过缓，结合处碾压后土料因侧向位移，出现“爬坡、脱空”现象，应将其挖除，重新填筑。

（3）坝身纵、横接缝处理。土石坝施工中，坝体接坡具有高差较大、停歇时间长、要求坡身稳定的特点。一般情况下土料填筑力争平起施工，斜墙、心墙不允许设纵向接缝。防渗体及均质坝的横向接坡不应陡于1∶3，高差不超过15m。均质坝接坡宜采用斜坡和平台相间的形式，坡度和平台宽度应满足稳定要求，平台高差不大于15m。接坡面可采用推土机自上而下削坡。

12.4 土方特殊季节施工

12.4.1 土方冬季施工

冬季土方施工，由于0℃以下冻结，注意防冻和保温措施。

1. 防冻

降低土的含水量，挖排水沟、截水沟，使土中含水量小于塑限0.9倍，施工中不再加水，其中冻土块不超过15%，冻土块粒径 $d<1/3\sim1/2$ 铺土厚，且连续作业，加1%食盐等措施，可使施工继续在 -12℃的条件下进行。下层未冻前迅速覆盖上一层，及时清除冻土，有利防止土料冻结。负温下填筑，应做好压实土层防冻保温工作，避免土层冻结。均质坝体及心墙、斜墙等防渗体不得冻结，否则必须将冻结部分挖除。

2. 保温

（1）覆盖隔热材料。在填筑压实土体表面加一层保温覆盖层，以免冻结。

（2）松土。在填筑土层表面层刨松，使表面松土对下层土层达到保温作用，防止下层冻结。

（3）加热。在重要关键部位可考虑采用加热防冻措施。

12.4.2 土方雨季施工

雨季施工，注意排水和防雨措施，首先根据工程进展、施工要求及气候变化等，制订施工组织设计，取土场高程不被水淹、土料储备满足需要，并修建排水设施。如若土场含水量偏高，应采取翻晒处理或轮换掌子面的办法，使土料含水量降到规定的范围内。

另外，在含水量偏高的土料中掺入干土料掺含搅拌均匀后上坝填筑。在土料场采用防雨措施，搭盖防雨棚，以防雨水淋湿土场。

12.5 土方工程施工质量控制

12.5.1 料场的质量检查与控制

料场的质量控制是保证坝体填筑质量的重要一环。各种坝料应以料场控制为主，必须是合格的坝料才能运输上坝。不合格的材料应在料场处理合格后才能上坝，否则废弃。在料场建立专门的质量检查站，主要控制的内容包括是否在规定的料区开采，是否将草皮、覆盖层等清除干净，坝料开采、加工方法是否符合规定，排水系统、防雨措施、负温下施工措施是否完善，坝料性质、级配、含水率是否符合要求等。

12.5.2 坝面的质量检查与控制

坝体填筑质量是保证土石坝施工质量的关键。质量控制的主要项目和内容有：各填筑部位的边界控制及坝料质量；碾压机具规格、质量，振动碾振动频率、激振力，气胎碾气胎压力等；铺料厚度和碾压参数；防渗体碾压层面有无光面、剪切破坏、弹簧土、漏压、欠压、裂缝；防渗体每层铺土前，压实土体表面是否按要求进行了处理；与防渗体接触的岩石面上的石粉、泥土及混凝土表面的乳皮等杂物的清除情况；与防渗体接触的岩面或混凝土面上是否涂刷浓泥浆；过渡料、堆石料有无超径石、大块石集中和夹泥等现象；坝体与坝基、岸坡、刚性建筑物等的结合，纵横向接缝的处理与结合，土砂结合处的压实方法及施工质量；坝坡控制情况等。

施工质量检查的方法采用环刀法、灌砂法或灌水法测密度；采用环刀法取样时，应取压实层的下部；采用灌砂法或灌水法时，试坑应挖在层间结合面上。对于砂料、堆石料，取样所测的干表观密度平均值应不小于设计值，标准差不大于 $0.1g/cm^3$。当样本数小于20组时，应按合格率不小于90%，不合格干表观密度得低于设计干表观密度的95%控制。对于防渗土料，干表观密度或压实度的合格率不小于90%，不合格的干表观密度或压实度不得低于设计干表观密度或压实度的98%。取样应根据地形、地质、土料性质、施工条件，对防渗体选定若干个固定断面，每升高5～10m，取代表性试样进行室内物理力学性质试验，作为复核工程设计及工程管理的依据。必要时应留样品蜡封保存，竣工后移交工程管理单位。坝体填筑质量的检查部位和次数见表1.12.5。

表 1.12.5　　坝体压实检查部位和次数

根据坝料类别及部位			检查项目	取样（检测）次数
防渗体	黏性土	边角夯实	干表观密度、含水率	2~3 次/层
		碾压面		1 次/（100~200m^3）
		均质坝		1 次/（200~500m^3）
	砾质土	边角夯实	干表观密度、含水率、大于5mm的砾石含量	2~3 次/层
		碾压面		1 次/（200~500m^3）
反滤料			干表观密度、颗粒级配、含泥量	1 次/（200~500m^3），每层至少1次
过渡料			干表观密度、颗粒级配	1 次/（500~1000m^3），每层至少1次
坝壳砂砾（卵）料			干表观密度、颗粒级配	1 次/（5000~10000m^3），每层至少1次
坝壳砾质土			干表观密度、含水率、小于5mm的颗粒含量	1 次/（3000~6000m^3），每层至少1次
堆石料①			干表观密度、颗粒级配	1 次/（10000~100000m^3），每层至少1次

① 堆石料颗粒级配试验组数可比干表观密度试验适当减少。

本章习题

1.12.1　土的施工分级分几级？分级依据什么？

1.12.2　土的工程特性有哪几项？

1.12.3　土方开挖常见的机械有哪些？这些机械各适用什么条件？

1.12.4　土料压实方法有哪几种？不同土质分别选用什么方式进行压实？

1.12.5　压实参数有哪些？如何确定？

1.12.6　坝面作业应注意什么？

1.12.7　冬季施工、雨季施工应采取哪些措施？

1.12.8　土坝施工质量控制要点是什么？

第13章 基 坑 施 工

教学要求： 了解软基开挖的施工方法；熟悉各种地基处理措施的施工方法与适用条件；掌握基坑排水的设备选择和布置原则；掌握岩基开挖施工组织和施工技术要点；掌握混凝土防渗墙施工工艺。

13.1 基坑排水

在河流上修建水工建筑物时，在围堰闭气（围堰合龙后，龙口段及戗堤本身仍然漏水，必须在戗堤全线设置防渗措施，这一工作叫闭气）以后，就要排除基坑内的积水和渗水；随后在开挖基坑和进行基坑内建筑物的施工过程中，还要经常不断地排除渗入基坑的渗水，以保证干地施工。修建河岸上的水工建筑物时，如基坑低于地下水位，也要进行基坑排水工作。排水的方法可分为明式排水和暗式排水两种。

13.1.1 明式排水

1. 初期排水

初期排水是指排除围堰闭气后基坑内的积水、围堰及基坑、堰身及覆盖层中的含水和降雨。排水流量可根据地质情况、工程等级、工期长短、施工条件等因素，参考实际工程经验，按下式估算，即

$$Q=\frac{kV}{T}\ (\mathrm{m^3/h}) \tag{1.13.1}$$

式中 k——积水体积系数，大中型工程采用4～10，小型工程采用2～3；

V——基坑内积水体积，m^3；

T——初期排水时间，h。

排水时间 T 主要受基坑水位下降速度的限制。基坑水位的允许下降速度需根据围堰的形式、基坑地基特性及坑内水深而定。水位下降太快，则围堰或基坑边坡中的动水压力变化过大，容易引起坍坡；下降太慢，则影响基坑开挖时间。因此一般下降速度宜限制在0.5～1.0m/d之间。对土围堰应小于0.5m/d，对木笼及板桩围堰应小于1.0m/d。

初期排水可用固定的或浮动的泵站来进行。水泵的吸水高度足够时，泵站可布置在围堰上。

当基坑较深，超过水泵吸水高度时，水泵须随基坑水位下降而逐次下移。这时可将水泵逐次安放在基坑内较低的固定平台上；也可将水泵放在沿滑道移动的平台上，用卷

扬机操纵逐次下放；还可将水泵放在浮船上。

2. 经常性排水

经常性排水是指在基坑开挖和建筑物施工过程中，排除基坑内的渗水、降雨及冲洗基岩和养护混凝土的废水等。

渗透流量的计算与基坑面积、地质条件、基坑深度及水头等因素有关。由于地基情况复杂，计算结果不可能完全符合实际情况。在实际施工中常用试抽法予以确定。这里仅将估算渗透流量常用的公式列出，以作参考。

（1）围堰的渗透流量计算。对于透水地基上的均质土围堰（图 1.13.1），渗入基坑的围堰单宽渗透流量 Q 可近似地按下式计算，即

$$Q=k\frac{(H+T)^2-(T-y)^2}{2L} \tag{1.13.2}$$

其中

$$L=l_0+l-0.5mH$$

式中 Q——渗入基坑的围堰单宽渗透流量，$m^3/(d \cdot m)$；

k——渗透系数，m/d。

其他符号意义见图 1.13.1。

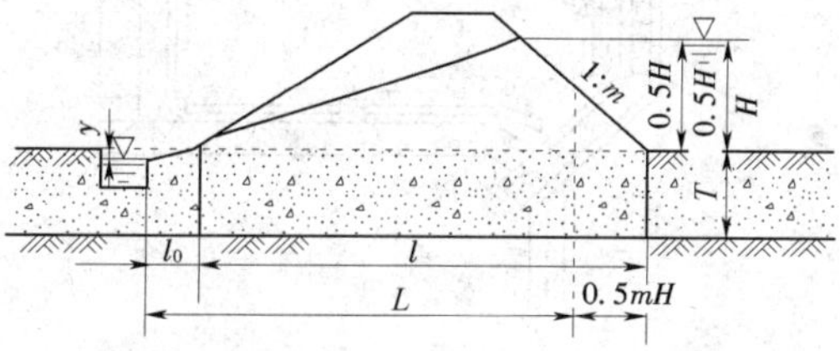

图 1.13.1　水地基上的渗透计算草图

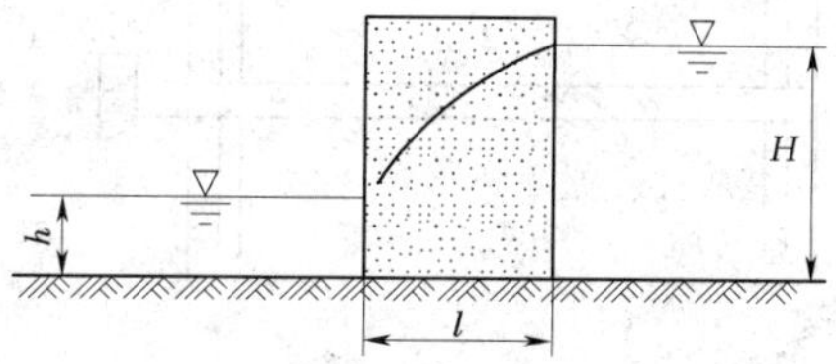

图 1.13.2　不透水地基上的渗透计算草图

当地基不透水时（图 1.13.2），可按下式计算，即

$$Q=k\frac{H^2-h^2}{2l} \tag{1.13.3}$$

式中 H——基坑外水深，m；

h——基坑内水深，m；

l——围堰宽度，m。

（2）基坑渗透流量计算。基坑在透水层之上时，渗透流量可按单位面积的渗透流量估算。每平方米的基坑面积在每米水头作用下的渗透流量 Q，可采用表 1.13.1 所列的数值。

表 1.13.1　　每米水头下每平方米基坑面积的渗透流量 Q 值

土类	细砂	中砂	粗砂	在裂缝的岩石	含淤泥的黏土
Q	0.16	0.24	0.2 ~ 0.3	0.15 ~ 0.25	0.1

（3）降水。应采用抽水时段内最大日降雨资料。

（4）冲洗基岩及养护混凝土的废水。一般冲洗基岩用水不多时可略而不计；混凝土养护用的废水，可近似地按每 m^3 混凝土每次养护用水 5L、每日按养护 8 次计算。

经常性排水系统布置通常有两种情况：一种是基坑开挖过程中的排水系统布置；另一种是建筑物施工过程中的排水系统布置。

基坑开挖过程中布置排水系统时，应以不妨碍开挖和运输工作为原则。一般常将排水干沟布置在基坑中部，以利出土。如图 1.13.3 所示。随着基坑开挖工作的进行，逐渐加深排水沟，通常保持干沟深度为 1.0～1.5m，支沟深度为 0.3～0.5m。集水井布置在建筑物轮廓线外，其底部应低于干沟沟底 0.8～1.0m。

当基坑开挖深度不一，坑底不在同一高程时，则应根据具体情况布置排水系统。如采用层层截流、分级抽水，即在不同高程分别布置截水沟、集水井和泵站进行分级排水。

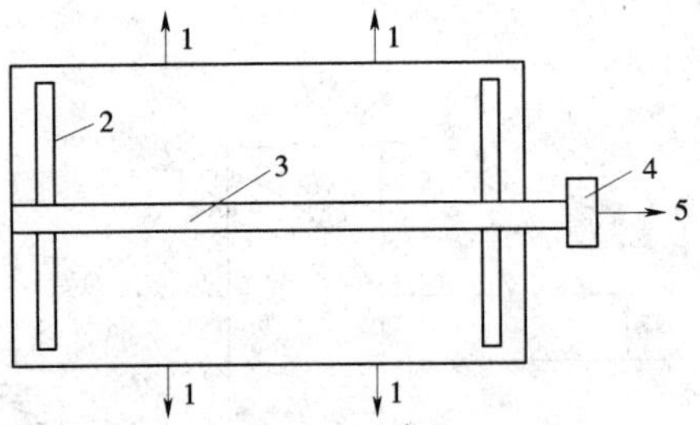

图 1.13.3　基坑开挖过程中的排水系统布置

1—运土方向；2—支沟；3—干沟；4—集水井；5—抽水

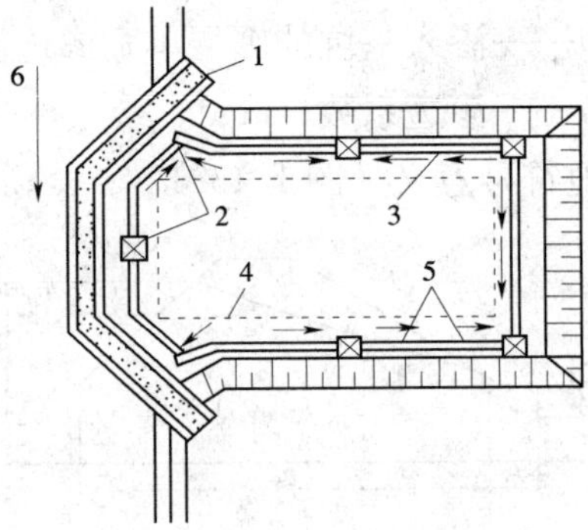

图 1.13.4　修建建筑物时基坑的排水系统布置

1—围堰；2—集水井；3—排水沟；4—建筑物轮廓线；5—排水方向；6—水流方向

修建建筑物时的排水系统，通常都布置在基坑四周，如图 1.13.4 所示。排水沟应布置在建筑物轮廓线外，且距离基坑边坡坡脚不小于 0.3～0.5m。排水沟的断面尺寸和底坡大小，取决于排水量。一般排水沟底宽不小于 0.3m，沟深不大于 1.0m，底坡不小于 2‰。水经排水沟流入集水井，井边设泵站，将水从井中抽出。集水井宜布置在建筑物轮廓线外较低的地方，它与建筑物的外线距离应大于井深。井的容积须保证当水泵停止运转 10～15min，由排水沟流入井内的水量不致漫溢。因此，集水井以采用稍为偏大偏深为宜。

为了防止降水时地面径流进入基坑，增加排水量，一般在基坑外线挖排水沟或截水沟，以拦截地面水。沟的断面和底坡应根据流量和土质决定。一般沟宽和沟深不小于 0.5m，底坡不小于 2‰。基坑外地面排水系统最好和道路排水系统相结合，以便自流排水。

明式排水常采用离心式水泵。离心泵水泵结构简单，工作可靠，运转维修简易，因而得到广泛的应用。

3. 排水注意事项

在排水前要检查吸水管接头是否漏气，吸水口是否安装在水面以下（0.5m 左右），以免吸入空气，影响水泵正常运转。抽水前，应先向泵体及吸水管内灌满水，排除空气，然后再开泵抽水。

在排水过程中要随时注意观测水位、围堰、岸坡等的变化情况，检查有无漏水及下陷现象，以防产生意外事故。第一次抽水最好在白天，因夜间检查与抢险不便。抽水期间还要定时观测水色，看有无异常，发现异常时，应停止抽水，并及时处理。如基坑内水位下降正常，说明选用的水泵能力恰当；如下降很快，则说明选用的水泵能力过大；如水位不降，则说明选用的水泵能力过小或围堰有孔洞；如开始水位有所降低，以后即保持不变，说明需要加大抽水能力。

13.1.2 暗式排水

当基坑为细砂土、砂壤土等地基时，随着基坑开挖面的下降，坑底与地下水位的高差越来越大，在地下水的动水压力作用下，容易产生滑坡、坑底隆起、冒水冒砂的流砂现象等事故，给开挖工作带来不良影响。

采用暗式排水法（人工降低地下水位）可避免以上缺点，其基本做法是：在基坑周围设一些井或井点管，将地下水排走，使基坑范围内的地下水位降到基坑底设计开挖面以下。人工降低地下水位的方法分为管井法和井点法两种。

1. 管井法

采用管井法排水需在基坑外围布置一些单独工作的井筒，将水泵或水泵的吸水管放入井内抽水，地下水在重力作用下流入井中，用抽水设备抽走。抽水设备有离心泵、潜水泵和深井泵等。

当要求大幅度降低地下水位时，最好采用离心式深井泵。深井泵一般适用的深度大于20m，渗透系数为10～80m/d。深井泵排水效果较好，需要管井较少。

管井由滤水管、沉淀管和不透水管组成。管井外部有时还需要设反滤层。地下水从滤水管规管内，水中泥沙则沉淀在沉淀管中。滤水管的构造对井的出水量及可靠性影响很大。要求它的过水能力大、进入泥沙少，并具有足够的强度和耐久性。

井管打设可采用射水法、振动射水法和冲击钻井法。管井埋设时要先下套管后下井管，井管下妥后，再边下反滤填料，边拔套管。

2. 井点法

当土壤的渗透系数在0.1～1.0m/d之间时，宜采用井点法排水。井点法分为轻型井点、喷射井点、喷气井点和电渗井点等。最常用的为轻型井点。

轻型井点法是由井管、连接弯管、集水总管、普通离心式水泵、真空泵和集水箱等组成的排水系统，见图1.13.5。

井点法的井管直径为38～55mm，长5～7m，间距一般为0.8～1.6m，最大可达3m。井点系统的井管就是水泵的吸水管，井管的埋设常采用水射法。地下水从井管下端的滤水管借真空泵及水泵的抽吸作用流入管内。沿井管上升汇集于集水管，流入集水箱，由水泵排出。

井点系统排水时，地下水位的下降深度取决于集水箱内真空度和管路的漏气和水头损失。一般集水箱内真空度为53.3～80kPa，相当于吸水高度5～8m，扣除各种损失后，地下水位下降深度为3～5m，一般为4m左右。

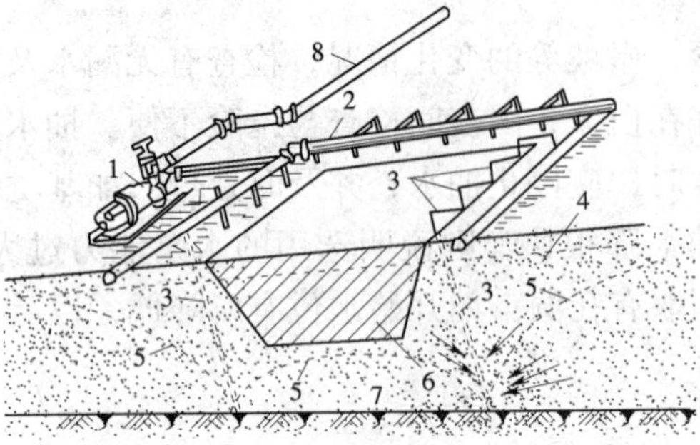

图1.13.5　井点法降低地下水位布置图
1—（带真空系和集水箱的）离心式水泵；2—集水总管；3—井管；4—原地下水位；5—抽水后水面降落曲线；6—基坑；7—不透水层；8—排水管

当要求地下水位降低的深度超过4～5m时，则需分层布置井点，每层控制3～4m，但以不超过三层为宜。因为层数太多，基坑内管路纵横，妨碍交通，影响施工。且当上层井点发生故障时，由于下层水泵能力有限，致使地下水位回升，可能淹没基坑。

井点抽水时，在滤水管周围形成一定的真空梯度，从而加速了土体的排水速度，达到降低地下水位的目的。

布置井点系统时，为充分发挥设备能力，集水总管、集水箱和水泵应尽量接近天然地下水位。当需要几套设备同时工作时，各集水总管间最好接通，并安装开关，以便互相支援。

安装井管时，在距井口1m范围内，须填黏土密封，井管与总管连接处也应注意密封，以防漏气。排水结束，可用杠杆或差动滑轮将井管拔出，基坑四周应适当加密井管。

13.2　基坑开挖

13.2.1　岩基开挖

岩基开挖工程量往往很大，在大中型工程中常达到几十万、几百万立方米，需要投入大量的机械设备和劳动力，工期长。因此，为了保证岩基开挖的质量，加速开挖进度，保证施工安全，必须从施工组织、技术措施、现场布置等方面妥善解决下列问题：

（1）及时排除基坑积水、渗水和地表水，确保开挖工作在不受水的干扰之下进行。

（2）合理安排开挖程序，保证施工安全。水工建筑物基坑一般比较集中，且常有好几个工种平行作业，容易引起安全事故。

整个基坑的开挖程序，要掌握好“自上而下、先岸坡后河槽”的原则，从坝基轮廓线的岸坡边缘开始，由上而下，分层开挖，直到河槽部位。河槽部位也要分层开挖，逐步下降。为了增加开挖工作面，扩大钻眼爆破的效果，解决开挖施工时的就排水问题，通常要选择合适的部位，开挖“先锋槽”。先锋槽形成以后，再逐层扩挖下降。先锋槽一般选在地形较低、排水方便的位置，同时应结合建筑物的齿墙、截水槽的位置考虑。

（3）统盘规划运输线路，组织好出渣运输工作。出渣运输线路的布置要与开挖分层相协调。开挖分层的高度，视边坡稳定条件而定，一般在5～30m之间。故运输道路也应分层布置，将各层的开挖工作面和堆渣场或者和通向堆渣场的运输干线连接起来。

基坑的废渣最好加以利用，直接运至使用地点或指定地点暂时堆放。

出渣运输道路的规划，应该在施工总体布置中，尽可能结合场内交通的要求，一并考虑。

（4）正确选择开挖方法，保证坝基开挖的质量。岩基开挖的主要方法是钻眼爆破和分层开挖。

为了保证开挖质量，要求在爆破开挖过程中，防止由于爆破震动的影响而破坏基岩，产生爆破裂缝，或使原有的构造裂隙发展，超过允许范围，恶化岩体自然产状；防止由于爆破震动的影响而损害已经建成的建筑物或已经完工的灌浆地段；保证坝基开挖的形态符合设计要求，控制基坑开挖的边坡。

（5）岩基开挖的轮廓应符合设计要求，防止欠挖，控制超挖。对于极限抗压强度在 3×10^7Pa 以上的中等坚硬或坚硬岩石，其平面高程的开挖误差应不大于 0.2m；其边坡规格视开挖高度而定，当开挖高度在 8m 以内时，开挖误差应不大于 0.2m；高度在 8～15m时，开挖误差不大于 0.3m，高度在 16～30m 时，开挖误差不大于 0.5m。极限抗压强度小于 3×10^7Pa 的软弱岩石，其开挖允许误差可视实际情况，由地质、设计和施工人员根据需要和可能商定。

（6）基岩分层爆破开挖时，应根据爆破对周围岩体的破坏范围，确定保护层的厚度。保护层的厚度与地质条件、爆破规模和方式等因素有关。有条件时可通过爆破前后现场钻孔压水试验、超声波或地震波试验等方法确定。不具备试验条件时，可参照表 1.13.2 所列资料确定。

表 1.13.2　　保护层厚度参考表

岩石性质 保护层名称	软弱岩石 （$\sigma_c<3\times10^7$Pa）	中等坚硬岩石 （$\sigma_c=3\times10^7\sim6\times10^7$Pa）	坚硬岩石 （$\sigma_c>6\times10^7$Pa）
垂直向保护层	$40d$	$30d$	$25d$
水平向保护层（地表）		$200\sim100d$	
水平向保护层（底层）		$150\sim75d$	

注　d 为爆破开拓所用药卷的直径。

保护层以上或以外的岩石开挖，与一般分层钻眼梯段爆破基本相同，但要求采用松动爆破，微差分段起爆，最大一段起爆药量不超过 500kg。

保护层的开挖是控制基础质量的关键。在建基面 1.5m 以外的保护层，仍可采用梯段微差爆破，但要求采用中小直径的钻孔和相应的药卷，并按表 1.13.2 的要求留出相应的保留层，其厚度不小于 1.5m。建基面 1.5m 以内保留层的开挖，要采用手风钻分层钻孔，火花起爆，控制药卷直径不大于 32mm，最大一段起爆药量不大于 300kg，最后一层风钻孔的孔底高程，对于坚硬完整的基岩，可达建基面终孔，但孔深不要超过 5cm；对于软弱破碎的基岩，应留出 20～30cm 撬挖层。

此外，其他一些行之有效的减震措施，如预裂爆破、延长药包、间隔装药、不耦合装药、柔性垫层等技术，也都可以用来进行岩基开挖。

（7）合理组织弃渣的堆放，充分利用开挖的土石方。大中型工程土石方的开挖量往往很大，需要大片堆渣场地。如果能充分利用开挖的弃渣，不仅可以减少弃渣占地。而且可以节约建设资金。为此，必须对整个工程的土石方开挖量和土石方堆筑量进行全面规划，综合平衡，做到开挖和利用相结合，就近利用有效开挖方量。在规划弃渣堆放场时，要避免弃渣的二次倒送，并考虑施工和运行方面的要求。

13.2.2 软基开挖

软基开挖方法与一般土方开挖相同，但在基坑开挖中遇到下述难工，应根据具体情况分别采取相应措施。

1. 淤泥

淤泥的特点是颗粒细、水分多、上面无法行人。应按下述情况分别采取措施。

（1）稀淤。稀淤的特点是含水量很大，流动性也大，挖不成锹，此挖彼来，装筐易漏。

当稀淤不深时，可将干砂倒入稀淤中，逐渐进占挤淤筑成土埂，填好后即可在埂上进行挖运。如稀淤面积大，可同时填筑土埂多条以便防制稀淤乱流。

当稀淤深广，可将稀淤用土埂围起，不使外流，并在附近无淤地点开挖深塘，借土还淤。即在稀淤交界处留埂拦淤，挖妥后拆除留埂，将稀淤放入开挖地段。当稀淤流动不畅时，可用柴捆成梢枕，用人力压枕排入深塘。

（2）烂淤。烂淤的特点是淤层较厚，含水量较小，黏性大，锹插入后不易拔起，拔起后烂淤又粘锹不易脱离。为避免粘锹，每锹必须蘸水，或用三股叉或五股叉代替铁锹。

为了解决立足地，可采用一点突破法或苇排铺路法。用前法挖淤时自坑边沿起，集中力量突破一点，挖到淤下硬土，再向四面扩展。后法采用芦苇扎成枕，每三枕用桩连成苇排，铺在烂淤上，人在苇排上挖运。

（3）夹砂淤。夹砂淤的特点是层砂层淤。如每层厚度较大，可采用前述方法开挖。如厚不盈尺，挖前必须先将砂面晾干，能站人时，方可开挖，挖时应连同下层夹砂一齐挖净，勿使上下层砂淤混淆，造成施工困难。

除以上介绍的人工清淤方法外，如有条件亦可采用机械清淤，如采用挖掘机挖除软质及砂质淤泥，清淤机进行渠道清淤、泥浆泵抽排稀淤泥等。

2. 流砂

当采用明式排水法开挖基坑时，由于原地下水位与基坑内水位相差悬殊，因此，形成的动水压力也大，可能使渗流挟带泥砂从基坑底部向上喷冒，边坡上形成坍塌，发生流砂现象。开挖流砂层，首要的问题是“排水”，即把流砂层中的水排出；其次是“封闭”，即把开挖区的流砂与整个流砂层隔离开。开挖时可在流砂中先行沉入竹筐、柳条筐等，使水与砂分开流入筐内，然后集中力量排出筐内的水，使筐外积砂易于挖除。当流砂层厚度在 4 ~5m 以下，土质条件又允许时，可放坡 1 : 4 ~1 : 8 进行开挖。有时需要采取稳定边坡的措施。

当基坑坡面较长，基坑需要开挖较深时，可采用柴枕拦砂法（图 1.13.6），这种方法，一方面可截住因降水而造成的坡面流砂；另一方面可防止因坡内动水压力造成的坡脚坍陷。堆填柴枕时要紧密，以免泥沙从柴枕间流出。

对于不大和不深的基坑，常用的护面作法如下：

（1）砂石护面。在坡面上先铺一层粗砂，再铺一层小石子，每层厚 5～8cm（图 1.13.7），在坡脚处设排水沟。沟底及两侧铺设同样的反滤层，以保护坡面不受地面径流冲刷和防止坡内渗流携带泥砂。

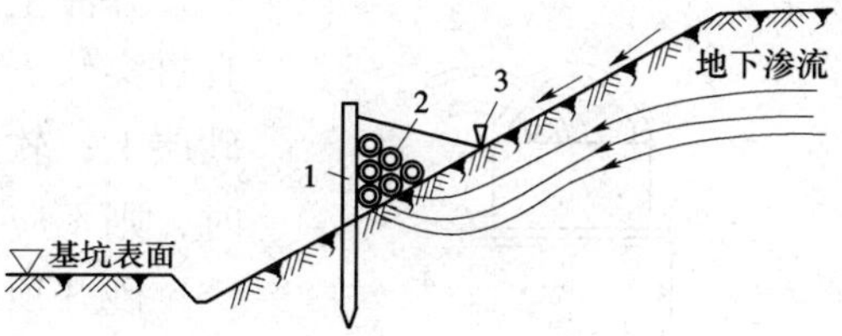

图 1.13.6　柴枕拦砂法

1—木桩；2—柴枕；3—小木桩

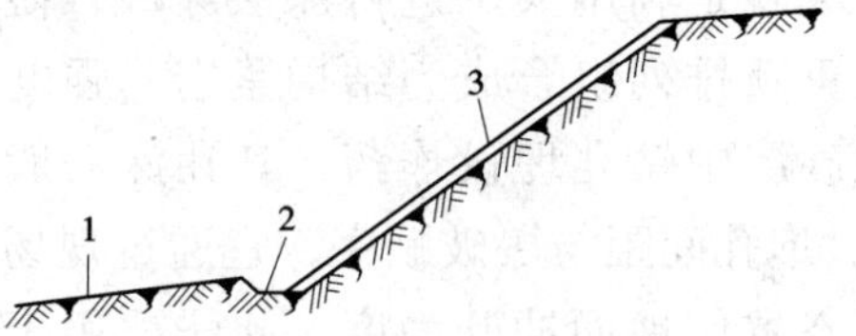

图 1.13.7　砂石护面层

1—闸塘基坑；2—排水沟；3—砂石护面

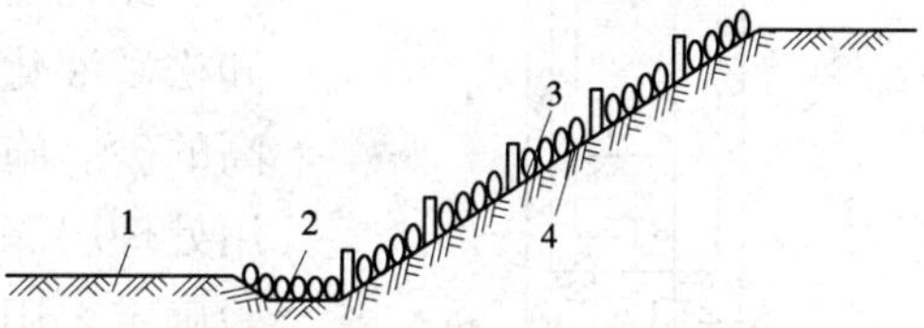

图 1.13.8　柴枕护面层

1—闸塘基坑；2—排水沟；3—柴枕；4—钎枕桩

（2）柴枕护面。即在坡面上铺设爬坡式柴枕（图 1.13.8）。为了防止柴枕下坍，可沿坡脚向上，每隔适当距离打入钎枕桩。在坡脚处同样设排水沟，沟底及两侧设柴枕，以保证拦滤泥沙。

如有条件，可用板桩或防渗墙将流砂层封堵隔离，在板桩保护下进行开挖。

13.3　地基处理

天然的地基，由于地质和水文地质条件的影响，往往存在着不同程度的缺陷，需要经过人工处理，才能作为水工建筑物的基础。地基处理的目的，就是要改变地基的性能，以满足强度、耐久性、抗渗性、整体性等要求。

13.3.1　土壤地基加固方法

1. 换土夯实法

当地基软弱层厚度不大时，可全部挖除，并换以砂土、黏土、壤土或砂壤上等回填夯实、回填时应分层夯实，严格掌握压实质量。

2. 强夯法

当地基软土层厚度不大时，可以不开挖，采用强夯法处理。强夯法是采用履带式起重机，配缓冲装置、自动脱钩器、夯锤等配件，锤重 10t、落距 10m。可以省去大挖大填，有效深度可达 4～5m。

3. 砂井预压法

为了提高软土地基的承载能力，可采用砂井预压法。砂井直径一般多采用 20～30cm，井距采用 6～10 倍井径，常用范围为 2～4m。

井深主要取决于土层情况。当软土层较薄时，砂井宜贯穿软土层；软土层较厚且夹有砂层时，一般可设在砂层上；软土层较厚又无砂层时，或软土层下有承压水时，则不应打穿。一般砂井深度以10~20m为宜。

砂井顶部应设排水砂垫层，以连通各砂井并引出井中渗水。当砂井工程结束后，即开始堆积荷载预压。预压荷载一般为设计荷载的1.2~1.5倍，但不得超过当时的基土承载能力。

4. 深孔爆破加密法

深孔爆破加密法就是利用人工进行深层爆破，使饱和松砂液化，颗粒重新排列组合成为结构紧密、强度较高的砂。施工时在砂层中钻孔埋设炸药，其孔深一般采用处理层深的2/3，炮孔间距与爆破顺序，宜通过现场试验确定，用药量以不致使地面冲开为度。此法适用于处理松散饱和的砂土地基。

5. 振动水冲法

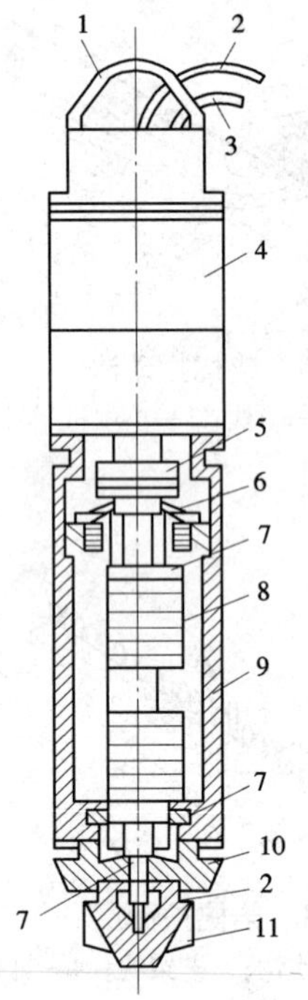

图1.13.9 振冲器构造示意图
1—吊具；2—水管；3—电缆；4—电动机；5—联轴器；6—轴；7—轴承；8—偏心块；9—壳体；10—头都；11—叶片

振动水冲法是用一种类似插入式混凝土振捣器的振冲器（图1.13.9），在土层中振冲造孔，并以碎石或砂砾填成碎石或砂砾桩，达到加固地基的一种方法。这种方法不仅适用于松砂地基，也可用于黏性土地基，因碎石承担了大部分传递荷载，同时又改善了地基排水条件，加速了地基的固结，提高了地基的承载能力。一般碎石桩的直径为0.6~1.1m，桩距视地质条件在1.2~2.5m范围内选择。

6. 桩基础

桩基础是由若干个沉入土中的单桩组成的一种深基础。在各个单桩的顶部再用承台或梁联系起来，以承受上部建筑物的重量。桩基础的作用就是将上部建筑物的重量传到地基深处承载力较大的土层中，或将软弱土挤密实以提高地基的承载能力。在软弱土层上建造建筑物或上部结构荷载很大，天然地基的承载能力不满足时，采用桩基础可以取得较好的经济效果。

按桩的传力和作用性质的不同，可分端承桩和摩擦桩两种，如图1.13.10所示。

端承桩就是穿过软弱土层并将建筑物的荷载直接传递给坚硬土层的桩。摩擦桩是沉至软弱土层一定深度，将软弱土层挤密实的桩，它提高了土层的密实度和承载能力，上部结构的荷载主要由桩身侧面与土之间的摩擦力承受，桩尖阻力也承受少量的荷载。

按桩的施工方法不同，可分为预制桩和灌注桩两类。预制桩是在工厂或施工现场用不同的建筑材料制成的各种形状的桩；如钢筋混凝土桩、钢桩、木桩；桩的形状有方形、圆形等。然后再用打桩设备将预制好的桩沉入地基土中。沉桩的方法有锤击打入、静力压桩、振动沉桩等。

灌注桩是在设计桩位先成孔，然后放入钢筋骨架，再浇筑混凝土而成的桩。灌注桩按其成孔方法的不同，可分为泥浆护壁成孔灌注桩、干作业成孔灌注桩、套管成孔灌注桩、爆扩成孔灌注桩、人工挖孔护壁灌注桩等。其适用范围见表1.13.3。

（1）泥浆护壁成孔灌注桩施工。泥浆护壁成孔灌注桩的施工是先由钻孔设备进行钻孔，待孔深达到设计要求后即行清孔，放入钢筋笼，然后进行水下浇注混凝土而成桩。为防止在钻孔过程中塌孔，在孔中注入具有一定浓度要求的泥浆进行护壁。其施工过程如图1.13.11所示。

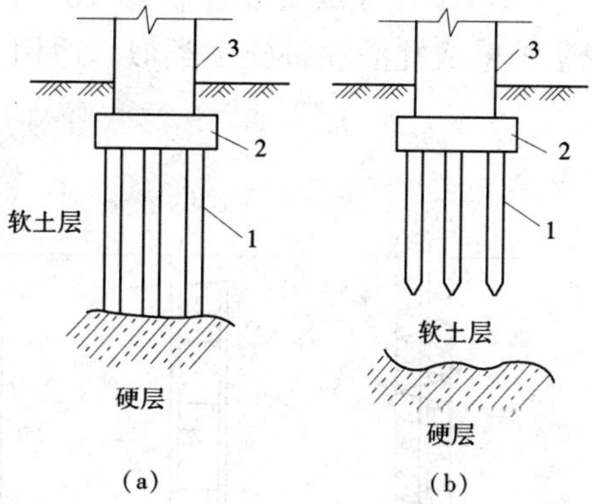

图1.13.10　桩示意图
（a）端承桩（b）摩擦桩
1—桩；2—承台；3—上部结构

表1.13.3　灌注桩适用范围

成孔方法及机械		适用范围
泥浆护壁成孔	冲抓	碎石土、砂土、黏性土及风化岩 黏性土、淤泥质土及砂土
	冲击	
	回转站	
	潜水站	
干作业成孔	螺旋钻	地下水位以上的黏性土、砂土及人工填土
	钻孔扩底	地下水位以上的坚硬、硬塑的黏性土及中密以上的砂土
	机动（人工）洛阳铲	地下水位以上的黏性土、黄土及人工填土
套管成孔	锤击振动	可塑、软塑、流塑的黏性土，稍密、松散的砂土
爆扩成孔		地下水位以上的黏性土、黄土、碎石土及风化岩

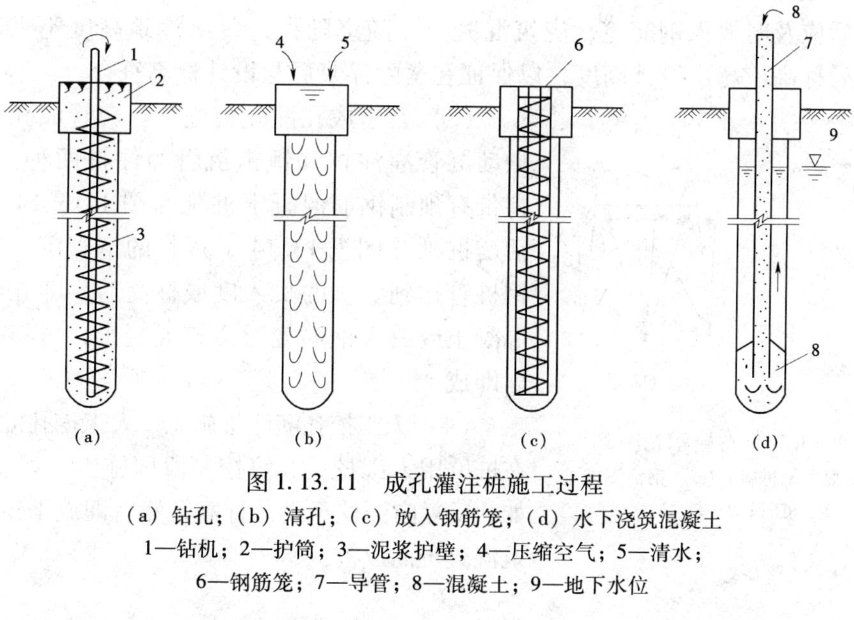

图1.13.11　成孔灌注桩施工过程
（a）钻孔；（b）清孔；（c）放入钢筋笼；（d）水下浇筑混凝土
1—钻机；2—护筒；3—泥浆护壁；4—压缩空气；5—清水；
6—钢筋笼；7—导管；8—混凝土；9—地下水位

（2）干作业成孔灌注桩施工。干作业成孔灌注桩施工工艺如图 1. 13. 12 所示。与泥浆护壁成孔灌注桩施工类似，适用于在地下水位以上的干土层中施工。

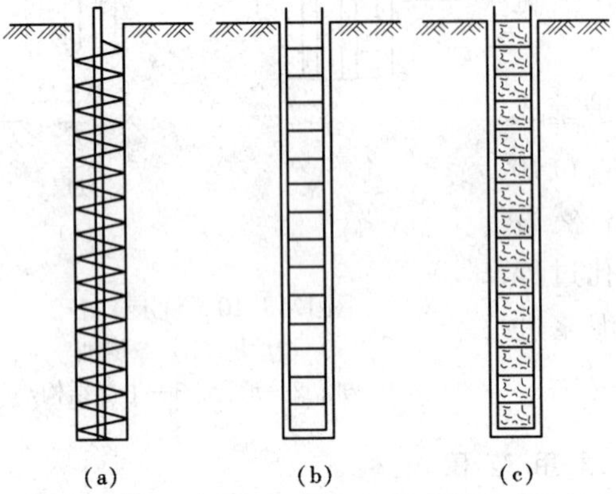

图 1. 13. 12　干作业成孔灌注桩工艺过程

（a）钻孔；（b）放入钢筋笼；（c）浇筑混凝土

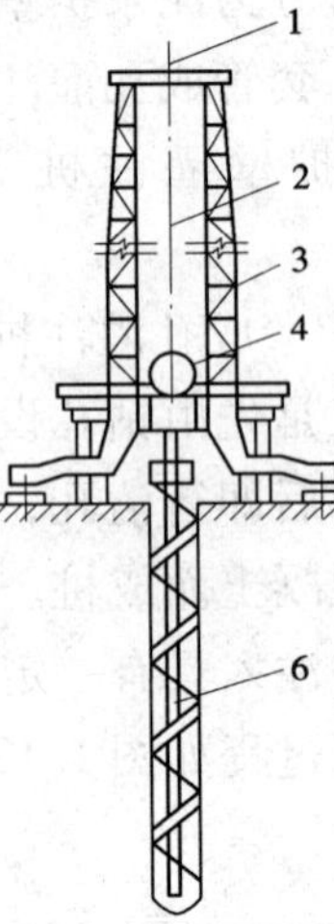

图 1. 13. 13　螺旋钻机示意图

1—导向滑轮；2—钢丝绳；3—龙门导架

4—动力箱；5—千斤顶支腿；6—螺旋钻杆

图 1. 13. 13 所示为用于干作业成孔的全叶螺旋钻机示意图。该钻机适用于地下水位以上的一般黏性土、硬土或人工填土地基的成孔。成孔直径一般为 300 ~ 500mm，最大可达 800mm，钻孔深度为 8 ~ 12m。

当在软塑土层，含水量较大时，可用叶片螺距较大的钻杆钻机。当在可塑或硬塑的土层、或含水量较小的砂土中，则应用螺距较小的钻杆，以便缓慢、均匀、平稳地钻孔。

钻孔至设计深度后，应先在原处空转清上，然后停转，提升钻杆。如孔底虚土超过允许厚度。应掏土或二次投钻清孔。然后保护好孔口。

清孔后应及时放入钢筋笼，浇筑混凝土，随浇随振，每次浇筑高度不大于 1. 5m。混凝土最后标高应超出设计高度，以保证在凿除浮浆后与设计标高符合。

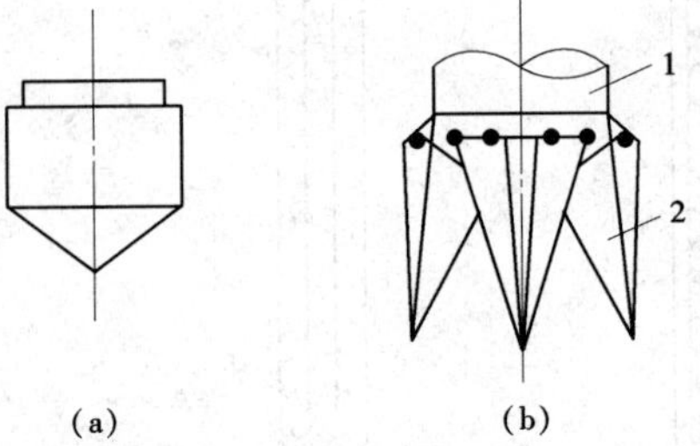

图 1. 13. 14　桩靴示意图

（a）钢筋混凝土桩靴；（b）钢活瓣桩靴

1—桩管；2—活瓣

（3）套管成孔灌注桩施工。套管成孔灌注桩有振动沉管灌注桩和锤击沉管灌注桩两种。施工时，将带有预制钢筋混凝土桩靴［图 1. 13. 14（a）］或活瓣桩靴［图 1. 13. 14（b）］的钢管沉入土中。待钢桩管达到要求的贯入度或标高后，即在管内浇筑混凝土或放入钢筋笼后浇筑混凝土，再将钢桩管拔出即成。

（4）人工挖孔灌注桩施工。人工挖孔灌注桩是指在桩位用人工挖孔，每挖一段即施工一段支护结构，如此反复向下挖至设计标高，然后即放下钢筋笼，浇筑混凝土而成桩。

人工挖孔灌注桩的优点是：设备简单；对施工现场周围的原有建筑物影响小；在挖孔时，可直接观察土层变化情况；清除沉渣彻底；如需加快施工进度，可同时开挖若干个桩孔；施工成本低等。特别在施工现场狭窄的市区修建高层建筑时，更显示其优越性。人工挖孔灌注桩构造如图 1.13.15 所示。

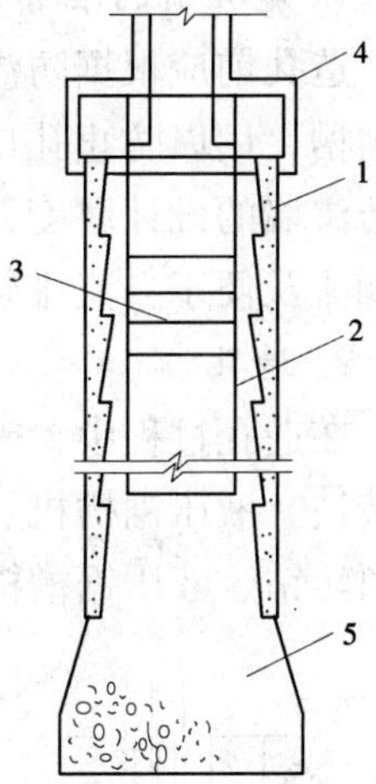

图 1.13.15　人工挖孔灌注桩构造示意图
1—现浇混凝土护壁；2—主筋；3—箍筋；4—桩帽；5—灌注桩混凝土

13.3.2　岩基处理

1. 断层破碎带的处理

对于较浅的断层破碎带，通常可采用开挖和回填混凝土的办法进行处理。处理时将一定深度范围内的断层及其两侧的破碎风化岩石清理干净，直到新鲜岩石，然后回填混凝土。

对于深度较大的断层破碎带，可开挖一层，回填一层，回填混凝土时预留竖井或斜井，作为继续下挖的通道。直到预定深度为止。

对于贯通建筑物上下游的宽而深的断层破碎带或深厚覆盖层的河床深槽，处理时既要解决地基承载能力，又要截断渗透通道。为此可采用支承拱和防渗墙法。

2. 软弱夹层的处理

对于陡倾角的夹层，如不与水库连通，可采用开挖和回填混凝土的方法处理。如夹层和库水相通，除对基础范围内的夹层进行开挖回填外，还必须在夹层上游库水入口处，进行封闭处理，切断通路。

对于缓倾角夹层，如埋藏不深，开挖量不很大，最好是彻底挖除。如夹层埋藏较深，或夹层上部有足够厚度的支撑岩体，能维持基岩的深层抗滑稳定，可以只挖除上游部位的夹层，并进行封闭处理。

3. 岩溶处理

岩溶处理的目的是防止渗漏，保证蓄水，提高地基承载能力，确保建筑物的稳定安全。

对岩溶的处理可采取堵、铺、截、围、导、灌等措施。堵就是堵塞漏水的洞眼；铺就是在漏水地段做铺盖；截就是在漏水处修筑截水墙；围就是将间歇泉、落水洞围住；导就是将下游的泉水导出建筑物；灌就是进行固结灌浆和帷幕灌浆。

13.3.3　混凝土防渗墙

提高砂卵石地基的承载能力和防渗能力的方法很多，下面仅对钻孔浇筑混凝土防渗墙作一介绍。

深覆盖层的砂卵石地基防渗多采用此方式。如小浪底主坝防渗墙最深达 819m，整个防渗墙共分 43 个槽段施工，槽孔长度 6.6～8.7m，大部分槽长 7.2m，采用 CZ30 型和 CZ22 型冲击钻造主孔，液压导板抓斗造部分副空，另一部分副空采用钻劈法施工。

混凝土防渗墙的施工顺序一般可分为造孔前的准备、造孔、浇筑混凝土等。

1. 造孔前的准备工作

造孔前应根据防渗墙的设计要求，做好定位、定向工作。同时要沿防渗墙轴线安设导向槽，用以防止孔口坍塌，并起导向作用。槽壁一般为混凝土。其槽孔净宽一般略大于防渗墙的设计厚度，深度一般约2.0m；松软地层导向槽的深度宜大些。为防止地表水倒流及便于自流排浆，其顶部高程应高于地面高程。

2. 造孔

在造孔过程中，需要用泥浆固壁，因泥浆比重大、有黏性。造孔常用的有冲击钻、回转钻、液压锯槽机、水射法等造孔开槽方法，砂卵石地基多用冲击钻。土壤地基常采用回转钻、液压锯槽机、水射法。

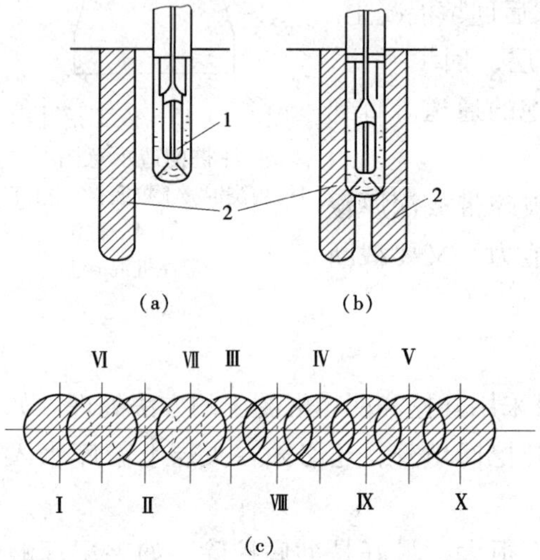

图1.13.16 圆孔混凝土防渗墙施工程序图
(a) 钻孔的方法（未表示中间柱）；
(b) 中间柱的钻孔；(c) 防渗墙平面图
1—钻头；2—已完成的混凝土柱
Ⅰ、Ⅱ、Ⅲ…—施工顺序

圆孔形防渗墙由互相搭接的混凝土柱组成。施工时先建单号孔柱，再建双号孔柱，搭接成为一道连续墙（图1.13.16）。这种墙由于接缝多，有效厚度相对难以保证，孔斜要求较高，施工进度较慢，成本较高，已逐渐被槽孔形取代。

槽孔形防渗墙由一段段厚度均匀的墙壁搭接而成。施工时先建单号墙，再建双号墙，搭接成一道连续墙（图1.13.17）。这种墙的接缝减少，有效厚度加大，孔斜的控制只在套接部位要求较高，施工进度较快，成本较低。下面以槽孔形防渗墙为例加以介绍。

为了保证防渗墙的整体性，应尽量减少槽孔间的接头，尽可能采用较长的槽孔。但槽孔过长，可能影响混凝土墙的上升速度（一般要求不小于2m/h），导致产生质量事故。为此要提高拌和与运输能力，增加设备容量，槽孔长度应综合分析地层特性、槽孔深浅、造孔机具性能、工期要求和混凝土生产能力等因素决定，一般为5~9m，深槽段、槽壁易塌段宜取小值。

根据土质不同，槽孔法又可分为钻劈法和平打法两种。钻劈法适用于砂卵石或土拉松散的土层。施工时先在槽孔两端钻孔，称为主孔。当主孔打到一定深度后，在主孔内放入提砂筒，然后劈打邻近的副孔，把砂石挤落在提砂筒内取出。副孔打至距主孔底1m处停止，再继续钻主孔。如此交替进行，直至设计深度。

平打法适用于细砂层或胶结的土层。施工时也是先在槽孔两端打主孔，主孔较一般孔深1m以上，其他部分每次平打20~30cm。

为了保证造孔质量，在施工过程中要控制泥浆黏度、比重、含砂量等指标在允许范围内，严格按操作规程施工；保持槽壁平直，保证孔斜、孔位、孔宽、搭接长度、嵌入基岩深度等满足设计要求，防止漏钻、漏挖和欠钻、欠挖。

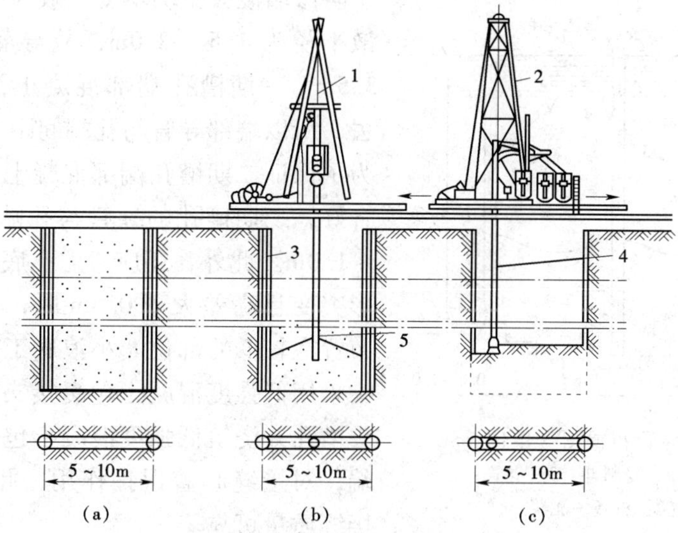

图 1.13.17　槽孔混凝土防渗墙施工程序图

(a) 已浇好的混凝土墙段；(b) 正在浇筑的混凝土墙段；(c) 正在打钻的槽孔

1—混凝土浇筑设备；2—钻机；3—钻孔后放入的钢管；4—钻杆；5—导管

造孔结束后，要做好终孔验收，其要求项目可参考表 1.13.4。

表 1.13.4　　终孔验收项目和要求表

验 收 项 目	验 收 要 求	验 收 项 目	验 收 要 求
孔位允许偏差	±3cm	槽孔搭接部位孔底偏差	≤1/3 设计墙厚
孔宽	≥设计墙厚	槽孔横断面	没有梅花孔、小墙
孔斜	≤0.4%	槽孔嵌入基岩深度	满足设计要求

造孔完毕后，孔内泥浆，特别是孔底泥浆，常含有过量的土石渣，影响混凝土与基岩的连接。因此，必须清孔换浆、清除石渣，保证混凝土浇筑的质量。清孔换浆要求孔底淤积厚度不大于 10cm。孔底泥浆比重不小于 1.3，黏度不小于 30s，含砂量不小于 12% 。

3. *混凝土浇筑*

防渗墙的混凝土浇筑和一般的混凝土浇筑不同，它是在泥浆液面下进行的。所以浇筑要求和一般混凝土浇筑不同。

在泥浆下浇筑混凝土多采用导管提升法，施工时按一定间距沿槽孔轴线方向布置若干组导管。每组导管由若干节直径 20 ~ 25cm 的钢管组成。除底部一节稍长外，其余每节长 1 ~ 2m。导管顶部为受料斗，整个导管悬挂在导向槽上，并通过提升设备升降。导管安设时，要求管底与孔底距离为 10 ~ 25cm，以便浇筑混凝土时将管内泥浆排出管外。

导管的布置如图 1.13.18 所示。导管的间距取决于混凝土的扩散半径。间距太大，易在相邻导管所浇混凝土间形成泥浆夹层；间距太小，易影响现场布置和施工操作。由

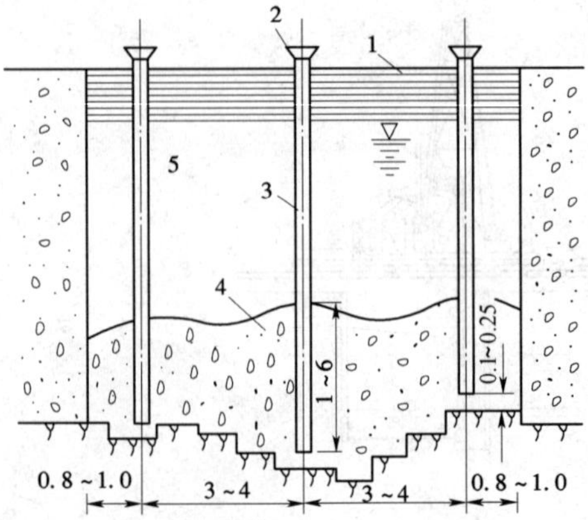

图 1.13.18　导管布置图（单位：m）
1 导向槽；2—受料斗；3—导管；
4—混凝土；5—泥浆

于防渗墙混凝土坍落度一般为 18 ~22cm，其扩散半径为 1.5 ~2.0m，故导管间距不宜大于 3.5m。一期槽孔端部混凝土，由于要套打切去，所以端部导管与孔端间距采用 1.0 ~1.5m。为了保证二期槽孔端部混凝土与一期混凝土结合好，二期槽孔的导管与孔端间距可采用 0.5 ~1.0m。此外，还应考虑孔底地形变化，当地形突变且高差大于 0.5m 时，可增设导管，并布置在较低的部位。小浪底工程防渗墙墙段接头采用低强度混凝土包裹接头法，即用横向接头槽孔并浇筑低强度混凝土包裹在槽段接缝两端，对接缝起着保护作用，此法施工速度快，接缝质量可靠。

浇筑前应仔细检查导管形状、接头、焊缝等是否有不能使用的，然后进行试组装并编号。

导管安装好后，开始浇筑前要在导管内放入一个直径较导管内径略小的导注塞（木球或橡胶球），并用绳（绳长等于导管长）系住导注塞，再将受料斗充满水泥砂浆，水泥砂浆的重量将导注塞压至导管底部，将管内泥浆挤出管外。然后剪断绳子。及时连续加供混凝土，使导注塞被挤出后，能一举将导管底端埋住。导管埋入混凝土的深度不得小于 1.0m，且不宜超过 6m。此后在管内混凝土自重的作用下，不断地将管内的混凝土向上挤升、从而使槽孔内的混凝土仅表层与泥浆接触，而其他部分不与泥浆掺混。在浇筑过程中，要不间断供料，以保证混凝土均匀上升。

浇筑一般从孔深较大的导管开始。当混凝土面上升到邻近导管的孔底高程时，用同样方法开始浇筑第二组导管，直到全槽混凝土面浇平后，再使全槽均衡上升。

当混凝土面上升到距槽口 4 ~5m 时，由于混凝土柱压力减小，槽内泥浆浓度增大，混凝土扩散能力相对减弱，易发生堵管和夹泥等事故，这时可采取加强排浆、释稀泥浆、抬高漏斗、增加起拔次数和控制混凝土坍落度等措施来解决。

总之，槽孔混凝土的浇筑必须保持均衡、连续上升，直到全槽成墙为止。

本章习题

1.13.1　基坑排水的基本类型有哪些？其特点如何？

1.13.2　在基坑排水中应注意什么问题？

1.13.3　初期排水中，基坑水位的下降速度如何确定？

1.13.4　经常性明式排水的布置原则及形式是什么？

1.13.5　暗式排水的方法有哪些？适用条件如何？

1.13.6　岩基开挖的基本要求是什么？

1.13.7　保护层的开挖注意事项是什么？

1.13.8　软基开挖的常见难工有哪些？各自的处理方法有哪些？

1.13.9　地基处理的方法有哪些？各自的适用条件如何？

1.13.10　防渗墙施工的主要过程有哪些？

第14章　疏浚吹填施工

教学要求：了解疏浚和吹填设备的组成和基本原理；熟悉挖泥船的类型及其适用条件；掌握吹填施工方法和技术要点；掌握泥土处理方法及其施工要点。

疏浚工程按其性质和任务不同分为基建性疏浚和维护性疏浚。基建性疏浚是为新建、改建、扩建航道或增加港口尺度、改善航运条件的疏浚；维护性疏浚是为维护或恢复某一指定水域原定的尺度而清除水底淤积物的疏浚。吹填工程是指将挖泥船挖取的泥沙通过排泥管线输送到指定地点进行填筑的作业。

14.1　疏浚施工技术

疏浚工程采用的挖泥船有吸扬式、链斗式、抓斗式和铲扬式等四种形式。吸扬式挖泥船又有耙吸式和绞吸式两种。

14.1.1　耙吸式挖泥船

耙吸式挖泥船是水力式挖泥船中自航、自载式挖泥船，耙吸式挖泥船装备有耙头挖掘机具和水力吸泥装置。在它的舷旁安装有耙臂（吸泥管），在耙臂的后端装有用于挖掘水下土层的耙头，其前端以弯管与船上的泥泵吸入管相连接。耙臂可作上下升降运动，其后端能放入水下一定深度，使耙头与水下土层的疏浚工作面相接触。通过船上的推进装置，使该挖泥船在航行中拖曳耙头前移，对水下土层的泥沙进行耙松和挖掘。泥泵的抽吸作用从耙头的吸口吸入挖掘的泥沙与水流的混合体（泥浆）经吸泥管道进入泥泵，最后经泥泵排出端装入挖泥船自身设置的泥舱中。当泥舱装满疏浚泥沙后，停止挖泥作业，提升耙臂和耙头出水，再航行至指定的抛泥区，通过泥舱底部所设置的泥门，自行将舱内泥沙卸空，或通过泥舱所设置的吸泥管，用船上的泥泵将其泥浆吸出，经甲板上的排泥管系与输泥浮管或岸管，将泥浆卸至指定区域或吹泥上岸。然后，驶返原挖泥作业区，继续进行下一次挖泥作业。

耙吸式挖泥船配置有压力表（含真空表、浓度计、流量计、产量计）、吃水装载监视仪、纵横倾斜指示仪、耙头深度位置指示仪、疏浚过程监视系统、无线电定位仪、电子图显示系统、差分全球卫星定位系统（DGPS）等仪器仪表，可自动记录疏浚土方的装载量。该装置利用安装在船底的多个压力传感器测量船舶吃水，通过转换器把压力信号转换成电流信号，由计算机经过处理、计算并记录挖泥船排水量和载泥量，实时显示装载过程。通过计算机进行航迹自动绘图，显示计划挖泥区段、计划航线、实时导航数据（航速、航向、偏航数据和坐标等），若与测深仪、水位、遥报仪、挖深自动控制系统相连接，还可显示挖深、水位、横断面图或水下三维立体图。

1. 技术性能

耙吸挖泥船技术性能的主要技术参数有舱容、挖深、航速、装机功率等。其在挖泥作业中的最大特点是各道工序都由挖泥船本身单独完成，不需要其他辅助船舶和设备来配合施工，具有良好的航海性能，在比较恶劣的海况下，仍然可以继续进行施工作业。具有自航、自挖、自载和自卸的能力，在施工作业中不需要拖轮、泥驳等船舶另外，因船舶可以自航，调遣十分方便，自身能迅速转移至其他施工作业区。在进行挖泥作业中，不需要锚缆索具、绞车等船舶移位、定位等机具设备。而且在挖泥作业中处于船舶航行状态，不需要占用大量水域或封锁航道，施工中对在航道中的其他船舶航行影响很少。

鉴于耙吸挖泥船的以上优点，故而为世界各国疏浚河港广泛使用，其自航、自载性能使其特别适合于水域开阔的海港和河口港较长距离的航道施工。耙吸挖泥船最早多用于疏浚中挖掘淤泥和流沙等，近年来，由于疏浚技术的发展，耙吸挖泥船性能得到不断改进，如安装各种新型耙头、各种不同形式的耙齿，以及运用高压冲水和潜水泵等，也能够挖掘水下的黏土、密实的细沙及一定程度的硬质土和含有相当数量卵石、小石块的土层等。耙吸挖泥船也存在一些不足之处，主要是在挖泥作业中，由于船舶是在航行和漂浮状态下作业，所以挖掘后的土层平整度要差一些，超挖土方往往比其他类型的挖泥船要多一些。耙吸挖泥船一般以其泥舱的容量来衡量挖泥船的大小，按舱容来进行标定公称规格，小型耙吸挖泥船的舱容仅有几百立方米，而大型挖泥船舱容达到几千立方米至几万立方米，目前世界上最大的耙吸挖泥船舱容已达 3.3 万 m^3，最大挖深已超过 100m。

不同类型的挖泥船运转时间不同。耙吸挖泥船运转时间指挖泥、溢流、运泥、卸泥及回挖泥地点的转头和上线时间；绞吸挖泥船运转时间指挖泥及其前后的吹水时间，也即泥泵运转时间；链斗、抓斗挖泥船运转时间指主机运转时间。影响挖泥船时间利用率的主要客观因素如下：

（1）强风及其风向情况。风的影响主要限于高速风引起的水面状况造成操作上的困难。

（2）风浪。当风浪波高超过挖泥船安全作业的波高时，应停止施工作业。

（3）浓雾。当能见度低，看不清施工导标或对航行安全不利时，应停止施工。

（4）水流。特别是横流流速较大时，对挖泥船施工会造成影响。

（5）冰凌。当冰层达到一定厚度时，挖泥船就不宜施工。

（6）潮汐。在高潮位时，挖泥船可能因其挖深不够需候潮；而当低潮位时有可能使疏浚设备搁浅也需候潮。

（7）施工干扰。如避让航行船舶等。

2. 施工工艺

耙吸式挖泥船是边航行边挖泥的自航纵挖式挖泥船，施工作业无须抛锚停泊，也不需要辅助船舶配套行动。一般只需在岸上设置具有相当灵敏度的导标，包括边界标、中线标、起点标、终点标等。近年来，随着 DGPS 推广使用，使疏浚作业的导航定位极为便利，不仅提高了定位精度，而且可以随时监测本船作业运行的轨迹。因此目前疏浚已不再预设水陆疏浚标志，直接运用 DGPS 控制船位挖泥。

耙吸挖泥船航行到接近起挖点前，应对好标志（航线）、确定船位、降低航速、放耙入水、启动泥泵吸水，待耙头着底，然后适度增加挖泥船对地航速，吸上泥浆，按照预定的前进航向驶入挖槽，耙挖泥沙。

耙吸挖泥船的主要施工方法有装舱（装舱溢流）施工法、旁通（边抛）施工法和吹填施工法。挖泥采用分段、分层等工艺施工。

（1）装舱施工法。采用装舱法施工时，疏浚区、调头区和通往抛泥区的航道必须有足够的水深和水域，能满足挖泥船装载时航行和转头的需要，并有适宜的抛泥区可供抛泥。当挖泥船的泥舱设有几档舱容或舱容可连续调节时，应根据疏浚土质选择合理的舱容，以达到最佳的装舱量。

当泥舱装满未达到挖泥船的载重量时，应继续挖泥装舱溢流，增加装舱土方量。最佳装舱时间应根据泥砂在泥舱内的沉淀情况、挖槽长短、航行到抛泥区的距离和航速综合确定，并使装舱量与每舱泥循环时间之比达到最大值。

装舱溢流施工时，应监视对已挖地区、附近航道、港池和其他水域回淤的影响；应符合环境保护的要求，注意溢流混浊度对附近养殖、取水口等的影响；疏浚污染物时不得溢流。当疏浚粉土、粉砂、流动性淤泥等不易在泥舱内沉淀的细颗粒土质时，在挖泥装舱之前，应将泥舱中的水抽干，并将开始挖泥下耙时和终止挖泥起耙时所挖吸的清水和稀泥浆排出舷外，以提高舱内泥浆浓度，增加装舱量。

（2）旁通（边抛）施工法。旁通（边抛）施工适用于当地水流有足够的流速，可将旁通的泥砂携带至挖槽外，且疏浚增深的效果明显大于旁通泥沙对挖槽的回淤时；在紧急情况下，需要突击疏浚航道浅段，迅速增加水深时；或环保部门许可，对附近水域的回淤没有明显不利影响时。施工区水深较浅，不能满足挖泥船装舱的吃水要求时，可先用旁通法施工，待挖到满足挖泥船装载吃水的水深后，再进行装舱施工。

（3）吹填施工法。耙吸式挖泥船进行吹填施工时，如需系泊，应有牢固可靠的系泊设施。船上与排泥管的连接方式和结构应简便可靠，宜采用快速接头，便于接拆，并应充分考虑船体的升降、水位、风浪、流速和流向等因素的影响。

3. 施工工艺要求

（1）分段施工工艺要求。

1）当挖槽长度大于挖泥船挖满一舱泥所需的长度时，应分段施工。分段长度可根据挖满一舱泥的时间和挖泥船的航速确定，挖泥时间取决于挖泥船的性能、开挖土质的难易、在泥舱中的沉淀情况和泥层厚度。

2）当挖泥船挖泥、航行、调头受水深限制时，可根据潮位情况进行分段施工，如高潮挖浅段，利用高潮航道边坡水深作为调头区进行分段等。

3）当施工对航行存在干扰时，应根据商定的避让办法，分段进行施工。

4）挖槽尺度不一或工期要求不同时，可按平面形状及合同要求分段。

5）分段施工时，宜采用GPS定位系统进行分段，便于挖泥船确定开挖起始位置，也可利用助航设施如浮标、岸标进行分段。

（2）分层施工工艺要求。

1）当施工区泥层厚度较厚时应分层施工。

2）当挖泥船最大挖深在高潮挖不到设计深度，或当地水深在低潮不足挖泥船装载吃水时，应利用潮水涨落进行分层施工，高潮挖上层，低潮挖下层。

3）当工程需要分期达到设计深度时，应按分期的深度要求进行分层。

（3）施工顺序要求。

1）当施工区浚前水深不足，挖泥船施工受限制时，应选挖浅段，由浅及深，逐步拓宽加深。

2）当施工区泥层厚度较厚、工程量较大、工期较长并有一定自然回淤时，应先挖浅段，逐次加深，待挖槽各段水深基本相近后再逐步加深，以使深段的回淤在施工后期一并挖除。

3）当水流为单向水流时，应从上游开始挖泥，逐渐向下游延伸，利用水流的作用冲刷挖泥扰动的泥沙，增加疏浚的效果。在落潮流占优势的潮汐河口和感潮河段也可利用落潮流的作用由里向外开挖。

4）当浚前断面的深度两侧较浅、中间较深时，应先开挖两侧。

5）当一侧泥层较厚时，应先挖泥层较厚的一侧，在各侧深度基本相近后，再逐步加深，避免形成陡坡，造成塌方。

6）当疏浚前水下地形平坦，土质为硬黏性土时，应全槽逐层往下均匀挖泥，避免形成垄沟，使施工后期扫浅困难。

（4）其他工艺要求。

1）当工程需要采用横流或斜流施工时，应注意挖泥耙管和航行的安全。

2）当挖槽长度较短，不能满足挖泥船挖满一舱泥所需长度时，或只需要开挖局部浅段时，挖泥船应采用往返挖泥法施工。当挖槽终端水域受限制，挖泥船挖到终点后不能掉头时，应采用进退挖泥法施工。

3）应根据开挖的土质选择合理的航速，对淤泥、淤泥质土和松散的砂，对地航速宜采用2～3km/h；对黏土和中等密实度以上的砂土，对地航速宜采用3～4km/h，也可通过试挖确定。

4）应根据土质和挖深，调节波浪补偿器的压力，以保持耙头对地有合适的压力。对软土，耙头对地压力宜小一些，对密实的土宜大一些。

5）在有横流和边坡较陡的地区施工时，应注意观察耙头位置，防止耙头钻入船底而造成耙头或船体损坏。耙头下在水底时，挖泥船不得急转弯。

4. 耙头的选用

耙头是耙吸挖泥船直接挖掘土的工具，是主要的疏浚设备，对挖泥船的生产效率有很大影响。耙头类型很多，各有其适应何种类型土的特点，所以疏浚施工应根据土的性质尽量选用合适的耙头。

耙吸挖泥船常用的耙头主要有“安布罗斯”耙头、“加利福尼亚”耙头、“IHC”耙头、“文丘里”耙头和滚刀耙头等，各种耙头对不同土质的适应性见表 1.14.1。

表 1.14.1　　各种耙头适应土质

序号	耙头形式	适宜挖掘土质	N 值	说　明
1	“安布罗斯”耙头	松散砂土	1～5	适用范围较广
2	“加利福尼亚”耙头	松散和中等密实砂	5～15	加齿与加装高压冲水，破土力大
3	“IHC”耙头	淤泥	1～5	荷兰标准耙头
4	“文丘里”耙头	中等密实细砂	5～15	有高压冲水时效率比“IHC”耙头高 1/3
5	滚刀耙头	砾黏土风化岩	15～30	

14.1.2　绞吸式挖泥船

绞吸式挖泥船是水力式挖泥船中较普遍的一种，是目前世界上使用较广泛的挖泥船。绞吸式挖泥船是用装在绞刀桥梁前端的绞刀，将水底泥沙不断绞松，同时利用泥泵工作产生的真空和离心力作用，从吸泥口及吸泥管吸进泥浆，通过排泥管输送到卸泥区。其特点是能够将挖掘、输送、排出和处理泥浆等疏浚工序一次性完成，能够在施工中连续作业。

1. 技术性能

绞吸挖泥船是目前世界上拥有数量最多的一种挖泥船，其主要技术参数有标称生产率、总装机功率、泥泵功率、绞刀功率、吸排泥管径、挖深、排距等。为了增加其挖泥深度和提高挖泥能力，应采取必要的技术措施，将泥泵安装在船体内尽可能低的位置，或在装潜水泵的绞吸挖泥船，其深水挖泥产量一般可以明显提高。

不同技术参数的绞吸挖泥船，其生产能力差别很大。最小的绞吸挖泥船，其生产率为 40～80m^3/h，泥泵的功率为 70kW 左右，绞刀功率只不过近 10kW，最大挖深仅数米；现代的大型绞吸挖泥船，其挖泥产量已高达 5000m^3/h 以上，目前世界上最大的绞吸挖泥船总装机功率已达 2.7 万 kW，绞刀功率达到 5000kW 左右，最大挖深已达到了 35m。

绞吸式挖泥船适应的施工范围较广，适于港口、河道、湖泊的疏浚工程，特别适合于吹填造地工程；适用于挖掘砂、砂质黏土、砂砾、黏性土等不同的挖泥工况。一些装有较大功率带齿绞刀装置的绞吸挖泥船可以挖掘硬质黏土、胶结砂、砾石，甚至岩仃珊瑚礁等。

2. 施工工艺

开工展布是挖泥船挖泥开工前的准备工作，包括定船位，抛锚，架接水上、水下及岸上排泥管线等。非自航挖泥船进点一般由拖轮绑拖挖泥船，按定位方法进入施工区。

绞吸挖泥船的主要施工方法为横挖法施工，分条、分段、分层、顺流、逆流挖泥。利用一根钢桩或主锚为摆动中心，左右边锚配合控制横移和前移挖泥。按其采用定位装置不同，可分对称钢桩横挖法、三缆定位横挖法、锚缆横挖法等，应根据不同的工况条件选择不同的施工方法。

（1）分条施工。

1）采用钢桩横挖法施工时，分条的宽度宜等于钢桩中心到绞刀头水平投影的长度。分条的最大宽度不得大于挖泥船一次开挖的最大宽度；最小宽度应大于挖泥船的最小挖宽。绞吸挖泥船的最大挖宽一般不宜超过船长的1.1～1.2倍，当流速较大时，应减少开挖宽度。当浚前水深大于挖泥船的吃水时，最小挖宽采用等于挖掘船前移换桩时所需的摆动宽度。另外，分条的数量不宜太多，以免增加移锚、移船时间，降低挖泥船的工效。

2）采用三缆定位横挖法施工时，分条宽度由船的长度和摆动角确定，摆动角宜选用70°～90°，最大宽度不宜大于船长的1.4倍。

3）采用锚缆横挖法施工时，分条宽度应根据主锚缆抛放的长度决定。最大宽度宜为100m左右。

（2）分段施工。

1）挖槽长度大于挖泥船水上管线的有效伸展长度时，应根据挖泥船和水上管线所能开挖的长度分段施工。

2）挖槽转向曲线段需分成若干直线段开挖时，可将曲线近似按直线分段施工。

3）挖槽规格不一或工期要求不同，应按合同的要求进行分段施工。

4）受航行或其他因素干扰，可按需要分段施工。

（3）分层施工。

1）当疏浚区泥层厚度很厚时，应按下列规定分层施工：分层挖泥的厚度应根据土质和挖泥船绞刀的性能确定，宜取绞刀直径的0.5～2.5倍；对坚硬土取较低值，对松软土取较高值；分层的上层宜较厚，以保证挖泥船的效能；最后一层应较薄，以保证工程质量；当浚前泥面在水面以上，或水深小于挖泥船的吃水时，最上层开挖深度应满足挖泥船吃水和最小挖深的要求；当泥层过厚时应在高潮挖上层，低潮挖下层，以减少塌方。

2）当工程对边坡的质量要求较高，需要分层分阶梯开挖边坡时，应根据工程对边坡的要求、土质情况和挖掘设备尺度确定分层的厚度。

3）当合同要求分期达到设计深度时，应进行分层施工。

4）当挖泥船的最大挖深在高潮时达不到设计深度，或在低潮时疏浚区的水深小于挖泥船的吃水或最小挖深时，可利用潮水的涨落分层施工，高潮挖上层，低潮挖下层。

（4）顺流、逆流施工。

1）在内河施工采用钢桩定位时，宜采用顺流施工；采用锚缆横挖法施工时，宜采用逆流施工；当流速较大情况下，可采用顺流施工，并下尾锚以策安全。

2）在海上施工时，宜根据涨落潮流冲刷的作用大小，选择挖泥的方向。

(5) 定位与抛锚。

1) 采用定位钢桩施工时，挖泥船被拖至挖槽起点后，拖轮应减速、停车，待船速消除后再下定位钢桩，抛设横移锚。移船时严禁在挖泥船行进中下放钢桩。

2) 采用锚缆横挖法施工时，应根据水流情况先抛设尾锚，或将绞刀桥架下放至水底定位，再抛设其他锚缆。抛锚后，应重新定位、校正船位，确认绞刀处于挖槽起点位置。

3. 绞刀选用

绞刀是绞吸挖泥船直接挖掘土的重要挖泥部件，安装在绞刀架的最前端，其作用是通过旋转切割水底的土，使之变形而破碎，并使破碎的泥土（砂、石）与水相混合，送往吸泥口。绞刀主要类型有：开式绞刀、闭式绞刀、齿式绞刀、冲水式绞刀、斗轮式绞刀、立式绞刀等，绞刀主要类型和适用性能较好的土质见表 1. 14. 2。

表 1. 14. 2　　绞吸挖泥船各类绞刀适用土质

序号	耙头形式	适宜挖掘土质	N值	说　明
1	开式绞刀	松散砂土	1～2	早期刀型，破土力差
2	闭式绞刀	软塑黏土	1～5	改进刀型，破土力较好
3	齿式绞刀	坚硬土、砾石	5～15	开、闭式的变形，破土力强，大功率船可挖风化土石料
4	冲水式绞刀	坚硬土	5～20	增加高压冲水，提高破土力与清除堵塞
5	斗轮式绞刀	适用范围较大	5～15	改进操作条件，提高泥浆度
6	立式绞刀	适用范围较大	5～15	改进操作条件，提高泥浆度

绞刀选用应注意以下要求：

(1) 对淤泥、淤泥质土、泥炭、松散到中密的砂等松软土质，应选用前端直径较大的冠形平刃绞刀。

(2) 对黏土、粉质黏土宜选用方形齿的绞刀。

(3) 对于坚硬土质宜选用直径较小的尖齿绞刀。

(4) 对岩石宜采用可换齿的岩石绞刀；对石灰岩等无渗透性的坚硬物质宜用凿形齿；对有渗透性的坚硬物质宜用尖齿。

14. 1. 3　链斗式挖泥船

链斗挖泥船至今已有200多年的历史，是机械式挖泥船中最早的一种。链斗挖泥船一般在船体的首部或尾部中央开槽部位安装由斗桥、斗链（无斗链式泥斗直接相连）和泥斗所组成的挖泥机具。在疏浚作业中，将斗桥的下端放入水下一定深度，使之与疏浚土层相接触，然后在斗桥上端的上导轮的驱动下，斗链连续运转，通过斗链上安装的各个泥斗，随斗链转动而对土层的泥沙进行挖掘。泥沙经挖掘后装入泥斗，再随斗链转动沿斗桥提升出水面，并传送至上端的斗塔顶部。当泥斗到达斗塔顶部，经过上导轮而改变方向后，斗内的泥沙在自身的重力作用下从泥斗倒入斗塔中的泥井。倒入泥井的泥沙经过两边的溜泥槽排出挖泥船的舷外，倒人泥驳之中。

1. 技术性能

链斗挖泥船挖掘能力的幅度和适应性均较大，最小型链斗挖泥船的生产能力只有 $10m^3/h$ 左右，而现代大型链斗挖泥船的每小时挖泥量可达 $1000m^3$ 以上。为了适应某些特殊疏浚工程，链斗挖泥船有时可以根据需要加以改装。如调换斗链和泥斗，减少斗容，可增加泥斗强度；或在一定数量泥斗之间，间隔加装挖掘和松动泥层的粗齿，用以挖掘硬质土层、软岩石和预处理后的碎石等；适当加长斗桥和斗链的长度，或在上导轮和斗桥之间的空挡中加设一段附加斗桥，从而提高链斗挖泥船的浚深能力。链斗挖泥船均采用可变速装置，使之在挖泥作业中改变不同的斗速和切削力，以适应挖掘各种不同土质。

2. 施工工艺

开工展布时，链斗式挖泥船自航或被拖到挖槽起始点的位置，采用绞吸挖泥船进点定位方法定位。如系顺流就位，当挖泥船接近挖槽起点时，先抛下艉锚，然后放松艉锚缆使船顺流前移，到挖槽起点处，即收紧艉锚缆，再放下斗桥使船体固定；如系逆流定位，当挖泥船到达挖槽起点时，则先放下斗桥固定船位，然后待抛锚完成后，再校准船位。

链斗挖泥船的主要施工方法有斜向横挖法、扇形横挖法、十字形横挖法、平行横挖法等。挖泥采用分条、分段、分层等施工工艺。

链斗挖泥船施工方法应符合下列规定：

1）当施工区水域条件好，挖泥船不受挖槽宽度和边缘水深限制时，应采用斜向横挖法施工。

2）当挖槽狭窄、挖槽边缘水深小于挖泥船吃水时，宜采用扇形横挖法施工。

3）当挖槽边缘水深小于挖泥船吃水，挖槽宽度小于挖泥船长度时，宜采用十字形横挖法。

4）当施工区水流流速较大时，可采用平行横挖法施工。

（1）施工工艺要求。

1）当挖槽宽度超过挖泥船的最大挖宽或挖槽内泥层厚度不均匀时，应采用分条挖泥。分条的宽条由主锚缆的抛设长度而定，对 $500m^3/h$ 链斗挖泥船挖宽宜为 60～100m，对 $750m^3/h$ 链斗挖泥船宜为 80～120m。在浅水区施工时，分条的最小宽度应满足挖泥船作业和泥驳绑靠的需要。

2）当挖槽长度大于挖泥船一次抛设主锚所能开挖的长度时，应按其所能开挖的长度对挖槽分段进行施工。

3）当挖槽转向曲线段、挖槽规格不同、施工受航行等因素干扰时，应对挖槽分段施工。

4）当疏浚区泥层过厚，对松软土泥层厚度超过泥斗斗高的 2～3 倍时或对细砂和坚硬的土质且泥层厚度超过斗高 1～2 倍时，应分层开挖。分层的厚度一般采用斗高的 1～2 倍，可视土质而定。

5）链斗挖泥船宜采用逆流施工，只有在施工条件受限制或有涨落潮流的情况下，才采用顺流施工。顺流施工时应使用船尾主锚缆控制船的前移。

6）链斗船作业时，一般布设6个锚。主锚应抛设在挖槽中心线上。泥层不均匀或水流不正时，宜偏于泥层厚的一侧，或主流一侧，主锚抛设长度一般为400～900m，并设托缆小方驳。尾锚顺流施工时，应加强尾锚，并增加抛设长度。逆流施工时，尾锚可就近抛设或不抛设，其抛设长度宜为100～200m。逆流施工时，前边锚宜超前20°左右，后边锚可不超前，当不设尾锚时，后边锚可抛成八字形。顺流施工时，后边锚宜滞后。

（2）泥驳作业。链斗挖泥船一般均为双面泊驳。无需因换驳而停止生产，只有在开挖滩地、码头前沿泥面时，由于挖泥船里档水深不满足泥驳吃水时，才进行单面泊驳。单面泊驳需要停车换驳。

换驳方法较多，现介绍以下几种：

1）吊艄换驳。适用于顺流挖泥时，空驳吊于重驳船艄。当拖轮拖离重驳后，空驳由挖泥船绞靠就位。

2）夹绑换驳。适用于逆流挖泥时，空驳绑靠在重驳外档，带一根夹绑缆。当重驳绞离挖泥船时，空驳靠上挖泥船。

3）绞驳换驳。适用于顺流挖泥时，水域要宽广，挖泥船艉绞车将重驳绞离挖泥船，拖轮先将空驳靠上挖泥船，然后去拖绞离挖泥船重驳。

4）专配靠驳拖轮。适用于逆流挖泥时，施工水域较窄。先将重驳拖开，再拖空驳靠上挖泥船。

14.1.4 抓斗式挖泥船

抓斗挖泥船属机械式挖泥船，在船上通过吊机，使用一只抓斗作为水下挖泥的机具。抓斗挖泥船的形式多样，用途甚广，大多数为非自航式。

1. 技术性能

抓斗挖泥船是单斗作业，可以配备各种不同类型的抓斗，如轻、中、重型抓斗，以适应挖掘各种不同硬度的土质。所以，抓斗挖泥船的挖掘适应性较强，可以挖掘水下淤泥、一般黏土、松散的砂质土，也可以挖掘硬黏土、夹石砂质土和砂砾等。抓斗挖泥船还可以通过更换抓斗的提升和启闭钢缆长度，来满足施工中不同挖掘深度的需要。另外，与其他类型挖泥船相比，抓斗挖泥船的设备简单，挖泥机械的磨损部件少，船舶的造价也较低廉。

抓斗式挖泥船主要配置仪器有抓斗深度自动控制装置、抓斗深度指示器、抓斗开口度计、抓斗提升计、抓斗负荷计、抓斗机回转角度指示器，GPS定位系统等。

2. 施工工艺

开工展布时，挖泥船被拖至施工区，按照绞吸挖泥船进点定位方法定位。实测水深与施工图水深核对相符后，随即放下抓斗，定住船位。然后根据水流、风向情况，依次抛锚暂泊。抓斗挖泥船应根据不同土质，选用不同抓斗。挖淤泥时，宜采用斗容较大的平口抓斗。挖中等密实的土时，宜采用带齿的抓斗。挖硬质土时，宜采用斗容较小、重量较大的全齿抓斗。

抓斗挖泥船一般采取纵挖式施工，根据不同施工条件采用分条、分段、分层、顺流、逆流挖泥等施工工艺。

当挖槽宽度大于抓斗挖泥船的最大挖宽时，应分条进行施工。分条的宽度，应符合下列要求：①分条最大宽度不得超过挖泥船抓斗吊机的有效工作半径；②在浅水区施工时，分条最小宽度应满足挖泥船作业和泥驳绑靠所需的水域要求；③在流速大的深水挖槽施工时，分条的挖宽不得大于挖泥船的船宽。

当泥层厚度较薄、土质松软时，可采用梅花挖泥法施工。斗与斗之间的间距，视水流的大小及土质松软情况而定。

14.1.5 泥浆的输送与泥土的处理

1. 泥浆的输送

泥浆的输送主要由泥浆泵来完成，远程输泥主要由接力泵站完成。

泥浆泵是吸扬式挖泥船和泵站（船）的主要机械，目前都是采用单面吸入式的离心泵，由泵壳和叶轮两部分组成。它与离心水泵的不同之处是泥泵叶轮的直径较大，叶片的数量较少（3~4片），以便有较大空隙让泥块或石块通过。泵壳是用铸铁铸成或用厚钢板焊接的一种具有螺旋形槽道的蜗形体，俗称“蜗壳”。为了防止泥沙磨损泵壳和叶轮，其上均加装锰钢或镍铬钢等耐磨材料的衬板保护，衬板磨损后可以更换。泥泵的工作，由吸泥和排泥两部分组成，吸泥和排泥的工作过程是连续进行的。泥泵的吸泥是在依靠叶轮旋转时，将原先已灌满在泵体里的水在离心力作用下甩到泵壳的槽道里，沿排泥口压出去，这时叶轮附近形成低压区。泥浆在大气压力的作用下，通过吸泥管进入泵体的低压区，又被不停转动着的叶轮甩到槽道里。泥浆到了槽道里，速度变慢，相互拥挤，压力增高，从排泥管排出。泥浆这样不断地被吸入泵体，又不断地被压送出去，这就是泥泵的工作过程。

远程输泥主要由接力泵站完成。为了远程输泥，把几台泥泵用输泥管线串联起来工作的输泥系统称为接力泵站，它是由吹泥船、站池（泥浆池）、泵站和排泥管线等一系列设备装置所组成。

接力泵站和吹泥船的连接主要有直接串联方式、设中间站池储存泥浆方式两种。

直接串联方式是将吹泥船直接与接力泵串联。这种连接方式在吹泥船换驳时，泵站要停顿而吸清水。

设中间站池储存泥浆方式是为了使吹泥船和接力泵分别单独工作，互不干扰。这种方式较为常用。

相互串联的泥泵可以摆在一起，也可以分开设站。前者管理较方便，但输泥管内的压力成倍增加，所以输泥管的管壁需要加厚；后者两站距离越远，输泥管内压力降得越低。所以，应该保证后面接力泵的吸泥管具有正压力，这个压力要比大气压高28~35kPa，以免空气进入管路；对前后泥泵的负荷（水头损失）的分配应后者较大，但大体相等。

2. 泥土的处理

处理疏浚泥土的方法有水下抛泥法、边抛法和吹填法等。

（1）水下抛泥法。在受土质、挖泥机具设备条件和两岸地形条件等限制而不能利用泥土时，选择地点进行水下抛泥。水下抛泥地点必须妥善选择，因为它对疏浚费用和对今后挖槽维护的影响都很大。选择抛泥地点时，要考虑以下几点：

1）选择在流速小、容积大及对挖槽、航道、码头、水工建筑物等不产生淤积的水域。

2）尽量靠近挖泥地点，以缩短抛泥距离。

3）抛泥区要有一定的水域面积和水深，以便于抛泥船出入和调头，节省抛泥作业时间。考虑水深时，不但要注意泥舱在泥门开启时的吃水，还要注意抛泥堆的高度。此外，在潮汐地区，最好选在低潮时抛泥船也能自由出入抛泥，否则就要待潮或减载作业，降低生产率。

4）抛泥区及沿途中的水域风浪不妨碍抛泥作业。

5）在满足上述要求的前提下，必须摸清水流情况，把抛泥区选在流向偏离挖槽一侧的地区，以避免抛弃的泥土重新返回到港池或航道。

水下抛泥法的泥土处理效率较高，可以在许多情况下获得较低的回淤率。但是，这是以牺牲挖泥船的工作时间为代价换来的，因而疏浚效率较低。

（2）边抛法。自航耙吸式挖泥船在疏浚作业中，一边挖泥，一边将泥浆排入水中，随水流带走。常用的边抛方法有旁通、溢流和使用长悬臂架边抛挖泥船边抛等三种。

1）旁通。近代耙吸式挖泥船都设有专门的旁通口，泥泵吸上来的泥浆经旁通口直接排入水中。现场实测和水槽试验都证明，从旁通口排出的泥浆是立即潜入水底的。这是因为它具有较大的动能和位能。泥浆潜入水底后，与河底及水体发生摩擦，能量逐渐消失，泥浆中的土块在潜入点附近首先沉积下来，其他颗粒也由粗到细，随着能量的消耗而逐步沉积，变成河床的一部分，而一些极细的颗粒则被紊动扩散于水体中。故水流流速越大，泥沙越细，越易分散，紊动扩散于水体中的泥沙数量也越多，泥沙沉积后离潜入点的距离也越长，说明旁通的效果也越好。为了使更多的泥沙带往挖槽外沉积，得到较好的疏浚效果，除了要求有较大的水流流速外，还要求水流方向与挖槽轴线具有一定的交角。交角越大，效果也越好。

2）溢流。由泥泵吸上来的泥浆进入泥舱内，而多余的泥浆则从泥舱两侧的溢流口连续排入水中。这种方法可使泥浆中的土块和粗颗粒泥沙拦截于泥舱内，至泥土满舱后再去抛泥，这就减少了挖槽内的回淤；同时，因从溢流口排出的泥浆具有较小的动能和势能，使泥沙不潜入到河底，这就有利于泥沙颗粒在较大的面流流速场内紊动扩散，提高边抛施工效果。

3）使用长悬臂架边抛挖泥船边抛。边抛挖泥船沿航道工作时，通过伸出于船舷外的悬臂架上设置的排泥管，将泥浆随挖随抛于航道的一侧。泥浆抛出的距离不仅取决于悬臂架的长短，而且与排泥管出口的结构形式有关。

用边抛挖泥船边抛，对颗粒较粗的砂质土最为合适，因为边抛入水的泥沙很快沉入水底，回淤入航道的比率较小，可得到较高的疏浚效率，但边抛管宜作长些。对淤泥质土，边抛管可不必太长，而是将管口形式作适当改变，使抛出的泥浆成扇形落入水中，以充分利用中上层水流的挟沙能力，携带泥沙至远处。

边抛方法对泥土的处理效率较低，即回淤率较高，但因它大大节省了挖泥船的抛泥作业时间，反而能获得较高的生产率和有效产量。

（3）吹填法。吹填法是将挖出的泥土利用泥泵输送到填土地点，以使泥土综合利用。吹填法处理疏浚泥土不仅能使泥土综合利用，为国民经济多方面服务，而且避免了疏浚泥土回淤航道的可能性（特别是在某些河口地区），是一种较优的方案。以吹填法处理泥土，需要认真选择泥场。选择泥场的原则如下：

1）根据挖槽的土质、数量来决定泥场范围和容量的大小。

2）选择有低洼、废坑、荒地等有利于容泥的地区。

3）附近有沟渠（河浜）相通，以便于排水。

4）没有接力泵条件时，只能就近吹填，则需根据挖泥船扬程和排泥管线长度等决定泥场数量和容量。

14.2 吹填工程

14.2.1 吹填工程的主要程序

根据《疏浚工程技术规范》（JTJ 319—1999）的要求，吹填工程的主要程序见图 1.14.1。

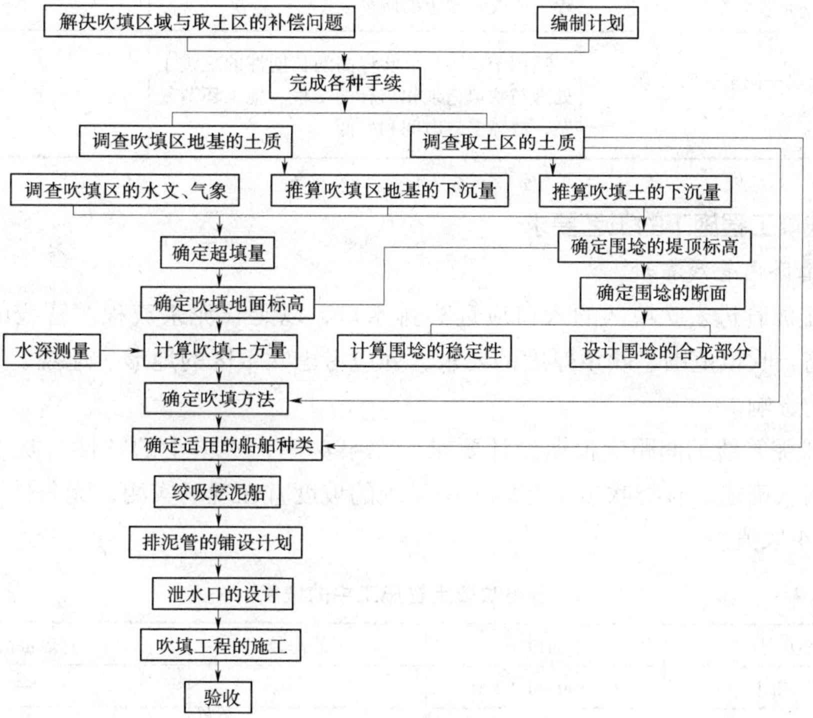

图 1.14.1 吹填工程的主要程序

吹填工程疏浚设备及施工方法可按表 1.14.3 选取，并通过经济技术论证进行方案比选。

表 1.14.3　　吹填工程常见施工方法

序号	船舶设备组合方式	适用条件及优缺点	说　明
1	绞吸船直接吹填	适用于内河或风浪较小的海区，生产效率高，成本低；对土的适应性强，抗风性能较差，最大排距约 5km	为了增加运距，可设接力泵，必要时也可以将两条绞吸船串联
2	斗式船—泥驳—吹泥船吹填	适用于内河或风浪较小的海区，砂质土、黏性土的吹填区工程。运距一般为 5 ~ 15km。抗风性能差，挖流动性淤泥效果差	非自航泥驳需要与拖轮配套使用
3	耙吸船—吹填	适用于取土区风浪大、运距远的工程。施工过程中能改善砂性土的质量，成本较高	吹泥船排距不够时，可增加泵站
4	耙吸船—储砂池—绞吸船—吹填	适用于取土区风浪大，运距远、吹填量大的工程。施工过程中能改善砂性土的质量	耙吸船应具有吹填装置
5	斗式船—泥驳—储砂池—绞吸船—吹填	适用于内河或风浪较小的海区和吹填最大的工程。设备配套复杂，时间利用率较低	储砂池的位置与大小应满足绞吸船的输送和施工强度的要求，并应选在回淤，冲刷小的地方。池内外水深应满足所有施工船舶吹填、抛沙施工作业的需要
6	耙吸船—泥驳—吹泥船—吹填	适用取土区于内河、风流小、运距远的工程，能改善砂土的质量	耙吸船应具有装驳的设施
7	斗式船—泥驳—吹泥船—泵站—吹填	适用于运距远、吹程高的长期性的疏浚土处理与吹填造地相结合的工程。施工环节复杂，故障多，时间利率低	

14.2.2　吹填工程施工的工艺要求

1. 吹填区内管线布设

（1）排泥管进入吹填区的入口应远离排水口，以延长泥浆流程。管线的布置应满足设计标高、吹填范围、吹填厚度的要求，并应考虑吹填区的地形、地貌、几何形状对管线布置的影响。

（2）排泥管线的间距应根据设计要求、泥泵功率、吹填土的特性、吹填土的流程和坡度等因素确定。各类吹填土在施工中呈现的坡度宜在现场实测，无条件实测时可参照表 1.14.4 取值。

表 1.14.4　　各类吹填土在施工中的坡度

土的类别	水面以上	平静海域	有风浪海域
淤泥、粉土	1 : 100 ~ 1 : 300	—	—
细砂	1 : 50 ~ 1 : 100	1 : 6 ~ 1 : 8	1 : 15 ~ 1 : 30
中砂	1 : 25 ~ 1 : 50	1 : 5 ~ 1 : 8	1 : 10 ~ 1 : 15
粗砂	1 : 10 ~ 1 : 25	1 : 3 ~ 1 : 4	1 : 4 ~ 1 : 10
砾石	1 : 5 ~ 1 : 10	1 : 2	1 : 3 ~ 1 : 6

（3）吹填区内管线的布设间距、走向、干管与支管的分布除应考虑上述因素外，还应根据施工现场、影响施工因素的变化等及时调整。各类吹填土的排泥管口间距见表1.14.5。

表1.14.5　各类吹填土的排泥管口间距

土质分类	间距 \ 泥泵功率(kW)	<375	375~750	1500~2250	3000~3750	>5250
软淤泥黏土类	围埝与排泥管之间	15~20	20~25	25~30	30~35	35~40
	干管之间	150	250	350	400	450
淤泥黏土类	围埝与排泥管之间	10~15	10~15	20~25	25~30	25~30
	干管之间	100	180	300	350	400
	支管之间	40	60	100	130	180
粉细砂类	围埝与撑泥管之间	10	10~15	20	20~25	20~25
	干管之间	80	150	250	300	350
	支管之间	30	50	70	80	120
中粗砂类	围埝与排泥管之间	5~6	10	15	20	20
	干管之间	60	120	200	250	300
	支管之间	20	40	50	60	100

（4）应根据管口的位置和方向、排水口底部高程的变化及时延伸排泥管线。在吹填区应设若干水尺，观测整个吹填区填土标高的变化，指导排泥管线的调整和管理工作。

2. 分期、分区和分层吹填的工艺要求

（1）当吹填区水深满足耙吸挖泥船或泥驳的满载吃水，并具有通航条件时，可采用水下抛填的方法进行水下部分填筑。

（2）吹填施工可一次完成，当工程量大、施工期长时，可采用分期吹填；当吹填面积大、工程量大时，可根据工程需要和使用目的分区吹填；当吹填厚度大，工程规模大时，可采用分层吹填。

3. 不同土质的吹填工艺要求

（1）当工程对平整度要求较高时，对砂砾、粗砂等容易在排泥管口堆积的土质，应在吹填过程中用推土机边吹边进行整平工作。

（2）当吹填砂中含有较多的细颗粒土时，应在排泥管线上设置三通管、转向阀或转向闸板，在排泥管口上设置扩散板、渗漏孔、挡板等，防止淤泥聚集。

（3）在淤泥等软土地基上进行吹砂时，应根据设计要求或经过试验确定第一层的吹填土厚度，防止第一层吹填厚度过大时会产生淤泥拱起现象。

4. 排水口的布设要求

（1）排水口的位置应根据吹填区地形、几何形状、排泥管的布置、容泥量及排泥总流量等因素确定。

（2）排水口应设在有利于加长泥浆流程、有利于泥沙沉淀的位置上。一般多布设在吹填区的死角或远离排泥管线出口的地方。

（3）在潮汐港口地区，应考虑在涨潮延续时间内潮汐水位对排水口泄水能力的影响。

（4）排水口应选在具有排水条件的地方，如临近江、河、湖、海等地方。

（5）常用的排水口结构形式有溢流堰式排水口、薄壁堰式排水闸、闸箱埋管式排水口、围埝埋管式排水口等。

5. 吹填区排放余水中含泥量的控制要求

（1）吹填区余水的排放应满足当地环保规定的标准。

（2）吹填工程施工作业对环境产生的影响应符合现行行业标准《港口工程环境保护设计规范》（JTJ 231—94）的有关规定。

14.3 环保疏浚

环保疏浚的主要目的是清除水体中的污染底泥。污染底泥是水环境污染的潜在污染源，在水环境发生变化时，底泥中的营养盐会重新释放出来进入水体。尤其是对城市湖泊，长期以来累积于沉积物中的氮磷往往很高，在外来污染源存在时，氮磷营养盐只是在某个季节或时期会对富营养化发挥比较显著的作用，然而在湖泊外来污染源全部切断以后，底泥中的营养盐会逐渐释放出来，仍然会使湖泊发生富营养化。

一般情况下释放出的营养盐首先进入沉积物的间隙水中，逐步扩散到沉积物表面，进而向湖泊沉积物的上层水混合扩散，从而对湖泊水体的富氧化发生作用。

根据研究资料，江苏固城湖、大理洱海和杭州西湖沉积物中磷的释放速率分别为 7.74～8.10mg/（m^2·d），2.2～5.6mg/（m^2·d）和 1.02mg/（m^2·d）。根据对西湖研究计算表明，每年沉积物中磷的释放量可达 1.3t 左右，相当于全年入湖磷负荷量的 41.5%；安徽巢湖的磷年释放量高达 220.38t，占全年入湖磷负荷量的 20.90%；玄武湖的磷释放量占全年排入量的 21.5%。从以上几个例子不难看出，沉积物中磷释放对水体磷浓度的补充是一个不可忽视的来源，尤其像杭州西湖采取了截污工程措施以后，这种来自沉积物中的磷，其重要性是不言而喻的。因此，国内外都采取多种方法对污染底泥采取工程措施，对城市附近污染底泥堆积深度很厚的局部浅水域，环保疏浚工程技术最为普遍，效果也最为明显。

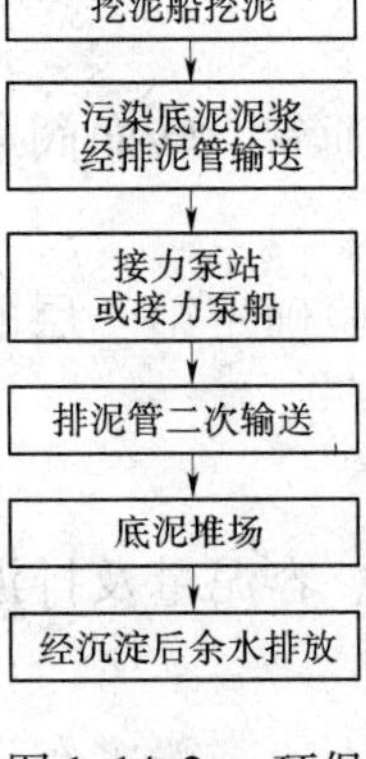

图 1.14.2　环保疏浚工艺流程

用环保疏浚设备将污染底泥从水下疏挖后输送到岸上，有管道输送和驳船输送两种方式。管道输送工作连续，生产效率高，当含泥率低时可长距离输送，输泥距离超过挖泥船排距时，还可加设接力泵站。驳船为间断输送，将挖掘的泥装入驳船，运到岸边，再用抓斗或泵将泥排出，该种运泥方式工序繁杂，生产效率较低，一般用于含泥量高或输送距离过长的场合。

绞吸式挖泥船能够将挖掘、输送、排出等疏浚工序一次完成，在施工中连续作业，它通过船上离心式泥泵的作用产生一定真空，把挖掘的泥浆经吸泥管吸入、提升，再通过船上输泥管排到岸边堆泥场或底泥处理场，是一种效率较高的疏挖工艺流程。采用管道输送泥浆并加设接力泵的疏挖工艺流程见图 1.14.2。

针对环保疏浚工程泥层厚度薄、施工精度要求高、疏挖过程二次污染要小的特点，对传统疏浚设备进行了必要的环保措施改造，并根据不同环保疏浚工程特点，开发了一些专用环保挖泥船。

本章习题

1.14.1　挖泥船有几种形式？各生产率如何确定？各施工技术要点是什么？

1.14.2　吹填工程施工方法有哪些？各适用于什么条件下？有何优缺点？

1.14.3　吹填工程处理疏浚泥土的方法有哪些？其施工要点是什么？

第15章 地下工程施工

教学要求：了解隧洞掘进机施工和盾构技术；熟悉掘进机施工和盾构技术；熟悉隧洞灌浆的要求；掌握斜井、竖井、地下厂房的开挖方法；掌握平洞施工的施工工艺；掌握地下工程混凝土衬砌和喷锚支护的施工工艺；掌握地下工程施工安全技术。

地下工程包括水利水电工程的平洞、斜井、竖井和地下厂房等。地下工程往往是整个枢纽工程施工进度控制的关键项目。目前，地下工程施工方法有钻眼爆破法和掘进机法，其中钻眼爆破法应用较为广泛。

15.1 地下工程开挖方式

15.1.1 平洞的开挖方式

平洞（洞轴线与水平面夹角不大于6°的隧洞）的开挖方式应根据工程地质条件、隧洞断面尺寸、工期要求和施工机械特性等综合分析，经过经济技术比较后选定。

1. 全断面开挖法

全断面开挖是指平洞的设计断面一次性钻孔爆破成形。平洞的衬砌或支护可在全洞贯通后进行，也可在掘进相当距离后进行。当地质条件较好，围岩坚固稳定，不需要临时支护或仅需局部支护的大小断面平洞中，又有完善的机械设备时，均可采用全断面开挖法。如图1.15.1所示。

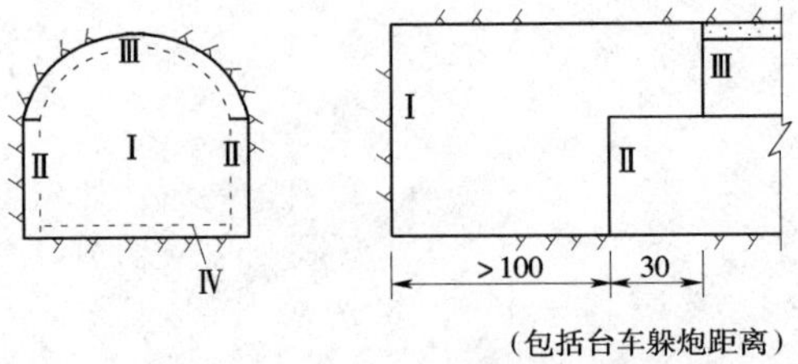

图1.15.1 全断面开挖法（单位：m）
Ⅰ、Ⅱ、Ⅲ、Ⅳ—开挖及衬砌顺序

由于洞内工作面较大，全断面开挖有利于机械化施工，施工干扰小，风水电管线无需多次拆装，可使用各种机械作业。

当缺乏大型施工机械设备而无法进行全断面开挖时，可采用断面分层开挖方法，即将工作面分为上下两层，上层超前2～4m，上下层同时掘进，如图1.15.2所示。具体施工顺序是爆破散烟及安全检查后，清理上层台阶的石渣，进行上层工作面的钻孔，同时下台阶出渣，清渣后下层工作面钻孔，钻孔完成后，上下层炮孔同时装药，一起爆破，保持上下工作面掘进深度一致。

2. 导洞开挖法

导洞开挖法就是在平洞的断面上先开挖小断面的洞室（导洞）作为先导，然后扩大至整个设计断面。根据导洞及扩大开挖的次序可分为导洞专进法和导洞并进法。导洞专进法是待导洞全线贯通后再开挖扩大部分；导洞并进法是待导洞开挖一定距离（一般为10～15m）后，导洞与扩大部分的开挖同时前进。

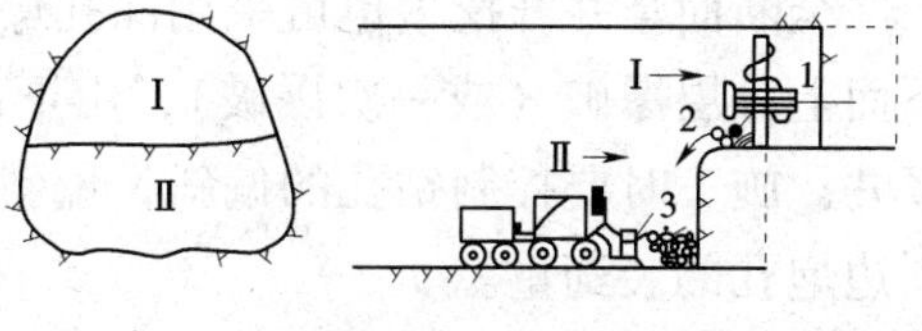

图1.15.2　全断面台阶法掘进示意图
Ⅰ—上台阶；Ⅱ—下台阶
1—上台阶钻孔；2—扒落石渣；
3—出渣后再钻孔

导洞一般采用上窄下宽的梯形断面，这种形状施工简单，受力条件较好，可利用底角布置风、水等管线。导洞断面尺寸根据出渣运输要求、临时支护形式和人行安全的条件确定。一般底宽为2.5～4.5m（其中人行通道宽取0.7m），高度为2.2～3.5m。根据导洞在整个断面中的不同位置，可分为上导洞、下导洞、中心导洞等开挖方法。

（1）下导洞开挖法。导洞布置在断面下部中央，开挖后向上、向两侧扩大至全断面。其施工顺序是，先开挖下导洞，并架设漏斗棚架，然后向上拉槽至拱顶，再由拱部两侧向下开挖。上部岩渣可经漏斗棚架装车出渣，所以又称为漏斗棚架法。其优点是出渣线路不必转移，工序之间施工干扰小。但遇地质条件较差时，施工不够安全。适用于围岩基本稳定的大断面隧洞或机械化程度较低的中小断面平洞。

（2）上导洞开挖法。导洞布置在断面顶拱中央，开挖后由两侧向下扩大。即先开挖顶拱中部，再向两侧扩拱，及时衬砌顶拱，然后再转向下部开挖衬砌。此法适用于稳定性差的围岩。其优点是先开挖顶拱，可及时做好顶拱衬砌，下部施工在拱圈保护下进行，比较安全。缺点是需重复铺设风、水管道及出渣线路，排水困难，施工干扰大，衬砌整体性差。

（3）中心导洞法。导洞布置在断面中央，导洞全线贯通后向四周辐射钻孔开挖。此法适用于围岩基本稳定，不需临时支护，且具有柱架式钻机的大中断面的平洞。其优点是利用柱架式钻机，可以一次钻完四周辐射炮孔，钻孔和出渣可平行作业。缺点是导洞和扩大并进时，导洞部分出渣很不方便，所以一般待导洞贯通后再扩大开挖。

15.1.2　竖井和斜井的开挖方式

竖井（井线与水平夹角大于75°）和斜井（井线与水平夹角为6°～75°）素有“咽喉工程”之称，工作面窄小，通风困难，不安全因素较多。

1. 竖井

竖井的施工特点是竖向开挖、竖向出渣和竖向衬砌。竖井往往与水平隧洞相通。因此，可先挖通与竖井相通的水平通道，为竖井施工创造条件。一般竖井开挖有全断面法和导井法两种。

（1）全断面法。自上而下全断面竖井开挖法与平洞的全断面施工类似。但由于是竖向作业，施工困难，进度较慢，适用于采用普通钻爆法开挖的小断面竖井。采用全断面竖井开挖，应注意做好竖井锁口（井口加固措施），确保提升安全，并做好井内外排水、防水设施。要注意观测围岩情况，采取相应措施确保安全施工。

全断面竖井开挖，也可采用深孔爆破法，即按设计要求，断面炮孔一次钻孔，再自下而上分层爆破（或一次爆破），由下部平洞出渣。此法适用于深度不大、围岩稳定的竖井。施工时要控制钻孔的偏斜，偏斜率应小于0.5%，同时还应控制装药量，特别是周边炮孔的装药量。

（2）导井法。导井法即在竖井中部先开挖导井（断面面积4～5m^2），然后扩大的施工方法。导井有自上而下和自下而上两种开挖方法。前者可用普通钻爆法，也可用大钻机施工；后者常用吊罐法（也称吊篮法）或爬罐法施工。扩大开挖可自上而下逐层下挖，也可自下而上倒井上挖。扩挖的石渣，经导井落至井底，由井底水平通道运出洞外。

目前常用爬罐开挖导井。爬罐是一个带有驱动机构，沿着特制轨道上下爬升的吊笼，吊笼上有作业平台，可进行放线、钻孔、装药、安全处理等作业。

反井钻机导井施工法在水电工程竖井和斜井施工中已有不少实例。在水布垭、小湾、三板溪等工程电站竖井施工中的成功应用，已总结出一套较为完整、成熟的施工工艺。反井钻机法具有钻进快、精度高、施工安全、质量好等优点，有很好的应用前景。

2. 斜井

斜井（倾角大于45°）的施工条件与竖井相近，可按竖井开挖方法施工。倾角小于30°的斜井，一般采用自下而上的全断面开挖法，用卷扬机提升出渣，开挖完成后衬砌。倾角为30°～45°的斜井，可采用自下而上挖导井，自上而下扩大开挖，利用重力溜渣，由下部通道出渣。

竖井与斜井开挖方式、施工程序及施工特点见表1.15.1。

表1.15.1　竖井与斜井开挖方式对比表

<table>
<tr><th colspan="3">开挖方式</th><th>适用范围</th><th>施工程序</th><th>施工特点</th></tr>
<tr><td colspan="3">全断面开挖法（正井法）</td><td>小断面浅井；大断面竖井下部无施工通道或下部虽有交通条件，但工期不能满足要求；斜井倾角小于40°</td><td>开挖一段，支护一段，见图1.15.3</td><td>需要提升设备解决人员、钻机及其他工具；材料、石渣的垂直运输；安全问题突出</td></tr>
<tr><td rowspan="3">先导井后扩大开挖法</td><td rowspan="3">导井开挖法</td><td>正反井或正反井结合法</td><td>适用于井深小于100m的导井</td><td>提升架及卷扬设备安装→开挖</td><td>施工简易；正井开挖需提升设备</td></tr>
<tr><td>深井分段爆破法</td><td>适用于井深30～70m，下部有施工通道的竖井</td><td>钻机自上而下一次钻孔，自下而上一次或分段爆破，石渣坠落至下部出渣，见图1.15.4</td><td>成本低，效率高；爆破效果取决于钻孔精度</td></tr>
<tr><td>吊罐法</td><td>适用于井深小于100m的竖井</td><td>先用钻机钻钢丝绳孔及辅助孔（孔径100mm）→上部安装起吊设备→下放钢丝绳吊吊罐进行开挖作业，见图1.15.5</td><td>施工设备简易，成本低要求上、下联系可靠</td></tr>
</table>

续表

开挖方式			适用范围	施工程序	施工特点
先导井后扩大开挖法	导井开挖法	爬罐法	适用于竖井倾角大于45°斜井的导井开挖	先人工开挖一段导井→安装导轨→开挖，见图1.15.6	自上向下利用爬罐上升，向上式钻机钻孔、浅孔爆破
		反井钻机法	适用于竖井、斜井（倾角≥50°）中等强度岩石，深度在250m以内的斜导井和深度在300m以内的竖导井开挖	先自上而下钻ϕ216mm导孔，然后自下而上扩孔至2.0m，见图1.15.7	机械化程度高，施工速度快、安全，工作环境好，质量好、功效高；对于Ⅳ、Ⅴ类围岩成功率低
	扩大开挖	导井辐射孔扩挖法	适用于Ⅰ、Ⅱ类围岩的竖导井	在导井内，用吊罐或活动平台自下而上打辐射孔，分段爆破，见图1.15.8	需要提升设备及活动作业平台；钻孔与出渣可平行作业；井壁规格控制难度大
		吊盘反向扩挖法	适用于Ⅰ、Ⅱ类围岩、较小断面的竖井	导井开挖，从导井内下放活动吊盘，并与岩壁撑牢，即进行钻孔作业。钻孔完后，收拢吊盘，从吊井内往上起，见图1.15.9	需提升设备；吊盘结构简单，造价低
		自上而下扩挖法	适用于各类围岩	先加固井口，安装提升设备，进行钻孔作业。视围岩稳定情况，支护跟着开挖面进行。石渣从导井内卸入井底，再转运出洞，见图1.15.10	需提升设备，以运输设备和器材；对斜井扩大，需有专用活动钻孔平台车

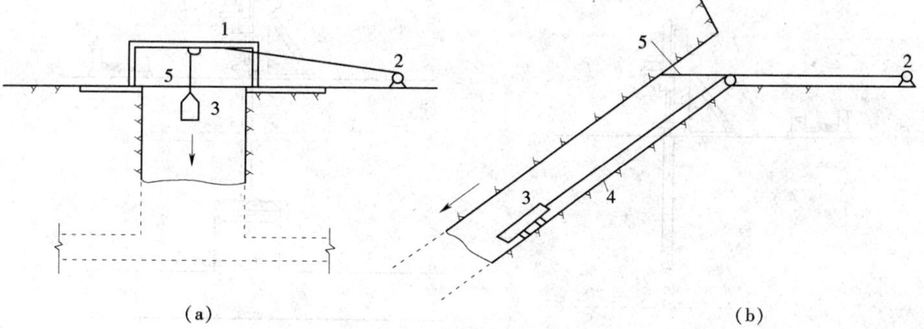

图1.15.3　全断面开挖

（a）竖井开挖；（b）斜井开挖

1—井架；2—卷扬机；3. 吊桶（或梭车箕斗）；4—轨道；5—井盖

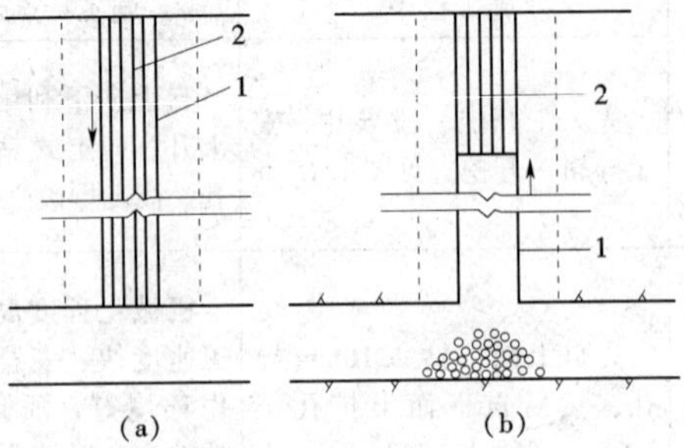

图 1.15.4　深井分段爆破

(a) 钻孔；(b) 爆破

1—导井；2—钻井

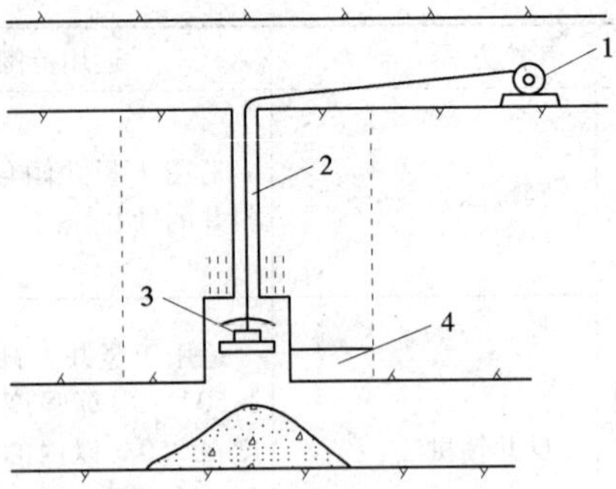

图 1.15.5　吊篮法开挖导井

1—卷扬机；2—提升钢丝绳孔；

3—吊篮；4—吊篮避炮洞

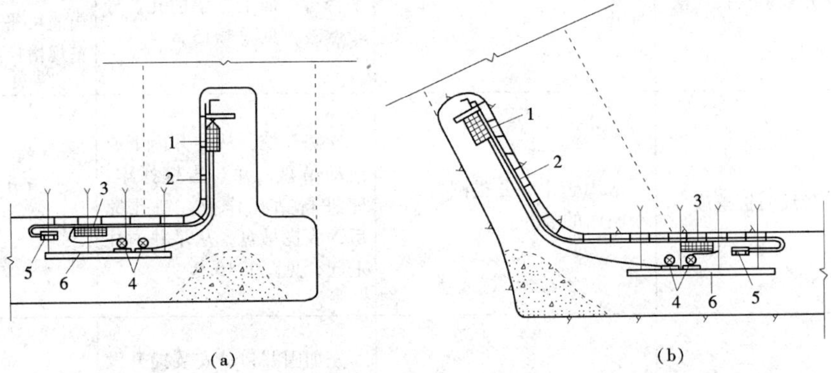

图 1.15.6　爬罐法开挖导井

(a) 竖井导井开挖；(b) 斜井导井开挖

1—主爬罐；2—导轨；3—副爬罐；4—主副爬罐电缆盘；

5—风水阀门；6—悬吊工作平台

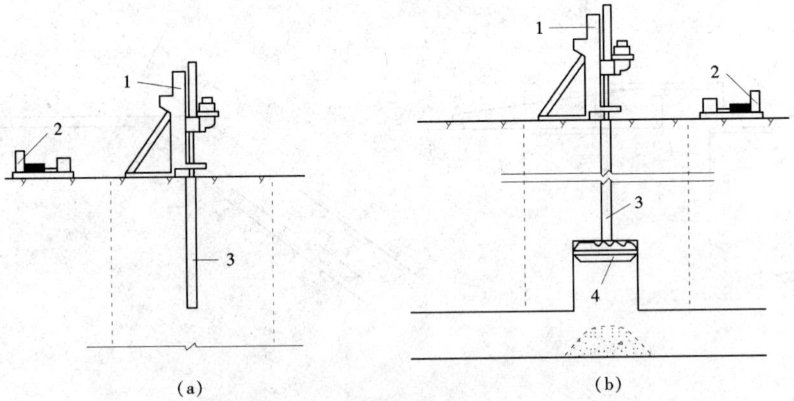

图 1.15.7　反井钻机开挖导井

(a) 导井钻进；(b) 扩井钻进

1—反井钻机；2—辅助设施；3—导孔钻进；4—扩井钻进

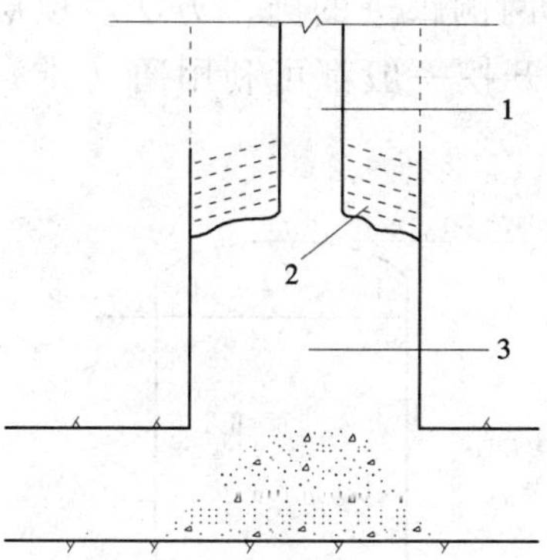

图 1.15.8　导井辐射孔扩大开挖

1—已挖好的导井；2—辐射孔；3—扩大后的竖井

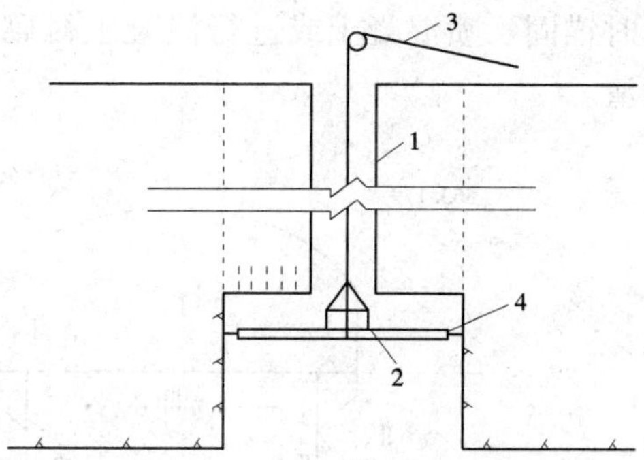

图 1.15.9　吊盘反向扩大开挖

1—导井；2—活动吊盘；3—提升设备；4—撑

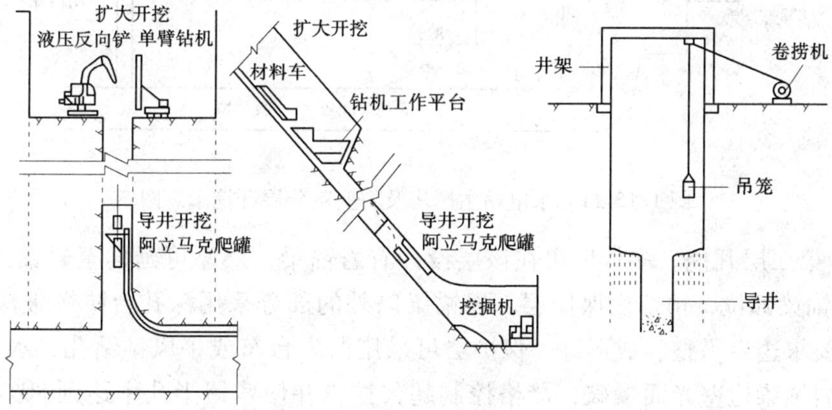

（a）　（b）　（c）

图 1.15.10　竖井、斜井开挖布置图

（a）竖井开挖作业图；（b）斜井作业开挖图；（c）手风钻自上而下扩挖图

15.1.3　地下厂房开挖方式

水电站地下厂房的特点是跨度大，边墙高，相邻洞室距离近，交叉洞口多，形成复杂的洞室群。许多地下厂房的吊车梁结构采用岩锚式，与支护、混凝土浇筑等工序交叉施工，具有干扰大，劳动条件差，不安全因素较多，难以投入较多机械设备等特点。同时，地下厂房自上而下与许多永久隧洞交叉或相邻，又为分层施工提供了方便的交通条件。

地下厂房的规模越来越大，一般采取自上而下分层施工，先拱后墙，以保持围岩稳定和施工安全为主要原则。施工中采用预裂爆破或光面爆破，结合深孔梯段爆破，加大爆破规模，提高开挖速度。采用凿岩台车、液压钻机钻孔，挖掘机配自卸汽车出渣。开挖过程中充分利用永久隧洞做施工通道，辅以施工支洞，以加快施工进度。分层开挖的方式，如图 1.15.11 所示。

（1）第一层（顶拱）开挖。层高一般 7～9m，采用预裂爆破或光面爆破成形。

该层多采用全断面开挖，或先挖中导洞，再由两侧跟进的施工方法。顶层开挖后应及时锚固、喷混凝土或进行混凝土衬砌。该层开挖一般都可利用通（排）风洞进行运渣。

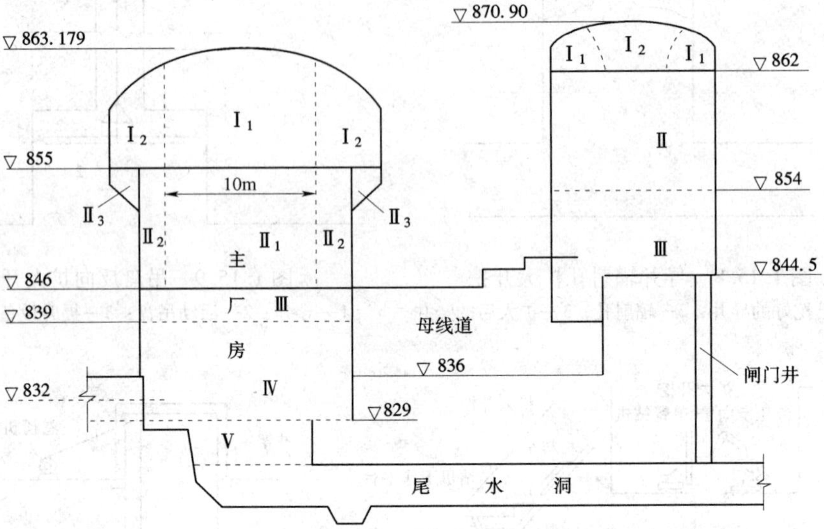

图1.15.11　水电站主厂房及主变室分层开挖示意图

（2）第二层开挖。多数厂房在该层设计有岩锚梁，层厚可延伸至岩锚架以下2～4m。在岩锚梁部位，预留出保护层。岩锚梁以外的部分采用深孔台阶爆破法施工。岩锚梁开挖要求边界平整、成形好。保护层可采用凿岩台车或手风钻钻孔、水平孔爆破，同时进行岩锚梁边壁光面爆破，严格控制超欠挖，并使残留半孔率达到80%以上。岩锚梁承受较大荷载，其锚杆定位、注浆及锚杆安装均有很高要求。

（3）第三层开挖。采用深孔梯段爆破和控制爆破开挖。上一层岩锚梁施工前，应先进行该层控制爆破，岩锚梁完工后，应控制本层爆破规模，使岩锚梁受到的爆破振动不超过设计规定的允许振速值。第三层往往与进厂交通洞相通，厂、洞相交部位应进行锚喷支护锁口，当交通洞顶距岩锚梁较近时，要进行加固处理。

（4）第四层及以下各层开挖。采用边墙控制爆破、中部梯段爆破法进行施工。在地下厂房开挖中，无论采用哪种开挖方式，都会遇到厂房与其他洞室交叉段的施工问题。在这种情况下，需在厂房大规模开挖之前，先把交叉段的洞口开挖出来，并做好喷锚支护和混凝土衬砌，或在设计断面以外浇筑临时混凝土套拱，以防洞口塌落，引起高边墙塌方。

15.2　钻孔爆破开挖法

钻孔爆破法主要施工顺序为钻孔、装药爆破、出渣及相应的辅助工作。

15.2.1　钻孔爆破设计

钻孔爆破设计的主要任务是：确定开挖断面的炮孔布置，即各类炮孔的位置、方向和深度；确定各类炮孔的装药量、装药结构及堵孔方式；确定各类炮孔的起爆方法和起爆顺序。

1. 炮孔类型及布置

按炮孔的作用可将炮孔分为掏槽炮孔、崩落炮孔和周边炮孔，如图 1. 15. 12 所示。

（1）掏槽炮孔。掏槽炮孔的主要作用是增加临空面，以提高爆破效果，常布置于开挖断面的中部。根据炮孔布置的形状和方向，又可分为斜孔掏槽和垂直掏槽。

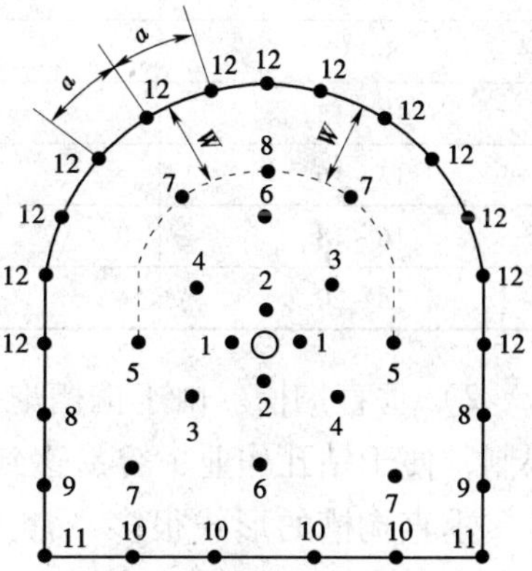

图 1. 15. 12　光面爆破炮孔布置图
1、2—掏槽孔；3～8—崩落孔；
9～12—周边孔

1）斜孔掏槽。斜孔掏槽又分为楔形掏槽和锥形掏槽。楔形掏槽是由数对对称相向倾斜的炮孔组成，如图 11. 15. 13（b）所示，适用于各种坚固程度的岩石。楔形掏槽孔的夹角与布置是根据岩石的坚固系数值选定的，见表 1. 15. 2。在较坚硬岩体中，用分层楔形掏槽方法，即第一层掏槽孔用较小的倾角，孔深为第二层掏槽孔的 0. 5～0. 7 倍，第二层掏槽孔用较大倾角（70°～75°）。锥形掏槽炮孔的布置，如图 1. 15. 13（a）所示。

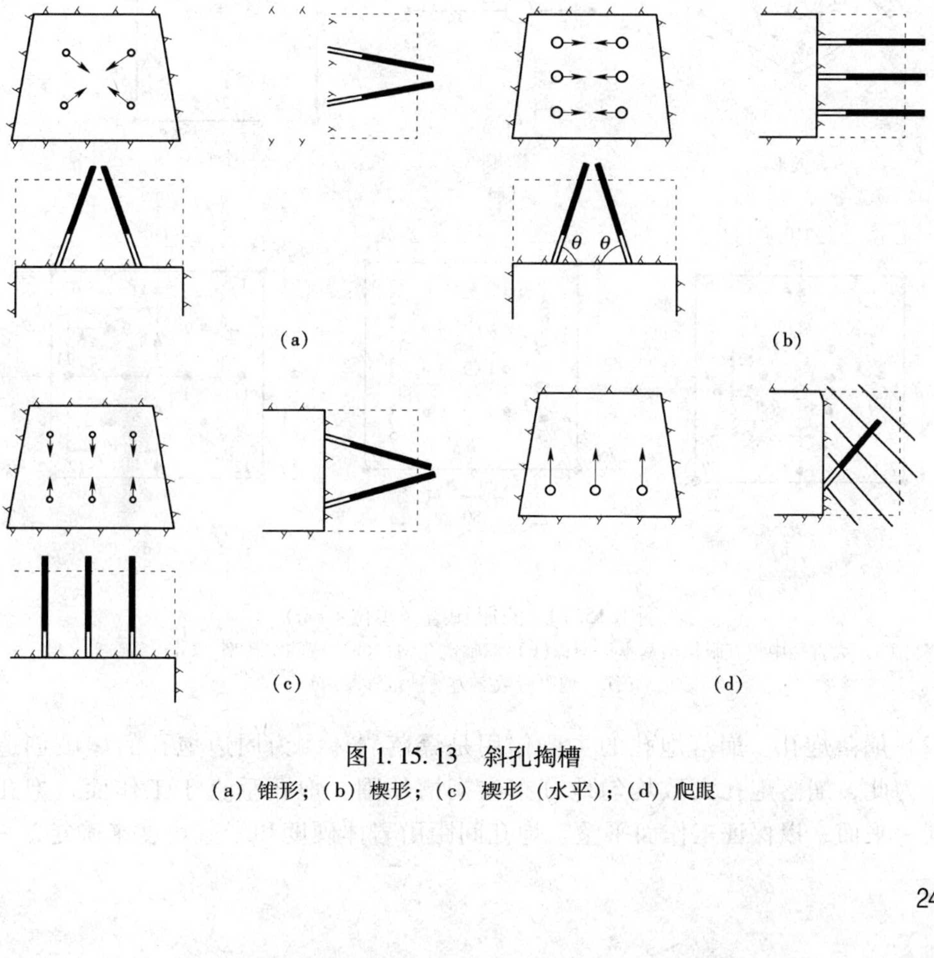

图 1. 15. 13　斜孔掏槽
（a）锥形；（b）楔形；（c）楔形（水平）；（d）爬眼

表 1.15.2　　楔形掏槽炮孔的布置

岩石坚固系数 f	最少掏槽孔数量（个）	对开挖面倾角（°）	成对掏槽孔的距离（cm）
2～6	4	70	50
6～8	4～6	68	45
8～10	6	65	40
10～13	6	63	35
13～16	6	60	25
16～18	6	58	20
18～20	6～8	53	20

2）垂直掏槽。由于掏槽炮孔与工作面垂直布置，钻孔作业和深度不受工作面大小限制，便于钻孔作业，容易达到要求的循环进尺。

垂直掏槽的形式很多，常用的有大直径（大于100mm）和小直径中空直眼掏槽，中空直眼的作用是为装药掏槽炮孔提供临空面。直眼掏槽种类和炮孔布置形式如图1.15.14所示。

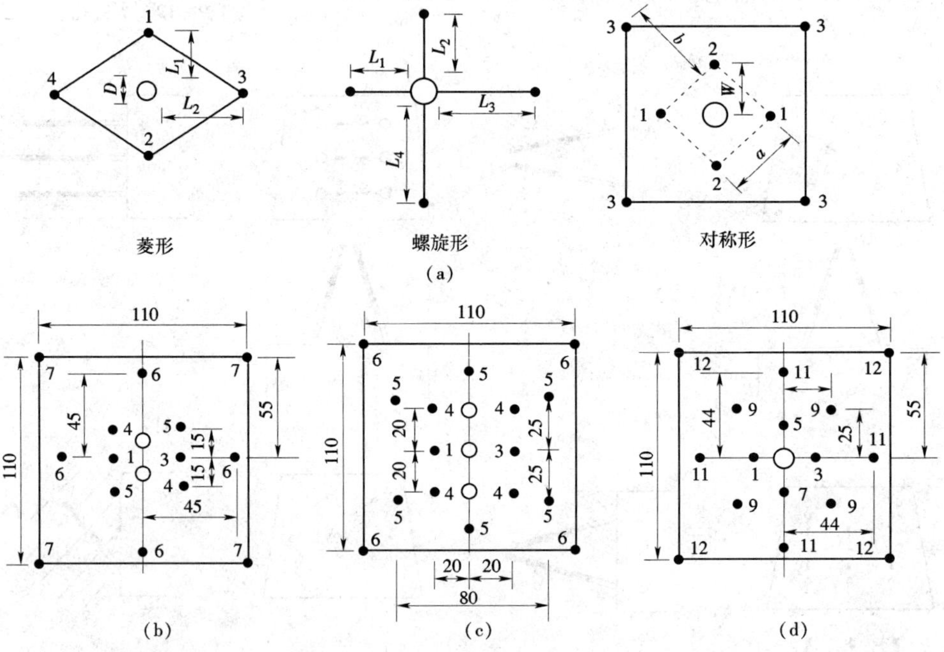

图 1.15.14　直眼掏槽（单位：cm）

（a）大直径中空直眼掏槽基本类型；（b）双临空孔型；（c）三临空孔型；（d）单临空孔型

（注　炮眼旁数字为毫秒雷管段别）

（2）崩落炮孔。崩落炮孔的主要作用是爆落岩体，为周边炮孔的爆破创造有利条件。为此，崩落炮孔大致均匀地分布在掏槽外围。炮孔垂直于工作面，炮孔深度应在同一平面，以保证工作面平整。炮孔间距由岩体硬度和岩渣块度来确定，一般软石间距为100～120cm，中硬石间距为80～100cm，坚硬石间距为60～80cm，特硬石间距为50～60cm。

(3) 周边炮孔。是指布置在开挖断面四周，控制开挖断面轮廓的炮孔。为了保证开挖面的规格，每个角上要布置角孔。断面底部的周边孔，考虑到底部岩石上抬的夹制影响和工作面翻渣的作用，应将底孔间距适当加密或适当加大装药量。

周边孔的孔口应距开挖断面设计边线10～20cm，以利于钻孔作业。钻孔时应控制孔的倾斜角度和深度，使孔底落在同一平面上。孔底距设计边界的距离视岩石的硬度而确定，中硬岩石，孔底可达到设计边界；软石，孔底在设计边界内10cm；坚硬岩石，孔底应超出设计边界10～15cm。

为了减弱对围岩的影响和减少超欠开挖量，隧洞开挖常采用光面爆破。图1.15.12所示为光面爆破全断面开挖法的炮孔布置图，常用爆破参数见表1.15.3。

表1.15.3　　隧洞光面爆破参数表

岩石类别	岩石极限抗压强度(MPa)	周边孔间距 a (cm)	周边孔抵抗线 W (cm)	周边孔密集系数 $M=a/W$	周边孔装药集中度 ΔL (g/m)
硬岩	>59	55～65	60～80	0.9～1.0	300～350
中硬岩	29～59	45～60	60～75	0.8～0.9	200～300
软岩	<29	35～45	45～55	0.7～0.8	70～120

注　炮孔直径40～50mm；炮孔深度1.0～3.5m；2号岩石硝铵炸药，药卷直径20～25mm。

2. 周边轮廓控制

钻孔爆破法开挖地下工程，周边轮廓的控制普遍采用光面爆破。

光面爆破爆破参数的选择，目前理论计算还不是很成熟。主要还是依靠经验，根据工程地质条件，用"类比法"初选爆破参数，然后通过试验或试用，从围岩的振松情况、洞室成形好坏等方面来考察爆破的实际效果，以便调整不合理的参数，据以指导此后的施工。常用爆破参数见表1.15.3。

必须指出，光面爆破要求精确钻孔，控制孔深，使孔底落在同一平面上，控制孔斜，使周边孔的连线恰能形成开挖断面轮廓。起爆时，要控制好起爆顺序，先掏槽，次崩落，后周边，并使同类炮孔同时起爆。

15.2.2　钻孔爆破循环作业

每一次循环作业主要工序有钻孔准备、钻孔、装药、爆破、通风排烟、安全检查、出渣、延长运输线路和风水电管线铺设等。

1. 钻孔作业

钻孔作业时间一般占循环时间的1/4～1/2，且钻孔的质量对洞室开挖规格、爆破效率和施工安全影响极大。因此，选用高效的钻孔机械是加快隧洞掘进进尺的一项重要措施。常用钻孔机械有风钻和凿岩台车。

风钻可分为手持式、柱架式和气腿式。常用的是气腿式风钻。凿岩台车有窄轨式台车、履带式、轮胎式多臂台车，如图 1.15.15 所示。其特点是凿岩机可由支架自由移动至需要位置，并借助推动装置自动推进凿岩，提高了钻孔孔位的精度和钻孔速度，适用于围岩稳定性较好的大、中断面。

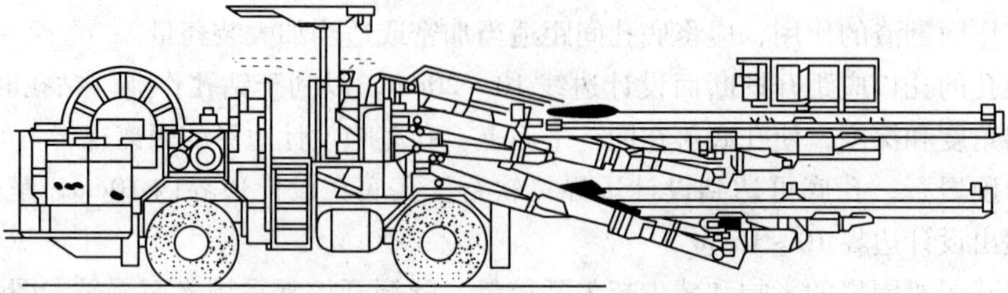

图 1.15.15　凿岩台车（实腹、轮行）

钻孔时应控制孔位、孔深和孔的斜度。掏槽孔和周边孔的孔位偏差应不大于 50mm，其他炮孔则不得超过 100mm；掏槽孔的深度应比崩落孔深 10 ~ 20cm，其他炮孔的孔底应落在设计规定的平面上；周边孔的最大斜度值应小于 20cm，以防止径向超挖过大。

2. 出渣运输

出渣运输是一项最繁重的工作，一般占循环时间的 1/3 ~ 1/2，也是控制掘进速度的关键。因此，必须合理选择配套的装渣运输设备和数量；规划好洞内外运输线路和弃渣场地；制定可靠的施工组织措施和安全运行措施。

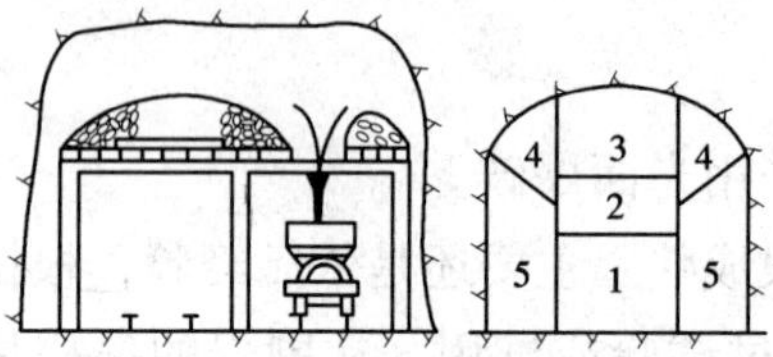

图 1.15.16　棚架漏斗装渣

1 ~ 5—开挖顺序

出渣运输设备应配套，运输道路布置应与出渣运输设备一致。常见的配套方式有以下三种：

（1）棚架漏斗装渣，机车牵引斗车出渣。该方式适用于围岩稳定性较好、机械设备较低的平洞，如图 1.15.16 所示。棚架和出渣漏斗是在下导洞开挖后搭设，棚架应能承受爆破落渣的荷载，棚架下部净空应满足运行操作及错车要求。漏斗布置应满足出渣要求，漏斗口应对准车斗并与车斗的尺寸相适应。

（2）装岩机装渣，机车牵引斗车或矿车出渣。该方式适用于围岩稳定的小断面平洞、施工支洞和导洞。风动或电动装岩机装车，装车和调车的方式可根据开挖断面和设备情况确定，图 1.15.17 所示是常用的三种调车方式。有轨运输线路一般设双车道，并每隔 300 ~ 400m 设置岔道。当采用单车道时，每隔 100 ~ 200m 设置岔道，岔道有效长度应符合最长车组的要求，以满足装车和调车的需要。采用浮放道岔，可缩短调车距离，使装岩机更接近工作面而加快装渣速度。

（3）装载机或挖掘机装渣，自卸汽车出渣。该方式适用于中、大断面全断面开挖的平洞。装载机铲斗斗容和自卸汽车斗容的适宜比例为 1 : 3 ~ 1 : 5。运输路线宜设双车道，如设单车道，应每隔 200 ~ 300m 设错车道。

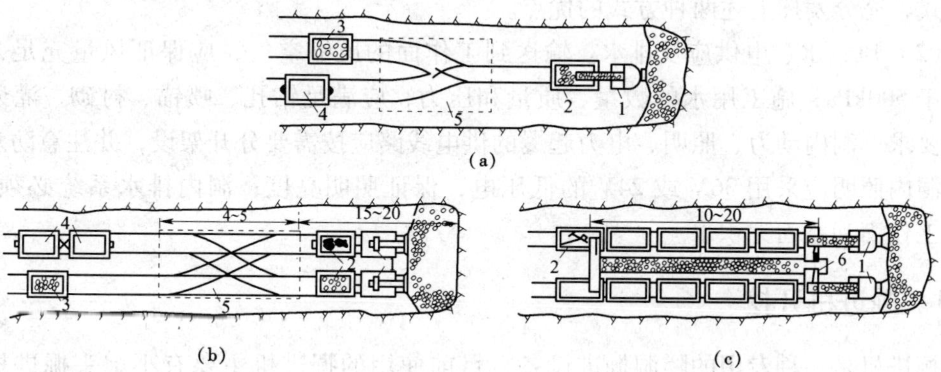

图 1.15.17　装岩机装车出渣调车方式（单位：m）

（a）浮放道岔双线调车；（b）菱形渡线板双线调车；（c）皮带运输机分料双线调车

1—装岩机；2—正在装载的矿车；3—已装满待运的矿车；4—等待装载的空车；

5—浮放道岔或菱形渡线板；6—皮带运输机

3. 辅助作业

（1）通风防尘与消烟。通风有自然通风和机械通风两种，自然通风只适用于洞长小于40m 的短洞。一般多采用机械通风，其基本形式有压入式、吸出式和混合式三种，如图 1.15.18 所示。

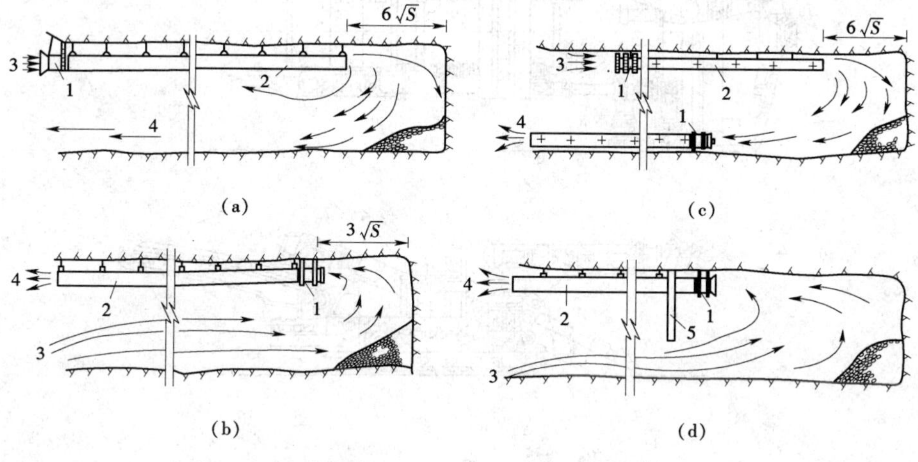

图 1.15.18　机械通风方式

（a）压入式；（b）吸出式；（c）混合式；（d）带帘幕的通风方式

1—风机；2—风筒；3—新鲜空气；4—污浊气体；5—帘幕

压入式通风是将新鲜空气通过风管直接送到工作面，混浊空气由洞身排至洞外。其优点是工作面很快获得新鲜空气，缺点是混浊空气容易扩散至整个洞室。风管端部布置离工作面不宜超过 $6\sqrt{S}$ m（S 为开挖面积，m^2）。吸出式通风是通过风管将工作面的混浊空气吸走并排出至洞外，新鲜空气由洞口流入洞内。其优点是工作面混浊空气较快地被吸出，但新鲜空气流入较缓慢。混合式通风是在爆破后排烟用吸出式、经常性通风用压入式，充分发挥上述两种方式的优点。

（2）风、水、电供应及排水。输送到工作面的压缩空气，应保证风量充足，风压不低于500kPa；施工用水的数量、质量和压力，应满足钻孔、喷锚、衬砌、灌浆等作业的要求；洞内动力、照明、电力起爆的供电线路应按需要分开架设，并注意防水和绝缘；洞内照明应采用36V或24V的低压电，保证照明亮度；洞内排水系统必须畅通，保证工作面和路面无积水。

15.3 掘进机开挖

掘进机是一种专用的隧洞掘进设备。目前使用的掘进机主要有小炮头掘进机（也称部分断面掘进机）、全断面掘进机和盾构掘进机三种。

15.3.1 岩石掘进机

掘进机先后在杭州玉皇山、云南西洱河、天生桥二级水电站及甘肃引大入秦等水利水电引水隧洞工程中使用，掘进机形式如图1.15.19所示。掘进机可分为滚压式和铣削式。滚压式主要是通过水平推进油缸，使刀盘上的滚刀强行压入岩体，利用刀盘旋转推

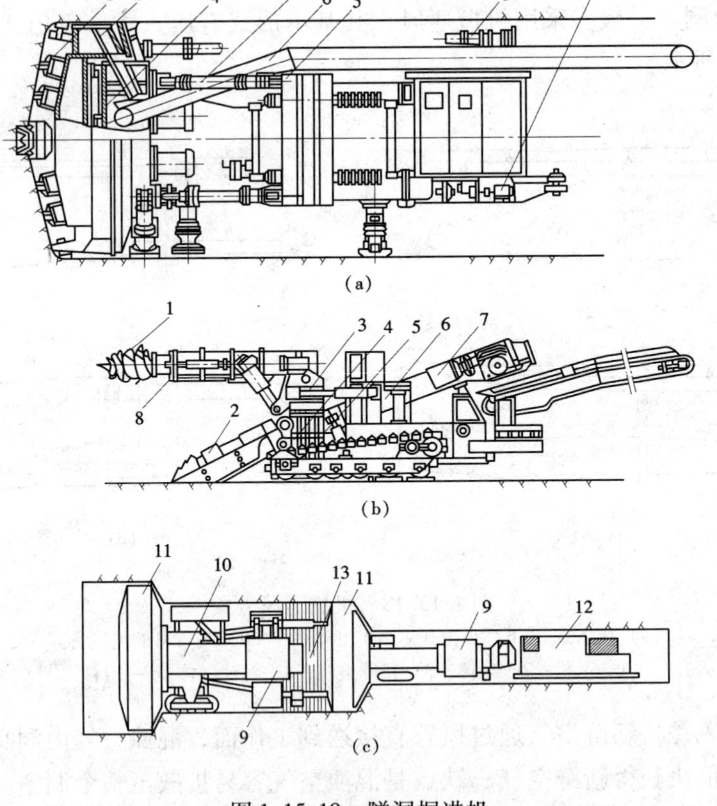

图1.15.19 隧洞掘进机

（a）全断面掘进机；（b）部分断面掘进机；（c）扩孔式掘进机

1—工作机构；2—装载机构；3—液压系统；4—机架；5—行走机构；6—输送机构；7—电气系统

8—喷雾除尘系统；9—支撑装置；10—行走装置；11—刀盘；12—液压泵与马达等；13—迈步支架

进过程中的挤压和剪切的联合作用破碎岩体；铣削式是利用岩石抗弯、抗剪强度低的特点，靠铣削（即剪切）加弯折破碎岩体。碎石渣由安装在刀盘上的铲斗铲起，转至顶部集料斗卸在皮带机上，通过皮带机运至机尾，卸入运输设备并送至洞外。图 1.15.20 所示为掘进机工作示意图。

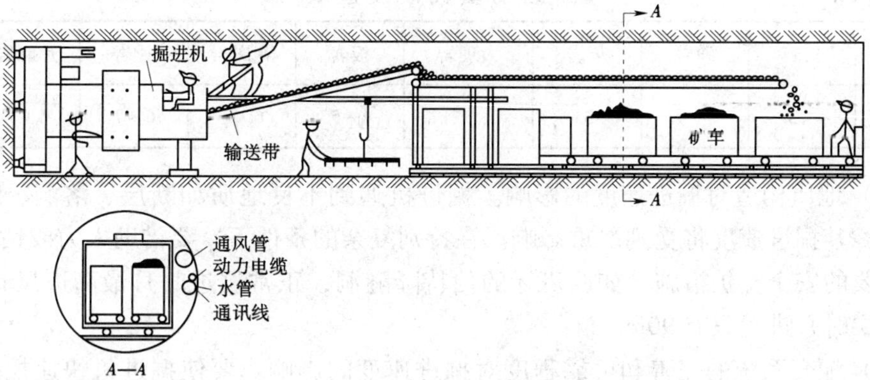

图 1.15.20　掘进机施工示意图

与传统钻爆法相比，掘进机开挖可实现多种工序的综合机械化联合作业，具有成洞质量优、施工速度快、劳动工效高等优点。虽然掘进机开挖的单价比钻爆法开挖的单价约高 1.78 倍，但由于提高了掘进速度，减少了支洞数量和长度，降低了隧洞超挖岩石量和混凝土超填量，通过综合经济效益分析，掘进机施工的隧洞成洞造价比钻爆法约低 35%。

1. 掘进机的适用范围

（1）地质条件。掘进机对岩性和地质构造有一定的选择，围岩岩性以中硬岩石为佳，岩石抗压强度以 30～150MPa 为最经济合理。

（2）工程条件。掘进机适用于圆形隧洞和城门洞形隧洞施工。要求洞线比较顺直，无较大弯道的长隧洞。国外经验认为隧洞直径以 5～10m 为最佳，其直径在 2～4m 时隧洞长度应大于 800m；直径大于 4m 时隧洞长度宜 2000m 以上，或认为开挖长度大于 600 倍洞径是较经济合理的。单机掘进最佳长度为 10km 左右。

（3）使用条件。由于掘进机施工单位工程量的开挖成本较钻爆法高，临时性隧洞或衬砌要求低的隧洞，采用掘进机施工就不经济。对于永久性长隧洞、承压或衬砌要求较高的隧洞，使用掘进机就有优势。

2. 影响施工进度的主要因素

（1）掘进机技术特性对施工进度的影响。目前世界上各国生产的掘进机特性各异，产品质量差异较大。我国掘进机的研制虽然到了实用阶段，而且曾创造过月进尺 301m，日进尺 22m 的好成绩，但与国外掘进机相比，还存在较大的差距。有效时间利用系数国外一般为 50% 左右，近年来增至 60%～75%，而我国生产的掘进机只有 20% 左右。

（2）岩性对掘进速度的影响。围岩岩性对掘进机掘进速度影响较大。中软和中硬岩石掘进速度较高。如砂岩、页岩、石灰岩、白云岩等月进尺可达 600～750m，而坚硬的花岗岩月进尺仅140~220m，且刀具的损耗随岩石抗压强度的增加而显著加大。

国外20世纪70年代用莫氏硬度表示，凡莫氏硬度小于4.5的岩石如页岩、砂岩等被认为是掘进机最佳的掘进对象，见表1.15.4，随着掘进机破岩性能、刀具性能的提高，掘进机适应的岩石硬度也将有所提高。

表1.15.4　　岩石莫氏硬度值表

岩石	页岩	砂岩	灰岩	大理岩	板岩	花岗岩	片岩	片麻岩	玄武岩
莫氏硬度	<3	3~7	3	3	4~5	6~7	6~7	6~7	8~9

（3）地质构造对掘进速度的影响。掘进机遇到不良地质如断层、溶洞、暗河或流砂等时，其掘进速度将受到严重影响。在特别复杂的条件下，要借助人力或钻爆法，并辅以必要的安全支护措施。如西班牙的伯特隆隧洞，正常掘进时月最高进尺619m，但遇到断层时月进尺只有90m。

（4）配套系统的完善和可靠程度对掘进速度的影响。要使掘进机快速挖掘的优点能充分发挥出来，就必须配备合适的配套设备，尤其在小直径长隧洞的施工中这一点更为重要。整个开挖进尺往往主要受控于岩渣运出洞外的施工安排。

（5）施工组织与管理对掘进速度的影响。掘进机法开挖隧洞必须有严格的施工组织设计。要根据工程本身的具体条件和设备情况，优选合适的施工方法，制定施工进度计划，培训施工技术队伍，科学管理，文明施工。

15.3.2　盾构法

盾构法是在机身前部安装盾构，在盾构内部安设混凝土管片衬砌的掘进机，适用于软弱地层或破碎岩层的掘进。盾构机的主要组成部分有用厚钢板制成的防护罩、带有切割刀具的刀盘、刀盘的驱动系统、压缩空气封闭室、向工作面输送膨润土泥浆的管道、从工作面排除开挖土和膨润土泥浆的输送管道、预制混凝土块安装器、后配套设备和地面泥浆筛分厂等。盾构法的特点是在掘进的同时进行排渣和拼装后面的预制混凝土衬砌块。这种施工方法的机械化程度高，全部工作在盾构壳体保护下进行，施工安全。

（1）盾构机掘进的具体方法。用带有切割刀具的开式刀盘切割破碎岩层或土层；用尾部已安装好的预制混凝土衬砌块为盾构机向前掘进提供反力；用机械或水力出渣；用盾构支撑洞壁，保障施工安全。

（2）盾构机掘进隧洞的出渣方式。分为机械式和水力式，发达国家多使用水力式，我国南水北调中线穿越黄河工程采用该方法。使用水力式盾构机出渣，在工作面处要建立一个注满膨润土液的密封室。膨润土液既用于平衡工作面上的土压力和地下水压力，又用来和土颗粒相互作用以增加黏结力，并作为出渣输送土料的介质。此外，还要在地面上设置筛分场，以便把土料分离出来，重复使用膨润土液。为了向工作面提供稳定的压力，常采用设置空气垫的办法解决，即在水力盾构机前端压力密封舱的上部设置一块局部隔板，隔板下部稍超过盾构机轴线，将舱室分为前后两部分。前部分完全注满膨润土液，后部分只用膨润土液充填一多半，形成一个自由液面，当从舱室上部输入压缩空气，并作用于自由液面时，便形成空气垫。空气垫的压力由一个特制的调节阀控制。液面下降时，泵输出的膨润土液量上升；液面上升时，泵输出的膨润土液量下降，可根据盾构机的掘进速度进行调节。

15.4 衬砌施工

15.4.1 隧洞衬砌的分段分块及浇筑顺序

水工隧洞较长，纵向需要分段进行浇筑。分段长度根据围岩条件、隧洞断面尺寸、混凝土生产能力与混凝土冷却收缩等因素而定。一般分段长度以 9~15m 为宜。当结构上设有永久伸缩缝时，可利用结构永久缝分段；当结构永久缝间距过大或无永久缝时，可设施工缝分段，并做好施工缝的处理。

分段浇筑的顺序有跳仓浇筑、分段流水浇筑和分段留空当浇筑等三种方式。如图 1.15.21 所示。

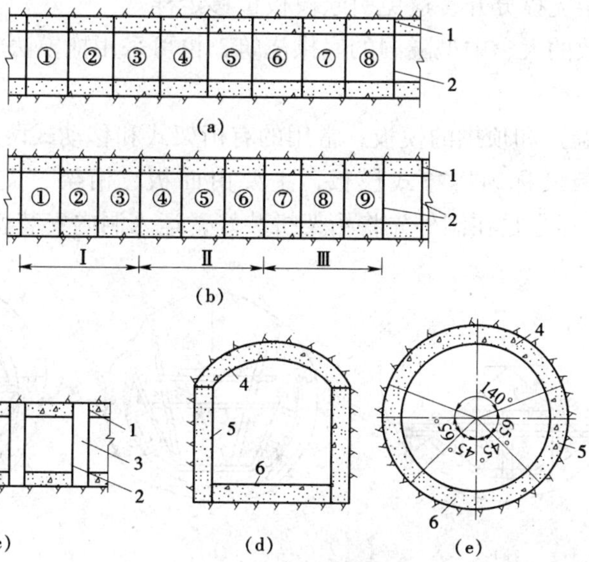

图 1.15.21 隧洞衬砌的分段分块

(a) 跳仓浇筑，先浇①、③、⑤…段，后浇②、④、⑥…段；(b) 分段流水浇筑，在大段；Ⅰ、Ⅱ、Ⅲ…之间进行流水作业；(c) 分段留空当浇筑，空当宽 1m 左右，最后浇筑；(d) 在结构转折点设施工缝；(e) 在内力较小部位设施工缝；①、③…⑨—分段序号；Ⅰ、Ⅱ、Ⅲ—流水段号；1—止水；2—分缝；3—空当；4—顶拱；5—边拱（边墙）；6—底拱（底板）

分段流水浇筑时，须等待先浇筑段混凝土达到一定强度后，才能浇筑相邻后段，影响施工进度。跳仓浇筑可避免窝工，因此隧洞衬砌常采用跳仓浇筑或分段留空当浇筑。对于无压平洞，结构上按允许开裂设计时，也可采用滑动模板连续施工的浇筑方式，但施工工艺必须严格控制。

衬砌施工除在纵向分段外，在横断面上也采用分块浇筑。一般分为底拱（底板），边拱（边墙）和顶拱。常采用的浇筑顺序为：先底拱（底板），后边拱（边墙）和顶拱。可以连续浇筑，也可以分开浇筑，由浇筑能力或模板形式而定。地质条件较差时，可采用先顶拱，后边拱（边墙）和底拱（底板）的浇筑顺序。当采用开挖和衬砌平行作业时，由于底板清渣无法完成，可采用先边拱（边墙）和顶拱，最后浇筑底拱（底板）的浇筑顺序。当采用底拱（底板）最后浇筑的顺序时，应注意已衬砌的边墙、顶拱混凝土的位移和变形，并做好接头处反缝的处理，必要时对反缝要进行灌浆。

15.4.2 隧洞衬砌模板

隧洞衬砌用的模板，按浇筑部位不同，可分为底拱模板、边拱（边墙）和顶拱模板。不同部位的模板，其构造和使用特点各不相同。

底拱模板，当中心角较小时，可以像平底板浇筑那样，只立端部挡板，不用表面模板，在混凝土浇捣中，用弧形样板将表面刮成弧形。对于中心角较大的底拱，一般采用悬挂式弧形模板，图1.15.22（a）。浇筑前，先立端部挡板和弧形模板的桁架，悬挂式弧形模板是随着混凝土的浇筑升高的，从中间向两旁逐步安装。安装时，应将运输系统的支撑与模板架支撑分开，避免引起模板位移走样。

对洞径一致的大、中型隧洞的底拱浇筑，也可采用拖模法施工，但必须严格控制施工工艺。

边拱（边墙）和顶拱的模板，常用的有桁架式和移动式两种。

桁架式模板又称为拆移式模板，主要由面板、桁架、支撑和拉条等组成，如图1.15.22所示。通常是在洞外先将桁架拼装好，运入洞内安装就位，再安装面板。

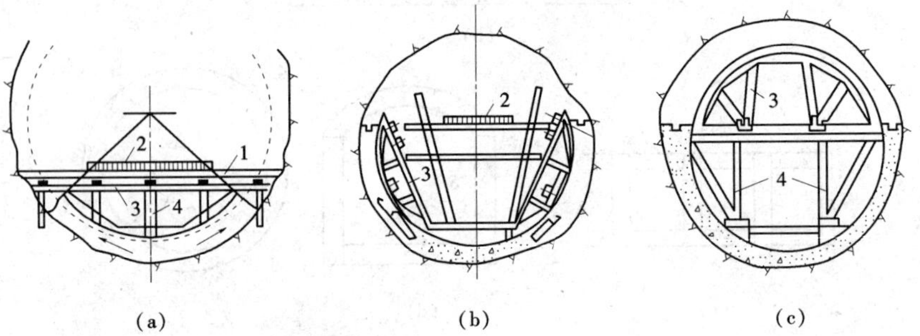

图1.15.22　平洞断面分块

（a）底拱模板；（b）边墙模板；（c）顶拱模板

1—脚手架；2—路面板；3—模板桁架；4—桁架立柱

移动式模板主要由车架、可绕铰转动的模板支架和钢模板组成。车架和支架用型钢构成，车架可通过行走机构移动，故又称为钢模台车。它具有全断面一次成型、施工进度快及成本低等优点。鲁布革水电站引水隧洞混凝土衬砌采用针梁式钢模台车。该针梁式钢模台车，浇筑段长15m，设置40个不同高度的450mm × 600mm的洞口，供进料、进入操作及检查用。四周设置40个螺栓孔，用来埋设灌浆管。顶部设置3个泵送混凝土的尾管注入孔口，同时还设置抗浮、防倾斜、防滑移和升降钢模的液压装置以及行走装置，总重150t。如图1.15.23和图1.15.24所示。由于针梁式钢模台车可全断面一次成型，配以混凝土泵送料入仓，提高了工作效率。

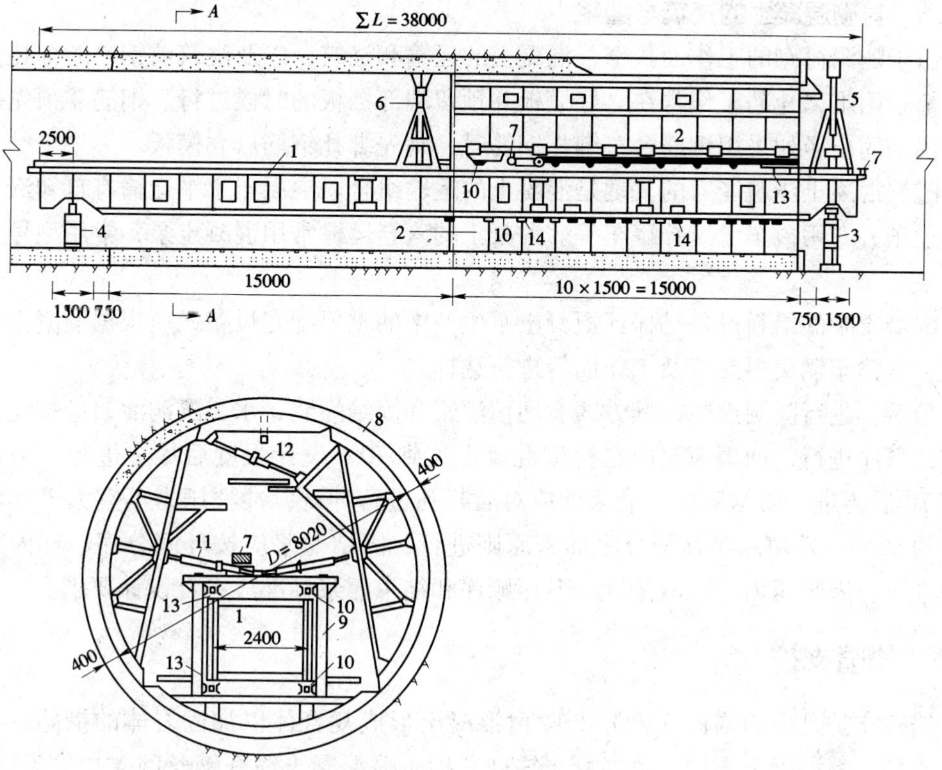

A—A 剖视

图 1. 15. 23　针梁式钢模台车示意图（单位：mm）

1—针梁；2—钢模；3—前支座液压千斤顶；4—后支座液压千斤顶；5—前抗浮液压千斤顶平台；6—后抗浮液压千斤顶平台；7—行走装置系统；8—混凝土衬砌；9—针梁的梁框；10—装在梁框上的轮子，供钢模行走用；11—手动螺栓千斤顶，供伸缩边模用；12—手动螺栓千斤顶，供伸缩顶模用；13—针梁上下共 4 条钢轨，供有轨行走用；14—千斤顶定位螺栓

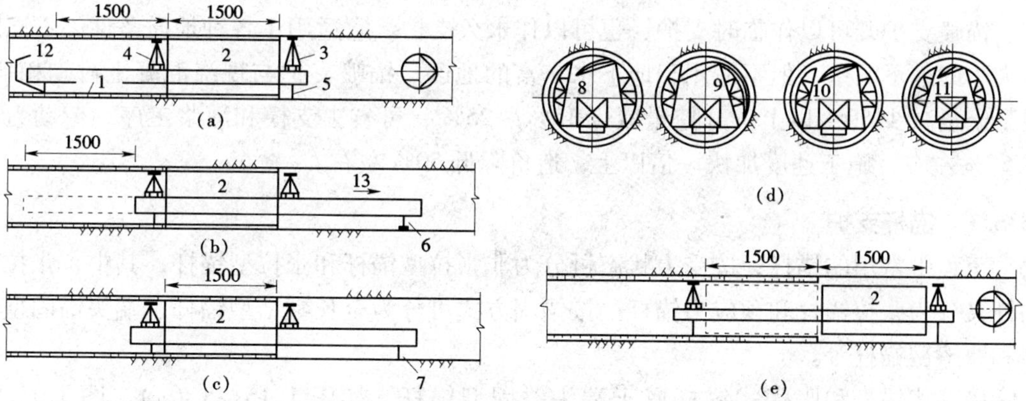

图 1. 15. 24　针梁式钢模台车运行示意图（单位：cm）

（a）钢模就位状态；（b）针梁行走；（c）针梁定位；（d）拖模；（e）钢模行走

1—针梁；2—钢模；3—前抗浮；4—后抗浮；5—前支座千斤顶；6—千斤顶收起；7—千斤顶受力；8—收缩顶拱；9—收缩右边拱；10—收缩左边拱；11—收缩底拱 ；12—后支座；13—针梁移动

15.4.3 衬砌混凝土的浇筑与灌浆

由于隧洞衬砌的工作面狭窄，混凝土的运输和浇筑，以及浇筑前钢筋的绑扎安装等工作都较困难，扎筋工作常在立好模板并预留端部挡板的时候进行。钢筋靠预先插入岩壁的锚筋固定。如采用钢筋台车绑扎钢筋时，则先绑扎钢筋后立模板。

隧洞混凝土浇筑能力的关键是混凝土的运输组合。混凝土水平运输有自卸汽车、搅拌运输车、专用梭车、搅拌罐车等。混凝土的入仓运输常用混凝土泵，常用型号为液压活塞泵。

混凝土泵的给料设备是保证混凝土泵生产率的重要配套设备，应根据混凝土泵进料高度、运输车辆出料高度及工作面等进行选择。

最后，进行隧洞灌浆，其方式有回填灌浆和固结灌浆，水工隧洞灌浆应按先回填后固结的顺序进行，回填灌浆应在衬砌混凝土达到70%设计强度后尽早进行。回填灌浆结束7d后再进行固结灌浆。灌浆前应对灌浆孔进行冲洗，冲洗压力不宜大于本段灌浆压力的80%。回填灌浆须按分序加密原则进行，固结灌浆应按环间分序、环内加密的原则进行，灌浆压力、浆液浓度、升压顺序和结束灌浆标准应符合设计要求。

15.5 锚喷支护

锚喷支护是应用锚杆（索）与喷射混凝土形成复合体以加固岩体的措施。主要有锚杆支护、喷混凝土支护、喷混凝土锚杆支护、喷混凝土锚杆钢丝网支护等不同形式。锚杆支护、喷射混凝土和现场量测是新奥地利隧洞施工法（简称新奥法）的三项主要内容。新奥法是由奥地利学者L·V·拉布采维兹等人于20世纪50年代初期创建，并于1963年正式命名。新奥法的关键是在洞室的设计和施工中要有措施，使围岩既能充分发挥承载能力，又不致过度松弛降低岩体强度。

锚喷支护是在洞室开挖后，将围岩冲洗干净，适时喷上一层厚3～8cm的混凝土，防止围岩松动。如发现围岩变形过大，可视需要及时加设锚杆或加厚混凝土，使围岩稳定。锚喷支护既可以作临时支护，也可以作永久支护。它适用于各种地质条件、不同断面大小的地下洞室，但不适用于地下水丰富的地区。锚喷支护与现浇混凝土衬砌相比，混凝土量减少50%以上，开挖量减少15%～25%，可省去支模和灌浆工序，劳动力节省50%左右，施工速度加快一倍以上，造价降低50%左右。

15.5.1 锚杆支护

工程中常用的锚杆，按受力状态可分为非张拉型锚杆和张拉型锚杆，其中，张拉型锚杆又分为张拉锚杆和预应力锚杆。按锚固方式可分为全长黏结型锚杆、端头锚固型锚杆和摩擦型锚杆等。

楔缝式锚杆和胀壳式锚杆属于端头锚固型锚杆，如图1.15.25（a）、图1.15.25（b）所示。其施工顺序是：将楔块（或锥形螺母）嵌入锚杆端部的楔瓣（或胀圈）内后，同时插入钻孔，使楔块（或锥形螺母）与孔底接触。再用冲击力（楔缝式）或用扳手旋转锚杆（胀壳式）使楔瓣（或胀圈）胀开，紧压孔壁，最后安上垫板，拧紧螺帽，将岩石压紧锚固。端头锚固型锚杆一般用作临时支护。

全长锚固的锚杆有砂浆锚杆和树脂锚杆等，如图 1.15.25（c）～图 1.15.25（g）所示。锚杆可用钢筋，也可用钢丝索或钢丝绳。为了充分发挥锚杆强度，尤其是用钢丝索或钢丝绳作锚杆时，可对锚杆施加预应力而成为预应力锚杆。全长锚固型锚杆一般用于永久支护。

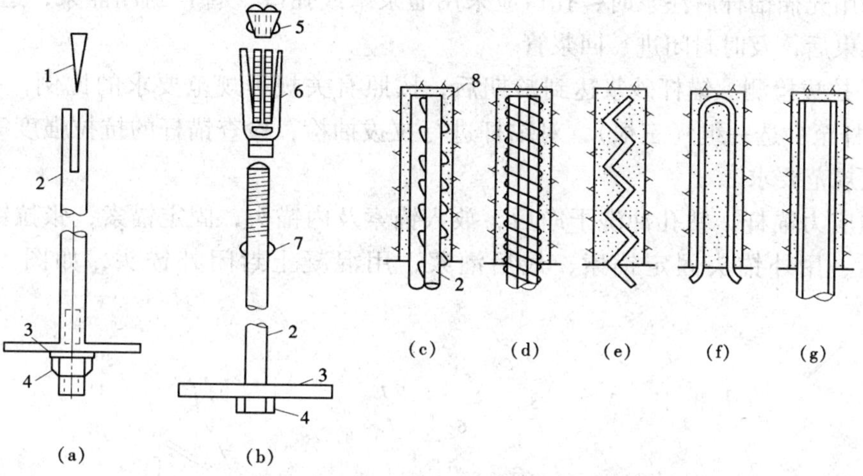

图 1.15.25　锚杆的类型

（a）楔缝式锚杆；（b）胀壳式锚杆；（c）螺纹或竹节钢筋砂浆锚杆；（d）中空螺纹或竹节钢筋砂浆锚杆；（e）波浪形钢筋砂浆锚杆；（f）倒 U 形钢筋砂浆锚杆；（g）钢管砂浆锚杆

1—楔块；2—锚杆；3—垫块；4—螺帽；5—锥形螺帽；6—胀圈；7—突头；8—水泥砂浆或树脂

1. 全长黏结型锚杆工艺流程

（1）先注浆后插杆。测量定位→钻机就位→造孔（钻头直径比锚杆直径大 15mm 以上）→洗孔→灌注水泥砂浆→安装锚杆→封孔灌浆→检测适用于垂直孔、下倾孔和临时支护锚杆。

（2）先插杆后注浆。测量定位→钻机就位→造孔（孔口注浆，钻头直径比锚杆直径大 25mm 以上；孔底注浆，钻头直径比锚杆直径大 40mm 以上）→洗孔→安装锚杆（附加进浆管和排气管）→灌注水泥砂浆→检测适用于水平孔、仰角孔及永久性支护锚杆。

2. 施工技术要点

锚杆施工前，应根据不同的地质条件进行生产性工艺试验，以确定最优的施工参数和工艺。

（1）造孔。造孔精度控制：孔位偏差不宜超过 10cm，钻孔孔斜偏差 2°～4°，孔深偏差 ±5cm。锚杆直径大多采用 25mm。长度小于 5m 的一般采用手风钻造孔，对其他的锚杆可根据设计要求采用回转钻机或其他钻孔设备进行造孔。在三峡船闸锚杆施工中采用的钻孔设备为 YQ100B 和 DCZ 锚杆钻机。

（2）锚杆安装。锚杆安装一般采用人工安装，安装前应对杆体表面进行检查，进行去污和除锈处理，并安装孔内杆体的居中托架。

（3）注浆。砂浆配合比：水泥和砂宜为1:1~1:2（重量比），水灰比为0.38~0.45。当采用先注浆后插锚杆时，注浆管应插至距孔底10~20cm，随砂浆的注入缓慢匀速拔出；杆体插入若无砂浆溢出，应及时补注。当采用先插锚杆后注浆时，注浆管插至距孔底10~20cm，随砂浆的注入缓慢匀速拔出；杆体插入若无砂浆溢出，应及时补注。当采用先插锚杆后注浆时，孔口应采用灌浆塞或孔口（管）封闭灌浆，适当加压，待灌浆结束后，及时封闭进、回浆管。

（4）拉拔检测。锚杆砂浆达到龄期后，按照有关规程规范要求的比例，每300~400根锚杆至少选一组（三根），对锚杆进行拉拔抽检，检查锚杆的抗拉强度等是否满足设计及规范要求。

对预应力锚杆，钻孔冲洗干净后，放入锚索及内锚头，固定锚索，张拉锚索到控制应力后，用外锚头固定锚索，最后灌浆，用混凝土封闭外锚头，如图11.15.26所示。

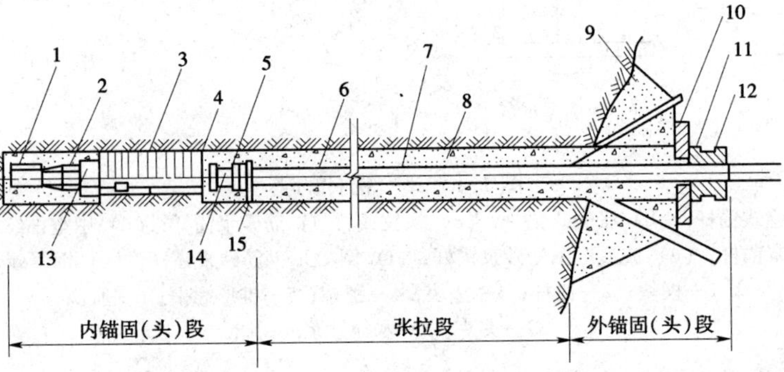

图1.15.26　胀壳式内锚头钢绞线预应力锚索

1—导向帽；2—六棱锚塞；3—外夹片；4—挡圈；5—顶簧；6—套管；7—排气管；8——黏结砂浆；9—现浇混凝土支墩；10—垫板；11—锚环；12—锚塞；13—锥筒；14—顶簧套筒；15—托筒

3. 锚杆布置

锚杆布置有局部锚杆和系统锚杆之分。局部锚杆主要用于加固危石，防止掉块，如图1.15.27所示。系统锚杆是用于提高围岩的承载能力，顶拱的系统锚杆可在顶拱围岩中形成连续压缩带，提高围岩的承载能力。系统锚杆在岩层中的布置和在围岩中的作用如图1.15.28所示。

系统锚杆一般按梅花形排列，锚杆长度视洞室跨度、围岩特性和锚固部位而定，通常插入深度为1.5~3.5m，间距约为锚固深度的1/2。

15.5.2　喷射混凝土施工

喷射混凝土不但与围岩表面有一定的黏结力，而且能充填围岩的缝隙，提高围岩的整体性和强度，增强围岩抵抗位移和松动的能力，同时还可起到封闭围岩、防止风化的作用，是一种高效、早强、经济的轻型支护结构。

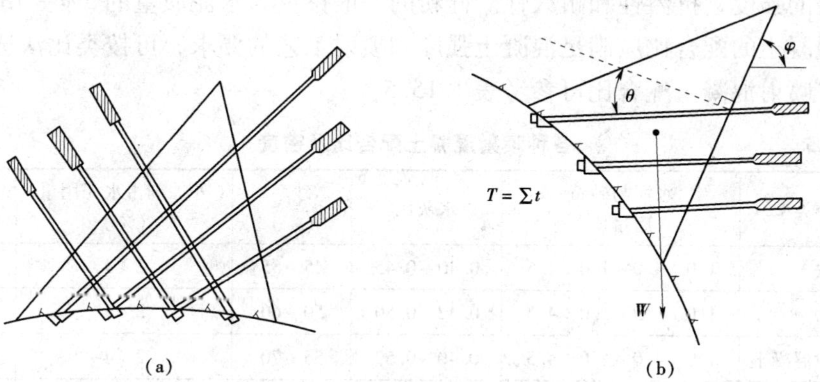

图 1.15.27　围岩楔形体锚杆支护

（a）顶拱楔形体；（b）边墙楔形体

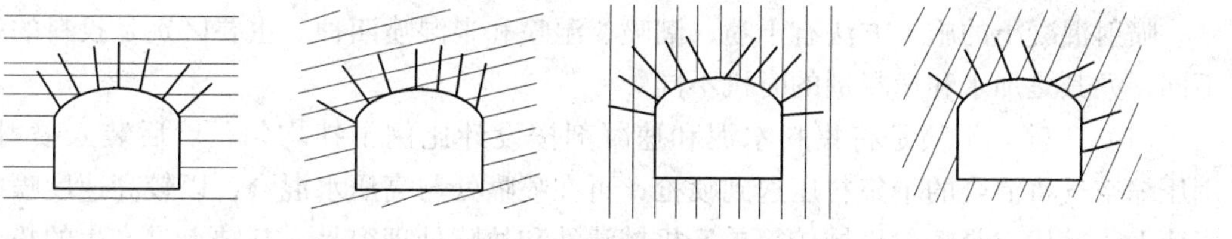

图 1.15.28　层理岩层中系统锚杆的布置

1. 喷射混凝土的原材料及配合比

喷射混凝土的原材料与普通混凝土基本相同，但在技术要求上有一定的差别，现说明如下：

（1）水泥。优先选用强度等级不低于 42.5 的普通硅酸盐水泥，也可采用强度等级不低于 52.5 的矿渣硅酸盐水泥和火山灰质硅酸盐水泥。其目的是为了保证喷射混凝土的凝结时间与速凝剂有较好的相容性。

（2）砂石料。优先选用磨圆度较好的天然砂和卵石，也可采用机制砂石料。砂的细度模数应大于 2.5，细石粒径不宜大于 15mm，以减少施工操作时的粉尘、回弹量和堵管。

（3）水。喷射混凝土用水与一般混凝土对水的要求相同。地下洞室中的浑浊水和一切有酸、碱侵蚀性的水不能使用。

（4）外加剂。为提高喷射混凝土的早期强度，增加一次喷射的厚度，宜在喷射混凝土中掺加速凝、早强、减水等外加剂，但掺入外加剂的喷射混凝土的各项性能指标不得低于设计要求。在使用速凝剂时，水泥净浆试验的初凝时间应小于 5min，终凝时间不得大于 10min。

（5）硅粉。硅粉是在电弧炉中生产硅金属和硅铁合金的过程中产生的副产品，含有 85% ~95% 的无定形二氧化硅，平均粒径 0.1μm，为水泥颗粒粒径的 1/100，颗粒呈圆形。

在混凝土中掺入适量的硅粉，可以减少混凝土拌和物的泌水性和混凝土的孔隙率，提高混凝土的强度、抗渗性和耐久性。硅粉的一般掺量为水泥质量的5% ~15% 。

喷射混凝土的配合比应满足混凝土强度和喷射工艺的要求，可按类比法选择后通过试验确定。喷射混凝土配合比可参考表 1. 15. 5。

表 1. 15. 5　各种喷射混凝土配合比及密度

喷射混凝土类型	水泥与砂石质量比	水灰比	砂率（%）	外加剂占水泥用量（%）	密度（kg/m^3）
干喷法	1.0：4.0~1.0：4.5	0.40~0.45	45~55	2~4	$\geqslant 2.2\times10^3$
湿喷法	1.0：3.5~1.0：4.5	0.42~0.50	50~60	2~4	$\geqslant 2.2\times10^3$
水泥裹砂喷射混凝土	1.0：4.0~1.0：4.5	0.40~0.52	55~70	2~4	$\geqslant 2.2\times10^3$
钢纤维喷射混凝土	1.0：3.0~1.0：4.0	0.40~0.45	50~60	2~4	$\geqslant 2.4\times10^3$

注　28 天龄期抗压强度为 20MPa，抗拉强度 1.5 MPa，黏结力不小于 0.5MPa，抗渗等级 P8。

2. 喷射混凝土的施工工艺

喷射混凝土的施工方法有干喷、潮喷、湿喷和半湿喷四种。主要区别是投料的程序不同，尤其是加水和速凝剂的时机不同。

（1）干喷。干喷是将集料水泥和速凝剂按设计比例干拌均匀，然后装入喷射机，用压缩空气将混合的干集料压送到喷枪，再在喷嘴处与高压水混合，以较高速度喷射到岩面上。其优点是喷射机械较简单，机械清洗和故障处理容易。其缺点是产生的粉尘量大，回弹量大，水灰比不易控制。其施工工艺流程如图 1. 15. 29 所示。

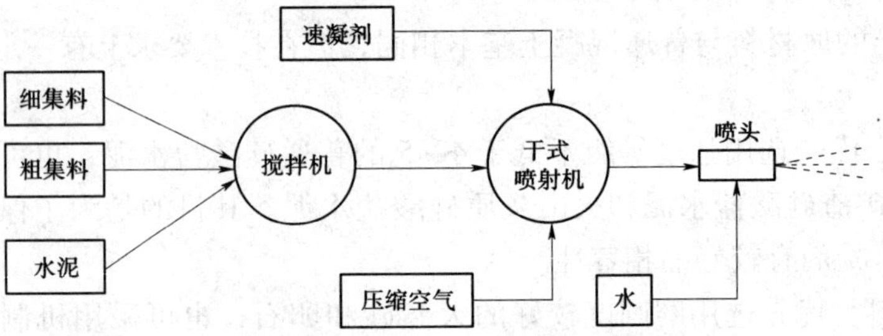

图 1. 15. 29　干喷工艺流程

（2）潮喷。潮喷只是在集料中预加少量水，从而降低了上料、拌和和喷射时的粉尘。其余与干喷工艺一样。由于潮喷可降低一定的粉尘，目前使用较多。

（3）湿喷。湿喷是将集料、水泥和水按设计比例拌和均匀，用湿式喷射机压送到喷头处，再在喷头上添加速凝剂后喷出。其施工工艺流程如图 1. 15. 30 所示。

湿喷的优点是粉尘少、回弹量小、混凝土质量容易控制，应当发展应用。缺点是对喷射机械要求较高，机械清洗和故障处理较麻烦。

（4）半湿喷。半湿喷又称混合喷射或水泥裹砂造壳喷射法。其施工程序是先将一部分砂加第一次水拌湿，再投入全部水泥预制搅拌造壳，然后加第二次水和减水剂拌和成 SEC 砂浆，同时将另一部分砂和石强制搅拌均匀。然后分别用砂浆泵和干式喷射机压送到混合管后喷出。其施工工艺流程如图 1. 15. 31 所示。

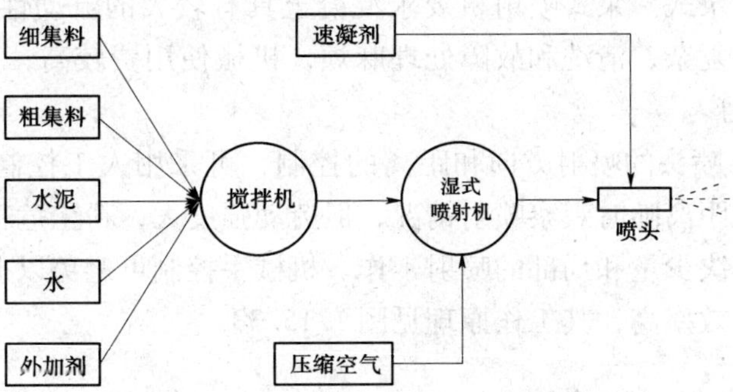

图 1.15.30　湿喷工艺流程

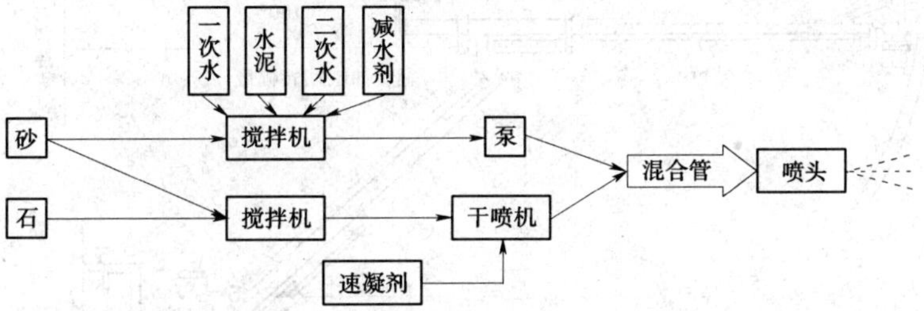

图 1.15.31　混合喷射工艺流程

半湿喷所使用的主要机械设备与干喷基本相同。但由于半湿喷是分次投料搅拌，混凝土的质量较干喷时要好，粉尘和回弹率也有大幅度降低。然而机械数量较多，工艺较复杂，机械清洗和故障处理很麻烦。尤其是水泥裹砂造壳技术的质量直接影响到喷射混凝土的质量，施工技术要求高。

由于湿喷和半湿喷工作面粉尘少，混凝土强度高，回弹率小，所以湿喷和半湿喷被广泛应用。我国小浪底工程洞室壁几乎全部采用湿喷。

3. 喷射混凝土机械设备

（1）喷射机。喷射机是喷射混凝土的主要设备，有干式喷射机和湿式喷射机两种。干式喷射机有双罐式、转体式和转盘式，如图 1.15.32 所示；湿式喷射机有挤压泵式、

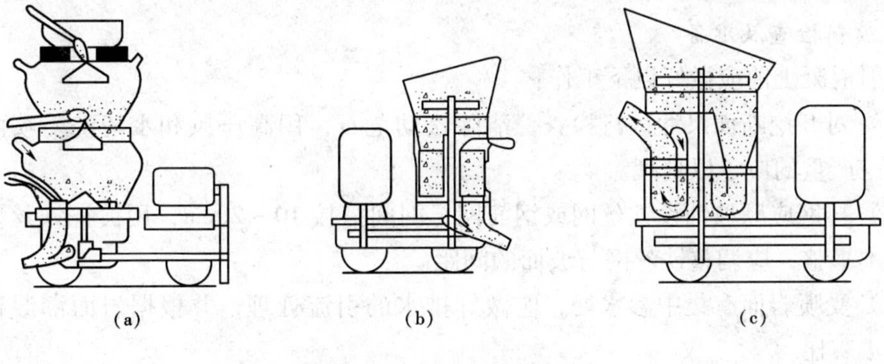

图 1.15.32　干式喷射机
（a）双罐式喷射机；（b）转体式喷射机；（c）转盘式喷射机

转体活塞式和螺杆泵式。泵式喷射机要求混凝土具有较大的流动性和大于70%的含砂率，机械构造较为复杂，清洗和故障处理麻烦，机械使用费较高，目前现场使用较少，有待进一步改进推广。

（2）机械手。喷头的喷射方向和距离的控制，可采用人工控制或机械手控制。人工控制虽然可以近距离随时观察喷射情况，但劳动强度大，粉尘危害大，易危及人身安全，现场只用于解决少量和局部的喷射工作。机械手控制可避免以上缺点，喷射灵活方便，工作范围大，效率高，其工作原理见图1.15.33。

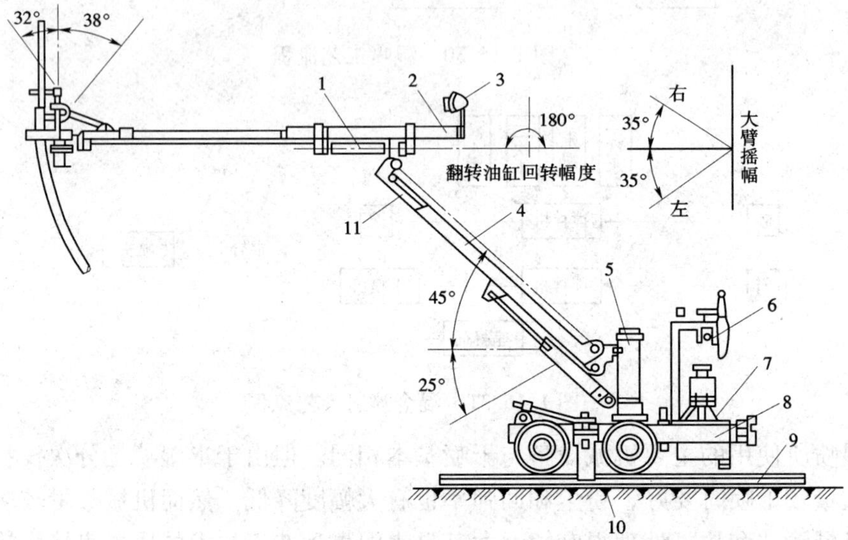

图1.15.33　喷射机械手

1—翻转油缸；2—伸缩油缸；3—探照灯；4—大臂；5—转筒；6—风水系统；7—液压系统；8—车架；9—钢轨；10—卡轨器；11—拉杆

（3）其他设备。喷射混凝土的拌制是用强制式搅拌机，喷射时的风压为0.1～0.15MPa，水压应稍高于风压。湿式喷射时，风压和水压均较干喷时高。输料管在使用过程中应转向，以减少管道磨损。

4. 喷前检查及准备

喷射混凝土前应做好以下工作：

（1）对开挖断面尺寸进行检查，清除松动危石，用高压风和水清洗受喷面，对欠挖、超挖严重的应予以处理。

（2）挂网应顺坡铺设铁丝网或钢筋网，网间搭接10～20cm，用镀锌铁丝绑扎，如遇坡面不平整，应调整铁丝网与坡面的间距。

（3）受喷岩面有集中渗水处，应做好排水的引流处理，并根据岩面潮湿程度，适当调整水灰比。

（4）可采用石缝处钉铁钉、安设钢筋头等方法埋设喷层厚度检查标志。

（5）检查调试好各机械设备的工作状态。

5. 施喷注意事项

（1）喷射时应分段（不超过6m）、分部（先下后上）、分块（2m×2m）进行，严格按先墙后拱、先下后上的顺序进行，以减少混凝土因重力作用而引发的滑动或脱落现象。

（2）喷头要垂直于受喷面，倾斜角度不大于10°，距离受喷面0.8～1.2m。喷头移动可采用S形往返移动前进，也可采用螺旋形移动前进。

（3）喷射时一次喷射厚度不得太薄或太厚，对于岩面凹陷处应先喷且多喷，凸出处应后喷少喷。一次喷射厚度可参考表1.15.6。

表1.15.6　一次喷射厚度　单位：cm

部　位	掺速凝剂	不掺速凝剂
边墙	7～10	5～7
拱部	5～7	3～5

（4）若设计喷射混凝土较厚，应分2～3层喷射。分层时间间隔不得太长，在初喷混凝土终凝后，即可复喷。喷射混凝土的终凝时间与水泥品种、施工温度、速凝剂类型及掺量等因素有关。间隔时间较长时，应将初喷面清洗干净后再进行复喷。

（5）喷射混凝土的养护应在其终凝1～2h后进行，养护时间不得小于7d。

（6）冬季施工时，喷射混凝土作业区的气温不得低于5℃；混凝土强度未达到设计强度的50%时，若气温降于5℃以下，则应注意采取保温防冻措施。

（7）回弹物料的利用。采用干法喷射混凝土时，一般边墙的回弹率为10%～20%，拱部为20%～35%，故应将回弹混凝土回收利用。常用的方法是及时将洁净的尚未凝结的回弹物回收后，掺入混合料重新搅拌，但掺量不宜超过15%，且不宜用于顶拱。也可将回弹混凝土掺入普通混凝土中，但掺量也应加以控制。

目前常用喷射混凝土有素喷混凝土、钢纤维喷射混凝土和钢筋网喷射混凝土。

钢纤维喷射混凝土是在喷射混凝土中加入钢纤维，弥补了素喷混凝土的脆性破坏缺陷，改善了喷射混凝土的物理力学性能。钢纤维的掺量一般为喷混凝土质量的1.0%～1.5%，钢纤维喷射混凝土比素喷混凝土的抗压强度提高30%～60%，抗拉强度提高50%～80%，抗冲击性能提高8%～30%，抗磨损性能提高30%左右。所以钢纤维喷射混凝土适用于承受强烈震动、冲击的动荷载的结构物，也适用于有耐磨要求，或不便配置钢筋但又要求有较高强度和韧性的工程中。

钢筋网喷射混凝土是在喷射混凝土之前，在岩面上挂设钢筋网，然后再喷射素混凝土。主要用于软弱破碎围岩，更多的是与锚杆构成联合支护，在我国隧洞工程中应用较多。

本章习题

1.15.1　隧洞开挖的基本方法有哪些？各种方法的特点及适用条件是什么？

1.15.2 试比较上导洞开挖和下导洞开挖的优缺点和适用条件。

1.15.3 钻爆法开挖隧洞的炮眼类型及其作用是什么？

1.15.4 钻爆法循环作业工序及其特点有哪些？

1.15.5 水工隧洞灌浆有几种方式？有哪些要求？

1.15.6 锚杆施工的技术要点是什么？

1.15.7 喷射混凝土的施工方法有几种？程序有何不同？施喷混凝土应注意哪些问题？

第16章 砌 筑 工 程

教学要求：了解砌体材料要求及砌筑工程准备工作；熟悉砌筑要求；掌握砌砖工程施工工艺与质量要求；掌握砌石工程施工工艺与质量标准；了解砌石工程的安全技术。

16.1 概述

砌筑工程取材方便（砖、石、砌块），节约钢材、水泥，不需要大型施工机械，施工组织简单，但砖、石结构自重大，以手工操作为主，劳动强度大，生产率低，难以适应现代工业化的需要。砌体工程的施工过程包括砂浆制备、材料运输、塔设脚手架和砌体工程的砌筑等。

16.1.1 砌筑准备工作

砌筑准备工作包括技术准备、物质准备、临时设施准备、机械准备、测量准备、材料准备、管理准备和安全生产准备等。砌砖与砌石工程的准备工作具体如下：

1. *砌砖前准备*

（1）材料准备。品种、强度符合要求；提前1~2天湿润。

（2）放线、制作皮数杆。建筑物轴线上设标志板，标志板上应标明基础轴线、底宽、墙身轴线和厚度、底层地面标高。并用准线和线坠将轴线及基础底宽放到基础垫层表面。基础表面如有局部不平，高差超过30mm处应用C_{15}以上的细石混凝土找平面才可砌筑，不能仅用砂浆填平。

用方木或角钢制作皮数杆，并根据设计要求，砖规格和灰缝厚度在皮数杆上标明皮数及竖向结构的变化部位。墙身皮数杆上，竖向构造包括楼面、门窗洞口、过梁、圈梁、楼板、梁及梁垫等。

（3）施工工具准备等。

2. *砌石前准备*

（1）选质地坚实、规格、大小搭配的石块，清除表面杂物。

（2）放样：中心线和边线；复核标高，如有地不平用细石混凝土填平。

（3）按石砌体的每皮高度及灰缝厚度制作皮数杆，立于转角处，皮数杆之间拉准线，依准线逐皮砌筑。

16.1.2 砌筑要求

1. *砖砌体强度等级*

砖有 $MU_{7.5}$、MU_{10}、MU_{15}、MU_{20}、MU_{25}、MU_{30} 等强度等级。要求尺寸准确，无缺棱、掉角、裂纹和翘曲等。

2. *砌筑工艺要求*

砌筑的工艺要求为“横平竖直、砂浆饱满、上下错缝、接搓可靠”。

3. *砂浆强度等级*

砂浆强度等级有 $M_{0.4}$、M_1、$M_{2.5}$、M_5、$M_{7.5}$、M_{10}、M_{15} 等，块砂浆质量取决于稠度和保水性。

4. *石料要求*

砌筑用石可分为毛石和料石两类。毛石又分为乱毛石和平毛石。乱毛石形状不规则，平毛石形状虽不规则，但有两个平面大致平行。

料石按加工面平整程度分为细料石、半细料石、粗料石和毛料石四种。石料按质量密度大小分为轻石（小于 $1800kg/m^3$）和重石（大于 $1800kg/m^3$），石料强度等级有 MV_{100}、MV_{80}、MV_{60}、MV_{50}、MV_{40}、MV_{30}、MV_{20}、MV_{15}、MV_{10}。

石料抗冻性指标用冻融循环次数来表示，在规定的冻融循环次数（15、20 或 50 次）时，无贯穿裂缝，重量损失不超过 5%，强度减少不大于 25%，则抗冻性合格。

5. *砌体质量要求*

（1）砂浆使用时间限制在 3 ~ 4h 用完，在高温 30℃时在 2 ~ 3h 用完。

（2）规范规定，黏土砖含水率宜在 10% ~15%，而砖的饱和含量水率为 20%。灰砂砖及粉煤灰砖一般不需浇水湿润，它的理想含水率为 5% ~8%，而自然状态下可达 5% ~7.5%。如在干旱高湿季节，需要提前浇水湿润。

（3）砂浆饱满程度，不得低于 80%。

（4）砖砌体水平灰缝厚度一般为 10mm，不得小于 8mm，但不大于 12mm。

（5）暂时间断处高差不得超过一步脚手架的高度（如 1.2m），留斜槎长度不应小于高度的 2/3（即斜槎长为 80cm）。

16.2 砖砌体砌筑

16.2.1 砌筑工艺

砌砖的方法有刮浆法、挤浆法和综合法。不论采用哪种方法，均要求用砖事先洒水浸透、分层安砌、横平竖直、灰浆饱满、厚薄均匀、上下错缝、内外搭砌、接挂牢固。常用的砌筑方式有一丁一顺法［图 1.16.1（a）］和丁顺相间法［图 1.16.1（b）］，前者砌筑速度较快，后者结构比较坚固。

砖墙的厚度应为标准砖尺寸的模数。一般为 115mm（称一二墙）、240mm（称二四墙）、370mm（称三七墙）等。其中一二墙不能作承重墙。不粉刷的外墙面，砌筑比较工整并进行勾缝，称为清水墙；需要粉刷的墙面称混水墙。砌砖的灰缝厚度约为 10mm。

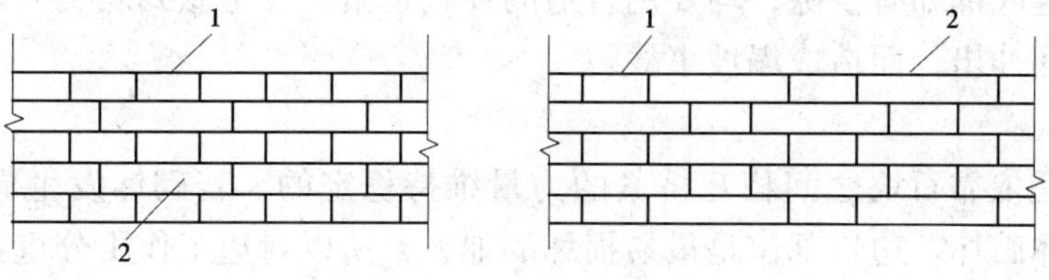

（a）　　（b）

图 1.16.1　砌砖方式

（a）一丁一顺法；（b）丁顺相间法

1—丁砖；2—顺砖

16.2.2　砖拱砌筑

目前砖拱的砌筑多采用普通的标准砖，而将灰缝作成楔形，即上宽下窄，最窄不小于5mm，最宽不超过20mm。如拱圈的厚度较大时，可将拱分成若干体环，分环砌筑，且第一道拱环必须立砌。砖拱砌筑前应先在拱下架设拱架，然后由两拱脚开始同时对称地砌向拱顶，最后在拱顶处合拢。

16.3　砌石工程

16.3.1　干砌石施工

干砌石施工工序为选石、试放、修凿和安砌。砌石方法有花缝砌石与平缝砌石两种。

1. *花缝砌石*

这种砌筑方法多用于干砌片石。砌筑时，依石块原有形状，使尖对拐；拐对尖，相互联系砌成。砌石不分层，一般大面向上（图1.16.2）。这种砌筑方法的缺点是底部空虚，容易被水流淘刷发生变形，稳定性较差；优点是表面比较平整。故用于流速不大或不承受风浪淘刷的渠道护坡工程。

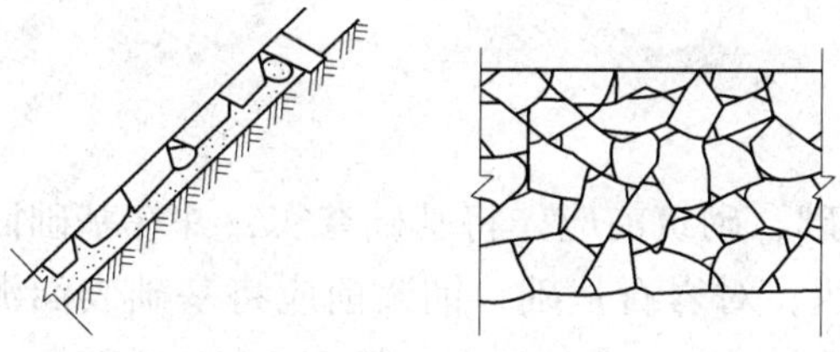

（a）　　（b）

图 1.16.2　花缝砌石

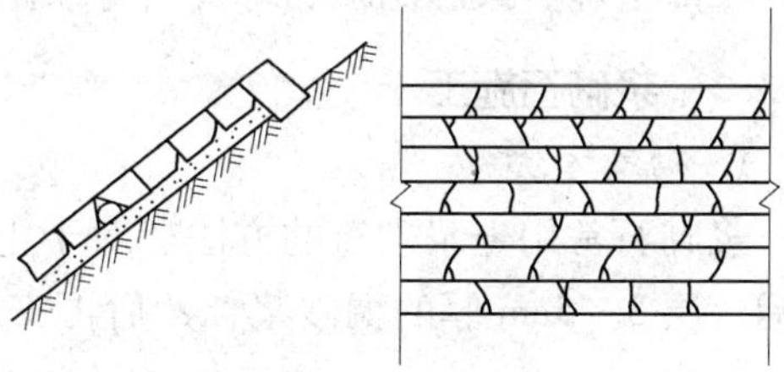

（a）　　（b）

图 1.16.3　平缝砌石

2. *平缝砌石*

平缝砌石多用于干砌块石。砌筑时，使块石的宽面与坡面横向平行（图1.16.3），在砌筑前应先行试放，不合适处用锤加以修凿，修凿程度以石缝能够密接触为准，砌石拐角处如有空隙，可用小片石塞紧。砌石表面应与样线齐平，横向有通缝，但竖向直缝必须错开。砌缝底部如有空隙，均要用合适的片石塞紧，一定做到底实上紧，以免底部砂砾由缝隙中间冲出，而造成塌坡事故。

3. 封边

干砌块石是依靠石块之间相互挤紧的力量维持稳定的。若砌体发生局部移动或变形，将导致整体破坏。边口部位是最易损坏的地方，所以封边工作十分重要。为了保护砌体下的疏料不被水流淘空，在水位以下的边口，均须用较大的块石封边。图 1.16.4（a）、图 1.16.4（b）为坡面封边的两种形式。洪水位以上的坡顶边口［图 1.16.4（c）］，多为人行道，可采用较大而方正的石块砌成整齐坚固的封边，使砌成的边口不易损坏。块石封边以外所留空隙，用黏土回填夯实，以加强边口的稳定。

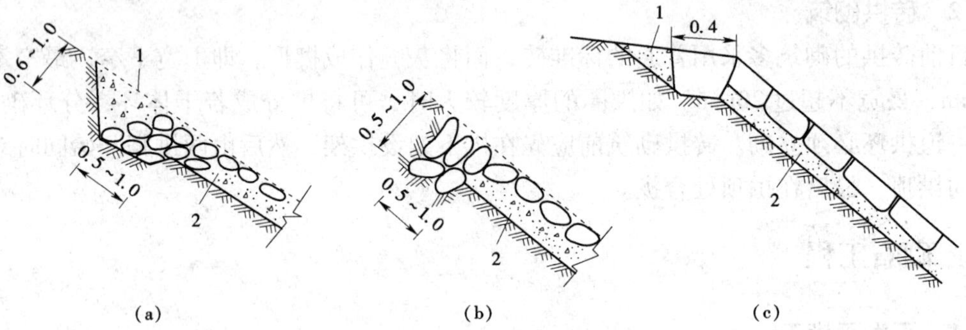

图 1.16.4 干砌块石（单位：m）

（a）、（b）坡面封边；（c）坡顶封边

1—黏土夯实；2—反滤层

4. 质量控制与要求

干砌石的一般要求是，缝宽不大于 1cm，底部严禁架空，人在砌石面上行走无松动感觉；砌体上任何块石即使是砌缝里的小片石，用手扒也不松动。此外坡面一定要平整，砌缝内尽量少用片石填塞，并严禁使用过薄的片石来填塞砌缝。严禁出现缝口不紧、底部空虚、鼓肚凹腰、蜂窝石等缺陷。

16.3.2 浆砌石施工

1. 砌筑方法

浆砌石常用坐浆砌筑的方法。对于土质基础，砌筑前应先将基础夯实，并在基础面上铺一层 3～5cm 厚的稠砂浆，然后再安放石块；对岩石基础，铺浆前应将基础表面泥土、杂物洗净，洒水湿润。砌筑用的石块表面必须冲洗干净，砌筑前也应洒水湿润，以便与砂浆黏结。砌筑程序为先砌“角石”，再砌“面石”，最后砌“腹石”，如图 1.16.5 所示。角石用以确定建筑物的位置和形状，在选石与砌筑时须加倍注意，要选择比较方正的大石块，先行试放，必要时须稍加修凿，然后铺灰安砌。

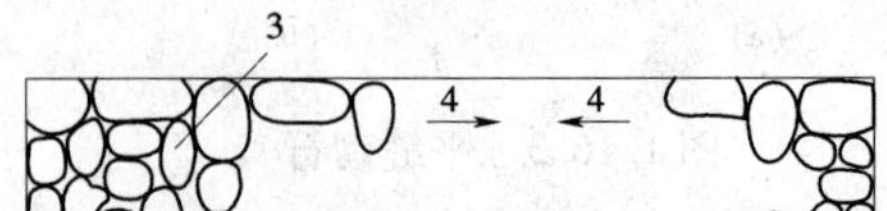

图 1.16.5 浆砌石程序

1—角石；2—面石；3—腹石；4—砌石方向

角石的位置必须准确，角石砌好后，就可把样线移挂到角石上。面石可选用长短不等的石块，以便与腹石交错衔接。面石的外露面应比较平整，厚度略同角石。砌筑面石也要先行试放和修凿，然后铺好砂浆，将石翻回坐砌，并使灰浆挤紧。腹石可用较小的石块分层填筑，填筑前先铺坐浆。放填第一层腹石时，须大面向下放稳，尽量使石缝间隙最小，再用灰浆填满空隙的1/3～1/2，并放入合适的石片，用锤轻轻敲击，使石块挤入灰缝中。腹石铺砌还可采用灌浆法，即铺一层腹石，灌一次浆，先稀后稠，灌饱灌实。此法简单易行，但施工质量不如坐浆法，每砌三层左右大致找平一次。各段交界处应留成台阶，以便相互结合，以保证建筑物的弹性。在砌石工作中断时，应在中断前对砌石层间的空隙用灰浆或小石子混凝土填满捣实，但表面上不抹灰浆，并用覆盖物予以遮盖。续砌时应表面清扫干净并洒水湿润。

2. 勾缝

浆砌石的外露面应勾缝。勾缝就是在砌体砂浆凝固前，先将缝内深度不大于2cm的砂浆刮去，用水将缝内冲洗干净，待砌体达到一定强度后，再用标号较高而且较稠的砂浆进行勾缝。勾缝宽度一般不大于3cm。勾缝形式有凸缝和平缝两种。在水工建筑物中，一般采用平缝。砌体后面与土壤的接触面，通常不勾缝。如果为了防止渗水，则可用砂浆抹面。

3. 养护

砌体完成后，须用麻袋或草袋覆盖，并经常洒水养护，保持表面潮湿。养护时间一般不少于5～7天，在砌体未达到要求的强度之前，不得在其上任意堆放重物或修凿石块，以免砌体受震动而破坏。砌完后，一般须经28天，方可进行回填，最早不得少于12天。

16.3.3 浆砌石拱

1. 拱座砌筑

拱座按设计要求表面常有一定坡度，所以在砌筑过程中，应根据已立好的样架经常挂线校对，尤其应特别注意跨度方向、尺寸的准确。当拱座砌至接近最后几层时，要注意控制高程。起拱线的标高应用水准仪进行检查，并用钢尺检查水平尺寸。由于拱脚是倾斜的，而且此处受力最大，所以用块、片石砌筑时要特别注意，一般是在拱座尚未砌至起拱线之前，先将石块逐渐砌成倾斜形状，使之在起拱线处符合设计的坡度，或当拱座砌至起拱线以下20～30cm时，即安砌起拱石，以控制拱脚倾斜度。严禁用石块按水平层次砌成阶梯形，然后用小石块填补三角形缺口而做成斜面的做法。拱座用料石砌筑时，则起拱石应按设计要求作成样石。

2. 拱架

拱架（拱胎）是石拱在施工期间用来支撑拱圈，保证拱圈能符合设计形状的临时结构物。拱圈砌筑时，拱架将产生变形，如果变形过大，拱圈就可能产生裂缝。因此拱架应满足施工期间的稳定性和强度的要求。当拱圈砌筑完成并达到一定强度后，方可拆除拱架。常用的拱架有木拱架和土牛拱胎等。

（1）木拱架。木拱架由拱架和支架两部分组成。拱架多采用扇形，其结构视拱圈的形状和跨度大小而定。支架分有中间支撑式［图1.16.6（a）］和无中间支撑式［图

1.16.6（b）］两种。

拱架、支架的糊一般均在加工厂内预制，并试拼、校正各部分尺寸，检查合格后，分别编号，运至现场，再进行安装。

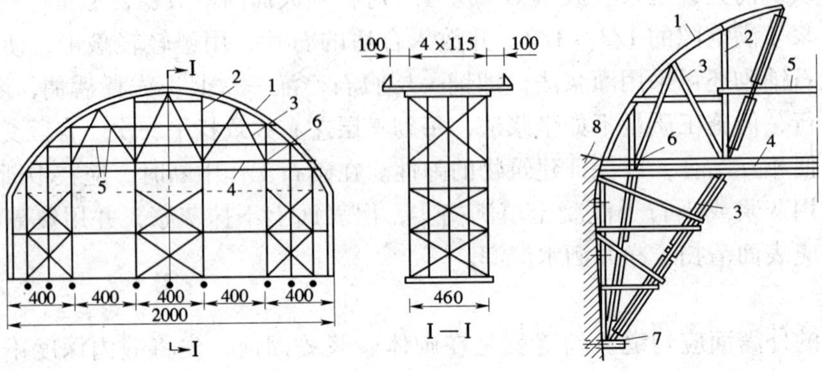

（a）（b）

图 1.16.6　木拱架（单位：cm）

（a）有中间支撑式；（b）无中间支撑式

1—梳形木（弧形杆）；2—主（支）柱；3—斜撑；4—拉杆；

5—夹木；6—卸落设备；7—牛腿；8—起拱石

当拱圈砌好，并达到一定强度后，方可拆卸拱架。为了使拱圈不致骤然受力，在拱架与支架之间应设置卸落设备。常用的卸落设备如图 1.16.7 所示。

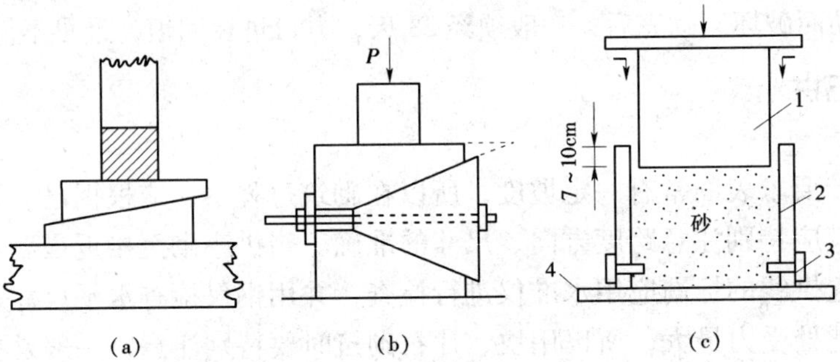

（a）（b）（c）

图 1.16.7　拱架卸落设备

（a）木楔；（b）组合木楔；（c）砂筒

1—顶心木；2—金属筒；3—泄砂孔；4—垫板

（2）土牛拱胎。土牛拱胎是一种就地取材、简单经济的临时结构。一般多用于高度较低，河床无水或水量很小的石拱砌体。这种施工方法不仅能节约木材，而且安全可靠。它是在墩台砌筑完成后，临时在孔桥两端各砌一道厚 40～50cm 的拱形石墙。上面用砂浆抹平，作为拱模，供砌拱时挂线之用。然后在桥孔中间用土（砂）分层填筑夯实，表面也作成拱形。如河中有少量水流时，可留一个泄水洞，如图 1.16.8（a）所示，以便排水。亦可采用在上、下游填土的办法，如图 1.16.8（b）所示。

当拱圈具备卸架条件时，即可进行拱胎挖除。挖除时从上、下游的拱顶起，向拱的两端同时均匀对称地开挖，禁止挖洞掏土，以免土牛突然倒坍，导致拱圈急骤下沉，造

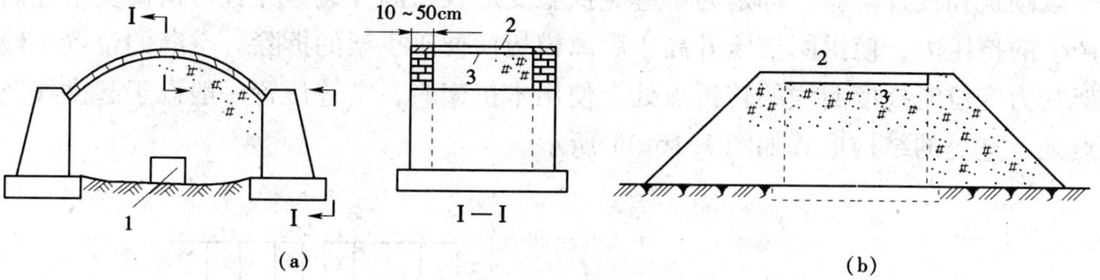

图 1.16.8　土牛拱胎

（a）上、下游砌直墙；（b）上、下游填土

1—泄水洞；2—砂浆抹面；3—填土夯实

成事故。

3. 拱圈砌筑

拱圈砌筑一般按跨度的大小，采取以下几种砌筑方法：

（1）一般砌筑方法。拱圈跨度小于 10m 时，可从两端拱脚向拱顶对称地将拱圈按整个宽度和整个厚度同时砌筑。

（2）预压砌筑方法。拱圈跨度在 10～15m 之间时可采用预压拱顶的施工方法，即在开始砌拱的同时，将一部分拱因石料运上拱胎，预压拱顶处，然后从两端拱脚向拱顶对称均匀地砌筑，或采用分段砌筑的施工方法。

（3）分段砌筑方法。拱圈跨度大于 15m 时，宜采用分层、分段砌筑法。当拱圈厚度较大，由 2～3 层拱石组成时，可将拱圈分层砌筑，砌好一展合拢后，再砌上面一层，利用合拢层承担部分荷载，从而减轻拱架的负担。若跨度较大时，需将全拱分成数段，同时对称砌筑，以保持拱架受力平衡。各段中间设置空缝。砌筑先后顺序是拱脚、拱顶、1/4 拱跨处，最后砌其余各段，每延长约为 5～8m（图 1.16.9）。

分段砌筑拱圈，须在分段处设置挡木或三角木支撑（图 1.16.10）。如拱圈斜度小于 20°时，也可不设支撑，仅在模板上钉扒钉顶住砌体。

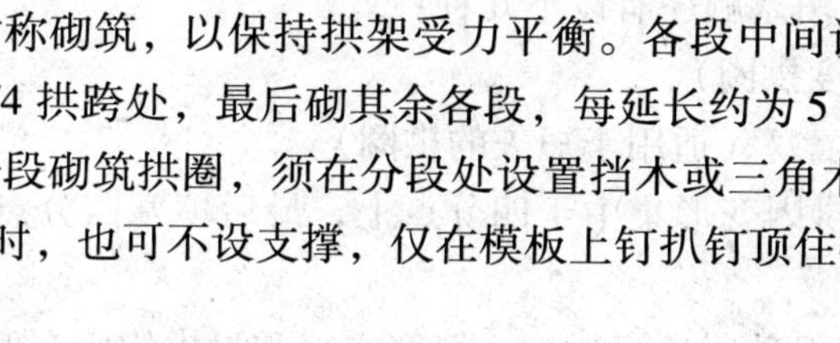

图 1.16.9　拱圈分段

1—拱顶石；2—空缝

①～⑤—砌筑顺序

图 1.16.10　三角木支撑

1—模板；2—三角木支撑；

3—挡木；4—拉条；5—螺栓

分段砌筑和设置空缝，都是为了避免拱架变形及拱圈开裂，并且可借捣实空缝内砂浆时产生的挤压力，使拱圈挤压升高，脱离模板而便于拱架的拆除。空缝的位置一般设在拱架受力变位时挠度曲线的转折点处。使用木拱架时，空缝位置一般设于起拱线及拱架节点处。空缝的结构形式如图 1.16.11 所示。

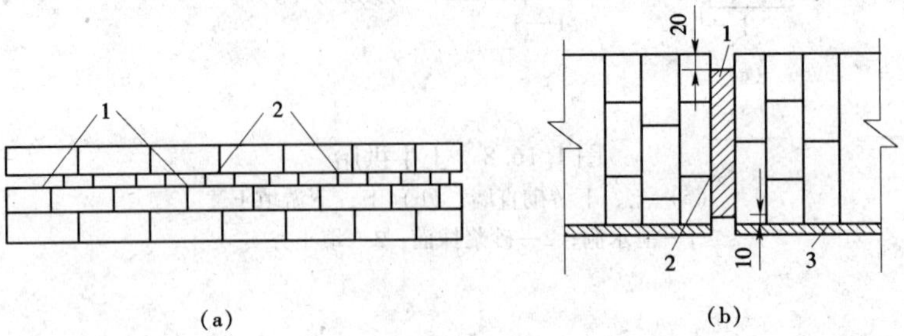

图 1.16.11　空缝结构图（单位：mm）
（a）空缝平面图；（b）空缝侧视图
1—空缝；2—垫块；3—拱模板

空缝处用预制砂浆块、混凝土块或铸铁块隔垫，以保证空缝应有的空档。在放置垫块前，为使垫块与拱石全面接触，拱轴线以下垫块，可座一层灰浆。空缝口上面应用麻袋等覆盖，以防杂物漏入，难以清理。每条空缝的周边应在砌好后用砂浆抹平，以便观察拱圈在砌筑后的变化。

当拱图强度达 70% 时，即可填塞空缝。填塞前应清除缝内杂物，冲水湿润。填塞空缝用 1∶1 木水泥砂浆，水灰比为 0.25，砂用细砂。填塞应分层进行，每层厚 10cm，层层捣实，至表面呈现湿润为止。空缝填塞顺序有以下几种：

1）各空缝同时填塞（适用于小跨度拱圈）。

2）从拱脚起依次对称地向上逐条填塞（适用于短矢的拱圈）。

3）先填塞拱脚，后填塞拱顶，使拱因变形集中于四分点上，最后填塞四分点（适用于大跨度拱圈）。

空缝填塞后，即可放置拱顶石，填捣砂浆进行封拱。填塞空缝和封拱均应在低温下进行。

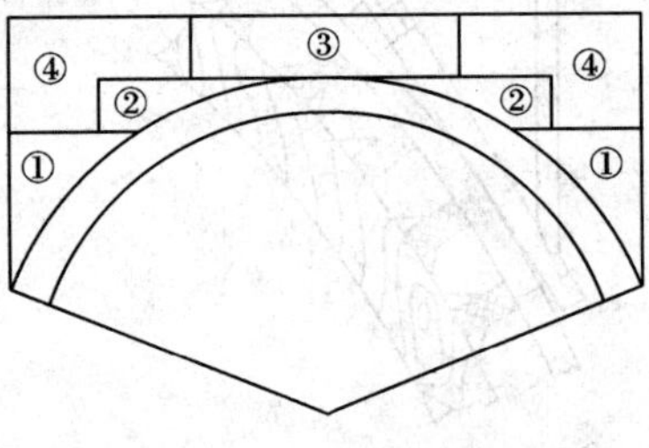

图 1.16.12　拱上侧墙的砌筑顺序
①～④—砌筑顺序

4. 拱上结构砌筑

拱上结构可分为实腹式和空腹式两种类型。拱腹全部填实者叫实腹拱；对于跨度较大的拱，激减轻拱的荷载，在主拱圈上加砌小的腹拱称为空腹拱。实腹拱上构造由侧墙、护拱、拱腹料等结构组成。空腹拱还有腹拱和腹拱土墙等。

跨度小于 20m 的实腹拱，拱上侧墙的砌筑，应在拱圈合拢后至少经过三昼夜的时间，才能开始，砌筑时应自两端拱脚向拱顶砌，并应注意均匀对称，使拱圈受力均匀。跨度大于20m的实腹拱拱上侧墙，应在拱圈合拢后，至少经过七昼夜才能开始砌筑，砌筑顺序如图1.16.12所示。

空腹拱的拱轴线，变形更为敏感。因而更应注意上料的均衡性和对称性，特别要注意腹拱立墙和腹拱的施工。立墙应在主拱架卸落前砌好，卸架后检查立墙标高和腹拱跨度，然后再砌腹拱圈，则可减少主拱的变形，避免开裂。

本章习题

1.16.1　砌筑工程有哪些准备工作？

1.16.2　砖砌体砌筑工艺有何具体要求？

1.16.3　浆砌石拱砌筑的要求和步骤有哪些？

1.16.4　砌筑工程施工的安全技术有哪些要求？

1.16.5　砌石拱的施工工艺有哪些？

第2部分

水利水电工程施工管理基础知识

第1章 施 工 管 理

教学要求：了解施工项目管理的主要工作；熟悉项目管理的内容；掌握施工项目质量管理、安全施工管理的基本方法。

1.1 施工项目管理

施工项目管理是以工程项目为对象、以项目经理负责制为基础、以实现项目目标为目的、以构成工程项目要素的市场为条件，对项目按照其内在逻辑规律进行有效地计划、组织、协调和控制，对工程项目施工全过程进行管理和控制的系统管理的方法体系。项目管理的对象是项目，由于项目是一次性的，故项目管理需要用系统工程的观念、理论和方法进行管理，具有全面性、科学性和程序性。项目管理的目标就是项目的目标，项目的目标界定了项目管理的主要内容是“三控制、二管理、一协调”，即进度控制、质量控制、费用控制、合同管理、安全管理和组织协调。

1.1.1 施工项目管理的主要工作

1. 建立施工项目管理组织

（1）由企业采用适当的方式选聘称职的施工项目经理。

（2）根据施工项目组织原则，选用适当的组织形式，组建施工项目管理机构，明确责任、权利和义务。

（3）在遵守企业规章制度的前提下，根据施工项目管理的需要，制订施工项目管理制度。

2. 编制施工项目管理规划

施工项目管理规划是对施工项目管理目标、组织、内容、方法、步骤、重点进行预测和决策，做出具体安排的纲领性文件。施工项目管理规划的内容主要有：

（1）进行工程项目分解，形成施工对象分解体系，以便确定阶段控制目标，从局部到整体地进行施工活动和进行施工项目管理。

（2）建立施工项目管理工作体系，绘制施工项目管理工作体系图和施工项目管理工作信息流程图。

（3）编制施工管理规划，确定管理点，形成施工组织设计文件，以利执行。现阶段这个文件便以施工组织设计代替。

3. 进行施工项目的目标控制

施工项目的目标有阶段性目标和最终目标。实现各项目标是施工项目管理的目的所在。因此应当坚持以控制论理论为指导，进行全过程的科学控制。施工项目的控制目标包括进度控制目标、质量控制目标、成本控制目标、安全控制目标和施工现场控制目标。

在施工项目目标控制的过程中，会不断受到各种客观因素的干扰，各种风险因素随时可能发生，故应通过组织协调和风险管理，对施工项目目标进行动态控制。

4. 对施工项目的生产要素进行优化配置和动态管理

施工项目的生产要素是施工项目目标得以实现的保证，主要包括劳动力资源、材料、设备、资金和技术（即5M）。生产要素管理的内容包括：

（1）分析各项生产要素的特点。

（2）按照一定的原则、方法对施工项目生产要素进行优化配置，并对配置状况进行评价。

（3）对施工项目各项生产要素进行动态管理。

5. 施工项目的合同管理

由于施工项目管理是在市场条件下进行的特殊交易活动的管理，这种交易活动从投标开始，持续于项目实施的全过程，因此必须依法签订合同。要严格执行合同条款约定，进行履约经营，保证工程项目顺利进行。合同管理势必涉及国内和国际上有关法规和合同文本、合同条件，在合同管理中应予高度重视。

6. 施工项目的信息管理

项目经理部应建立项目信息管理系统，优化信息结构，实现项目管理信息化。项目信息包括项目经理部在项目管理过程中形成的各种数据、表格、图纸、文字、音像资料等。项目经理部应负责收集、整理、管理本项目范围内的信息。项目信息收集应随工程的进展进行，保证真实、准确。必须依靠计算机项目信息管理系统，获得项目管理所需要的大量信息，并使信息资源共享。另外要注意信息的收集与储存，使本项目的经验和教训得到记录和保留，为以后的项目管理提供必要的资料。

7. 组织协调

组织协调指以一定的组织形式、手段和方法，对项目管理中产生的关系不畅进行疏通，对产生的干扰和障碍给予排除的活动。施工项目部应协调好与参建各方的关系，还要协调好内部各个岗位、各个工种之间的关系。

8. 施工现场的管理

应认真搞好施工现场管理，做到文明施工、安全有序、整洁卫生、不扰民、不损害公众利益。施工现场管理是承包人和分包人共同的责任。承包人项目经理部负责施工现场场容文明形象管理的总体策划和部署；各分包人在承包人项目经理部的指导和协调下，按照分区划块原则，搞好分包人施工用地区域的场容文明形象管理规划，严格执行，并纳入承包人的现场管理范畴，接受监督、管理与协调。施工现场场容规范化建立在施工平面图设计的科学合理化和物料器具定位管理标准化的基础上。根据承包人企业的管理水平，建立和健全施工平面图管理和现场物料器具管理标准，为项目经理部提供场容管理策划的依据。由项目经理部结合施工条件，按照施工方案和施工进度计划的要求，认真进行施工平面图的规划、设计、布置、使用和管理。

1.1.2 项目经理部

项目经理部是施工项目管理的工作班子，是施工项目管理的组织保证。因此，只有组建一个好的施工项目经理部，才能有效地实现施工项目管理目标，完成施工项目管理任务。

1. 建立施工项目经理部的基本原则

（1）根据所设计的项目组织形式设置经理部。不同的组织形式对项目经理部的管理力量和管理职责提出了不同的要求，同时也提供了不同的管理环境。

（2）根据工程项目的规模、复杂程度和专业特点设置项目经理部。规模大小不同，职能部门的设置也不同。

（3）项目经理部是一个具有弹性的、一次性的施工管理组织，可以随工程任务的变化而调整。在工程项目施工开始前建立，在工程竣工交付使用后，项目管理任务全面完成，项目经理部解体。

2. 施工项目经理部的部门设置和人员配置

施工项目经理部的部门和人员设置应满足施工全过程项目管理的需要，既要尽量地减少其规模，又要保证能够高效率运转，所确定的各层次的管理跨度要科学合理。

一般情况下，项目经理部下设的部门应包括：

（1）经营核算部门。主要负责预算、合同、索赔、资金收支、成本核算、劳动配置及劳动分配等工作。

（2）工程技术部门。主要负责生产调度、文明施工、技术管理、施工组织设计、计划统计等工作。

（3）物资设备部门。主要负责材料的询价、采购、计划供应、管理、运输、工具管理、机械设备的租赁配套使用等工作。

（4）监控管理部门。主要负责工作质量、安全管理、消防保卫、环境保护等工作。

（5）测试计量部门。主要负责计量、测量、试验等工作。

施工项目经理部的人员配置可根据具体工程项目情况而定，除设置经理、副经理外，还要设置总工程师、总经济师和总会计师及按职能部门配置的其他专业人员。技术业务管理人员的数量根据工程项目的规模大小而定，一般情况下不少于现场施工人员的5%。

3. 施工项目经理部的运作

成立施工项目经理部，建立有效的管理组织是项目经理的首要职责，它是一个持续的过程，需要有较高的领导技巧。项目经理部应该结构健全，包括项目管理的所有工作。在建立各个管理部门时，要选择适当的人员，形成一个能力和专业知识相互配合、相互补充的统一的工作群体。项目经理部要保持最小规模，最大可能地使用现有部门中的职能人员。项目经理的目标是把所有成员的思想和力量集中起来，形成一个统一整体，使各成员为了一个共同的项目目标而努力。

项目经理要明确经理部中的人员安排，宣布对成员的授权，指出各个成员的职权使用范围和应注意的问题。例如对每个成员的职责及相互间的活动进行明确定义和分工，使大家知道各自的岗位有什么责任？该做什么？如何做？需要什么条件？达到什么效果？项目经理要制定或宣布项目管理规范、各种管理活动的优先级关系，部门间相互沟通的渠道。

项目目标和各项工作明确后，人员开始执行分配到的任务，逐步推进工作。项目经理要与成员们一起参与解决问题，共同作出决策。要能接受和容忍成员的不满和抱怨，积极解决矛盾，不能通过压制手段来使矛盾自行解决。项目经理应创造并保持一种有利的工作环境，激励人们朝预定的目标共同努力，鼓励每个人都把工作做得更出色。

项目经理应当采取参与、指导和顾问式的领导方式，而不能采取等级制的、独断的和指令式的管理方式。项目经理分解工作目标、提出要求和限制、制定规则，由组织成员自己决定怎样完成任务。随着项目工作的深入，各方应互相信任，进行很好的沟通和公开的交流，形成和谐的相互依赖关系。

1.1.3 项目经理

项目经理在工程施工的过程中起着重要作用，是施工项目实施过程中所有工作的总负责人，在工程建设过程中起着协调各方面关系、沟通技术、信息等方面的纽带作用。项目经理是参加全国建造师考试取得执业资格，分一级建造师和二级建造师，由所在施工企业在建设主管部门注册岗位资格，经所在施工企业任命的岗位职务。

1. 项目经理的职责

施工项目经理在承担工程项目施工管理过程中，应履行以下职责：

（1）贯彻执行国家和工程所在地政府有关工程建设和建筑管理的法律、法规和政策，执行企业的各项管理制度，维护企业整体利益和经济权益。

（2）严格财经制度，加强财务管理，积极组织工程款回收，正确处理国家、企业和项目及其单位个人的利益关系。

（3）组织制定项目经理部各类管理人员的职责和权限、各项管理规章制度，并认真贯彻执行。

（4）组织编制施工管理规划及目标实施措施，编制施工组织设计并组织实施。

（5）科学地组织施工和加强各项管理，并做好建设单位、监理和各分包单位之间的协调工作，及时解决施工中出现的问题。

（6）执行经济责任书中由项目经理负责履行的各项条款。

（7）对工程项目施工进行有效控制，执行有关技术规范和标准，积极推广应用新技术、新工艺、新材料和项目管理软件集成系统，确保工程质量和工期，实现安全、文明生产，努力提高经济效益。

2. 现代工程项目对项目经理的要求

项目经理部是项目组织的核心，而项目经理领导着项目经理部的工作，所以项目经理居于工程项目的核心地位，他对整个项目经理部及整个项目起着举足轻重的作用。现代工程项目对项目经理的要求越来越高，人们对项目经理的知识结构、工作能力和个人素质也提出了更高的要求。

（1）项目经理必须具有良好的职业道德，爱岗敬业，勇于挑战，勇于承担责任，努力完成自己的职责；具有创新精神和不断开拓发展的进取精神，要诚实守信，忠于职守，任劳任怨；具有很高的社会责任感和道德观念；具有高瞻远瞩、全局性的观念。

（2）项目经理必须具有长期的工程管理工作经历和丰富的工程管理经验，特别是同类项目成功的经历；具有处理人事关系的能力；具有较强的组织管理能力；具有较强的谈判能力。项目经理要有较强的语言表达和逻辑思维能力，讲究谈判技巧，具有较强的说服能力和个人魅力。

（3）项目经理不仅要有专业知识，还要接受过项目管理的专门培训或教育，具有广博的知识，能够对所从事的项目迅速设计解决问题的方法、程序，进行有效的管理。在精于本专业各项技术的同时应该有更广泛的知识面，要了解多个学科、多个专业的知识，形成T形的知识结构。这样就可以在施工中轻松自如地领导各方面的工作，化解来自各方面的矛盾，顺利完成项目施工任务。

项目经理具有良好的素质和熟练的项目施工管理、经营技巧，可以为企业创造丰厚的利润。我国是发展中国家，相对于发达国家还有很大差距，基础设施建设还有很长的路要走，所以要想成长为一名优秀的项目经理，就要积极努力学习，在实践中锻炼自己，更多的为国家和社会做出自己的贡献，实现自身的人生价值和社会价值。

1.2 施工项目安全管理

1.2.1 施工项目安全管理的范围

安全管理的中心问题，是保护生产活动中人的安全与健康，保证生产顺利进行。安全既包括人身安全，也包括财产安全。安全法规、安全技术和工业卫生是安全控制的三大主要措施。安全法规侧重于对劳动者的管理，安全技术侧重于对劳动对象和劳动手段的管理，工业卫生侧重于对环境的管理。具体地说，宏观的安全管理包括：

（1）安全法规。侧重于政策、规程、条例、制度等形式的操作或管理行为，从而使劳动者的安全与身体健康得到应有的法律保障。

（2）安全技术。侧重于对“劳动手段和劳动对象”的管理。包括预防伤亡事故的工程技术和安全技术规范、技术规定、标准、条例等，以规范物的状态，减少或消除对人、对物的危害。

（3）工业卫生。着重工业生产中高温、振动、噪声、毒物的管理。通过防护、医疗、保健等措施，防止劳动者的安全与健康受到有害因素的危害。

从生产管理的角度，安全管理可以概括为：在进行生产管理的同时，通过采用计划、组织、技术等手段，依据并适应生产中的人、物、环境因素的运动规律，使其积极方面能充分发挥，而又利于控制事故不致发生的一切管理活动。

1.2.2 安全管理应遵循的基本原则

1. 正确处理五种关系

（1）安全与危险并存。安全与危险在同一事物的运动中是相互对立的，也是相互依存的。有危险才要进行安全管理。保持生产的安全状态，必须采取多种措施，以预防为主，危险因素就可以得到控制。

（2）安全与生产的统一。安全是生产的客观要求。生产有了安全保障，才能持续稳定地进行。

（3）安全与质量的包含。从广义上看，质量包含安全工作质量，安全概念也内含着质量，两者交互作用。

（4）安全与速度的互保。安全与速度成正比例关系，速度应以安全作保障。

（5）安全与效益的兼顾。安全技术措施的实施，定会改善劳动条件，调动职工积极性，提高工作效率，带来经济效益。

2. 六项基本原则

（1）管生产同时管安全。安全管理是生产管理的重要组成部分。一切与生产有关的机构、人员，都必须参与安全管理并承担安全责任。

（2）坚持安全管理的目的性。安全管理的目的是对生产中的人、物、环境因素状态的管理。只有有针对性地控制人的不安全行为和物的不安全状态，消除或避免事故，才能达到保护劳动者安全与健康的目的。

（3）贯彻预防为主的方针。安全管理是在生产活动中，针对生产的特点，对生产因素采取鼓励措施，有效地控制不安全因素的发展与扩大，把可能发生的事故消灭在萌芽状态。

（4）坚持“四全”动态管理。在生产过程中，坚持全员、全过程、全方位、全天候的动态安全管理。

（5）安全管理重在控制。生产中对人的不安全行为和物的不安全状态进行控制，是动态安全管理的重点。

（6）不断提高安全管理水平。

3. “三同时”与“五同时”

“三同时”指凡是我国境内新建、改建、扩建的基本建设工程项目、技术改造项目和引进的建设项目，其劳动安全卫生设施必须符合国家规定的标准，必须与主体工程同时设计、同时施工、同时投入生产和使用。

“五同时”是指企业的领导和主管部门在策划、布置、检查、总结、评价生产经营的时候，应同时策划、布置、检查、总结、评价安全工作。

4. “四不放过”

“四不放过”是指在调查处理工伤事故时，必须坚持事故原因分析不清不放过，员工及事故责任人受不到教育不放过，事故隐患不整改不放过，事故责任人不处理不放过的原则。

5. “三个同步”

“三个同步”是指安全生产与经济建设、企业深化改革、技术改造同步策划、同步发展、同步实施的原则。

6. 安全标识

安全标识是指在操作人员容易产生错误而造成事故的场所，为了确保安全，提醒操作人员注意所采用的一种特殊标识。

根据国家有关标准，安全标识应由红色几何图形和图形符号构成。必要时，还需要补充一些文字说明与安全标识一起使用。

国家规定的安全标识有红、蓝、黄、绿四种颜色，其含义是：红色表示禁止、停止；蓝色表示指令或必须遵守的规定；黄色表示警告、注意；绿色表示提示、安全状态、通行。安全标识按其用途可分为禁止标识、警告标识、指示标识等三种。安全标识根据其使用目的的不同，可分为防火标识、禁止标识、危险标识、注意标识、救护标识、小心标识、放射性标识、方向标识和指示标识。

1.2.3 不安全因素分析

施工不安定因素包括人的不安全行为和物的不安全状态。

1. 人的不安全行为

人的不安全行为是人表现出来的与人的个性心理特征相违背的非正常行为。主要表现在身体缺陷、错误行为和违纪违章三个方面。

身体缺陷指疾病、职业病、精神失常、智商过低、紧张、烦躁、疲劳、易冲动、易兴奋、运动迟钝、对自然条件和其他环境过敏、不适应复杂和快速工作、应变能力差等。

错误行为指嗜酒、吸毒、吸烟、赌博、玩耍、嬉闹、追逐、误视、误听、误嗅、误触、误动作、误判断、意外碰撞和受阻、误入险区等。

违纪违章指粗心大意、漫不经心、注意力不集中、不履行安全措施、安全检查不认真、不按工艺规程或标准操作、不按规定使用防护用品、玩忽职守、有意违章等。

2. 物的不安全状态

在生产过程中发挥作用的机械、物料、生产对象及其他生产要素统称为物。物都具有不同形式、性质的能量，有出现意外释放能量、引发事故的可能性，这就是物的不安全状态。物的不安全状态表现为三方面，即设备和装置的缺陷、作业场所的缺陷、物质和环境的危险源。

设备和装置的缺陷指机械设备和装置的技术性能降低，强度不够、结构不良、磨损、老化、失灵、腐蚀、物理和化学性能达不到要求等。

作业场所的缺陷指施工场地狭窄、立体交叉作业组织不当、多工种交叉作业不协调、道路狭窄、机械拥挤、多单位同时施工等。

物理和化学的危险源有化学方面的、机械方面的、电气方面的、环境方面的等。

1.2.4 安全管理体系

1. 建立安全管理体系的作用

(1) 职业安全卫生状况是经济发展和社会文明程度的反映。使所有劳动者获得安全与健康是社会公正、安全、文明、健康发展的基本标志，也是保持社会安定团结和经济可持续发展的重要条件。

(2) 安全管理体系不同于安全卫生标准，它对企业环境的安全卫生状态规定了具体的要求和限定，通过科学管理应使工作环境符合安全卫生标准的要求。

(3) 安全管理体系是项目管理体系中的一个子系统，其循环也是整个管理系统循环的一个子系统。

2. 建立安全管理体系的目标

(1) 尽力使员工面临的风险减少到最低限度，并最终实现预防和控制工伤事故、职业病及其他损失的目标。

(2) 通过实施《职业安全卫生管理体系》直接或间接获得经济效益。

(3) 实现以人为本的安全管理。

(4) 提升企业的品牌和形象，项目职业安全卫生是反映企业品牌的重要指标。

(5) 促进项目管理现代化。

(6) 增强对国家经济发展的能力。

3. 安全生产保证体系

项目部成立以项目经理为首的安全领导小组，安检科长全面负责安全工作，下设专职安全员和兼职安全员。

安全生产目标是：杜绝因工死亡事故，不发生重大施工、交通和火灾事故，力争实现零事故。

项目经理为施工安全第一责任人，下设以项目经理为组长，成员以安保科长为主的各科室负责人的施工安全领导小组，负责指导和监督安全施工，制定安全生产管理措施及方法，是工程施工安全的最高领导机构，有权处理一切违章施工行为。

专职安全员以各施工班组长及专业的安全员为成员，具体负责日常的安全工作。检查施工现场的安全隐患，对穿拖鞋上工地、不带安全帽上工地及高空作业不系安全带等安全违章行为进行纠正和处罚，同时负责爆破、拆除、混凝土及土方施工过程中人与设备的安全和防护工作。

由施工员及各专业班组长兼任安全员，负责具体落实分部工程、各工序的安全检查和督促工作，坚决把安全隐患消除在萌芽状态。

1.2.5 施工安全技术措施

(1) 明确安全责任。针对各工种的特点和施工条件，建立健全施工安全管理制度和安全操作规程，要求各级安全员忠于职守，本着对工程高度负责的责任心，对一切违反规定的劳动和违章行为，要坚持原则，及时纠正。

（2）做好安全技术交底工作。各项施工方案、施工工序在付诸实施前，工程师和专职安全员必须事先做好技术交底，强化职工安全保护意识，杜绝违章。特别对于易燃易爆材料，在施工前制定详尽的安全防护措施，确保施工安全。

（3）建立安全生产设施管理制度和劳保用具发放制度，确保工程设施、设备、人员的安全。定期或不定期地对安全生产设施进行检查，发现问题及时进行处理，配备劳保用具和必要的安全生产设施。

（4）密切与业主、当地政府之间的协调联系，及时贯彻执行下达的文件、批示。

（5）施工现场的布置应符合防火、防触电、防雷击等安全规定的要求，现场的生产、生活用房、仓库、材料堆放场、修配间、停车场等临时设施，按监理工程师批准的总平面布置图进行统一部署。

（6）施工场区内的地坪、道路、仓库、加工场、水泥堆放场四周采用砂或碎石进行场地硬化，危险地点悬挂警示灯或警告牌，工作坑设防护围栏和明显的红灯警示，并在醒目的地方设置固定的大幅安全标语及各种安全操作规程牌。

（7）现场实行安全责任人负责制，具体制定各项安全施工规则，检查施工执行情况，对职工进行安全教育，组织有关人员学习安全防护知识，并进行安全作业考试，考试合格的职工才具备进入施工作业面作业的资格。

（8）重视业主和设计提供的气象资料和水文资料，做好抗灾和防洪工作。按照业主和监理要求做好每年的汛前检查工作，配置必要的防汛物资和器材，按要求做好汛情预报和安全度汛工作。若发现有可能危及人身、工程、财产安全的灾害预兆时，应采取切实可行的防灾害措施，确保人身、工程、财产的安全。

（9）定期举行安全会议，适时分析安全工作形势，由项目经理部成员、工区责任人和安全员参加，并做好记录。各作业班组在班前班后对该班的安全作业情况进行检查和总结，并及时处理安全作业中存在的问题。建立和保留有关人员福利、健康和安全的记录档案。

（10）加强安全检查，建立专门安全监督岗，实行安全生产承包责任制。在各自业务范围内，对应实现的安全生产负全责。遇有特别紧急的事故征兆时，停止施工，采取措施确保人员、设备和工程结构安全。

（11）施工现场的生产、生活区按《消防法》有关规定，配备一定数量常规的消防器材，明确消防责任人，并定期按要求进行防火安全检查，及时消除火灾隐患。

（12）住房、库棚、修理间等消防安全距离应符合《消防法》有关规定，严禁在室内存放易燃、易爆、有毒等危险品。

（13）氧气瓶不得沾染油脂，乙炔瓶应安装防回火安全装置，氧气瓶与乙炔瓶必须隔离存放，隔离存放的距离应符合有关安全规定的要求。

（14）现场工作人员应佩戴统一的安全帽，高空作业人员应系好安全带。

（15）施工现场临时用电，严格按《施工现场临时用电安全技术规范》中有关的规定办理。

（16）施工现场和生活区应设置足够的照明，其照明度应不低于国家有关规定。对于夜间施工或特殊场所照明应充足、均匀，在潮湿和易触、带电场所的照明供电电压不应大于36V。

1.2.6 安全事故处理

1. 安全事故的分类

如果一旦发生安全生产事故，首先应进行紧急援救，再进行调查处理。水利水电工程事故按严重程度和影响范围，划分为Ⅰ级、Ⅱ级、Ⅲ级、Ⅳ级。

（1）Ⅰ级。已经或可能死亡（含失踪）30人以上或重伤100人以上，或需转移10万人以上或损失1亿元以上。

（2）Ⅱ级。已经或可能死亡（含失踪）10人以上或重伤50人以上，或需转移1万人以上或损失5000万以上。

（3）Ⅲ级。已经或可能死亡（含失踪）3人以上或重伤30人以上，或需转移1万人以上或损失1000万元以上。

（4）Ⅳ级。已经或可能死亡（含失踪）3人以下或重伤30人以下，或需转移10万人以上或损失1000万以下。

水利水电工程重大质量与安全事故发生后，现场当事人立即报告本单位负责人，单位立即向流域机构或水行政主管部门和事故所在地政府报告，最迟不超过4小时。流域机构或水行政主管部门报上级水行政主管部门和水利部工程建设事故应急指挥部，同时向所在地安全生产监督局报告。报告要求“迅速、准确”。

对事故处理，遵循“三不放过”原则，即“事故原因不查清楚不放过、主要事故责任者和职工未受教育不放过、补救和防范措施不落实不放过”。

2. 预防事故的措施

（1）改进生产工艺，实现机械化、自动化施工。

（2）设置安全装置，包括防护装置、保险装置、信号装置、危险警示。

（3）预防性的机械强度实验和电气绝缘检验。

（4）机械设备的保养和有计划的检修。

（5）文明施工。

（6）正确使用劳动保护用品。

（7）强化民主管理，认真执行操作规程，普及安全技术知识教育。

1.2.7 安全检查

1. 安全检查的内容

安全检查的内容如表2.1.1、表2.1.2所列。

2. 安全检查的一般方法

安全检查的一般方法如表2.1.3所列。

表 2.1.1　　公司、项目经理部或工程队安全检查的内容

检查项目	检　查　内　容
安全生产制度	安全生产管理制度是否健全并认真执行；安全生产责任制是否落实； 安全生产的“五同时”执行得如何；安全生产计划编制执行得如何； 安全生产管理机构是否健全，人员配备是否得当
安全教育	是否坚持新工人入厂三级教育；特殊工种的安全教育坚持得如何； 改变工种和采用新技术等人员的安全教育情况怎样； 对工人日常安全教育进行得怎样；各级领导干部和业务员的安全教育如何
安全技术	有无完善的安全技术操作规程；安全技术措施计划是否完善、及时； 主要安全设施是否可靠；各种机具、机电设备是否安全可靠； 防尘、防毒、防爆、防冻、防火等措施是否妥当； 安全帽、安全带、安全网及其他防护用品和设施是否得当
安全检查	是否坚持执行安全检查制度；是否有违纪、违章现象； 隐患处理得如何；交通安全管理得怎样
安全业务工作	记录、台账、资料、报表等管理得怎样；安全事故报告是否及时； 是否开展事故预测和分析；安全竞赛、评比、总结等工作是否进行

表 2.1.2　　班组安全检查的内容

检查项目	检　查　内　容
作业前检查	班前安全会是否开过；是否坚持每周一次的安全活动； 安全网点的活动开展得怎样；岗位安全生产责任制是否落实； 本工种安全技术操作规程掌握如何；机具、设备准备得如何； 作业环境和作业位置是否清楚，并符合安全要求；是否穿戴好个人防护用品； 主要安全设施是否可靠；有无其他特殊问题
作业中检查	有无违反安全纪律现象；有无违章作业现象； 有无违章指挥现象；有无不懂、不会操作现象； 有无故意违反技术操作现象；作业人员的特异反应如何
作业后检查	材料、物资是否整理；料具、设备是否整顿； 清扫工作做得如何；其他问题解决得如何

表 2.1.3　　安全检查的一般方法

方　法	内　　容
看	看现场环境和作业条件，看实物和实际操作，看记录和资料等
听	听汇报、听介绍、听反映、听意见和批评、听机械设备的运转响声或承重物发出的微弱声等
嗅	对挥发物、腐蚀物、有毒气体进行辨别
问	对影响安全的问题，详细询问，寻根究底
查	查明问题、查对数据、查清原因、追查责任
测	测量、测试、监测
析	分析安全事故的隐患、原因
验	进行必要的实验和化验

1.3 施工项目质量管理

1.3.1 质量管理的主要内容

1. 质量体系的设计（策划）

质量管理的首要工作就是设计或策划科学有效的质量体系，无论是国家、地方、企业或某个组织、单位的质量体系设计，都要从其实际情况和客观需要出发，合理选择质量体系要素，编制质量体系文件，规划质量体系运行步骤和方法，并制定考核办法。

2. 质量管理的组织体制和法规

从我国具体国情出发，研究各国质量管理体制、法规，以博采众长、取长补短、融合提炼成中国社会主义特色的质量管理体制和法规体系，如质量管理组织体系、质量监督组织体系、质量认证体系等，以及质量管理方面的法律、法规和规章。

3. 质量管理的工具和方法

质量管理的基本思想方法是 PDCA，这里 P 指计划（Plan），D 指执行计划（Do），C 指检查计划（Check），A 指采取措施（Action）；基本数学方法是概率论和数理统计方法。由此而总结出各种常用工具，如排列图、因果分析图、直方图、控制图等。

4. 质量抽样检验方法和控制方法

质量指标是具体、定量的。如何抽样检查或检验，怎样实行有效的控制，都要在质量管理过程中正确地运用数理统计方法，研究和制定各种有效控制系统。质量的统计抽样工具、抽样方法标准就成为质量管理工程中一项十分必要的内容。

5. 质量成本和质量管理经济效益的评价

质量成本是从经济性角度评定质量体系有效性的重要方面。科学、有效的质量管理，对企业单位和对国家都有显著的经济效益。如何核算质量成本，怎样定量考核质量管理水平和效果，已成为现代质量管理必须研究的一项重要课题。

此外，还有可信性管理、质量管理经济效果的评定和计算以及质量文化建设等，也是质量管理的重要内容。

1.3.2 全面质量管理

全面质量管理（total quality management 简称 TQM ）是企业管理的中心环节，是企业管理的纲，它和企业的经营目标是一致的。这就是要求将企业的生产经营管理和质量管理有机地结合起来。

1. 全面质量管理的基本要求

（1）全过程的管理。任何一个工程（产品）的质量，都有一个产生、形成和实现的过程，整个过程是由多个相互联系、相互影响的环节所组成，每一环节都或重或轻地影响着最终的质量状况。因此，要搞好工程质量管理，必须把形成质量的全过程和有关因素控制起来，形成一个综合的管理体系，做到以防为主，防检结合，重在提高。

（2）全员的质量管理。工程（产品）的质量是企业各方面、各部门、各环节工作质量的反映。每一环节，每一个人的工作质量都会不同程度地影响着工程（产品）最终质量。工程质量人人有责，只有人人都关心工程的质量，作好本职工作，才能生产出好质量的工程。

（3）全企业的质量管理。全企业的质量管理一方面要求企业各管理层次都要有明确的质量管理内容，各层次的侧重点要突出，每个部门应有自己的质量计划、质量目标和对策，层层控制；另一方面就是要把分散在各部门的质量职能发挥出来。如水利水电工程中的“三检制”，就充分反映了这一观点。

（4）多方法的管理。影响工程质量的因素越来越复杂：既有物质的因素，又有人为的因素；既有技术因素，又有管理因素；既有内部因素，又有企业外部因素。要搞好工程质量，就必须把这些影响因素控制起来，分析它们对工程质量的不同影响。灵活运用各种现代化管理方法来解决工程质量问题。

2. 全面质量管理的基本观点

（1）质量第一。任何产品都必须到达所要求的质量水平，否则就没有或未实现其使用价值，从而给消费者、给社会带来损失。从这个意义上讲，质量必须是第一位的。贯彻“质量第一”就要求企业全员，尤其是领导层，要有强烈的质量意识；要求企业在确定质量目标时，首先应根据用户或市场的需求，科学的确定质量目标，并安排人力、物力、财力予以保证。当质量与数量、社会效益与企业效益、长远利益与眼前利益发生矛盾时，应把质量、社会效益和长远利益放在首位。

“质量第一”并非“质量至上”。质量不能脱离当前的市场水准，也不能不问成本一味的讲求质量。应该重视质量成本的分析，把质量与成本加以统一，确定最适合的质量。

（2）用户至上。在全面质量管理中，这是一个十分重要的指导思想。“用户至上”就是要树立以用户为中心，为用户服务的思想。要使产品质量和服务质量尽可能满足用户的要求。产品质量的好坏最终应以用户的满意程度为标准。这里，所谓用户是广义的，不仅指产品出厂后的直接用户，而且指在企业内部，下道工序是上道工序的用户。如混凝土工程，模板工程的质量直接影响混凝土浇筑这一下道关键工序的质量。每道工序的质量不仅影响下道工序质量，也会影响工程进度和费用。

（3）预防为主。质量是设计、制造出来的，而不是检验出来的。在生产过程中，检验是重要的，它可以起到不允许不合格品出厂的把关作用，同时还可以将检验信息反馈到有关部门。但影响产品质量好坏的真正原因并不在检验，而主要在于设计和制造。设计质量是先天性的，在设计的时候就已经决定了质量的等级和水平；而制造只是实现设计质量，是符合性质量。两者不可偏废，都应重视。

（4）用数据说话。这就是要求在全面质量管理工作中具有科学的工作作风，在研究问题时不能满足于一知半解和表面，对问题不仅有定性分析还尽量有定量分析，做到心中有“数”。这样可以避免主观盲目性。

在全面质量管理中广泛地采用了各种统计方法和工具，其中用得最多的有“七种工具”，即因果图、排列图、直方图、相关图、控制图、分层法和调查表。常用的数理统计方法有回归分析、方差分析、多元分析、实验分析、时间序列分析等。

（5）全面管理。在开展质量管理活动过程中，突出“全”。要求实行全员、全企业、全过程的管理。人的因素是最积极、最重要的因素。与质量检验阶段和统计质量控制阶段相比较，全面质量管理阶段格外强调调动人的积极因素的重要性。这是因为现代化生产多为大规模系统，环节众多，联系密切复杂，远非单纯靠质量检验或统计方法就能奏效的。必须调动人的积极因素，加强质量意识，发挥人的主观能动性，以确保产品和服务的质量。全面质量管理的特点之一就是全体人员参加的管理，“质量第一，人人有责”。

要提高质量意识，调动人的积极因素，一靠教育，二靠规范，需要通过教育培训和考核，同时还要依靠有关质量的立法以及必要的行政手段等各种激励及处罚措施。

（6）一切按 PDCA 循环进行。PDCA 循环是质量体系活动所应遵循的科学工作程序，周而复始，内外嵌套，循环不已，以求质量不断提高。质量保证体系运转方式是按照计划（P）、执行（D）、检查（C）、处理（A）的管理循环进行的。

1.3.3 质量保证体系的建立和运转

工程项目在实施过程中，要建立质量保证机构和质量保证体系，图 2.1.1 和图 2.1.2 即为某工程项目的质量保证机构和质量保证体系。

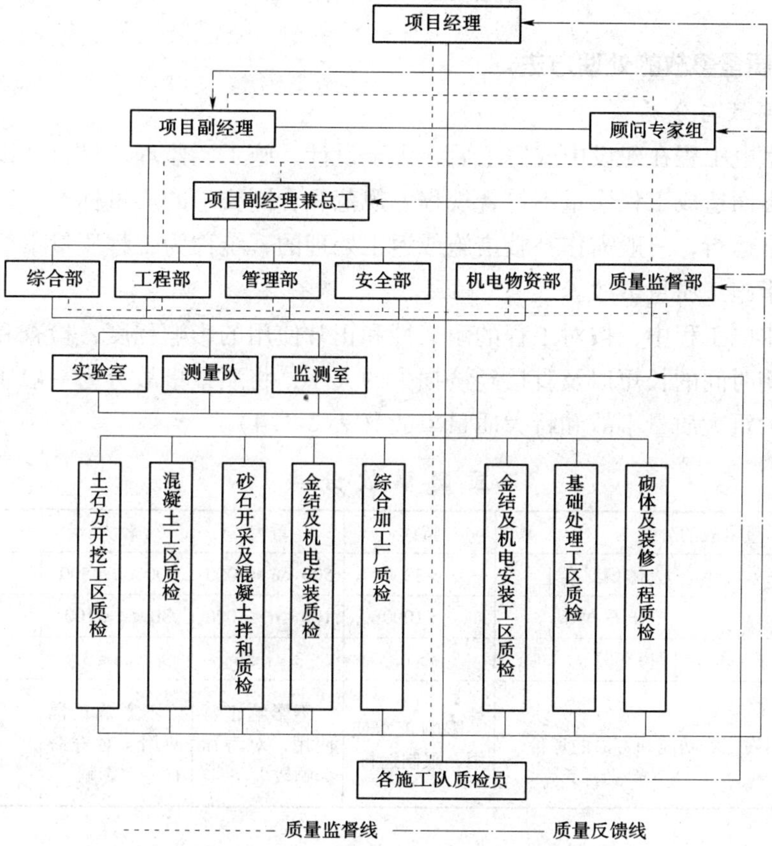

图 2.1.1　质量保证机构框图

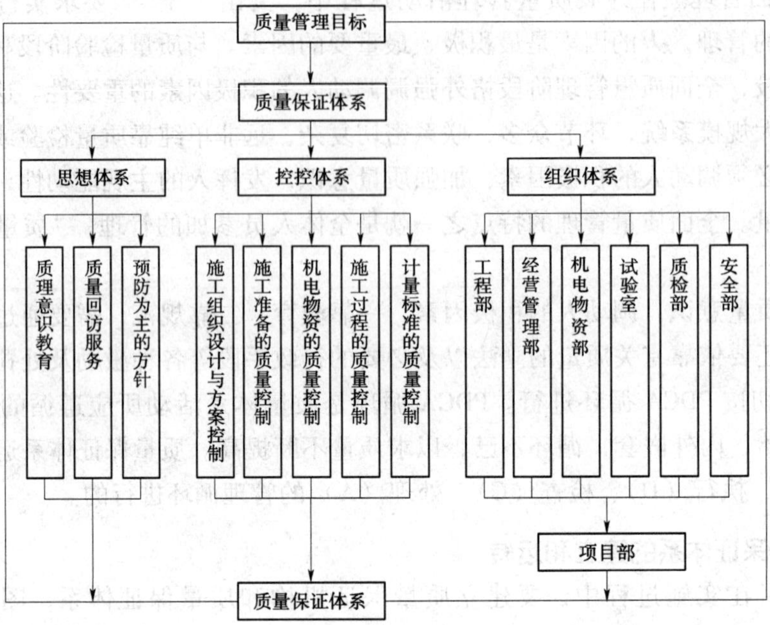

图 2.1.2　质量保证体系

1.3.4　施工质量事故的处理方法

1. 工程事故与分类

凡水利水电工程在建设中或完工后，由于设计、施工、监理、材料、设备、工程管理和咨询等方面造成工程质量不符合规程、规范和合同要求的质量标准，影响工程的使用寿命或正常运行，一般需作补救措施或返工处理的，统称为工程质量事故。日常所说的事故大多指施工质量事故。

在水利水电工程中，按对工程的耐久性和正常使用的影响程度，检查和处理质量事故对工期影响时间的长短以及直接经济损失的大小，将质量事故分为一般质量事故、较大质量事故、重大质量事故和特大质量事故（表 2.1.4）。

表 2.1.4　　　　质量事故分类

质量事故的分类		特大	重大	较大	一般
直接经济损失 a（万元）	大体积混凝土	$a>3000$	$500<a<3000$	$100<a\leqslant500$	$20<a\leqslant100$
	土石方等	$a>1000$	$100\leqslant a\leqslant1000$	$30<a\leqslant100$	$10<a\leqslant30$
事故处理所需要时间 t（月）		$t>6$	$3<t\leqslant6$	$1<t\leqslant3$	$0<t\leqslant1$
事故处理后对工程功能和寿命的评价		影响正常使用，限制运行	不影响正常使用，对寿命影响较大	不影响正常使用，对寿命有一定影响	不影响正常使用和工程寿命

2. 工程事故的处理方法

（1）事故发生的原因。工程质量事故发生的原因很多，最基本的还是人、机械、材料、工艺和环境几方面。一般可分直接原因和间接原因两类。

直接原因主要有人的行为不规范和材料、机械的不符合规定状态。如设计人员不按规范设计、监理人员不按法则进行监理、施工人员违反规程操作等，属于人的行为不规范；又如水泥、钢材等某些指标不合格，属于材料不符合规定状态。

间接原因是指质量事故发生地的环境条件，如施工管理混乱、质量检查监督失职、质量保证体系不健全等。间接原因往往导致直接原因的发生。

事故原因也可从工程建设的参建各方来寻查，业主、监理、设计、施工和材料、机械、设备供应商的某些行为或各种方法也会造成质量事故。

（2）事故处理的原则。质量事故发生后，应坚持“三不放过”的原则，即事故原因不查清不放过，事故主要责任人和职工未受到教育不放过，补救措施不落实不放过。

发生质量事故，应向有关部门（业主、监理单位、设计单位和质量监督机构等）立即汇报，并提交事故报告。

由质量事故而造成的损失费用，坚持事故责任是谁由谁承担的原则。如责任在施工承包商，则事故分析与处理的一切费用由承包商自己负责；施工中事故责任不在承包商，则承包商可依据合同向业主提出索赔；若事故责任在设计或监理单位，应按照有关合同条款给予相关单位必要的经济处罚。构成犯罪的，移交司法机关处理。

（3）事故处理的程序方法。事故处理的程序是：①下达工程施工暂停令；②组织调查事故；③事故原因分析；④事故处理与检查验收；⑤下达复工令。

事故处理的方法有两大类：

1）修补。这种方法适合于通过修补可以不影响工程的外观和正常使用的质量事故。此类事故是施工中多发的。

2）返工。这类事故是严重违反规范或标准，影响工程使用和安全，且无法修补，必须返工。

有些工程质量问题，虽严重超过了规程、规范的要求，已具有质量事故的性质，但可针对工程的具体情况，通过分析论证，不需作专门处理，但要记录在案。如混凝土蜂窝、麻面等缺陷，可通过涂抹、打磨等方式处理；由于欠挖或模板问题使结构断面被削弱，经设计复核验算，仍能满足承载要求的，也可不作处理，但必须记录在案，并有设计和监理单位的鉴定意见。

1.4 施工进度项目控制

施工进度的控制是影响工程项目建设目标实现的关键因素之一。其控制的总任务是在满足工程项目建设总进度计划要求的基础上，编制或审核施工进度计划，对其执行情况进行动态控制与调整，以保证工程项目按期实现控制的目标。

1.4.1 施工进度计划的控制方法

施工项目进度控制是工程项目进度控制的主要环节，常用的控制方法有横道图控制法、S形曲线控制法、“香蕉”曲线法、前锋线法和列表法。

1. 横道图控制法

横道图控制法是在项目过程实施中，收集检查实际进度的信息，经整理后直接用横道线表示，并直接与原计划的横道线进行比较。

2. S形曲线控制法

S形曲线是一个以横坐标表示时间，纵坐标表示工作量完成情况的曲线图。该工作量的具体内容可以是实物工程量、工时消耗或费用，也可以是相对的百分比。对于大多数工程项目来说，在整个项目实施期内单位时间（以天、周、月、季等为单位）的资源消耗（人、财、物的消耗）通常是中间多而两头少。由于这一特性，资源消耗累加后便形成一条中间陡而两头平缓的形如“S”的曲线。

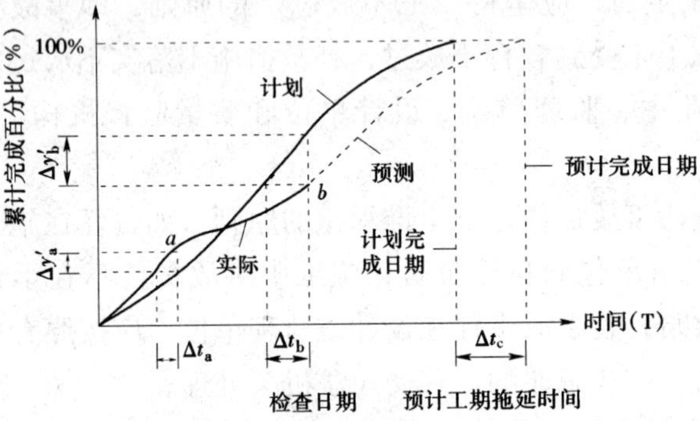

图2.1.3　S形曲线比较图

像横道图一样，S形曲线也能直观地反映工程项目的实际进展情况。项目进度控制工程师事先绘制进度计划的S形曲线。在项目施工过程中，每隔一定时间按项目实际进度情况绘制完工进度的S形曲线，并与原计划的S形曲线进行比较，如图2.1.3所示。

3. “香蕉”曲线法

“香蕉”曲线是由两条以同一开始时间、同一结束时间的S形曲线组合而成。其中，一条S形曲线是工作按最早开始时间安排进度所绘制的S形曲线，简称ES曲线；而另一条S形曲线是工作按最迟开始时间安排进度所绘制的S形曲线，简称LS曲线。除了项目的开始和结束点外，ES曲线在LS曲线的上方，同一时刻两条曲线所对应完成的工作量是不同的。在项目实施过程中，理想的状况是任一时刻的实际进度在这两条曲线所包区域内的R曲线，如图2.1.4所示。

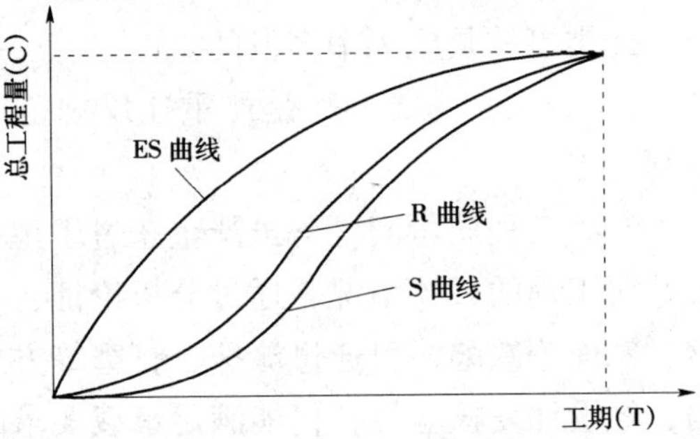

图2.1.4　“香蕉”曲线图

1.4.2　进度计划实施中的调整方法

1. 分析偏差对后继工作和工期的影响

当进度计划出现偏差时，需要分析偏差对后继工作产生的影响。分析的方法主要是利用网络计划中工作的总时差和自由时差来判断。工作的总时差（*TF*）不影响项目工期，但影响后继工作的最早开始时间，是工作拥有的最大机动时间；而工作的自由时差（*FF*）是指在不影响后继工作的最早开始时间的条件下，工作拥有的最大机动时间。利用时差分析进度计划出现的偏差，可以了解进度偏差对进度计划的局部影响（后继工作）和对进度计划的总体影响（工期）。进度偏差对后继工作和工期影响分析过程进度偏差对后续工作和工期影响分析过程如图 2.1.5 所示。

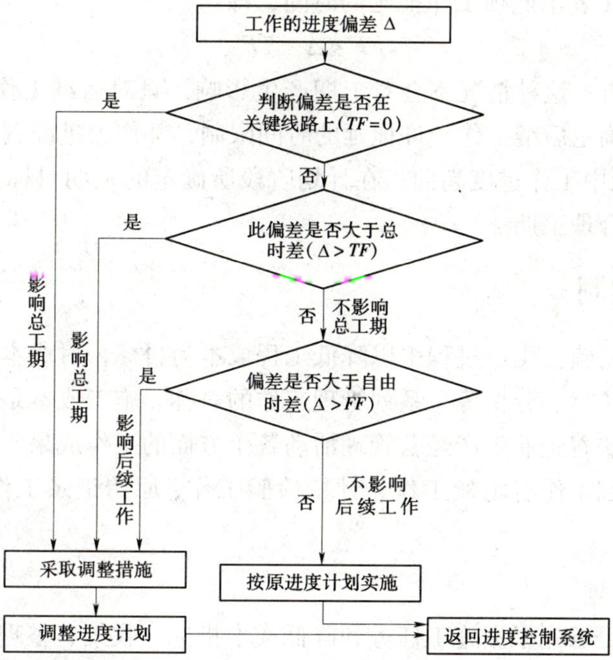

图 2.1.5　进度偏差对后续工作和工期影响分析过程

2. 进度计划实施中的调整方法

(1) 改变工作之间的逻辑关系。这种方式主要是通过改变关键线路上工作之间的先后顺序、逻辑关系来实现缩短工期的目的。采取这种方式进行调整时，由于增加了工作之间的相互搭接时间，进度控制工作显得更加重要，实施中必须做好协调工作。

(2) 改变工作延续时间。这种方式与第一种方式不同，它主要是对关键线路上工作本身的调整，工作之间的逻辑关系并不发生变化。这种调整方式通常在网络计划图上直接进行，其调整方法与限制条件以及对后继工作的影响程度有关，一般可考虑以下几种情况。

1) 在网络图中，某项工作进度拖延，但拖延的时间在该工作的总时差范围内，自由时差以外。若用 Δ 表示此项工作拖延的时间，即：

$$FF < \Delta < TF$$

根据前面的分析，这种情况不会对工期产生影响，只对后继工作产生影响。因此，在进行调整前，要确定后继工作允许拖延的时间限制，并作为进度调整的限制条件。

2) 在网络图中，某项工作进度的拖延时间大于项目工作的总时差，即：

$$\Delta > TF$$

这时该项工作可能在关键线路上 ($TF=0$)，也可能在非关键线路上，但拖延的时间超过了总时差 ($\Delta > TF$)。调整的方法是以工期的限制时间作为规定工期，对未实施的网络计划进行工期和费用优化。通过压缩网络图中某些工作的持续时间，使总工期满足规定工期的要求。

3）在网络图中，某项工作进度拖延，但拖延的时间在该工作的总时差范围内，自由时差以外。若用Δ表示此项工作拖延的时间，即：

$$FF < \Delta < TF$$

根据前面的分析，这种情况不会对工期产生影响，只对后继工作产生影响。因此，在进行调整前，要确定后继工作允许拖延的时间限制，并作为进度调整的限制条件。

4）在网络计划中工作进度超前。在计划阶段所确定的工期目标，往往是综合考虑各方面因素优选的合理工期。

1.5 施工成本控制

施工成本控制是施工生产过程中以降低工程成本为目标，对成本的形成所进行的预测、计划、控制、核算、分析等一系列管理工作的总称。施工成本是施工过程工作质量的综合性指标，反映着企业生产经营管理活动各个方面的工作成果。

成本控制的基础工作有定额工作、计量检验工作、原始记录工作、内部价格工作、编制施工预算等。

1.5.1 编制成本计划

编制程序大致是首先根据施工任务和降低成本指标，收集、整理所需要的资料。然后以计划部门为主，财务部门配合，对上述资料进行研究分析，比先进，找差距，挖掘企业潜力，提出降低成本的目标。再由技术生产部门会同有关部门共同研究，提出降低成本的技术组织措施计划，会同行政部门，根据人员定额和费用开支范围，编制管理费用计划。在此基础上，由计划财务部门会同有关部门编出降低成本计划。

降低工程成本的措施一般包括：

（1）加强施工生产管理，合理组织施工生产，正确选择施工方案，进行现场施工成本控制，降低工程成本。

（2）提高劳动生产率。

（3）节约材料物资。

（4）提高机械设备利用率和降低机械使用费。

（5）节约施工管理费。

（6）加强技术质量管理，积极推行新技术、新结构、新材料、新工艺。

1.5.2 工程成本综合分析

工程成本综合分析，就是从总体上对企业成本计划执行的情况进行较为全面概略的分析。

在经济活动分析中，一般把工程成本分为三种：预算成本、计划成本和实际成本。

预算成本，一般为施工图预算所确定的工程成本；在实行招标承包工程中，一般为工程承包合同价款减去法定利润后的成本。因此又称为承包成本。

计划成本是在预算成本的基础上，根据成本降低目标，结合本企业的技术组织措施计划和施工条件等所确定的成本。是企业降低生产消耗费用的奋斗目标，也是企业成本控制的基础。

实际成本是指企业在完成建筑安装工程施工中实际发生费用的总和。是反映企业经济活动效果的综合性指标。计划成本与预算成本之差即为成本计划降低额，实际成本与预算成本之差即为成本实际降低额。将实际成本降低额与计划成本降低额比较，可以考察企业降低成本的执行情况。

工程成本的综合分析，一般可分以下三种情况：

(1) 实际成本与计划成本进行比较，以检查完成降低成本计划情况和各成本项目降低和超支情况。

(2) 对企业间各单位之间进行比较，从而找出差距。

(3) 本期与前期进行比较，以便分析成本管理的发展情况。

在进行成本分析时，既要看成本降低额，又要看成本降低率。成本降低率是相对数，便于进行比较，看出成本降低水平。

1.5.3 施工成本偏差分析方法

1. 横道图法

用横道图法进行施工成本偏差分析，是用不同的横道标识已完工程计划施工成本、拟完工程计划施工成本和已完工程实际施工成本，横道的长度与其金额成正比例。横道图法的优点是形象、直观、一目了然。一般用于项目的决策分析层次。

2. 表格法

表格法是进行偏差分析最常用的一种方法，它具有灵活、适用性强、信息量大、便于计算机辅助施工成本控制等特点。

本章习题

2.1.1 施工项目管理的主要工作有哪些？

2.1.2 施工项目经理部如何设置？

2.1.3 施工安全管理的主要工作有哪些？如何搞好现场施工安全管理？

2.1.4 什么是全面质量管理？什么是PDCA？

2.1.5 质量事故处理的程序是什么？其等级如何划分？

2.1.6 施工进度控制的方法有哪些？如何进行施工进度控制？

2.1.7 如何进行施工综合成本分析？施工成本偏差分析方法有哪些？

第2章 水利水电工程结算

教学要求：熟悉工程计量原则、方法和组织；熟悉工程款支付条件；掌握工程款支付的各种形式和支付方法；掌握索赔处理与变更处理方法。

2.1 工程计量与工程款支付

2.1.1 工程计量

计量是指监理工程师根据合同规定，对承包商已完成工程量及进场材料等所进行的核查和测量，并对工程记录和图纸等做检查；支付是指业主根据监理工程师签字认可的付款证书向承包商付给应付的款项。合同条款中有关计量与支付的条款，是业主赋予监理工程师的主要权力，也是业主对承包商应交付质量合格工程的制约。

水利水电工程施工承包合同大多采用单价合同，其支付款额的基本模式就是工程量乘以单价。每个项目的单价在工程量清单中已经确定，但工程数量的确定涉及计量单位、计量对象、计量方法、计量的组织与程序等问题。

1. 计量对象

计量对象指应予支付的工程项目的工程量，根据该量乘以单价来确定支付金额。予以支付的工程量，必须满足下述三个条件：

（1）内容上必须是工程量清单中所列的项目，对于工程量清单以外的（如承包人自己规划设计的施工便桥、脚手架等）将不予计量。另外就是已由监理人发出变更指令的工程变更项目和获得监理人专门予以批准的项目的工程量。

（2）质量上必须是已完成且经检验、质量达到合同规定的技术标准的工程量。

（3）数量上必须是按合同规定的计量原则和方法所确定的工程量，称为支付工程量。在FIDIC条款中，称为工程量的净值。

（4）计量项目的申报资料和验收手续应齐全。

支付工程量并不是工程量清单中所标明的估算工程量。估算工程量是招标时根据图纸估算的，它只是提供给投标人做标价所用，不能表示完成工程的实际的、确切的工程量。

支付工程量也不是承包商实际所完成的工程量（实际工程量）。一般情况下，这两者应该是相等的，即应按承包商实际完成的工程量予以支持。然而，在某种情况下，由于计量方法或承包商工作的失误，两者有可能不相等，例如隧洞开挖，由于承包商布眼不当而过多地爆落了石方，相应地也增加了混凝土回填量，这种实际上完成的工程量是不应予以支付的，因为这是承包商工作不当造成的，理应由承包商承担。再例如碾压土坝，为了能压实到规定的密度，施工中必须在边坡线外加填部分土方，称为超填，以后再行消除。如果合同规定土坝工程量按设计图纸计量，则这部分实际完成的工程量也不可能计入支付工程量。然而，这种情况又是施工所必需的，如果由承包商来承担损失，显然也是不合理的。通常对该情况采用两种方法进行处理：一是在工程量清单中增加这部分合理超填，另立项目或在原工程量中加上一个百分比；二是将这部分工程量（指超填部分）费用分摊到可以计量的支付工程量的单价中去。

2. 计量方法

除包干项目之外，所有工程项目的计量都要执行一定的测量和计算方法，这直接关系到计量的准确性。各个项目的计量方法，在合同的技术条款的计量与支付中一般均作出规定，实际计算方法必须与合同文件中所规定的计算方法相一致。一般情况下，有以下几种方法：

（1）现场测量。现场测量就是根据实际完成的工程情况，按规定的方法进行丈量、测算，最终确定支付工程量。

（2）按设计图纸测算。按设计图纸测算是指根据施工图对完成的工程进行计算，以确定支付的工程量。

（3）仪表测量。仪表测量是指通过使用仪表对所完成的工程进行计量。

（4）按单据计算。按单据计算是指根据工程实际发生的发票、收据等，对所完成工程进行的计量。

（5）按监理人批准计量。按监理人批准计量是指在工程实施中，监理人批准确认的工程量直接作为支付工程量，承包商据此支付申请工作。

3. 计量的组织

工程计量一般由监理人负责，也可以由承包商在监理人的监督和管理下进行。采用哪种方式，应事先在合同中加以明确规定。《水利水电土建工程施工合同条件》规定：

（1）承包人应按合同规定的计量办法，按月对已完成的质量合格的工程进行准确计量，并在每月末随同月付款申请单，按工程量清单的项目分项向监理人提交完成工程量月报表和有关计量资料。

（2）监理人对承包人提交的工程量月报表进行复核，以确定当月完成的工作量疑问时，可以要求承包人派员与监理人共同复核，并可要求承包人按合同有关规定进行抽样复测。此时，承包人应积极配合和指派代表协助监理单位进行复核并按监理人的要求提供补充的计量资料。

（3）若承包人未按监理人的要求派代表参加复核，则监理人复核修正的工程量应被视为该部分工程的准确工程量。

（4）监理人认为有必要时，可要求与承包人联合进行测量计量，承包人应遵照执行。

（5）承包人完成了《工程量清单》中每个项目的全部工程量后，监理人应要求承包人派员共同对每个项目的历次计量报表进行汇总和通过核实该项目的最终结算工程量，并可要求承包人提供补充计量资料，以确定该项目最后一次进度付款的准确工程量。如承包人未按监理人的要求派员参加，则监理人最终核实的工程量应被视为该项目完成的准确工程量。

2.1.2 工程款支付

1. 工程款支付的条件

工程款支付必须符合下列条件：

（1）工程质量合格项目。

（2）若有工程变更，必须是有监理人变更指令的工程项目。

（3）符合合同条件规定的项目。

（4）月支付款应大于合同规定的最低限额。

（5）承包商的工程活动使监理人满意等。

2. 工程款支付的形式

（1）工程预付款。在工程开工以前，业主按施工合同规定向承包商支付预付款，以供承包商调遣人员和施工机械、购买建筑材料及设备，以及在工程现场进行施工准备、设置办公生活设施等。预付款总额一般为合同价的15%左右，具体由合同双方根据工程具体情况确定，《水利水电土木工程施工合同条件》规定工程预付款总金额不低于合同价格的10%，分两次支付，第一次支付金额不低于预付款总金额的40%，一般为50%，在承包商出具预付款保函（数额等同于工程预付款）后支付；第二次支付需待承包商主要设备进入工地后，其完成的工作和进场的设备的估算价值以达到与付款金额时支付。预付款实际上为业主对承包商的无息贷款，开工以后从承包商取得的工程进度款中陆续扣还，扣还办法应在合同中规定。

《水利水电土木工程施工合同条件》（GF—2000—0208）规定按完成工程量的一定比例，计算累计扣回工程预付款的金额，即：

$$R = A(C - F_1 S)/(F_2 - F_1)S \tag{2.2.1}$$

式中 R——累计扣回工程预付款金额，$0 \leqslant R \leqslant A$，某月计算的 R 应减去上月的累计扣回工程预付款金额 $R_{上}$，才为当月应扣的工程预付款；

A——工程预付款总金额；

S——合同价；

C——合同累计完成金额；

F_1——合同规定的开始扣工程预付款时合同累计完成金额达到合同价格的比例，一般为20%；

F_2——合同规定的工程预付款全部扣完时合同累计完成金额达到合同价格的比例，一般为90%。

（2）工程进度款。按每月完成的工程量和对应工程的价格每月支付一次工程进度款。承包商每月末向监理人提交该月的付款申请，其内容包括完成的工程量、工程质量、使用材料等计价资料。监理人收到申请后限期审核，并上报业主支付款项。但要在工程进度款中按合同的具体办法扣除预付款和保留金。

（3）工程结算与最后付款。当工程接近尾声时，要进行工程结算工作。对按总价付款的项目，在通过竣工验收后，就应支付给承包商总款项（扣除保留金）。若是按每价付款的项目，尽管已按月进度付工程进度款，但计算付款的工程量不一定准确，因此工程完工时应当重新测定实际完成的工作量，并据以计算应付款项目，办理结算。

（4）保留金。它是业主从承包商的进度款中扣留的金额，目的是促使承包商尽快完成合同任务，做好工程维护工作。保留金一般取应付金额的5%～10%，但其累计额不应超过合同价的5%。通过竣工验收后，业主应将保留金的50%退给承包商，保修期（缺陷责任期）期满后业主应退还全部保留金。

3. 物价变化的合同价格调整

水利水电工程一般建设周期较长，在此期间，物价上涨的风险不可避免。一般情况下，施工期现在一年之内的工程或采用总价合同的工程项目，可以不考虑价格调整问题。施工期现在一年以上的工程在合同中应明确物价波动后合同价格调整的方式和方法，通常有文件凭证法和公式法两种方法。

因人工、材料和设备等价格波动影响合同价格时，按公式（2.2.2）计算差额，调整合同价格。

$$\Delta P = P_0\left(A + \sum B_n \frac{F_{tn}}{F_{on}} - 1\right) \tag{2.2.2}$$

式中 ΔP——需调整的价格差额；

P_0——付款证书中承包人应得到的已完成工程量的金额（不包括价格调整，不计保留金的扣留和支付以及预付款的支付和扣还；对第39条规定的变更，若已按现行价格计价的亦不计在内）；

A——定值权重（即不调部分的权重）；

B_n——各可调因子的变值权重（即可调部分的权重），为各可调因子在合同估算价中所占的比例；

F_{tn}——各可调因子的现行价格指数，指付款证书相关周期最后一天前42天的各可调因子的价格指数；

F_{on}——各可调因子的基本价格指数，指投标截止到日前42天的各可调因子的价格指数。

式2.2.2中的各可调因子、定值和变值权重，以及基本价格指数及其来源规定在投标辅助资料的价格指数和权重表内。价格指数应首先采用国家或省、自治区、直辖市的政府物价管理部门或统计部门提供的价格指数，若缺乏上述价格指数时，可采用上述部门提供的价格或双方商定的专业部门提供的价格指数或价格代替。

2.1.3 完工结算

工程完工验收报告经发包人认可后28天，承包人向发包人递交完工结算报告及完整的结算资料。工程完工验收报告经发包人认可后28天内，承包人未能向发包人递交完工结算报告及完整的结算资料，造成工程完工结算不能正常进行或工程完工结算价款不能及时支付，发包人要求交付工程的，承包人应当交付；发包人不要求交付工程的，承包人承担保管责任。

发包人自收到完工结算报告及结算资料后 28 天内进行核实，确认后支付工程结算价款。承包人收到完工结算价款后 14 天内将完工工程交付发包人。

发包人自收到完工结算报告及结算资料后 28 天内无正当理由不支付工程完工结算价款，从第 29 天按承包人同期向银行贷款利率支付拖欠工程价款的利息，并承担违约责任。

为了保证保修任务的完成，承包人应当向发包人支付保修金，也可由发包人从应付承包人工程款内预留。质量保留金的比例及金额由双方按有关部门规定的比例约定。工程的质量保证期期满后，发包人应当及时结算和返还（如有剩余）质量保修金。发包人应当在质量保证期期满后 14 天内，将剩余保修金和按约定利率计算的利息返还承包人。

2.2 工程变更与索赔

2.2.1 不可抗力影响

不可抗力是指合同当事人不能预见、不能避免并不能克服的客观情况。工程施工中的不可抗力包括因战争、动乱、空中飞行物坠落或其他非发包人责任造成的爆炸、火灾，以及专用条款约定的风、雨、雪、洪水、地震等自然灾害。不可抗力事件，对施工合同的履行会造成较大的影响。合同双方当事人在合同中应当明确不可抗力的范围，并在施工合同履行中，加强管理，在可能的范围减少不可抗力事件的发生（如爆炸、火灾等有时就是因为管理不善引起的）。不可抗力事件发生后，承包人应在力所能及的条件下迅速采取措施，尽量减少损失，并在不可抗力事件结束后 48h 内向工程师通报受害情况和损失情况，及预计清理和修复的费用。发包人应协助承包人采取措施。不可抗力事件持续发生，承包人应每隔 7 天向工程师报告一次受害情况，并于不可抗力事件结束后 14 天内，向监理工程师提交清理和修复费用的正式报告及有关资料。

因不可抗力事件导致的费用及延误的工期由双方按以下方法分别承担。

（1）工程本身的损害、第三方人员伤亡和财产损失以及运至施工场地用于施工的材料和待安装的设备的损害，由发包人承担。

（2）承、发包双方人员伤亡由其所在单位负责，并承担相应费用。

（3）承包人机械设备损坏及停工损失，由承包人承担。

（4）停工期间，承包人应监理工程师要求留在施工场地的必要的管理人员及保卫人员的费用由发包人承担。

（5）工程所需清理、修复费用，由发包人承担。

（6）延误的工期相应顺延。

因合同一方延迟履行合同后发生不可抗力的，不能免除相应责任。

2.2.2 工程变更管理

1. 设计变更

（1）在施工过程中如果发生设计变更，将对施工进度产生很大的影响。因此，应尽量减少设计变更。施工中发包人如果需要对原工程设计进行变更，应不迟于变更前14天以书面形式向承包人发出变更通知，变更超过原设计标准或者批准的建设规模时，须经原规划管理部门和其他有关部门审查批准，并由原设计单位提供变更的相应的图纸和说明。发包人办妥上述事项后，承包人根据发包人变更通知并按工程师要求进行变更。

（2）承包人应当严格按照图纸施工，不得随意变更设计。施工中承包人提出的合理化建议涉及到对设计图纸或者施工组织设计的变更及对原材料、设备的换用，须经工程师同意。工程师同意变更后，也须经原规划管理部门和其他有关部门审查批准，并由原设计单位提供变更的相应的图纸和说明。承包人未经工程师同意擅自变更设计的，因擅自变更设计发生的费用和由此导致发包人的直接损失，由承包人承担，延误的工期不予顺延。

工程师同意采用承包人合理化建议，所发生的费用和获得的收益，由承发包双方另行约定分担或者分享。

（3）设计变更事项。能够构成设计变更的事项包括以下变更。

1）更改有关部分的标高、基线、位置和尺寸。

2）增减合同中约定的工程量。

3）改变有关工程的施工时间和顺序。

4）其他有关工程变更需要的附加工作。

由于发包人对原设计进行变更，以及经工程师同意的、承包人要求进行的设计变更，导致合同价款的增减及造成承包人的损失，由发包人承担，延误的工期相应顺延。

2. 其他变更

合同履行中发生的其他实质性变更，由双方协商解决。

3. 变更价款的确定

（1）变更价款的确定程序。设计变更发生后，承包人在工程设计变更确定后14天内，提出变更工程价款的报告，经工程师确认后调整合同价款。承包人在确定变更后14天内不向工程师提出变更工程价款报告时，视为该项设计变更不涉及合同价款的变更。工程师收到变更工程价款报告之日起14天内，予以确认。工程师无正当理由不确认时，自变更价款报告送达之日起14天后变更工程价款报告自行生效。

（2）变更价款的确定方法。变更合同价款按照下列方法进行。

1）合同中已有适用于变更工程的价格，按合同已有价格计算、变更合同价款。

2）合同中只有类似变更工程的价格，可以参照此价格确定变更价格，变更合同价款。

3）合同中没有适用或类似于变更工程的价格，由承包人提出适当的变更价格，经工程师确认后执行。

2.2.3 施工索赔管理

索赔是指在合同实施过程中，当事人一方不履行或未正确履行其义务，而使另一方受到损失，受损失的一方向违约方提出的赔偿要求。在施工承包中，施工索赔是指承包人由于非自身原因发生了合同规定之外的额外工作或损失，而向发包人所要求费用和工期方面的补偿。索赔是一种合理要求，是应取得的补偿。索赔不仅是承包人向发包人提出，还包括发包人向承包人提出，也常称反索赔，索赔和反索赔往往并存。

1. 施工索赔的分类

（1）按索赔的依据分类。按索赔依据分类是根据工程施工的合同条款，分析承包人的索赔要求是否有合同文字依据，可将施工索赔分为：

1）合同内索赔。这种索赔涉及的内容可以在合同内找到依据。如工程量的计算、变更工程的计量和价格、不同原因引起的延期等。

2）合同外索赔，亦称超越合同规定的索赔。这种索赔在合同内找不到直接依据，但承包人可根据合同文件的某些条款的含义，或可从一般的民法、经济法或政府有关部门颁布的其他法规中找到依据。此时，承包人有权提出索赔要求。

3）道义索赔，亦称通融索赔或优惠索赔。这种索赔在合同内或在其他法规中均找不到依据，从法律角度讲没有索赔要求的基础，但承包人确实蒙受损失，他在满足发包人要求方面也做了最大努力，因而他认为自己有提出索赔的道义基础。因此，他对其损失寻求优惠性质的补偿。有的发包人通情达理，出自善良和友好，给承包人以适当补偿。

（2）按索赔所涉及的当事人分类。每一索赔均涉及两方当事人，即要求索赔者和被索赔者。在施工中，按索赔所涉及当事人，可将其分为下列三种：

1）承包人与发包人之间的索赔。这是施工中最普遍的索赔形式，所涉及的内容大都和工程量计算、工程变更、工期、质量和价格等方面有关，也有关于违约、暂停施工等的补偿问题。

2）总承包人与分包商之间的索赔。这种索赔的内容范围与承包人和发包人之间索赔的内容范围基本相同，但它的形式为分包商向总承包人提出补偿要求，或总承包人向分包商罚款或扣留支付款。这种索赔的依据是总承包人和分包商间的分包合同。

3）发包人或承包人与供货商之间的索赔。这种索赔的依据是供货合同。若供货商违反供货合同，给发包人或承包人造成经济损失时，发包人或承包人有权向供货商提出索赔。

（3）按索赔的目的分类。在施工中，索赔按其目的可分为延长工期索赔和费用索赔。

1）延长工期索赔，简称工期索赔。这种索赔的目的是承包人要求发包人延长施工期限，使原合同中规定的完工日期顺延，以避免承担拖期损失赔偿的风险。如遇特殊风险、变更工程量或工程内容等，使得承包人不能按合同规定工期完工，为避免追究违约责任，承包人在索赔事件发生后就会提出顺延工期的要求。

2）费用索赔，亦称经济索赔。它是承包人向发包人要求补偿自己额外费用支出的一种方式，以挽回不应由他承担的经济损失。

在施工实践中，大多数情况是承包人既提出工期索赔，又提出费用索赔。按照惯例，两种索赔要独立提出，不得将两种索赔要求写在同一报告中。若某一索赔事件发生后，发包人可能只同意工期索赔，而拒绝经济索赔。若两种要求在同一报告中，通常会被认为理由不充分或索赔要求过高，反而会被拒绝。

2. 施工索赔程序

当合同当事人一方向另一方提出索赔时，要有正当的索赔理由，且有索赔事件发生时的有效证据。施工索赔程序如下：

（1）索赔事件发生 28 天内，承包人以书面形式向监理工程师发出索赔意向通知。

（2）承包人在发出索赔意向通知后 28 天内，向监理工程师提出补偿经济损失和（或）延长工期的索赔报告及有关资料。

（3）监理工程师在收到承包人送交的索赔报告和有关资料后，于 28 天内给予答复，或要求承包人进一步补充索赔理由和证据。

（4）监理工程师在收到承包人送交的索赔报告和有关资料后 28 天内未予答复或未对承包人作进一步要求，视为该项索赔已经认可。

（5）当该索赔事件持续进行时，承包人应当阶段性地向监理工程师发出索赔意向，在索赔事件终了后 28 天内，向监理工程师提供索赔的有关资料和最终索赔报告。

承包人未能按合同约定履行自己的各项义务和发生错误给发包人造成损失的，发包人也可按上述程序向承包人提出索赔。

3. 工期索赔

（1）工程延期与工期索赔。工程延期是指按合同有关规定，由于非承包人自身原因所造成的、经监理工程师书面批准的合同完工期限的延长。工期是指原合同所规定的完工期加上工程延期。

在工程施工过程中，往往会发生一些不能预见的干扰事件使施工不能顺利进行，并造成工期延期。对于非承包人自身原因所引起的工程延误，承包人有权提出工期索赔，监理工程师在与发包人和承包人协商一致后，决定合同工期延长的时间。导致工期延长的原因有：

1）任何形式的额外或附加工程。

2）合同条款所提到的任何延误理由，如延期交图、工程暂停、延迟提供现场等。

3）异常恶劣的气候条件。

4）由业主造成的任何延误、干扰或阻碍。

5）非承包人的原因或责任的其他不可预见的事件。

（2）工期索赔处理中的几个问题。在具体分析处理工期索赔时，除了必须符合合同条款规定的索赔依据和程序外，还必须注意以下几个问题：

1）仅在总工期发生延误时，才有可能给予补偿。用网络计划技术分析施工进度时，一般而言，发生在关键线路上关键活动工期的延误，会影响到总工期，因此是可以索赔的。而发生在非关键线路上活动工期的延误，当影响不了总工期时，就不能补偿；仅当影响总工期时，其影响部分才有可能得到补偿。

2）可原谅的延误，才有可能给予补偿。在工程施工索赔工作中，通常把工期延误分为可原谅延误和不可原谅延误两类。可原谅延误指非承包人的责任，而是由于业主的原因或客观影响引起的工程延误。对这类延误，承包人可以索赔。不可原谅的延误是指由于承包人的原因引起，如施工组织不当，工效不高，设备材料供应不足等的延误，以及由承包人承担风险的工期延误。对于不可原谅的延误，承包人是无权索赔的。

3）共同延误的处理。共同延误是指在施工过程中，工期是由两种（甚至三种）原因（承包人的原因、业主的原因、客观的原因）同时发生而引起的延误。在共同延误的情况下，要具体分析哪一种情况的延误是有效的。一般遵照的原则是，在共同延误的情况下，应该判别哪一种原因是最先发生的，即找出“初始延误”者，由它对延误负责。在初始延误发生作用的期间，其他并发的延误不承担工期延误的责任。

4. 费用索赔

索赔金额是用于赔偿承包人因索赔事件受到的实际损失（包括支出的额外成本和失掉的所失利润），所以，索赔金额计算的基础是成本，用有索赔事件影响所发生的成本减去无事件影响时所应有的成本，其差值即为赔偿金额。

所失利润也称可得利润，指承包人由于索赔事件影响所失去的，而按原合同他应得到的那部分的利润。承包人有权向业主索赔这部分可得利润。索赔可得利润通常出现在下述的三种情况中。

（1）业主违约导致终止合同，则未完成部分合同的利润即为可得利润。

（2）由于业主方的原因而大量削减原合同的工程量，则被削减工程量的利润即为可得利润。

（3）业主方原因而引起的合同延期，导致承包人这部分的施工力量因工期延长而丧失了投入其他工程的机会，由此所引起的利润损失。

5. 不可索赔的费用

一些与索赔事件有关的费用，按惯例通常是不可索赔的，它们包括：

（1）承包人进行索赔所支出费用。

（2）因索赔事件影响而使承包人调整施工计划，或修改分包合同等而支出的费用。

（3）因承包人的不适当行为或未能尽最大努力而扩大的部分损失。

（4）除确有证据证明业主或监理工程师有意拖延处理时间外，索赔金额在索赔处理期间的利息。

本章习题

2.2.1　予以支付的工程量应满足哪些条件？

2.2.2　工程款支付的条件是什么？支付的形式有几种？分别如何结算？

2.2.3　如何用公式法计算工程价差调整？

2.2.4　工程变更分几种情况？变更单价如何确定？

2.2.5　工程索赔分哪些类型？如何处理？

2.2.6　如何补偿工期拖延派生费用？

第 3 章* 水利水电工程验收与评定

教学要求：熟悉工程验收有关规定；掌握工程项目法人验收和政府验收的规定；掌握项目划分的原则；掌握施工质量评定的标准和验收的组织。

水利水电工程质量验收和评定主要依据《水利水电工程建设项目验收管理规定》（2006 年水利部令第 30 号）和《水利水电工程施工质量检验与评定规程》（SL 176—2007）的有关规定执行。

3.1 水利水电工程建设项目验收

3.1.1 验收依据

水利水电工程建设项目的验收依据主要有：

（1）国家有关法律、法规、规章和技术标准。

（2）有关主管部门的规定。

（3）经批准的工程立项文件、初步设计文件、调整概算文件。

（4）经批准的设计文件及相应的工程变更文件。

（5）施工图纸及主要设备技术说明书等。

验收中发现的问题，其处理原则由验收委员会（验收工作组）协商确定。主任委员（组长）对争议问题有裁决权。但是，半数以上验收委员会（验收工作组）成员不同意裁决意见的，法人验收应当报请验收监督管理机关决定，政府验收应当报请竣工验收主持单位决定。

验收委员会（验收工作组）对工程验收不予通过的，应当明确不予通过的理由并提出整改意见。有关单位应当及时组织处理有关问题，完成整改，并按照程序重新申请验收。

项目法人以及其他参建单位应当提交真实、完整的验收资料，并对提交的资料负责。

法人验收还应当以施工合同为验收依据。验收主持单位应当成立验收委员会（验收工作组）进行验收，验收结论应当经三分之二以上验收委员会（验收工作组）成员同意。

验收委员会（验收工作组）成员应当在验收鉴定书上签字。验收委员会（验收工作组）成员对验收结论持有异议的，应当将保留意见在验收鉴定书上明确记载并签字。

水利部负责全国水利水电工程建设项目验收的监督管理工作。水利部所属流域管理机构（以下简称流域管理机构）按照水利部授权，负责流域内水利水电工程建设项目验收的监督管理工作。县级以上地方人民政府水行政主管部门按照规定权限负责本行政区域内水利水电工程建设项目验收的监督管理工作。

法人验收监督管理机关对项目的法人验收工作实施监督管理。由水行政主管部门或者流域管理机构组建项目法人的，该水行政主管部门或者流域管理机构是本项目的法人验收监督管理机关；由地方人民政府组建项目法人的，该地方人民政府水行政主管部门是本项目的法人验收监督管理机关。

3.1.2 法人验收

法人验收内容为工程建设完成分部工程、单位工程、单项合同工程，或者中间机组启动前，应当组织法人验收。项目法人可以根据工程建设的需要增设法人验收的环节。

项目法人应当在开工报告批准后60个工作日内，制定法人验收工作计划，报法人验收监督管理机关和竣工验收主持单位备案。

施工单位在完成相应工程后，应当向项目法人提出验收申请。项目法人经检查认为建设项目具备相应的验收条件的，应当及时组织验收。

法人验收由项目法人主持。验收工作组由项目法人、设计、施工、监理等单位的代表组成；必要时可以邀请工程运行管理单位等参建单位以外的代表及专家参加。

项目法人可以委托监理单位主持分部工程验收，有关委托权限应当在监理合同或者委托书中明确。

分部工程验收的质量结论应当报该项目的质量监督机构核备；未经核备的，项目法人不得组织下一阶段的验收。

单位工程以及大型枢纽主要建筑物的分部工程验收的质量结论应当报该项目的质量监督机构核定；未经核定的，项目法人不得通过法人验收；核定不合格的，项目法人应当重新组织验收。质量监督机构应当自收到核定材料之日起20个工作日内完成核定。

项目法人应当自法人验收通过之日起30个工作日内，制作法人验收鉴定书，发送参加验收单位并报送法人验收监督管理机关备案。

法人验收鉴定书是政府验收的备查资料。

单位工程投入使用验收和单项合同工程完工验收通过后，项目法人应当与施工单位办理工程的有关交接手续。

工程保修期从通过单项合同工程完工验收之日算起，保修期限按合同约定执行。

3.1.3 政府验收

1. 验收主持单位

阶段验收、竣工验收由竣工验收主持单位主持。竣工验收主持单位可以根据工作需要委托其他单位主持阶段验收。专项验收依照国家有关规定执行。

国家重点水利水电工程建设项目，竣工验收主持单位依照国家有关规定确定。

除以上规定外，在国家确定的重要江河、湖泊建设的流域控制性工程、流域重大骨干工程建设项目，竣工验收主持单位为水利部。

除以上规定以外的其他水利水电工程建设项目，竣工验收主持单位按照以下原则确定：

（1）水利部或者流域管理机构负责初步设计审批的中央项目，竣工验收主持单位为水利部或者流域管理机构。

（2）水利部负责初步设计审批的地方项目，以中央投资为主的，竣工验收主持单位为水利部或者流域管理机构，以地方投资为主的，竣工验收主持单位为省级人民政府（或者其委托的单位）或者省级人民政府水行政主管部门（或者其委托的单位）。

（3）地方负责初步设计审批的项目，竣工验收主持单位为省级人民政府水行政主管部门（或者其委托的单位）。

竣工验收主持单位为水利部或者流域管理机构的，可以根据工程实际情况，会同省级人民政府或者有关部门共同主持。竣工验收主持单位应当在工程开工报告的批准文件中明确。

2. 专项验收

枢纽工程导（截）流、水库下闸蓄水等阶段验收前，涉及移民安置的，应当完成相应的移民安置专项验收。

工程竣工验收前，应当按照国家有关规定，进行环境保护、水土保持、移民安置，以及工程档案等专项验收。经有关部门同意，专项验收可以与竣工验收一并进行。

项目法人应当自收到专项验收成果文件之日起10个工作日内，将专项验收成果文件报送竣工验收主持单位备案。

专项验收成果文件是阶段验收或者竣工验收成果文件的组成部分。

3. 阶段验收

工程建设进入枢纽工程导（截）流、水库下闸蓄水、引（调）排水工程通水、首（末）台机组启动等关键阶段，应当组织进行阶段验收。

竣工验收主持单位根据工程建设的实际需要，可以增设阶段验收的环节。

阶段验收的验收委员会由验收主持单位、该项目的质量监督机构和安全监督机构、运行管理单位的代表以及有关专家组成；必要时，应当邀请项目所在地的地方人民政府以及有关部门参加。

工程参建单位是被验收单位，应当派代表参加阶段验收工作。

大型水利水电工程在进行阶段验收前，可以根据需要进行技术预验收。技术预验收参照本章第四节有关竣工技术预验收的规定进行。

水库下闸蓄水验收前，项目法人应当按照有关规定完成蓄水安全鉴定。

验收主持单位应当自阶段验收通过之日起30个工作日内，制作阶段验收鉴定书，发送参加验收的单位并报送竣工验收主持单位备案。

阶段验收鉴定书是竣工验收的备查资料。

4. 竣工验收

竣工验收应当在工程建设项目全部完成并满足一定运行条件后1年内进行。不能按期进行竣工验收的，经竣工验收主持单位同意，可以适当延长期限，但最长不得超过6个月。逾期仍不能进行竣工验收的，项目法人应当向竣工验收主持单位作出专题报告。

竣工财务决算应当由竣工验收主持单位组织审查和审计。竣工财务决算审计通过15日后，方可进行竣工验收。

工程具备竣工验收条件的，项目法人应当提出竣工验收申请，经法人验收监督管理机关审查后报竣工验收主持单位。竣工验收主持单位应当自收到竣工验收申请之日起20个工作日内决定是否同意进行竣工验收。

竣工验收原则上按照经批准的初步设计所确定的标准和内容进行。

项目有总体初步设计又有单项工程初步设计的，原则上按照总体初步设计的标准和内容进行，也可以先进行单项工程竣工验收，最后按照总体初步设计进行总体竣工验收。

项目有总体可行性研究但没有总体初步设计而有单项工程初步设计的，原则上按照单项工程初步设计的标准和内容进行竣工验收。

建设周期长或者因故无法继续实施的项目，对已完成的部分工程可以按单项工程或者分期进行竣工验收。

竣工验收分为竣工技术预验收和竣工验收两个阶段。

大型水利水电工程在竣工技术预验收前，项目法人应当按照有关规定对工程建设情况进行竣工验收技术鉴定。中型水利水电工程在竣工技术预验收前，竣工验收主持单位可以根据需要决定是否进行竣工验收技术鉴定。

竣工技术预验收由竣工验收主持单位以及有关专家组成的技术预验收专家组负责。

工程参建单位的代表应当参加技术预验收，汇报并解答有关问题。

竣工验收的验收委员会由竣工验收主持单位、有关水行政主管部门和流域管理机构、有关地方人民政府和部门、该项目的质量监督机构和安全监督机构、工程运行管理单位的代表以及有关专家组成。工程投资方代表可以参加竣工验收委员会。

竣工验收主持单位可以根据竣工验收的需要，委托具有相应资质的工程质量检测机构对工程质量进行检测。

项目法人全面负责竣工验收前的各项准备工作，设计、施工、监理等工程参建单位应当做好有关验收准备和配合工作，派代表出席竣工验收会议，负责解答验收委员会提出的问题，并作为被验收单位在竣工验收鉴定书上签字。

竣工验收主持单位应当自竣工验收通过之日起30个工作日内，制作竣工验收鉴定书，并发送有关单位。

竣工验收鉴定书是项目法人完成工程建设任务的凭据。

项目法人和其他有关单位应当按照竣工验收鉴定书的要求妥善处理竣工验收遗留问题和完成尾工。验收遗留问题处理完毕和尾工完成并通过验收后，项目法人应当将处理情况和验收成果报送竣工验收主持单位。

工程通过竣工验收，验收遗留问题处理完毕和尾工完成并通过验收的，竣工验收主持单位向项目法人颁发工程竣工证书。

工程竣工证书格式由水利部统一制定。

项目法人与工程运行管理单位不同的，工程通过竣工验收后，应当及时办理移交手续。工程移交后，项目法人以及其他参建单位应当按照法律法规的规定和合同约定，承担后续的相关质量责任。项目法人已经撤销的，由撤销该项目法人的部门承担相关的责任。

3.2 水利水电工程施工质量评定

现行《水利水电工程施工质量检验与评定规程》（SL 176—2007）共5章，11节，84条和7个附录。主要内容包括下述几个方面。

3.2.1 工程施工项目划分

1. 项目名称

水利水电工程质量检验与评定应进行项目划分。项目按级划分为单位工程、分部工程、单元（工序）工程等三级。

工程中永久性房屋（管理设施用房）、专用公路、专用铁路等工程项目，可按相关行业标准划分和确定项目名称。

2. 项目划分原则

水利水电工程项目划分应结合工程结构特点、施工部署及施工合同要求进行，划分结果应有利于保证施工质量以及施工质量管理。

（1）单位工程项目的划分原则。

1）枢纽工程一般以每座独立的建筑物为一个单位工程。当工程规模大时，可将一个建筑物中具有独立施工条件的一部分划分为一个单位工程。

2）堤防工程按招标标段或工程结构划分单位工程。规模较大的交叉连接建筑物及管理设施以每座独立的建筑物为一个单位工程。

3）引水（渠道）工程按招标标段或工程结构划分单位工程。大、中型引水（渠道）建筑物以每座独立的建筑物为一个单位工程。

4）除险加固工程按招标标段或加固内容，并结合工程量划分单位工程。

（2）分部工程项目划分原则。

1）枢纽工程土建部分按设计的主要组成部分划分，金属结构及启闭机安装工程和机电设备安装工程按组合功能划分。

2）堤防工程按长度或功能划分。

3）引水（渠道）工程中的河（渠）道按施工部署或长度划分，大、中型建筑物按工程结构主要组成部分划分。

4）除险加固工程按加固内容或部位划分。

5）同一单位工程中，各个分部工程的工程量（或投资）不宜相差太大，每个单位工程中的分部工程数目不宜少于5个。

（3）单元工程项目的划分原则。

1）按《水利水电基本建设工程单元工程质量等级评定标准（试行）》（SDJ 249

1～6—88、SL 38—92 及 SL 239—1999）（以下简称《单元工程评定标准》）规定进行划分。

2）河（渠）道开挖、填筑及衬砌单元工程划分界限宜设在变形缝或结构缝处，长度一般不大于100m。同一分部工程中各单元工程的工程量（或投资）不宜相差太大。

3）《单元工程评定标准》中未涉及的单元工程可依据工程结构、施工部署或质量考核要求，按层、块、段进行划分。

3. 项目划分程序

由项目法人组织监理、设计及施工等单位进行工程项目划分，并确定主要单位工程、主要分部工程、重要隐蔽单元工程和关键部位单元工程。项目法人在主体工程开工前应将项目划分表及说明书面报相应工程质量监督机构确认。

工程质量监督机构收到项目划分书面报告后，应在14个工作日内对项目划分进行确认并将确认结果书面通知项目法人。

工程实施过程中，需对单位工程、主要分部工程、重要隐蔽单元工程和关键部位单元工程的项目划分进行调整时，项目法人应重新报送工程质量监督机构确认。

3.2.2 工程施工质量评定标准

1. 水利水电工程施工质量等级评定的主要依据

（1）国家及相关行业技术标准。

（2）《单元工程评定标准》。

（3）经批准的设计文件、施工图纸、金属结构设计图样与技术条件、设计修改通知书、厂家提供的设备安装说明书及有关技术文件。

（4）工程承发包合同中约定的技术标准。

（5）工程施工期及试运行期的试验和观测分析成果。

其中，技术标准、设计文件、图纸、质检资料、合同文件等是工程施工质量评定的依据。试运行期的观测资料可综合反映工程建设质量，是评定工程施工质量的重要依据。

2. 合格标准

（1）单元工程。单元工程合格标准是工程验收标准。不合格工程必须进行处理且达到合格标准后，才能进行后续工程施工或验收。

单元（工序）工程施工质量合格标准应按照《单元工程评定标准》或合同约定的合格标准执行。当达不到合格标准时，应及时处理。处理后的质量等级应按下列规定重新确定：

1）全部返工重做的，可重新评定质量等级。

2）经加固补强并经设计和监理单位鉴定能达到设计要求时，其质量评为合格。

3）处理后的工程部分质量指标仍达不到设计要求时，经设计复核，项目法人及监理单位确认能满足安全和使用功能要求，可不再进行处理；或经加固补强后，改变了外形尺寸或造成工程永久性缺陷的，经项目法人、监理及设计单位确认能基本满足设计要求，其质量可定为合格，但应按规定进行质量缺陷备案。

单元工程施工质量优良标准应按照《单元工程评定标准》以及合同约定的优良标准执行。全部返工重做的单元工程，经检验达到优良标准时，可评为优良等级。

（2）分部工程施工质量合格标准。分部工程施工质量同时满足下列标准时，其质量评为合格：

1）所含单元工程的质量全部合格。质量事故及质量缺陷已按要求处理，并经检验合格。

2）原材料、中间产品及混凝土（砂浆）试件质量全部合格，金属结构及启闭机制造质量合格，机电产品质量合格。

（3）分部工程施工质量优良标准。

分部工程施工质量同时满足下列标准时，其质量评为优良：

1）所含单元工程质量全部合格，其中70%以上达到优良等级，重要隐蔽单元工程和关键部位单元工程质量优良率达90%以上，且未发生过质量事故。

2）中间产品质量全部合格，混凝土（砂浆）试件质量达到优良等级（当试件组数小于30时，试件质量合格）。原材料质量、金属结构及启闭机制造质量合格，机电产品质量合格。

（4）单位工程施工质量合格标准。单位工程施工质量同时满足下列标准时，其质量评为合格：

1）所含分部工程质量全部合格。

2）质量事故已按要求进行处理。

3）工程外观质量得分率达到70%以上。

4）单位工程施工质量检验与评定资料基本齐全。

5）工程施工期及试运行期，单位工程观测资料分析结果符合国家和行业技术标准以及合同约定的标准要求。

（5）单位工程施工质量优良标准。单位工程施工质量同时满足下列标准时，其质量评为优良：

1）所含分部工程质量全部合格，其中70%以上达到优良等级，主要分部工程质量全部优良，且施工中未发生过较大质量事故。

2）质量事故已按要求进行处理。

3）外观质量得分率达到85%以上。

4）单位工程施工质量检验与评定资料齐全。

5）工程施工期及试运行期，单位工程观测资料分析结果符合国家和行业技术标准以及合同约定的标准要求。

（6）工程项目施工质量合格标准。工程项目施工质量同时满足下列标准时，其质量评为合格：

1）单位工程质量全部合格。

2）工程施工期及试运行期，各单位工程观测资料分析结果均符合国家和行业技术标准以及合同约定的标准要求。

（7）工程项目施工质量优良标准。工程项目施工质量同时满足下列标准时，其质量评为优良：

1）单位工程质量全部合格，其中70%以上单位工程质量达到优良等级，且主要单位工程质量全部优良。

2）工程施工期及试运行期，各单位工程观测资料分析结果均符合国家和行业技术标准以及合同约定的标准要求。

3.2.3 工程施工质量评定组织

单元（工序）工程质量在施工单位自评合格后，由监理单位复核，监理工程师核定质量等级并签证认可。

重要隐蔽单元工程及关键部位单元工程质量经施工单位自评合格、监理单位抽检后，由项目法人（或委托监理）、监理、设计、施工、工程运行管理（施工阶段已经有时）等单位组成联合小组，共同检查核定其质量等级并填写签证表，报工程质量监督机构核备。重要隐蔽单元工程（关键部位单元工程）实行质量等级签证。

分部工程质量，在施工单位自评合格后，由监理单位复核，项目法人认定。分部工程验收的质量结论由项目法人报工程质量监督机构核备。大型枢纽工程主要建筑物的分部工程验收的质量结论由项目法人报工程质量监督机构核定。

单位工程质量，在施工单位自评合格后，由监理单位复核，项目法人认定。单位工程验收的质量结论由项目法人报工程质量监督机构核定。

工程项目质量，在单位工程质量评定合格后，由监理单位进行统计并评定工程项目质量等级，经项目法人认定后，报工程质量监督机构核定。

阶段验收前，工程质量监督机构应提交工程质量评价意见。

工程质量监督机构应按有关规定在工程竣工验收前提交工程质量监督报告，工程质量监督报告应有工程质量是否合格的明确结论。

本章习题

2.3.1 工程验收依据和类型有哪些？

2.3.2 工程项目法人验收和政府验收有哪些规定？

2.3.3 施工项目质量评定项目划分原则是什么？

2.3.4 单元工程、分部工程、单位工程的工程项目质量评定标准各是什么？

2.3.5 施工质量评定的组织是什么？

参 考 文 献

[1] 梁建林，胡育．水利水电施工技术．北京：中国水利水电出版社，2005.

[2] 袁光裕．水利工程施工．北京：中国水利水电出版社，2004.

[3] 全国二级建造师执业资格考试用书编写委员会．水利水电工程管理与实务．第2版．北京：中国建筑工业出版社，2007.

[4] 中华人民共和国行业标准．SL 252—2000 水利水电工程等级划分及洪水标准．北京：中国水利水电出版社，2000.

[5] 中华人民共和国行业标准．DL/T 5144—2001 水工混凝土施工规范．北京：中国电力出版社，2001.

[6] 中华人民共和国行业标准．GB 50290—1998 土工合成材料应用技术规范．北京：中国建筑工业出版社，1998.

[7] 中华人民共和国行业标准．SL 176—2007 水利水电工程施工质量检验与评定规程．北京：中国水利水电出版社，2007.

[8] 中华人民共和国行业标准．SL 53—1994 水工碾压混凝土施工规范．北京：中国水利水电出版社，1994.

[9] 中华人民共和国行业标准．JTJ 319—1999 疏浚工程技术规范．北京：中国水利水电出版社，1999.

[10] 中华人民共和国行业标准．DL/T 5169—2002 水工混凝土钢筋施工规范．北京：中国电力出版社，2002.

[11] 中华人民共和国行业标准．DL/T 5135—2001 水电水利工程爆破施工技术规范．北京：中国电力出版社，2001.

[12] 中华人民共和国行业标准．DL/T 5148—2001 水工建筑物水泥灌浆施工技术规范．北京：中国电力出版社，2001.

[13] 中华人民共和国行业标准．DL/T 5200—2004 水电水利工程高压喷射灌浆技术规范．北京：中国电力出版社，2004.

[14] 中华人民共和国行业标准．DL/T 5099—99 水工建筑物地下开挖工程施工技术规范．北京：中国电力出版社，1999.

[15] 中华人民共和国行业标准．DL/T 5199—2004 水电水利工程混凝土防渗墙施工规范．北京：中国电力出版社，2004.

[16] 中华人民共和国行业标准．DL/T 5110—2001 水电水利工程模板施工规范：北京：中国电力出版社，2001.

[17] 中华人民共和国行业标准．DL/T 5129—2001 碾压土石坝施工规范．北京：中国电力出版社，2001.